用于国家职业技能鉴定

国家职业资格培训教程

GUOJIA ZHIYE ZIGE PEIXUN JIAOCHENG

YONGYU GUOJIA ZHIYE JINENG JIANDING

食品检验工

（基础知识）

编审委员会

主　任　夏鲁青

副主任　李　军　何远山

委　员　欧育民　赵玉禄　姜奎书

编写人员

主　编　赵玉禄

副主编　姜奎书　姜作荣

编　者　刘连栋　刘淑莲　司红丽　伊　秀　周　璐
　　　　丁文花

中国劳动社会保障出版社

图书在版编目（CIP）数据

食品检验工：基础知识/人力资源和社会保障部教材办公室组织编写. —北京：中国劳动社会保障出版社，2015

国家职业资格培训教程

ISBN 978-7-5167-1604-5

Ⅰ.①食…　Ⅱ.①人…　Ⅲ.①食品检验-技术培训-教材　Ⅳ.①TS207.3

中国版本图书馆 CIP 数据核字（2015）第 023171 号

中国劳动社会保障出版社出版发行

（北京市惠新东街1号　邮政编码：100029）

*

三河市华骏印务包装有限公司印刷装订　新华书店经销

787 毫米×1092 毫米　16 开本　23 印张　398 千字

2015 年 1 月第 1 版　2024 年 1 月第 7 次印刷

定价：45.00 元

营销中心电话：400－606－6496

出版社网址：http：// www.class.com.cn

前　　言

　　为推动食品检验工职业培训和职业技能鉴定工作的开展，在食品检验工从业人员中推行国家职业资格证书制度，人力资源和社会保障部教材办公室组织有关专家，以《国家职业技能标准·食品检验工》（以下简称《标准》）为依据，编写了食品检验工国家职业资格培训系列教程。

　　食品检验工国家职业资格培训系列教程紧贴《标准》要求，内容上体现"以职业活动为导向、以职业能力为核心"的指导思想，突出职业资格培训特色；结构上针对食品检验工职业活动领域，按照职业功能模块分级别编写。

　　食品检验工国家职业资格培训系列教程共包括《食品检验工（基础知识）》《食品检验工（初级）》《食品检验工（中级）》《食品检验工（高级）》《食品检验工（技师　高级技师）》5本。《食品检验工（基础知识）》内容涵盖《标准》的"基本要求"，是各级别食品检验工均需掌握的基础知识；其他各级别教程的章对应于《标准》的"职业功能"，节对应于《标准》的"工作内容"，节中阐述的内容对应于《标准》的"技能要求"和"相关知识"。

　　本书是食品检验工国家职业资格培训系列教程中的一本，适用于对各级别食品检验工的职业资格培训，是国家职业技能鉴定推荐辅导用书，也是各级别食品检验工职业技能鉴定国家题库命题的直接依据。

　　本书在编写过程中得到山东省质量技术监督教育培训中心和山东师范大学等单位的大力支持与协助，在此一并表示衷心的感谢。

人力资源和社会保障部教材办公室

目　　录

CONTENTS　国家职业资格培训教程

第1章

职业道德

第1节 职业道德基础知识

一、职业的基本概念

1. 职业的概念

（1）职业

职业是人们参与社会分工，利用专门的知识和技能，为社会创造物质财富和精神财富，获取合理报酬，作为物质生活来源，并满足精神需求的工作。或者说，职业是人们在社会上所从事的作为主要生活来源的工作。从国家的角度来看，职业是社会的分工；从社会的角度来看，职业是劳动者获得的社会角色，如教师、医生、律师、厨师等，劳动者为社会承担一定的义务和责任，并获得相应的报酬；从国民经济活动所需要的人力资源角度来看，职业是指不同性质、不同内容、不同形式、不同操作的专门劳动岗位。

（2）职业的要素

在社会生活中，职业主要体现出职业职责、职业权利和职业利益三方面的要素。职业职责是指职业所包含的社会责任、应当承担的社会任务，不同的职业具有不同的社会职责；职业权利是指职业人员所具有的职业业务权利，只有从事该职业的人员才具有这种权利，如医生具有处方权、机动车驾驶员具有驾驶机动车辆的权利、食品检验人员具有从事食品检验的权利等；职业利益是指职业人员从职业工作中获得物质、精神等利益。

（3）职业的功能

无论是对个人、组织还是对社会，职业都具有不可忽视的功能。

1）对个人的功能。职业是维系个人和家庭生存的基础，同时又使个人价值得以体现。每个具有劳动能力的人在其一生中都要经历几十年的职业生涯，人们正是通过职业活动以获得经济收入，从而保证个人和家庭的生活。职业除了保证个人及其家庭的生活外，还可以促进个人各方面的发展。

2）对组织的功能。职业是组织构成的基础。组织实际上是相关职业的组合体，组织活动与职业活动是一个问题的两个方面。因此，职业及职业活动构成了组织及活动。组织活动体现为职业活动，职业活动实现组织的存在和运转，正是职业活动创造了组织的效益，如医生对患者的诊治活动为医院创造声誉和价值、食品检验人员的检验活动为食品生产企业创造声誉和价值。同时，职业活动也创造组织的社会价值，组织对社会的贡献是由每个组织成员的职业活动实现的。

3）对社会的功能。社会劳动千差万别，每一种劳动都需要有人去从事，职业是社会分工劳动的具体体现，是人们相互结合起来形成生产力，推动经济与社会进步的具体方式、途径和手段。职业活动创造社会财富，吸纳就业者从业，保障人们正常生活，维护社会稳定。

（4）职业素质

1）职业素质的含义。职业素质是指劳动者在一定的生理和心理条件的基础上，通过教育、实践和自我修养等途径形成和发展起来的，在职业活动中发挥作用的内在的基本品质。

2）职业素质的特征。职业素质具有以下特征：

①专业性。职业素质是劳动者通过教育、实践以及自我修养等而形成的在某一行业的专业能力。

②稳定性。职业素质一旦形成，就会在劳动者的个性品质中稳定地表现出来，并在相当长的时期内稳定不变。

③发展性。知识和技术是不断发展的，需要劳动者在参加职业活动的过程中，不断地学习新知识、新技能，其知识和技能的提高，也使其职业素质不断增强，以适应社会发展的需求。

④时代性。职业受社会时代的影响巨大，不同的时代社会生产方式不同，社会的分工以及对职业的要求不同，对职业素质的要求也就不同，因此劳动者的职业素质受时代的制约。

3) 职业素质的构成。职业素质主要包括思想素质、职业道德素质、科学文化素质、专业技能素质和身心素质。思想素质主要指人们在政治上的信念和信仰；职业道德素质是指从业者在职业活动中表现出来的遵守职业道德规范的状况和水平；科学文化素质是指从业者对科学文化知识的掌握运用程度；专业技能素质是指从业者对所从事职业的专业知识和专业技能的掌握与运用情况；身心素质是指从业者的身体素质和心理素质。

2. 职业资格

（1）职业资格的含义

1）基本概念。职业资格是对从事某一职业的劳动者所必备的学识、技术和能力的基本要求，反映了劳动者为适应职业劳动需要而运用特定的知识、技术和技能的能力。职业资格包括从业资格和执业资格。

从业资格是指从事某一专业的学识、技术和能力的起点标准，即基本标准。

执业资格是指政府对某些责任较大、社会通用性强、关系到公共利益的专业（工种）实行准入控制，是依法独立开业或从事某一特定专业（工种）的学识、技术和能力的必备标准。

2）职业资格证书制度。职业资格证书是国家对达到职业资格规定的必备的学识、技术和能力的劳动者，经考试、考核合格后取得的证明。

职业资格由国家主管劳动、人事的行政部门及其委托机构，通过学历认定、资格考试、专家评定、职业技能鉴定等方式评价，对合格者授予国家职业资格证书。

职业资格证书制度是劳动就业制度的一项重要内容，也是一种特殊形式的国家考试制度。它是指按照国家制定的职业技能标准或任职资格条件，通过政府认定的考核鉴定机构，对劳动者的技能水平或职业资格进行客观公正、科学规范的评价和鉴定，对合格者授予相应的国家职业资格证书的制度。

《中华人民共和国劳动法》第 69 条规定："由经过政府批准的考核鉴定机构负责对劳动者实施职业技能考核鉴定。"由劳动部门分管各类职业资格证书的核发，由职业技能鉴定指导中心和国家职业技能鉴定所（站）在全国各地推行。

职业资格证书制度由从业资格证书制度和执业资格证书制度组成。

从业资格证书制度是国家对达到从业资格的劳动者发给证明的一种职业管理制度。

从业资格通过学历认定或考试取得。具备下列条件之一者，可确认从业资格：①具有本专业中专以上学历，见习一年期满，经单位考核合格者；②按国家有关规定已担任本专业初级专业技术职务或通过专业技术资格考试取得初级资格，经单位考核合格者；③在本专业岗位工作，经过国家或国家授权部门组织的从业资格考试合格者。

执业资格制度是国家对某些承担较大责任，社会通用性强，关系国家、社会公共利益的重要专业岗位实行的一种职业管理制度。执业资格实行全国统一考试取得证书、注册有效和政府监管。

（2）职业技能鉴定

职业技能是指人在职业活动范围内需要掌握的技能。职业技能的特点是：第一，它的养成与知识的学习截然不同，它要在具体工作实践中或模拟条件下的实际操作中训练和培养；第二，技能一旦掌握一般不易忘却；第三，各种职业技能的高低不取决于它处在能力结构层次的位置，或采取何种表现形式。

职业技能鉴定的本质是一种考试，是一项基于职业技能水平的考核活动，属于标准参照型考试，同时又属于综合性社会考试。它是由考试考核机构对劳动者从事某种职业所应掌握的技术理论知识和实际操作能力做出客观的测量和评价。职业技能鉴定是国家职业资格证书制度的重要组成部分。

国家实施职业技能鉴定的主要内容包括职业知识、操作技能和职业道德三个方面。这些内容是依据国家职业（技能）标准、职业技能鉴定规范（即考试大纲）和相应教材来确定的，并通过编制试卷来进行鉴定考核。职业技能鉴定是以职业活动为导向，以实际操作为主要依据，以第三方认证原则为基础的。

职业技能鉴定分为理论知识考试和操作技能考核两部分。理论知识考试一般采用笔试方式，技能要求考核一般采用现场操作的方式进行。计分一般采用百分制，两部分成绩均在 60 分以上为合格。

二、道德和职业道德

1. 道德

（1）道德的概念

文明社会首先应该是"德"的社会。一个社会把什么东西当作最值得追求和尊敬的、决定社会的价值取向，这不仅是一个道德问题，而且是一个政治问题。

所谓道德，就是指人类现实生活中，由经济关系所决定，用善恶标准去评价，依靠社会舆论、内心信念和传统习惯来维持的，调整人与人、人与社会以及人与自然之间关系的行为规范的总和。

（2）道德的功能

道德的功能是指道德作为系统基于其内部结构而具有的对社会生活的功效和作

用。道德的功能主要是指它的认识功能和调节功能。

道德的认识功能是指道德可以通过善恶观念来能动地反映社会现实，特别是反映社会经济基础的客观要求，从而使人们认识道德的必然性和各种利益关系，了解个人在社会中的地位和应承担的责任等。

道德的调节功能是指道德能够通过评价、命令、指导、激励、惩罚等方式来调节、规范人们的行为，调节社会关系，使道德关系逐步由实有向应有过渡。

（3）社会主义道德体系

社会主义道德体系可以概括为一个核心、一个原则和"五爱"规范。

一个核心就是为人民服务；一个原则就是集体主义；"五爱"规范就是爱祖国、爱人民、爱劳动、爱科学、爱社会主义。这既是社会主义道德的基本要求，也是社会主义道德的基本规范。

道德体现在社会生活三大领域就是职业道德、家庭美德和社会公德。我国公民的基本道德规范是"爱国守法、明礼诚信、团结友善、勤俭自强、敬业奉献"。

2. 职业道德

（1）职业道德的概念

所谓职业道德，就是同人们的职业活动紧密联系的符合职业特点所要求的道德准则、道德情操与道德品质的总和。

职业道德是社会上占主导地位的道德在职业生活中的具体体现，是人们在履行本职工作中所遵循的行为准则和规范的总和。它既是对从业人员在职业活动中的行为要求，又是本行业对社会所承担的道德责任和义务。良好的职业道德，不仅协调人与人之间的关系，维持良好的社会风气，而且能提高行业的形象与威信。

在内容上，职业道德总是鲜明地表达职业义务、职业责任以及职业行为上的道德准则。它不是一般地反映社会道德的要求，而是要反映职业、行业以及产业特殊利益的要求；它不是在一般意义上的社会实践基础上形成的，而是在特定的职业实践基础上形成的。因而职业道德往往表现为某一职业特有的道德传统和道德习惯，表现为从事某一职业的人们所特有的道德心理和道德品质。

（2）职业道德的表现形式

职业道德的表现形式往往比较具体、灵活、多样。它从职业交流活动的实际出发，采用制度、章程、守则、公约、承诺、誓言、条例以及标语、口号等形式。

在产生的效果方面，职业道德既能使一定的社会道德原则和规范"职业化"，又能使个人道德品质"成熟化"。

（3）职业道德的特点

职业道德同一般道德有密切的关系，同时又具有其自身的特点。

1）行业性。职业道德是与人们的职业紧密联系的。一定的职业道德规范只适用于特定的职业活动，有各自不同的特征，体现出社会对某种具体职业活动的特殊要求，如在医疗行业有时可以用善意的谎言安慰病人、新闻工作者无论何时都不允许用谎言发表文章。

2）广泛性。职业道德是职业活动的直接产物，只要有职业活动，就体现一定的职业道德，职业道德渗透于职业活动的各环节、各方面，比一般的社会道德更全面、更直接地反映社会的道德水准和风貌。

3）实用性。职业道德是根据职业活动的具体要求，对人们在职业活动中的行为用章程、守则、制度、公约等形式做出规定，这些规定具有很强的针对性和可操作性，简便易行，具体实用，易于从业人员理解和遵守。

4）时代性。职业活动是代代相传的，不同时代的职业道德尽管有其相同的内容，但由于职业活动的内涵随着时代的变化而变化，所以职业道德也就随着时代的变化而不断发展，使职业道德具有时代性。

（4）职业道德的社会作用

职业道德的社会作用主要表现为以下几方面。

1）调整职业工作者与服务对象的关系。职业工作者与服务对象的关系，是职业对社会的关系，是从职业的性质和特点出发，为社会服务，且在这种服务中求得职业的生存和发展，如教师职业道德调整教师与学生之间的关系，商业职业道德调整营业员与顾客之间的关系，医务职业道德调整医务工作者与患者之间的关系等。

2）调整各职业内部的关系。包括调整组织内部领导与被领导之间、各部门之间、同事之间的关系。

3）调整行业之间关系。通过职业道德的调整，使各行业之间能够协调统一。职业道德调整行业之间关系突出表现在生产、流通中关系密切的行业，如工业与商业、旅游与交通、餐饮服务业等，它们之间必须充分信任、相互支援，共同履行社会职责。

4）促进职业人员的成长。一个人有了职业，就标志着他走向社会，从此，他的生活就和职业生活紧密联系在一起，人们通过职业实践处理个人与他人、个人与社会之间的关系，并接受职业道德的约束。由于职业道德同职业人员的切身利益息息相关，人们往往通过职业道德接受或深化一般社会道德，形成职业人员的道德境界。职业道德是职业人员在职业实践中得以成长的重要条件。古今中外，所有德高望重及事业有成的人，无不十分重视职业道德的修养。现实生活中也可以看到，一个讲职业道德的人，也必然是一个讲社会公德的人。

3. 职业道德的核心与基本原则

（1）职业道德的核心

为人民服务是社会主义职业道德的核心。为人民服务，是指一切从人民的利益出发、一切向人民负责的思想观念和行为准则，这是社会主义职业道德的核心和灵魂。为人民服务，既符合历史唯物主义的基本原理，也符合社会主义的生产目的。坚持为人民服务，应当成为各行业职业活动的出发点和落脚点。

（2）职业道德的基本原则

集体主义是社会主义职业道德的基本原则。集体主义是社会主义精神文明的重要组成部分，是一种先公后私、公私兼顾的思想，是坚持集体利益高于个人利益、兼顾集体利益与个人利益的价值观念和行为准则。它是与个人主义相对立的。社会主义职业道德的基本原则是国家利益、集体利益、个人利益相结合的集体主义，它的根本要求是摆正和处理好国家利益、集体利益和个人利益之间的关系。首先，要坚持集体利益高于个人利益，全局利益高于局部利益。其次，要坚持集体利益、个人利益的统一，使其共同发展。最后，要坚持集体主义，反对个人主义，抵制各种行业不正之风。

4. 职业道德的基本规范

道德规范是指概括和反映道德的本质、体现社会整体道德要求，必须成为人们的普遍信念和对人们行为发生影响的基本概念。职业道德规范，指约定俗成的或明文规定的职业道德的标准。社会主义职业道德的主要规范包括以下内容。

（1）爱岗敬业

爱岗就是热爱自己的工作岗位，热爱自己从事的职业；敬业就是以恭敬、严肃、负责的态度对待工作，一丝不苟，兢兢业业。爱岗敬业是为人民服务精神的具体化，是人们对从业者工作态度的普遍要求，是国家对从业者的最基本的期待，是从业者敬重人民、敬重自己的具体体现。实现爱岗敬业，首先必须要乐业，就是要从内心热爱并热衷于自己所从事的职业和岗位。其次要勤业，就是要忠于职守，认真负责，刻苦勤奋，不懈努力。最后要敬业，就是要对本职工作做到业务熟练，精益求精。

（2）诚实守信

诚实守信就是为人忠诚，待人诚恳，真心诚意，不虚假，不欺诈，认真履行自己承担的义务，遵守承诺，讲究信用，注重质量和信誉。

诚信是一个人为人处世的基本准则，一个人在社会交往活动中要讲真话、办实事，忠于事物的本来面目，不歪曲、不篡改事实，办事讲信用，信守诺言。

（3）办事公道

办事公道是指从业人员在处理职业活动的事务中公平、公正，主持正义，不偏不倚。办事公道是对每个从业人员的基本要求，是为人民服务必不可少的条件，同时也是从业人员对社会、对人民应尽的责任和义务。

（4）服务群众

服务群众就是一切从人民群众利益出发，把为人民群众谋利益作为工作的出发点和落脚点，想群众之所想，急群众之所急，努力帮助群众解决困难和问题。服务群众就是为人民服务，它是每个职业劳动者必须遵守的职业道德基本规范。

（5）奉献社会

奉献社会就是把自己所掌握的知识和才能毫无保留地贡献给社会，贡献给人民，为人民、为国家、为社会做出应有的贡献。奉献社会是一种忘我无私的精神和品德，是职业道德的最高境界，也是每个从业者的最高职业目标。

第 2 节　职业守则

一、职业守则的一般要求

1. 遵纪守法，遵守国家法律、法规和企业各项规章制度。
2. 认真负责，严于律己，不骄不躁，吃苦耐劳，勇于开拓。
3. 刻苦学习，钻研业务，努力提高思想、科学文化水平。
4. 爱岗敬业，团结同志，协调配合。

二、行业职业道德

1. 行业职业道德的含义与特征

（1）行业职业道德的含义

因为各行业的工作性质、社会责任、服务对象、服务手段各不相同，所以从业人员的职业道德规范也就不尽相同。国有国法行有行规，行规的主要内容就是行业的职业道德规范，是职业道德基本规范在该行业的具体化。行业职业道德规范具有本行业的工作特点，使该行业的从业人员感到具有可操作性，有助于从业人员在职业活动中实践。

（2）行业职业道德规范的特征

1）行业职业道德规范与一定职业对社会承担的特殊责任相联系。例如：生产制造业强调质量诚信、质量安全，商业、服务类行业强调诚实守信、文明服务，教育行业强调教书育人、为人师表，医疗行业要求救死扶伤、发扬人道主义精神等。

2）行业职业道德规范是多年积淀的结晶，是世代相传的产物。职业是相对稳定的，有些职业长期存在于人类社会中，使从业人员形成了比较稳定的职业心理、职业行为习惯和职业道德评价标准。如商业行业，自从商业形成至今，行业都强调诚实守信、童叟无欺。

3）行业职业道德规范是共性与个性的统一。每个社会行业中有多种职业，每一种职业往往又有各自特定的道德要求，行业职业道德体现了同一行业内不同职业、不同岗位道德规范的共同要求。

4）行业职业道德规范与从业人员利益的一致性。正是由于行业职业道德规范既体现了该行业对社会承担的责任，又是多年积淀的升华，还是具体可操作的规范，因此是该行业生存和发展的重要保证。行业与从业人员的根本利益是一致的，而行业职业道德规范是把两者利益联系在一起的"桥梁"。

2. 食品检验工的职业道德规范

民以食为天，食以安为先。食品检验关系食品质量安全，关系消费者的身体健康甚至生命安全，责任重大。食品检验作为一个特殊的职业，从业人员除应当遵守基本的职业道德外，还应当遵守以下基本道德规范。

（1）科学求实、公平公正

食品检验要遵循科学求实原则，坚持公平公正，数据真实准确，报告严谨规范，实事求是，保证检验工作质量。

（2）程序规范，注重时效

根据食品安全法律、法规、标准、规程从事检测活动，不推不拖，讲求时效，热情服务，注重信誉。

（3）秉公检测，严守秘密

严格按照规章制度办事，工作认真负责，遵守纪律，保守商业、技术秘密。

（4）遵章守纪，廉洁自律

严格按照规范检测，不徇私情，遵守财经纪律。

思 考 题

1. 职业具有哪些要素？

2. 道德的功能有哪些？

3. 简述职业道德的含义、特点、表现形式与功能。

4. 职业道德的核心是什么？其主要规范有哪些？

第2章

法定计量单位基础知识

第1节 计量单位制

一、计量单位与单位制

1. 计量单位

计量单位就是根据约定定义和采用的标量，任何其他同类量可与其比较使两个量之比用一个数表示。换言之，计量单位就是为定量表示同种量的大小而约定的定义和采用的特定量。

计量单位有基本单位和导出单位。在给定量制中，基本量的单位称为基本单位，导出量的单位称为导出单位。

2. 计量单位制

对于给定量制的一组基本单位、导出单位、其倍数单位和分数单位及使用这些单位的规则就是计量单位制，简称单位制。

二、国际单位制及其构成

1. 国际单位制

国际单位制是由国际计量大会（CGPM）批准采用的基于国际量制的单位制，包括单位名称和符号、词头名称和符号及其使用规则。

国际单位制由米制发展而来，简称 SI，是 1960 年第 11 届国际计量大会上通过，以米、千克、秒、安培、开尔文、坎德拉、摩尔为基本单位的单位制。

2. 国际单位制的构成

国际单位制的构成如下：

$$
\text{国际单位制（SI）}
\begin{cases}
\text{SI 单位}
\begin{cases}
\text{SI 基础单位（7 个）} \\
\text{SI 导出单位}
\begin{cases}
\text{具有专门名称的 SI 导出单位（21 个）} \\
\text{组合形式的 SI 导出单位}
\end{cases}
\end{cases} \\
\text{SI 单位的分数倍数单位}
\end{cases}
$$

（1）SI 基本单位

在国际单位制中，选择了彼此独立的长度、质量、时间、电流、热力学温度、物质的量和发光强度七个量作为基本量，对每一个量分别定义了一个单位，这些基本量的单位，称为 SI 基本单位。SI 基本单位见表 2—1。

表 2—1   SI 基本单位

量的名称	量的符号	单位名称	单位符号	
			国际符号	中文符号
长度	l，h，r	米	m	米
质量	m	千克（公斤）	kg	千克
时间	t	秒	s	秒
电流	I	安［培］	A	安
热力学温度	T	开［尔文］	K	开
物质的量	n，(v)	摩［尔］	mol	摩
发光强度	I_V	坎［德拉］	cd	坎

注：①圆括号中的名称，是它前面名称的同义词；

②方括号 ［ ］ 中的字，在不致引起混淆、误解的情况下可以省略。

（2）SI 导出单位

导出单位是用基本单位根据物理关系以代数形式表示的单位。

弧度和球面度称为 SI 辅助单位，它们是具有专门名称和符号、量纲为 1 的导出单位。

按照导出单位的构成原则，可以由 SI 基本单位来表示 SI 导出单位。但这样会造成有的量单位名称太长，读写不便；有的量虽不同而单位表达式却完全一样（如频率与放射性活度均用 s^{-1} 表示，吸收剂量和剂量当量均用 J/kg 表示）。这些单位又较常用，为了更为方便、准确地表达，国际计量大会选择了包括 SI 辅助单位在内的 21 个导出单位给予专门名称，这些单位的名称大多数是以科学家的名字命名的。21 个具有专门名称的 SI 导出单位见表 2—2。

表 2—2　　　　　　　　　具有专门名称的 SI 导出单位

量的名称	SI 导出单位		
	名称	符号	用 SI 基本单位和 SI 导出单位表示
[平面] 角	弧度	rad	$1\ rad=1\ m/m=1$
立体角	球面度	sr	$1\ sr=1\ m^2/m^2=1$
频率	赫 [兹]	Hz	$1\ Hz=1\ s^{-1}$
力	牛 [顿]	N	$1\ N=1\ kg\cdot m/s^2$
压力,压强,应力	帕 [斯卡]	Pa	$1\ Pa=1\ N/m^2$
能 [量],功,热量	焦 [耳]	J	$1\ J=1\ N\cdot m$
功率,辐 [射能] 通量	瓦 [特]	W	$1\ W=1\ J/s$
电荷 [量]	库 [仑]	C	$1\ C=1\ A\cdot s$
电压,电动势,电位	伏 [特]	V	$1\ V=1\ W/A$
电容	法 [拉]	F	$1\ F=1\ C/V$
电阻	欧 [姆]	Ω	$1\ \Omega=1\ V/A$
电导	西 [门子]	S	$1\ S=1\ \Omega^{-1}$
磁通 [量]	韦 [伯]	Wb	$1\ Wb=1\ V\cdot s$
磁通 [量] 密度,磁感应强度	特 [斯拉]	T	$1\ T=1\ Wb/m^2$
电感	亨 [利]	H	$1\ H=1\ Wb/A$
摄氏温度	摄氏度	℃	$1℃=1\ K$
光通量	流 [明]	lm	$1\ lm=1\ cd\cdot sr$
[光] 照度	勒 [克斯]	lx	$1\ lx=1\ lm/m^2$
[放射性] 活度	贝可 [勒尔]	Bq	$1\ Bq=1\ s^{-1}$
吸收剂量比授 [予] 能	戈 [瑞]	Gy	$1\ Gy=1\ J/kg$
剂量当量	希 [沃特]	Sv	$1\ Sv=1\ J/kg$

（3）SI 词头

SI 单位在实际使用中，由于情况不同，其大小未必合适，还需要有倍数和分数单位。SI 词头就是用来加在 SI 单位之前，以构成十进倍数和分数单位的。

目前，SI 词头共有 20 个，其中 4 个是十进位的，即百（10^2）、十（10^1）、分（10^{-1}）、厘（10^{-2}）。这些词头通常只限于加在某些长度、面积、体积单位之前。其他 16 个词头是千进位的。SI 词头见表 2—3。

表 2—3　　　　　　　　　　　　　　　　SI 词头

因数	词头名称	词头符号		因数	词头名称	词头符号	
		国际	中文			国际	中文
10^{24}	尧它	Y	尧［它］	10^{-1}	分	d	分
10^{21}	泽它	Z	泽［它］	10^{-2}	厘	c	厘
10^{18}	艾可萨	E	艾［可萨］	10^{-3}	毫	m	毫
10^{15}	拍它	P	拍［它］	10^{-6}	微	μ	微
10^{12}	太拉	T	太［拉］	10^{-9}	纳诺	n	纳［诺］
10^{9}	吉咖	G	吉［咖］	10^{-12}	皮可	p	皮［可］
10^{6}	兆	M	兆	10^{-15}	飞母托	f	飞［母托］
10^{3}	千	k	千	10^{-18}	阿托	a	阿［托］
10^{2}	百	h	百	10^{-21}	仄普托	z	仄［普托］
10^{1}	十	da	十	10^{-24}	幺科托	y	幺［科托］

（4）SI 的倍数和分数单位

由 SI 词头加在 SI 单位之前构成的单位叫作 SI 单位的倍数单位。由于国际单位制规定了 20 个 SI 词头，可组成大大小小不同的 SI 单位的十进倍数和分数单位，以满足不同场合对单位大小的需要。例如，词头千（k）与长度主单位米构成米的倍数单位千米（km），词头微（μ）与米构成米的分数单位微米（μm），词头兆（M）与力的单位牛顿（N）构成倍数单位兆牛顿（MN）等。

有一例外，质量主单位是千克（kg），但质量的倍数单位不是在千克前加词头，而是在克前加词头构成。例如，构成千克的一千倍单位时，不是由词头千加在千克之前成为千千克（kkg），而是由词头兆加在克之前成为兆克（Mg）。

第 2 节　法定计量单位

一、法定计量单位的概念与构成

1. 法定计量单位的概念

法定计量单位是"由国家法律承认、具有法定地位的计量单位"，或者说，是国家以法令形式明确规定在全国范围内使用的计量单位。

2. 法定计量单位的构成

按照国务院《关于在我国统一实行法定计量单位的命令》，我国法定计量单位的组成概括为三部分：国际单位制的单位；国家选定的非国际单位制单位；由以上单位构成的组合形式的单位。

我国选择了 16 个非国际单位制单位作为我国的法定计量单位，具体见表 2—4。

表 2—4   国家选定的非国际单位制单位

量的名称	单位名称	单位符号	与 SI 单位关系
时间	分	min	1 min＝60 s
	［小］时	h	1 h＝60 min＝3 600 s
	天（日）	d	1 d＝24 h＝86 400 s
［平面］角	［角］秒	″	$1'' = (\pi/648\ 000)$ rad
	［角］分	′	$1' = 60'' = (\pi/10\ 800)$ rad
	度	°	$1° = (\pi/180)$ rad
旋转速度	转每分	r/min	$1\ \text{r/min} = (1/60)\ \text{s}^{-1}$
长度	海里	n mile	1 n mile＝1 852 m
速度	节	kn	1 kn＝1 n mile/h＝（1 852/3 600）m/s
质量	吨	t	$1\ \text{t} = 10^3\ \text{kg}$
	原子质量单位	u	$1\ \text{u} \approx 1.660\ 540 \times 10^{-27}\ \text{kg}$
体积	升	L（l）	$1\ \text{L} = 10^{-3}\text{m}^3 = 1\ \text{dm}^3$
能	电子伏	eV	$1\ \text{eV} \approx 1.602\ 177 \times 10^{-19}\ \text{J}$
级差	分贝	dB	
线密度	特［克斯］	tex	$1\ \text{tex} = 10^{-6}\ \text{kg/m}$
面积	公顷	hm^2	$1\ \text{hm}^2 = 10^4\ \text{m}^2$

组合单位是指两个或两个以上的单位用乘、除的形式组合而成的新单位，也包括分母只有一个单位而分子为 1 的单位。构成组合单位的单位既可以是国际单位制的基本单位、具有专门名称的导出单位、国家选定的非国际单位制单位，也可以是它们的十进倍数和分数单位。

例如：加速度单位"米每二次方秒（m/s^2）"，就是由基本单位构成的组合单位；角速度单位"弧度每秒（rad/s）"，就是由导出单位和基本单位构成的组合单位；压力单位"牛顿每平方米（N/m^2）"，就是由具有专门名称的导出单位和基本单位构成的组合单位；线膨胀系数单位"每摄氏度（1/℃）"，就是由一个单位作分母，而分子为 1 构成的组合单位；电能单位"千瓦时（kW·h）"，就是由国际单位制单位和国家选定的非国际单位制单位构成的组合单位。

二、法定计量单位及词头的名称

1. 法定计量单位的名称

法定计量单位名称，指单位的中文名称，单位名称分为全称和简称，例如：力的单位全称是"牛顿"，简称"牛"。

（1）组合单位名称读写的顺序与该单位的国际符号表示的顺序一致。但指数形式的单位，指数名称要读在单位名称之前，例如：电能单位 kW·h 的名称为"千瓦时"，密度单位 kg/m^3 的名称为"千克每立方米"。

（2）组合单位的符号中数学符号"·""/""x^n"的读写。

乘号"·"无对应名称，即不再读写。

除号"/"对应"每"字，且不管分母中有几个单位，"每"字只读写一次。

乘方"x^n"中指数的名称一般用数字加"次方"两字，但如果是长度单位的 2 次或 3 次幂，且用以表示面积或体积时，则相应的指数名称应读写"平方"和"立方"。指数是负 1 或分子为 1 的单位，其中文名称是以"每"字开头。

例如：冲量的单位 N·s，其名称为"牛顿秒"或"牛秒"；比热单位 J/（kg·℃），其名称为"焦耳每千克摄氏度"；截面系数单位 m^3，其名称为"三次方米"；体积单位 m^3，其名称为"立方米"；波数的单位 m^{-1}，其名称为"每米"。

2. 词头的名称

对于 SI 词头，国际上规定了统一的名称和符号，考虑到习惯用法，方便使用，我国法定计量单位规定了词头相应的中文名称和符号（见表 2—3）。其中 $10^{-6}\sim10^6$ 之间的因数的词头，其中文名称为相应的汉语数词。这些词头的中文名称本身就是数词，使用时要注意避免与中文数词的混用。

三、法定计量单位的符号

1. 计量单位符号及书写

单位和词头的国际符号以及中文符号都有明确规定，不能乱用。单一的单位（含带有词头的单位）的国际符号和中文符号的书写十分方便，只需要按规定的符号书写即可。对于组合单位，其单位符号的书写有着固有的规则。

（1）相乘形式的组合单位符号的书写形式

相乘形式的组合单位，其国际符号有两种形式（以力矩单位"牛米"为例）：N·m，Nm（此形式慎用）；中文符号只有一种形式：牛·米，即用居中圆点。

（2）相除形式的组合单位符号的书写形式

相除形式的组合单位，国际符号有四种形式（以密度单位为例）：kg/m^3，$kg·m^{-3}$，kgm^{-3}（此形式慎用），$\dfrac{kg}{m^3}$；中文符号有三种形式：千克/米^3，千克/米$^{-3}$，$\dfrac{千克}{米^3}$。

2. 书写单位和词头符号注意事项

（1）单位和词头的符号一律用正体，不带省略点，且无复数形式。例如：力的单位牛顿应是 N，不是 N；长度单位毫米应是 mm，不是 mm。质量单位千克应是 kg，而不是 kgs。

（2）单位符号的字母一般为小写，但来源于人名的，单位符号的第一个字母为大写。如：m（米）、s（秒）；V（伏特）、N（牛顿）、Pa（帕斯卡）、Hz（赫兹）。但有一例外，升可用 L，以免用小写"l"时与阿拉伯数字"1"相混淆。

（3）词头符号的字母，当所表示的因数在 10^6 及以上时为大写，其余均为小写，即 M（兆）以上的词头为大写，其余均为小写。

（4）一个单位符号不得分开，要成为一个整体。例如：摄氏度为℃，不得写为°C；频率单位 Hz，不得写为"H z"。

（5）词头和单位符号之间不留间距，不加任何符号，也不必加圆括号。例如：面积单位"平方千米"的符号是 km^2，不应为 k·m^2、k×m^2，也不必写为 $(km)^2$。

（6）相除形式的组合单位，在用斜线表示相除时，单位符号的分子和分母应与斜线处于一行内。当分母中包括两个以上单位时，整个分母一般应加圆括号。例如：比热容的单位为 J/（kg·K），不能写为 J/kg/K。

（7）中文符号只在中小学教材和普通书刊中有必要时使用。作为中文符号使用时只能用简称，不得使用全称。单位中文符号使用错误举例见表 2—5。

表 2—5　　　　　　　　　　单位中文符号使用错误举例

国际符号	中文名称	正确的中文符号	错误的中文符号
mg/cm^3	毫克每立方厘米	毫克/厘米^3	毫克/立方厘米
mol/L	摩尔每升	摩/升	摩尔/升
t/（kW·h）	吨每千瓦小时	吨/千瓦时	吨/（千瓦·小时）

四、法定计量单位使用规则

使用法定计量单位应注意以下几点。

1. 单位名称与符号的使用场合

单位的名称一般仅用在叙述性文字中，单位的符号则在公式、数据表、曲线图、产品铭牌、技术标准、检定规程、使用说明书等任何地方使用，也可用于叙述性文字中，应优先采用单位的国际符号。

2. 组合单位加词头的原则

（1）相乘形式的组合单位加词头，一般加在组合单位中的第一个单位之前。例如：力矩的单位 N·m，加词头 M 时，应为 MN·m，而不是 N·Mm。

（2）相除形式的组合单位加词头，一般加在分子中的第一个单位之前，分母中一般不加词头。例如：摩尔内能单位 kJ/mol 不宜用 J/mmol。

但有以下例外情况：

1）当组合单位中分母是长度、面积或体积单位时，分母中按习惯与方便也可选用词头以构成相应组合单位的十进倍数和分数单位。例如：电场强度的 SI 单位为 V/m，它的十进倍数单位可以为 kV/m 或 V/mm。

2）分子为 1 的组合单位加词头时，词头只能加在分母的单位上。例如：波数的 SI 单位 1/m，它的十进分数单位为 1/mm。

3. 计量单位符号使用的禁忌

（1）单位的名称或符号要作为整体使用

1）在书写或读音时，不能把一个单位的名称随意拆开，更不能在其中插入数值。例如："20℃"应读"20 摄氏度"，不能读作"摄氏 20 度"。

2）十进倍数和分数单位的指数，是对包括词头在内的整个单位起作用。例如：$1\ cm^2 = 1\ (cm)^2$。

（2）不能单独或重叠使用词头

例如："电容器的电容为 10 μ"，正确的表述是"电容器的电容为 10 μF"；"电容器的电容为 20 $\mu\mu F$"，正确的表达应是"电容器的电容为 20 pF"。

（3）限制使用 SI 词头的单位

词头不能加在非十进制的单位上，例如：平面角单位"度""［角］分""［角］秒"与时间单位"分""时""天（日）"等不能加词头；摄氏温度单位"摄氏度"，虽然是 SI 导出单位，但也不能加词头。

（4）避免单位名称与符号、单位的国际符号与中文符号混用

1）单位的中文名称和中文符号不应混用。例如："力矩单位是牛顿·米""瓦特的表示式是焦耳/秒"，都属于中文名称和中文符号的混用。

2）单位的国际符号和中文符号也不能混用。但有一个例外，"℃"既是摄氏度的国际符号，又可作为中文符号使用。

4. 量值的正确表示

（1）单位的名称或符号要置于整个数值之后。例如：1.75 m，不能表示为"1 m75"。如果所表示的量为量的和或差，则应当加圆括号将数值组合，置共同的单位符号于全部数值之后或写成各个量的和或差。

例如：$L = 12\ m - 7\ m = (12-7)\ m = 5\ m$；

$t = 28.4℃ \pm 0.5℃ = (28.4 \pm 0.5)℃$（不得写成 28.4±0.5℃）。

（2）选用倍数或分数单位时，一般应使数值处于 0.1~1 000 范围内。

例如：1.2×10^4 N 应表示为 12 kN；0.003 94 m 应表示为 3.94 mm；101 325 Pa应表示为 101.325 kPa；3.1×10^{-8} s 应表示为 31 ns。

第3节　食品检验中常用物理量的计量单位

一、长度的计量单位及换算

1. 长度计量单位

常用的长度计量单位有米（m）、千米（km）、分米（dm）、厘米（cm）、毫米（mm）、微米（μm）。

2. 常用长度计量单位的换算

1 m=10 dm；1 dm=10 cm；1 cm=10 mm；1 m=1 000 mm；1 mm=1 000 μm

二、体积（容积）的计量单位及换算

1. 体积计量单位

体积的 SI 单位为立方米，符号为 m³。食品检验中常用的体积单位有立方分米

（dm³）、立方厘米（cm³）、立方毫米（mm³）。体积的法定计量单位还有升，符号为 L 或 l。常用的单位还有毫升（mL 或 ml）、微升（μL 或 μl）。

2. 体积计量单位的换算

1 m³＝1 000 dm³；1 dm³＝1 000 cm³；1 cm³＝1 000 mm³

1 L＝1 dm³；1 L＝1 000 cm³；1 L＝1 000 mL；1 cm³＝1 mL

三、质量的计量单位及换算

1. 质量计量单位

质量的计量单位为千克（或公斤），符号为 kg。食品检验中常用的质量计量单位有克（g）、毫克（mg）、微克（μg）、纳克（ng）。

2. 常用质量计量单位的换算

1 kg＝1 000 g；1 g＝1 000 mg；1 mg＝1 000 μg；1 μg＝1 000 ng

四、物质的量计量单位及换算

1. 物质的量计量单位

物质的量的计量单位为摩尔，符号为 mol。食品检验中还常用其倍数和分数单位千摩尔（kmol）、毫摩尔（mmol）、微摩尔（μmol）、纳摩尔（nmol）。

2. 常用物质的量计量单位换算

1 mol＝1 000 mmol；1 mmol＝1 000 μmol；1 μmol＝1 000 nmol

思 考 题

1. 简述国际单位制和我国法定计量单位的构成。

2. 正确写出国际单位制七个基本单位的名称、符号。

3. 请读、写法定计量单位的名称、符号。

4. 写出下列计量单位的名称和国际符号：伏·安、米/秒、千克/米³、牛·米。

5. 写出下列计量单位的中文符号和名称：kg、J/s、W/A、Mm。

6. 写出下列计量单位的国际符号和中文符号：瓦特每平方米开尔文、微克每摩尔、毫摩尔每升。

第3章

化学基础知识

第1节　物质的量及应用

物质是由分子、原子或离子等基本粒子构成的，这些粒子的质量极小，如1个碳—12（^{12}C）原子的质量仅为1.993×10^{-23} g，这么小的质量难以称量。在实际工作中所需的物质都是可以称量的，这说明称量的物质不是几个粒子，而是数目庞大的粒子集合体。从实际应用角度考虑，为了计量这些粒子的数量或质量，1971年国际计量大会决定引进一个新的物理量，通过这个物理量可以把粒子与可称量的物质联系起来，即物质的量。

一、物质的量

物质的量是国际单位制的基本量之一，与质量、长度、时间、电流等一样，是一种物理量的名称，符号为n，单位是摩尔（符号为 mol）。国际单位制中规定1 mol任何物质所含有的结构粒子数与0.012 kg ^{12}C 的原子数目相等。已知1个碳原子的质量为1.993×10^{-23} g，1 mol ^{12}C 应含有：

$$\frac{12 \text{ g/mol}}{1.993\times10^{-23}\text{ g/个}}=6.02\times10^{23}\text{个}^{12}C\text{ 原子/mol}$$

6.02×10^{23}个^{12}C 原子/mol 是一个常数，这个数值叫作阿伏伽德罗常数，符号为N_A。当某物质所含的基本单元数为阿伏伽德罗常数时，该物质的物质的量就是1 mol。

例如：

1 mol 氧原子含有 6.02×10^{23} 个氧原子；

1 mol 水分子含有 6.02×10^{23} 个水分子；

1 mol 氢氧根离子含有 6.02×10^{23} 个氢氧根离子；

$2 \times 6.02 \times 10^{23}$ 个二氧化碳分子就是 2 mol 二氧化碳分子；

$0.5 \times 6.02 \times 10^{23}$ 个铁离子就是 0.5 mol 铁离子。

应当注意：（1）摩尔是物质的量的单位，而不是质量单位；（2）在使用摩尔这个单位表示物质的量时必须指明基本单元的名称（分子、原子、离子、电子及其他粒子，或是这些粒子的特定组合）；（3）实际生产中还有比摩尔更大或更小的单位，如兆摩尔（Mmol）、千摩尔（kmol）、毫摩尔（mmol）。1 Mmol＝1 000 kmol，1 kmol＝1 000 mol，1 mol＝1 000 mmol。

物质的量（n）与基本单元数目（N）、阿伏伽德罗常数（N_A）之间有如下关系：

$$物质的量 = \frac{物质的基本单元数目}{阿伏伽德罗常数}$$

$$n = \frac{N}{N_A}$$

由此可见，物质的量与物质的基本单元数成正比。因此，要比较几种物质基本单元数的多少，只要比较它们的物质的量的大小就可以了。

二、摩尔质量

摩尔质量定义为质量除以物质的量，用符号 M 表示，常用单位是 $g \cdot mol^{-1}$。

摩尔质量是物质的量的导出量，因此在给出摩尔质量时，也必须指明基本单元。如氢原子的摩尔质量为 M_H，硫酸的摩尔质量为 $M_{H_2SO_4}$，氢氧根离子的摩尔质量为 M_{OH^-}。

当物质的基本单元确定后，其摩尔质量就容易求得。1 mol ^{12}C 的质量是 12 g，因为 1 个碳原子与 1 个氢原子、1 个氧原子的质量比为 12∶1∶16，所以 1 mol ^{12}C 原子的质量与 1 mol 氢原子、1 mol 氧原子的质量比也为 12∶1∶16。因此 1 mol 氢原子的质量是 1 g，1 mol 氧原子的质量是 16 g。由此得出结论，任何元素原子的摩尔质量在以 $g \cdot mol^{-1}$ 为单位时，数值上等于其相对原子质量。推而广之，任何物质的摩尔质量，数值上等于该物质的分子量。例如：

铁原子的摩尔质量 $M_{Fe} = 56 \ g \cdot mol^{-1}$

H_2SO_4 的摩尔质量 $M_{H_2SO_4}=98\ g\cdot mol^{-1}$

当以摩尔质量表示离子的质量时，由于电子的质量极其微小，原子失去或得到电子的质量可以忽略不计，则各离子的摩尔质量，仍等于相应的原子或原子团的摩尔质量。如 Cl^- 的摩尔质量 $M_{Cl^-}=35.45\ g\cdot mol^{-1}$，$OH^-$ 的摩尔质量 $M_{OH^-}=17\ g\cdot mol^{-1}$。

三、物质的量的计算

物质的量（n）、物质的质量（m）和摩尔质量（M）之间的关系式：

$$物质的量=\frac{物质的质量}{摩尔质量}$$

或 物质的质量=物质的量×该物质的摩尔质量

即 $n=\dfrac{m}{M}$ 或 $m=n\times M$

因 $n=\dfrac{N}{N_A}$，所以 $\dfrac{N}{N_A}=n=\dfrac{m}{M}$。

由此可见，通过物质的量（n）确实把肉眼看不见的粒子的数目（N）与可以称量的物质质量（m）联系起来了，给化学研究和实际应用带来极大的方便。

1. 已知物质的质量，求物质的量

【例 3—1】 90 g 水的物质的量是多少？

解：已知水的相对分子质量是 18，所以 $M_{H_2O}=18\ g\cdot mol^{-1}$。

$$n=\frac{m}{M_{H_2O}}=\frac{90\ g}{18\ g\cdot mol^{-1}}=5\ mol$$

答：90 g 水的物质的量是 5 mol。

2. 已知物质的量，求它的质量

【例 3—2】 求 5 mol Na_2CO_3 的质量是多少？

解：已知 Na_2CO_3 的摩尔质量是 $106\ g\cdot mol^{-1}$，

则 $m_{Na_2CO_3}=n\times M_{Na_2CO_3}=5\ mol\times 106\ g\cdot mol^{-1}=530\ g$

答：5 mol Na_2CO_3 的质量是 530 g。

3. 已知物质的质量，求它的分子数或离子的物质的量

【例 3—3】 4.9 g 硫酸里含有多少个硫酸分子？能电离出多少摩尔氢离子？

解：$M_{H_2SO_4}=98\ g\cdot mol^{-1}$

$$n_{H_2SO_4}=\frac{m}{M_{H_2SO_4}}=\frac{4.9\ g}{98\ g\cdot mol^{-1}}=0.05\ mol$$

$$N_{H_2SO_4}=n_{H_2SO_4}\times N_A=0.05\ mol\times 6.02\times 10^{23}\ mol^{-1}=3.01\times 10^{22}$$

1 mol H_2SO_4 能电离出 2 mol H^+。

$$n_{H^+}=0.05\ mol\times 2=0.1\ mol$$

答：4.9 g 硫酸里含有 3.01×10^{22} 个硫酸分子，能电离出 0.1 mol 氢离子。

四、气体摩尔体积

摩尔体积的定义是体积除以物质的量。表 3—1 列出了 20℃时 1 mol 某些物质的体积。

表 3—1　　　　　　　　20℃时 1 mol 某些物质的体积

物质	铁原子	铝原子	铅原子	水分子	硫酸分子	蔗糖分子
体积（cm³）	7.1	10.0	18.3	18.0	54.1	215.5

由表 3—1 可见，1 mol 各种固体或液体物质的体积是不相同的。那么 1 mol 各种气体的体积是否相同呢？气体的体积与温度和压强密切相关，比较气体体积必须在同温同压下进行。为了便于研究，人们规定温度为 273.15 K（0℃），压强为 101.325 kPa（1 atm）时的状况叫作标准状况。

1. 气体摩尔体积

实验测出，标准状况下，氢气的密度是 0.089 9 $g\cdot L^{-1}$，氧气的密度是 1.429 $g\cdot L^{-1}$，二氧化碳的密度是 1.964 $g\cdot L^{-1}$。又知它们的摩尔质量分别为 2.016 $g\cdot mol^{-1}$，32 $g\cdot mol^{-1}$，44 $g\cdot mol^{-1}$，则 1 mol H_2、O_2、CO_2 气体所占的体积分别为：

$$\frac{2.016\ g\cdot mol^{-1}}{0.089\ 9\ g\cdot L^{-1}}=22.4\ L\cdot mol^{-1}$$

$$\frac{32\ g\cdot mol^{-1}}{1.429\ g\cdot L^{-1}}=22.4\ L\cdot mol^{-1}$$

$$\frac{44\ g\cdot mol^{-1}}{1.964\ g\cdot L^{-1}}=22.4\ L\cdot mol^{-1}$$

从上面三个例子可以看出，在标准状况下，1 mol H_2、O_2 和 CO_2 的体积均为 22.4 L。经过大量事实证明，在标准状况下，1 mol 任何气体所占的体积都约是 22.4 L，这个体积叫作气体摩尔体积，符号为 V_m，单位是 $L\cdot mol^{-1}$，即 $V_m=22.4\ L\cdot mol^{-1}$。

2. 气体摩尔体积的计算

（1）已知气体的质量，计算标准状况下气体体积

【例 3—4】　4.4 g 二氧化碳在标准状况下所占体积是多少?

解: $M_{CO_2}=44\ g\cdot mol^{-1}$

$$n_{CO_2}=\frac{m}{M_{CO_2}}=\frac{4.4\ g}{44\ g\cdot mol^{-1}}=0.1\ mol$$

$$V_{CO_2}=0.1\ mol\times22.4\ L\cdot mol^{-1}=2.24\ L$$

答：在标准状况下 4.4 g 二氧化碳所占的体积是 2.24 L。

（2）已知标准状况下气体的体积，求气体的质量

【例 3—5】　计算标准状况下，11.2 L 氧气的质量是多少克?

解:

$$n_{O_2}=\frac{11.2\ L}{22.4\ L\cdot mol}=0.5\ mol$$

$$m_{O_2}=0.5\ mol\times32\ g\cdot mol^{-1}=16\ g$$

答：标准状况下 11.2 L 氧气的质量是 16 g。

（3）已知标准状况下，气体的体积和质量，求相对分子量

【例 3—6】　已知在标准状况下 0.24 L 氨气的质量是 0.182 g，求氨的相对分子量。

解法一：先求出单位体积内气体的质量，再计算气体的摩尔质量

$$每升氨气的质量=\frac{0.182\ g}{0.24\ L}=0.76\ g\cdot L^{-1}$$

$$氨气的摩尔质量=0.76\ g\cdot L^{-1}\times22.4\ L\cdot mol^{-1}=17\ g\cdot mol^{-1}$$

解法二：设气体的摩尔质量为 $x\ g\cdot mol^{-1}$

$$0.24\ L:0.182\ g=22.4\ L\cdot mol^{-1}:x$$

$$x=\frac{0.182\ g\times22.4\ L\cdot mol^{-1}}{0.24\ L}=17\ g\cdot mol^{-1}$$

答：氨气的相对分子量是 17。

五、化学方程式的计算

1. 化学方程式

（1）概念

用化学式来表示物质的化学反应的式子称为化学方程式。每一个化学方程式都是在实验的基础上得出来的，它反映了反应前后物质的质和量的变化，以及在反应时物质量之间的关系。

（2）书写方式

书写化学方程式的步骤如下：

1）写出反应物和生成物的化学式。反应物写在左边，生成物写在右边，中间暂时画一横线，各反应物和各生成物之间分别用"＋"相连。

2）根据质量守恒定律配平化学反应式，使左右两边各元素原子的总数相等，横线改等号。

3）必要的反应条件如加热用"△"表示、催化剂、压力、光照等注在等号上面或下面。生成物有沉淀、气体时可用"↓""↑"标明。

化学方程式不仅表示了反应物和生成物的种类，而且还表达了它们相互反应的量的关系。这种量的关系体现在原子数、分子数、物质的量、质量及气体体积等方面。

例如：

$$2Fe \quad + \quad 3Cl_2 = \quad 2FeCl_3$$

分子数比　　　2　　：　　3　　：2
质量比　　　2×56　：　3×71　：2×162.5
物质的量比　2　　：　　3　　：2

2. 化学方程式的计算

【例 3—7】 要制取 322 g 硫酸锌，需要多少克锌与稀硫酸作用？已知 $M_{Zn_2SO_4}=161 \text{ g} \cdot \text{mol}^{-1}$，$M_{Zn}=65 \text{ g} \cdot \text{mol}^{-1}$。

解：写出反应方程式，设需锌为 x g。

$$Zn+H_2SO_4=ZnSO_4+H_2\uparrow$$

65　　　　　161
x　　　　　322

$$x=\frac{65\times322}{161}=130 \text{（g）}$$

答：制取 322 g 硫酸锌需用 130 g 锌与稀硫酸作用。

【例 3—8】 完全中和 1 L 1 mol·L^{-1} NaOH 溶液需要 2 mol·L^{-1} H$_2$SO$_4$ 溶液多少升？

解：设需 2 mol·L^{-1} H$_2$SO$_4$ 溶液 xL。

$$2NaOH+H_2SO_4=Na_2SO_4+2H_2O$$

2　　　　　1
1×1　　　2×x

$$\frac{2}{1\times1}=\frac{1}{2\times x}$$

$$x = 0.25 \ (\text{L})$$

答：需 $0.25 \ \text{L}$ $2 \ \text{mol} \cdot \text{L}^{-1}$ H_2SO_4 溶液。

【例 3—9】　$800 \ \text{g}$ 密度为 $1.10 \ \text{g} \cdot \text{mL}^{-1}$ 的盐酸与足量的石灰石反应，在标准状况下收集到 $44.8 \ \text{L}$ CO_2。问此盐酸的物质的量浓度是多少？

解： $V_{HCl} = \dfrac{800 \ \text{g}}{1.10 \ \text{g} \cdot \text{mL}^{-1}} = 727 \ \text{mL} \approx 0.73 \ \text{L}$

设盐酸的物质的量的浓度为 $x \ \text{mol} \cdot \text{L}^{-1}$。

$$2HCl + CaCO_3 = CaCl_2 + H_2O + CO_2 \uparrow$$

2	1
$0.73x$	$\dfrac{44.8}{22.4}$

$2 : 0.73x = 1 : \dfrac{44.8}{22.4}$　　　　　$x = 5.5 \ (\text{mol} \cdot \text{L}^{-1})$

答：盐酸的物质的量的浓度为 $5.5 \ \text{mol} \cdot \text{L}^{-1}$。

根据化学方程式进行计算时，各物质的单位不一定都要换算成物质的量，可根据已知条件具体分析。注意同种物质的单位要一致，即上下单位一致即可。

第 2 节　物 质 的 结 构

一、物质的组成

分子、离子、原子是构成物质的基本粒子。分子是保持物质化学性质的最小粒子；分子是由原子构成，其中同种元素的原子构成单质分子，不同种元素的原子构成化合物分子，如 O_2、H_2O 等。物质在发生物理变化时，分子本身不发生变化；物质在发生化学变化时，分子本身也发生变化。

1. 离子的概念

离子是带电的原子或原子团。也可以说离子是原子得到或失去电子而形成的带电微粒。原子得到电子形成阴离子，原子失去电子形成阳离子。

2. 原子的组成

原子是物质进行化学反应的基本微粒，原子在化学反应中不可分割。原子虽很小，但它仍可再分。原子是由位于原子中心带正电荷的原子核和核外带负电荷的电子构成。原子核所带的正电荷数（以下简称核电荷数）与核外电子所带的负电荷数相等，因此整个原子显电中性。

原子很小，而原子核更小。如果把原子看成是乒乓球，则原子核仅有大头针针尖大小。原子核由质子和中子构成。质子带一个单位正电荷，中子呈电中性，因此，核电荷数由质子数决定。核电荷数的符号为 Z。

核电荷数（Z）＝核内质子数＝核外电子数

构成原子的粒子及其性质见表 3—2。

表 3—2　　　　　　　　　　构成原子的粒子及其性质

构成原子的粒子	原子		
	电子（e）	原子核	
		质子（p）	中子（n）
质量	9.11×10^{-31} kg	$1.672\,6 \times 10^{-27}$ kg	$1.674\,8 \times 10^{-27}$ kg
相对质量*	1/1 836	1.007	1.008
电性和电量	带一个单位负电荷	带一个单位正电荷	不显电性

　* 是指对一种碳原子（原子核内有 6 个质子和 6 个中子的碳原子）质量的 1/12 相比较所得的数值的近似值。

电子的质量很小，仅约为质子质量的 1/1 836，原子的质量主要集中在原子核上。质子和中子的相对质量分别为 1.007 和 1.008，取近似整数值为 1。如果电子的质量忽略不计，原子的相对质量（取整数）就等于质子相对质量（取整数）和中子相对质量（取整数）之和，这个数值叫作质量数，用符号 A 表示，中子数用符号 N 表示。则：

质量数（A）＝质子数（Z）＋中子数（N）

例如：已知氯原子的核电荷数为 17，质量数为 35，则：

氯原子的中子数 $N = A - Z = 35 - 17 = 18$

归纳起来，如以 X 代表一个质量数为 A，质子数为 Z 的原子，那么构成原子的粒子间的关系可以表示如下：

$$原子（{}_Z^A X） \begin{cases} 原子核 \begin{cases} 质子\ Z \\ 中子（A-Z） \end{cases} \\ 核外电子\ Z \end{cases}$$

二、化学键

原子既然可以互相结合成分子，原子之间必然有着相互作用，这种相互作用不仅存在于直接相邻的原子之间，而且也存在于分子内的非直接相邻的原子之间。化学上把分子或晶体中，这种相邻的两个或多个原子之间强烈的相互作用，叫作化学键。

按元素原子间的相互作用的方式和强度不同。化学键分为三种基本类型，即离子键、共价键、金属键。

1. 离子键

金属钠在氯气中燃烧，生成氯化钠：

$$2Na+Cl_2=2NaCl$$

从钠和氯的原子结构看，钠原子的最外电子层有 1 个电子，容易失去 1 个电子；氯原子的最外电子层有 7 个电子，容易得到 1 个电子，从而使最外层都达到 8 个电子的稳定结构。在一定条件下钠和氯气反应时，钠原子失去 1 个电子，形成带一个单位正电荷的钠离子（Na^+），氯原子得到 1 个电子，形成带一个单位负电荷的氯离子（Cl^-），这样，两个原子的最外电子层都具有 8 个电子的稳定结构。

钠离子和氯离子之间由于静电作用相互吸引，相互靠近。随着钠离子和氯离子的逐渐接近，两者之间的电子和电子、原子核和原子核的相互排斥作用也逐渐增强，当两种离子接近到某一定距离时，吸引和排斥作用达到平衡，形成了稳定的化学键。这种阴、阳离子间通过静电作用所形成的化学键叫作离子键。

2. 共价键

非金属元素的原子都容易获得外来的电子，显然，原子间不可能以得失电子的方式来形成离子键。这一类分子是通过共价键来形成的。现在以氢分子为例来说明共价键的形成。

氢分子是由两个氢原子结合而成的。在形成氢分子的过程中，电子不是从一个氢原子转移到另一个氢原子，而是在两个氢原子间共用两个电子，形成共用电子对。这两个共用的电子在两个原子核周围运动，使每个氢原子都具有氦原子的稳定结构。共用电子对受两个核的共同吸引，使两个原子相互结合。氢分子的形成可以用电子式表示：

$$\cdot H + \cdot H \longrightarrow H:H$$

在化学上常用一根短线表示一对共用电子，因此，氢分子的结构式可表示为 H—H。

这种原子间通过共用电子对所形成的化学键叫作共价键。以共价键形成的化合物称为共价化合物。

双原子的 Cl_2 分子的形成与 H_2 分子相似。两个氯原子共用一对电子，这样，每个氯原子都具有氩原子的稳定电子层结构。

$$:\overset{\cdot\cdot}{\underset{\cdot\cdot}{Cl}}\cdot + \times\overset{\times\times}{\underset{\times\times}{Cl}}\times \longrightarrow :\overset{\cdot\cdot}{\underset{\cdot\cdot}{Cl}}:\overset{\times\times}{\underset{\times\times}{Cl}}\times$$

氯分子也可用结构式 Cl—Cl 来表示。

在一些非金属单质分子中，存在同种原子形成的共价键，由于两个原子吸引电子的能力相同，共用电子对不偏向任何一个原子，成键的原子不显电性。这样的共价键叫作非极性共价键，简称非极性键。例如 H—H 键，Cl—Cl 键都是非极性键。不同的非金属元素的原子也以共价键结合成共价化合物分子。例如，氯化氢分子的形成可以表示如下：

$$H\times + \cdot\overset{\cdot\cdot}{\underset{\cdot\cdot}{Cl}}: \longrightarrow H\times\overset{\cdot\cdot}{\underset{\cdot\cdot}{Cl}}:$$

氯化氢的结构式为 H—Cl。

在这类共价化合物分子中存在不同种原子形成的共价键。由于不同种类原子吸引电子的能力不同，共用电子对必然偏向吸引电子能力强的一方，因而吸引电子能力较强的原子就呈现出负电性，吸引电子能力较弱的原子就呈现正电性。这样的共价键叫作极性共价键，简称极性键。例如在氯化氢分子里，由于氯原子吸引电子的能力比氢原子强，所以共用电子对偏向氯原子一方，氯原子带部分负电荷，氢原子带部分正电荷。因此 HCl 分子中 H—Cl 键是极性键。同理，水（H_2O）分子中的 H—O 键，硫化氢（H_2S）分子中的 H—S 键等都是极性键。

化合物中的键型并不一定是单一的。例如，在氢氧化钠（NaOH）中，钠离子和氢氧根离子之间是离子键，而氢氧根中的氢、氧原子间是共价键。电子式为：

$$Na^+ \left[\times\overset{\cdot\cdot}{\underset{\cdot\cdot}{O}}:H\right]^-$$

在形成共价键时，共用电子对通常由成键的两个原子分别提供。但有时共用电子对也可以由一个原子单方提供，而由两个原子共用。这种由一个原子提供一对电子形成的共价键称为配位共价键，简称配位键。用"→"表示，箭头指向接受电子对的原子。

例如，NH_3 分子和 H^+ 就是通过配位键形成 NH_4^+ 的。

$$NH_3 + H^+ = NH_4^+$$

NH_3 分子中 N 原子上有一对孤对电子；H^+ 是氢原子失去 1 个电子形成的，有空轨道。当 NH_3 分子与 H^+ 作用时，NH_3 分子上的孤对电子进入 H^+ 的空轨道，这一对电子就为氮、氢两原子所共用，形成配位键。

$$H:\overset{\cdot\cdot}{N}:+H^+ \longrightarrow \left[H:\overset{\textstyle H}{\underset{\textstyle H}{N}}:H\right]^+$$

NH_4^+ 的结构式表示为：

$$\left[\begin{array}{c} H \\ H \text{----} N \text{\tiny{''''}} H \\ H \end{array} \right]^+$$

配位键是共价键的一种，共用电子对是由一个原子单方提供，所以配位键是极性共价键。

形成配位键必须具备两个条件：1）提供共用电子对的原子有孤对电子；2）接受共用电子对的原子有空轨道。

由一个正离子（或原子）和一定数目的中性分子或负离子以配位键结合形成的能稳定存在的复杂离子或分子，叫配离子或配分子。配分子或含有配离子的化合物叫配合物（络合物）。

如配离子 $[Cu(NH_3)_4]^{2+}$ 　　　 $[HgI_4]^{2-}$

四氨合铜（Ⅱ）配离子　　　　四碘合汞（Ⅱ）配离子

配分子　　　$Ni(CO)_4$ 　　　 $[Cu(NH_3)_4]SO_4$ 　　　 $Na_2[Cu(OH)_4]$

四羰基合镍　　　　硫酸四氨合铜（Ⅱ）四羟基合铜（Ⅱ）酸钠

配合物的组成　　配离子是配合物的特征组成，它的性质和结构与一般离子不同，因此，将配离子用方括号括起来。方括号内是配合物的内界，不在内界的其他离子是配合物的外界。

$$\text{配合物} \begin{cases} \text{内界} \begin{cases} \text{中心离子（配合物的形成体）} \\ \text{配位体（配体）} \end{cases} \\ \text{外界} \end{cases}$$

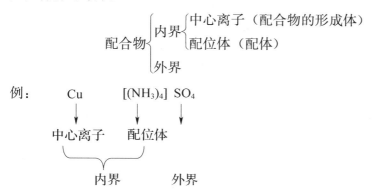

例：

中心离子——位于配离子中心的正离子或中性原子；

配位体——与中心离子结合的负离子或中性分子；

配位原子——配位体中，直接与中性离子以配位键结合的原子；

配位数——与中心离子直接成键的配位原子的个数。

例如 $Cu(NH_3)_4^{2+}$ 中，NH_3 是配位体，N 是配位原子，4 是配位数。

3. 金属键

金属原子外层的价电子和原子核联系比较松弛，容易失去价电子而形成阳离子。在金属晶体中从原子上脱落下来的电子，不是固定在某一金属离子附近，而是在金属晶体中自由运动，这些电子叫自由电子。金属晶体中，由于自由电子不停地运动，把金属原子或离子联系在一起，这种化学键叫金属键。

金属有很多共同的物理特性，如金属有颜色和光泽，有良好的导电性和传热性，有好的机械加工性能。这些共性是因为金属有类似的内部结构。

第3节　化学反应

一、化学反应的基本类型

无机化合物反应的基本类型：化合反应、分解反应、置换反应、复分解反应。

1. 化合反应

由两种或者两种以上的物质生成一种新物质的反应。例如：

$$C + O_2 \xrightarrow{\text{点燃}} CO_2$$

2. 分解反应

一种物质分解成两种或者两种以上物质的反应。例如：

$$2KClO_3 \xrightarrow[\triangle]{MnO_2} 2KCl + 3O_2 \uparrow$$

3. 置换反应

一种单质和一种化合物反应，生成另一种单质和另一种化合物的反应。

例如，高温条件下：

$$SiO_2 + 2C = Si + 2CO \uparrow ；8Al + 3Fe_3O_4 = 4Al_2O_3 + 9Fe$$

再如金属与酸发生反应、金属与盐（溶液）发生反应都属于置换反应。在金属活动性顺序中，排在（H）前面的金属，可以与酸（浓硫酸、硝酸等强氧化性酸除外）反应，放出氢气；在金属活动性顺序中只有排在前面的金属才能把排在后面的金属从其盐溶液中置换出来。但 K、Ca、Na 等金属例外，由于它们过于活泼，与盐溶液不发生置换反应，而是先与溶液中的水发生反应。

金属活动顺序表：

K　Ca　Na　Mg　Al　Zn　Fe　Sn　Pb（H）Cu　Hg　Ag　Pt　Au →

金属活动性：　　　　　　　　　强　　　　　　弱

4. 复分解反应

一种化合物和另一种化合物反应，互相交换成分，生成两种新的化合物的反应。例如：

$NaOH + HCl = NaCl + H_2O$；$Na_2CO_3 + H_2SO_4$（稀）$= Na_2SO_4 + CO_2 \uparrow + H_2O$；$2AgNO_3 + BaCl_2 = Ba(NO_3)_2 + 2AgCl \downarrow$

根据复分解反应趋于完成的条件，复分解反应发生需要一定的条件。生成物中必须有沉淀或气体或水或弱电解质。

二、化学反应速率

化学反应速率是指在化学反应中，物质变化快慢的程度。各种化学反应进行的速率相差很大。炸药的爆炸、某些酸碱溶液的中和反应都可以在瞬间完成；而钢铁的生锈、塑料的老化就慢得多；至于煤和石油的形成，则需要几十万年以至亿万年的时间。

对于某些化学反应，可以通过观察在同一时间内反应物消耗或生成物产生的快慢，定性地比较反应速率的大小。例如，镁带和铁片放入相同浓度的盐酸中，镁带（反应物）消耗较快，同时很快地放出氢气（生成物）；而铁片消耗较慢，放出氢气也较缓慢，可见镁带与盐酸反应的速率比铁与盐酸反应的速率快。

三、化学反应速率的影响因素

不同的化学反应，具有不同的反应速率。例如钠在常温下与水剧烈反应放出氢气，而铁与水在常温下几乎不能反应。这说明反应物的本性是决定化学反应速率的主要因素。然而，当反应物相同时，由于外界条件不同，其反应速率也不相同。即反应速率还要受到外界条件的影响，其中主要是受浓度、压强、温度和催化剂等的影响。

1. 浓度对反应速率的影响

把有余烬的木条插入盛有氧气的瓶中，木条又重新剧烈地燃烧起来。显然，木条的燃烧反应在纯氧中比在空气中进行得更快。这是因为在纯氧中氧气的浓度比空气中氧气的浓度大。

大量生产实践和科学实验证明，当其他条件不变时，增加反应物的浓度，可使反应速率增大。反之反应速率减慢。

对于有固态物质参加的反应，由于反应只是在固体表面上进行，因此反应速率仅与固体表面积的大小、扩散速率有关。增加固态反应物的量对反应速率无影响。

2. 压强对反应速率的影响

对于一定量的气体反应物来说，当温度一定时，增大压强，气体体积缩小，气体浓度增大。所以，对于有气态物质参加的反应，当温度一定时，增大压强，化学反应速率增大。

如果参加反应的物质是固体、液体或溶液时，由于改变压强对它们体积的改变几乎没有影响，因此压强与固体或液体的反应速率无关。

3. 温度对反应速率的影响

提高温度是常用的加快反应速率的方法。一般情况下升高温度，化学反应速率增大；降低温度，化学反应速率减慢。通过多次实验测得，在其他条件不变的情况下，温度每升高 10℃，反应速率通常增大到原来的 2～4 倍。

4. 催化剂对反应速率的影响

凡能改变反应速率而它本身的组成、质量和化学性质在反应前后保持不变的物质，称为催化剂。

实验室用氯酸钾来制取氧气时，为了加快反应速率，常加入二氧化锰作催化剂。用水煤气（CO 和 H_2）合成甲醇（CH_3OH），则用铜做催化剂。目前化工生产中约有 85% 以上的反应，是借助于催化剂的作用来加快反应速率提高生产率的。

应该注意，催化剂只能改变反应速率，使反应加快或减慢，但不能使原来不发生反应的物质之间发生反应。

影响化学反应速率的条件很多，除温度、浓度、压强、催化剂外，还有光线、超声波、激光、放射线、电磁波、反应物颗粒大小、扩散速率、溶剂等。例如，光照能使溴化银很快分解，这个原理已应用在照相技术上。再如常用的变色镜中含有卤化银、氧化铜和稀土元素。在强光作用下卤化银分解出银和卤素，光线越足，分解出银粒就越多，玻璃颜色就变得越深。光线减弱时，在氧化铜催化剂的作用下，银又和卤素化合成卤化银，使玻璃颜色变浅。

四、化学平衡与化学平衡的移动

在化学研究和化工生产中，不仅要注意反应的速率，而且要关心使反应物尽可能多地被利用，即反应进行的程度，这就是化学平衡的问题。化学平衡主要研究可逆反应进行程度的规律。

1. 可逆反应

我们遇到的许多化学反应中，有些在相同的条件下，反应物可以相互作用变成生成物；生成物也可以相互作用变成反应物。这种在同一条件下，既能向一个方向又能向相反方向进行的反应叫作可逆反应。通常在反应方程式中用符号"$\rightleftharpoons$"表示，如在持续加热的条件下，氢气和碘缓慢地化合生成碘化氢，生成的碘化氢不稳定，生成的同时又发生分解。上述反应可表示如下：

$$H_2（g）+I_2（g）\rightleftharpoons 2HI（g）$$

在可逆反应方程式中，自左至右的反应叫正反应，自右至左的反应叫逆反应。物质的固态、液态、气态可分别用符号"s""l""g"表示。

在水中通直流电时，水可分解成氢气和氧气，氢气和氧气点燃时化合成水，虽然是两个相反方向的反应，由于不在同一条件下发生，就不能叫作可逆反应。

大多数化学反应都具有或多或少的可逆性。但有些化学反应一旦发生作用就进行到底，如氯酸钾的分解反应：

$$2KClO_3 \xrightarrow{\triangle} 2KCl+3O_2\uparrow$$

该反应向左进行的趋势很小，目前氯化钾不能与氧气反应生成氯酸钾。像这种几乎只能往一个方向进行的反应，叫作不可逆反应。不可逆反应可用"＝"或"→"表示。

2. 化学平衡

（1）概念

可逆反应的特点是反应不能进行到底。例如，在密闭容器中，在一定温度下把等量的 H_2（g）和 I_2（g）混合，反应如下：

$$H_2（g）+I_2（g）\rightleftharpoons 2HI（g）$$

当反应开始时，因 H_2（g）和 I_2（g）的浓度最大，因而它们化合生成 HI（g）的正反应的速度 $v_正$ 最大；而 HI（g）的浓度为零，因而它分解为 H_2（g）和 I_2（g）的逆反应的速度 $v_逆$ 也是零。此后，随着反应的进行，反应物 H_2（g）和 I_2（g）的浓度逐渐减小，正反应的速度就逐渐减小；生成物 HI（g）的浓度逐渐增大，逆反应的速度就逐渐增大。当反应进行到一定时间后，$v_正$ 和 $v_逆$ 相等，见图 3—1。

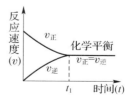

图 3—1　可逆反应中正、逆反应速度变化示意图

在一定条件下，可逆反应进行到正反应速度和逆反应速度相等时的状态叫作化学平衡状态。

（2）特征

1）化学平衡是一种动态平衡。反应达到平衡时，正、逆反应仍在不停进行着，只是正、逆反应速度相等，因此化学平衡是一种动态平衡。

2）可逆反应达到平衡时，反应体系中反应物和生成物的浓度不再随时间而改变，即反应混合物中各成分的质量分数保持不变。在化学平衡状态下，反应物和生成物的浓度叫作平衡浓度。

3）化学平衡是暂时的，有条件的。当外界条件改变时，原平衡就会被破坏，在新的条件下又重新建立新的平衡。

3. 化学平衡的移动

（1）概念

化学平衡在一定条件下建立，是相对的、暂时的平衡。一旦外界条件（如浓度、压强、温度等）改变了，由于它们对正、逆反应的速度产生不同的影响，使正、逆反应速度不再相等，平衡状态被破坏。又会在新的条件下建立新的平衡状态，这个过程就叫作化学平衡的移动。

（2）影响因素

1）浓度对化学平衡的影响。在一个小烧杯里加入 10 mL 0.01 mol·L^{-1}的 FeCl$_3$ 溶液和 10 mL 0.01 mol·L^{-1}的 KSCN 溶液，摇匀。由于生成 Fe（SCN）$_3$ 使溶液呈红色。

$$FeCl_3 + 3KSCN \Longleftrightarrow Fe（SCN）_3 + 3KCl$$
红色

将上述溶液平均分到三支试管里，往第一支试管里加入几滴 1 mol·L^{-1}的 FeCl$_3$ 溶液，第二支试管中加入几滴 1 mol·L^{-1}的 KSCN 溶液，充分振荡，与第三支试管相比较，观察这两支试管中溶液颜色的变化。

从上面实验可知，在原平衡混合物中，加入 FeCl$_3$ 溶液或 KSCN 溶液后，溶液的颜色都变深了，这说明平衡向正反应方向移动，生成更多的硫氰化铁。

通过大量实验证明，在其他条件不变的情况下，增大反应物的浓度或减小生成物的浓度，都可使平衡向着正反应方向移动；增大生成物的浓度或减小反应物的浓度，都可以使平衡向着逆反应的方向移动。

在生产中往往采用使用过量的廉价反应物原料的方法，使成本较高的原料得到充分利用，以达到增加产量和降低成本的目的。例如硫酸工业中，在有催化剂存在的条件下，常用过量的空气使二氧化硫充分氧化。同理，在工业生产中，也不断从反应器中分离出产品，以降低生成物的浓度，使平衡向正反应方向移动，从而提高产品的转化率。

2）压强对化学平衡的影响。对有气体物质参加的可逆反应，并且可逆反应两边气体分子总数不等时，改变压强也会使化学平衡移动。

例如用注射器吸入适量的二氧化氮和四氧化二氮的混合气体后，用橡皮塞将细管端封闭。然后，反复多次地将活塞往外拉或往里压，注意观察注射器里混合气体的颜色变化。

在一定条件下，管内气体建立如下平衡：

$$2NO_2（g）\rightleftharpoons N_2O_4（g）$$
红棕色　　　　无色

实验表明，当活塞往外拉时，即压强减小，管内气体的体积增大，浓度减小，混合气体颜色先变浅后又逐渐变深。逐渐变深是因为平衡向逆反应方向移动，即向气体体积增多的方向移动，生成了更多的 NO_2。相反，当活塞往里压，即压强增大，管内气体的体积减小，浓度增大，混合气体的颜色先变深后又逐渐变浅。逐渐变浅是因为平衡向正反应方向移动，即向气体体积减少的方向移动，生成更多的 N_2O_4。

总之，在其他条件不变的情况下，增大气体反应的总压强时，会使化学平衡向着气体分子数减少的方向移动；减小总压强时，会使化学平衡向着气体分子数增大的方向移动。

注：①固态或液态物质的体积受压强的影响很小，可以忽略不计。因此没有气体参加的可逆反应，改变压强不能使化学平衡发生移动。

②对有气体参加的反应，反应前后分子数无变化时，改变压强对平衡无影响。

3）温度对化学平衡的影响。化学反应总是伴随着热量的变化。凡是释放热量的化学反应叫作放热反应；吸收热量的化学反应叫作吸热反应。一般来说，物质的燃烧是放热反应，而物质的分解往往是吸热反应。如碳在氧气中燃烧的反应即为放热反应，而碳酸钙受热分解即为吸热反应。

在一个可逆反应中，如果正反应是吸热反应，那么逆反应就是放热反应，且热值是相同的。在吸热或放热的可逆反应中，反应混合物达到平衡状态后，改变温度，也会使化学平衡移动。

例如取两支封有颜色相同的 NO_2、N_2O_4 混合气体的安瓶，一支浸入热水中，另一支浸入冷水中，然后交换浸法。观察温度不同时瓶内气体颜色的变化。

$$2NO_2 \rightleftharpoons N_2O_4 + 热量$$
红棕色　　　无色

从实验中可看到，混合气体受热颜色变深，说明 NO_2 浓度增大，平衡向逆反应方向移动，也就是向吸热反应方向移动。相反地，混合气体被冷却，颜色变浅，说明 NO_2 浓度减小，平衡向正反应方向移动，即向放热反应方向移动。

由此可见，在其他条件不变的情况下，温度升高，会使化学平衡向着吸热反应的方向移动；温度降低会使化学平衡向着放热反应的方向移动。

4）催化剂不影响化学平衡。由于催化剂只能同样程度地增加正、逆反应速率，因此它只能使平衡到达的速率加快，不能使平衡发生移动。

（3）化学平衡移动的原理

浓度、压强、温度对化学平衡的影响可以概括成一个原理，这就是吕·查德里原理（即化学平衡移动原理）。如果改变影响化学平衡的一个条件（如浓度、压强或温度等），平衡就向能够削弱这种改变的方向移动。

第4节　电解质溶液

一、电解质与非电解质

在水溶液中或熔化状态下，能够导电的化合物叫作电解质，不能够导电的化合物叫作非电解质。

酸、碱、盐都是电解质，而酒精、蔗糖、甘油等大多数有机化合物均属非电解质。

二、酸、碱、盐的通性

1. 酸

（1）定义

电离时产生的阳离子全部都是氢离子。例如，H_2SO_4（硫酸）、HCl（盐酸）、HNO_3（硝酸）、H_2CO_3（碳酸）。

（2）通性

1）酸溶液能与酸碱指示剂反应。如使紫色的石蕊试液变红，不能使无色的酚酞试液变色。常见酸碱指示剂见表3—3。

表 3—3　　　　　　　　　　　　常见酸碱指示剂

指示剂	pH 值变色范围		
甲基橙	<3.1 红色	3.1～4.4 橙色	>4.4 黄色
石蕊	<5.0 红色	5.0～8.0 紫色	>8.0 蓝色
酚酞	<8.0 无色	8.0～10.0 浅红色	>10.0 红色
甲基红	<4.4 红色	4.4～6.2 橙色	>6.2 黄色

2）酸能与活泼金属反应生成盐和氢气。

$2HCl$（盐酸）$+Fe$（活泼金属）$=FeCl_2$（盐）$+H_2\uparrow$（氢气）置换反应

3）酸能与碱性氧化物反应生成盐和水。

H_2SO_4（酸）$+CuO$（碱性氧化物）$=CuSO_4$（盐）$+H_2O$（水）

4）酸能与碱反应生成盐和水。

H_2SO_4（酸）$+2NaOH$（碱）$=Na_2SO_4$（盐）$+2H_2O$（水）中和反应

5）酸能与某些盐反应生成新的盐和新的酸。

$2HCl$（酸）$+Na_2CO_3$（盐）$=H_2CO_3$（新酸）$+2NaCl$（新盐）复分解反应

2. 碱

（1）定义

电离时产生的阴离子全部都是氢氧根离子。例如，$NaOH$（氢氧化钠）、KOH（氢氧化钾）、$Ca(OH)_2$（氢氧化钙）、$NH_3 \cdot H_2O$（氨水）。

（2）通性

1）碱溶液能与酸碱指示剂反应。如能使无色的酚酞试液变红。又如烧杯中盛有含石蕊的氢氧化钠溶液，逐滴加入稀盐酸至过量，烧杯中溶液颜色变化的顺序是蓝色→紫色→红色。

2）碱能与酸性氧化物反应生成盐和水。

$Ca(OH)_2$（碱）$+CO_2$（非金属氧化物）$=CaCO_3\downarrow$（盐）$+H_2O$（水）

3）碱能与酸反应生成盐和水。反应式同酸的通性中 4）。

4）碱能与某些盐反应生成新的盐和新的碱。

$Ca(OH)_2$（碱）$+Na_2CO_3$（盐）$=CaCO_3\downarrow$（盐）$+2NaOH$（碱）复分解反应

3. 盐

（1）定义

电离时生成含有金属阳离子（或 NH_4^+）和酸根离子的化合物。例如，Na_2CO_3

（碳酸钠）、$CuSO_4$（硫酸铜）、NH_4NO_3（硝酸铵）。

（2）通性

1）与金属单质反应生成另一种金属和盐。

$CuSO_4$（盐）＋Fe（金属）＝$FeSO_4$（新盐）＋Cu（新金属）置换反应

2）与碱反应生成另一种碱和另一种盐。反应式同碱的通性中4）。

3）与酸反应生成另一种酸和另一种盐。反应式同酸的通性中5）。

4）与盐反应生成两种新盐。

$$BaCl_2 + Na_2SO_4 = BaSO_4 \downarrow + 2NaCl \quad 复分解反应$$

三、电解质的电离

电解质在水溶液中或熔化状态时，为什么能够导电？

以食盐为例，食盐的晶体里含有钠离子（Na^+）和氯离子（Cl^-），由于静电作用，它们既互相吸引，又互相排斥，按一定的规律紧密地排列着，这些离子不能自由移动，因而干燥的食盐晶体不能导电。当食盐在水中溶解时，由于水分子的作用，减弱了钠离子和氯离子之间的吸引力，使食盐离解成自由移动的离子，因而食盐溶液能够导电。

电解质在水溶液或在熔化状态下，离解成自由移动的离子的过程叫作电离。

电解质的电离可用离子方程式表示：

$$NaCl = Na^+ + Cl^- \quad NaOH = Na^+ + OH^-$$

四、强电解质与弱电解质

通常把在水溶液中或熔融状态下能完全电离的电解质称强电解质。强酸、强碱、大多数盐都是强电解质。强电解质的电离方程式中，用"＝"（或"→"）表示完全电离。

例如：

$$NaCl = Na^+ + Cl^-$$

$$H_2SO_4 = 2H^+ + SO_4^{2-}$$

$$KOH = K^+ + OH^-$$

强电解质在水溶液中完全电离，溶液中只有离子，没有分子，自由移动的离子浓度大，所以溶液的导电性强。

某些具有极性键的共价化合物，例如乙酸和氨水，它们溶于水时，虽然也受到水分子的作用，却只有部分分子电离成离子。离子在相互碰撞时又会重新结合成分子。因此，这类化合物在水中的电离过程是可逆的。在它们的水溶液中既有离子，又有分子。将在水溶液中仅能部分电离的电解质称弱电解质。弱酸、弱碱都是弱电解质。

在弱电解质的电离方程式中，用"$\rightleftharpoons$"表示可逆过程，表明部分电离。例如：

$$CH_3COOH \rightleftharpoons CH_3COO^- + H^+$$

$$NH_3 \cdot H_2O \rightleftharpoons NH_4^+ + OH^-$$

弱电解质在水溶液中部分电离，溶液中既有离子，又有分子，自由移动的离子浓度小，所以溶液的导电性弱。

多元弱酸、多元弱碱的电离是分级进行的。例如碳酸：

$$H_2CO_3 \rightleftharpoons H^+ + HCO_3^- \quad （一级电离）$$

$$HCO_3^- \rightleftharpoons H^+ + CO_3^- \quad （二级电离）$$

二级电离更弱，一般只考虑一级电离。

五、弱电解质的电离度及电离平衡

1. 电离平衡

弱电解质在水溶液中的电离过程是可逆的。在一定条件（如温度、浓度）下，当分子电离成离子的速度与离子相互结合成分子的速度相等时，电离过程就达到了平衡状态，这种平衡称为电离平衡。

2. 电离度

（1）电离度概念

当弱电解质在溶液中达电离平衡时，溶液中已电离的溶质分子数与溶液中原有溶质分子总数之比叫作电离度。

（2）电离平衡常数

电离平衡与化学平衡一样，也是动态平衡。当达到电离平衡时，溶液中离子的浓度和分子的浓度都保持不变。当外界条件改变时，弱电解质的电离平衡也会发生移动，电离平衡的移动也遵循平衡移动的原理。如在醋酸溶液里滴入盐酸，溶液里的氢离子浓度增大，醋酸的电离平衡向逆方向移动，使溶液里的醋酸根离子浓度减小，醋酸分子浓度增大，在新的条件下，建立起新的平衡状态。同理，若在醋酸溶液里滴入氢氧化钠溶液，氢氧根离子与氢离子反应结合生成更难电离的水，溶液里氢离子浓度减小，醋酸的电离平衡向正方向移动，使溶液里的醋酸根离子浓度增大，醋酸分子浓度减小，也会在新的条件下建立新的平衡状态。

弱电解质的电离程度可用电离常数（K）表达。例如醋酸（CH_3COOH，简写 HAc）：

$$HAc \rightleftharpoons H^+ + Ac^-$$

$$K_{HAc} = \frac{[H^+][Ac^-]}{[HAc]}$$

电离常数大，表示该弱电解质的电离程度相对大些。同一种弱电解质，电离常数随温度而改变，温度一定，电离常数一定。

六、离子反应

1. 离子反应和离子方程式

（1）离子反应

酸、碱、盐是电解质，它们在水中能电离成自由移动的离子，在酸、碱、盐溶液中所发生的复分解反应，实质上是离子之间的反应。我们把这种有离子参加的反应，称为离子反应。

（2）离子方程式的书写

$$HCl + KOH = KCl + H_2O \qquad a$$

$$H_2SO_4 + 2NaOH = Na_2SO_4 + 2H_2O \qquad b$$

上述反应中的盐酸、硫酸、氢氧化钾、氢氧化钠、氯化钾、硫酸钠都是易溶于水的强电解质，在水中完全电离。只有水是极弱的电解质，以分子形式存在，所以 a，b 两式可改写如下：

$$H^+ + Cl^- + K^+ + OH^- = K^+ + Cl^- + H_2O \qquad c$$

$$2H^+ + SO_4^{2-} + 2Na^+ + 2OH^- = 2Na^+ + SO_4^{2-} + 2H_2O \qquad d$$

c 式中的 K^+ 和 Cl^- 以及 d 式中的 Na^+ 和 SO_4^{2-} 的数目在反应前后保持不变，即没有参加反应，两个反应的实质都是 H^+ 和 OH^- 结合生成弱电解质 H_2O。

$$H^+ + OH^- = H_2O \qquad e$$

这种用实际参加反应的离子的符号表示反应的方程式，叫作离子方程式。离子方程式与一般化学方程式不同。离子方程式不仅表示了特定物质间的某一反应，而且表示了所有同一类型的离子反应。e 式表示强酸与强碱发生中和反应的实质是强酸电离产生的 H^+ 与强碱电离产生的 OH^- 结合生成极弱的电解质 H_2O。例如，HNO_3 与 $Ba(OH)_2$ 反应的离子方程式仍为 e 式。

现以硝酸银溶液和氯化钠溶液反应为例，分析离子方程式的书写过程。

1）写出反应的化学方程式：

$$AgNO_3 + NaCl = AgCl\downarrow + NaNO_3$$

2）把易溶于水的强电解质用离子符号表示，而难溶的物质、气体及弱电解质（如弱酸、弱碱和水）以分子式表示：

$$Ag^+ + NO_3^- + Na^+ + Cl^- = AgCl\downarrow + Na^+ + NO_3^-$$

3）消去等号两边等量的相同离子，得到离子方程式：

$$Ag^+ + Cl^- = AgCl\downarrow$$

4）检查等号两边各元素的原子数和离子所带电荷总数是否相等。

由上可知，硝酸银溶液和氯化钠溶液反应的实质是银离子和氯离子结合生成难溶于水的氯化银沉淀。实际上，任何可溶性银盐和可溶性氯化物溶液之间的反应都可用离子方程式 $Ag^+ + Cl^- = AgCl\downarrow$ 来表示。

2. 离子反应发生的条件

酸、碱、盐溶液之间发生的复分解反应，实际上是离子反应，这类反应发生的条件，归纳起来有三种：

（1）生成难溶的物质（沉淀）

例如，氯化钡溶液和硫酸钠溶液反应，有难溶的白色硫酸钡沉淀生成：

$$BaCl_2 + Na_2SO_4 = BaSO_4\downarrow + 2NaCl$$

离子方程式：

$$Ba^{2+} + SO_4^{2-} = BaSO_4\downarrow$$

（2）生成气体

例如，碳酸钠与盐酸反应，有二氧化碳气体生成：

$$Na_2CO_3 + 2HCl = 2NaCl + H_2O + CO_2\uparrow$$

$$离子方程式\ CO_3^{2-} + 2H^+ = H_2O + CO_2\uparrow$$

（3）生成难电离的物质（弱电解质）

例如，硝酸与氢氧化钠溶液反应，有难电离的水生成：

$$HNO_3 + NaOH = NaNO_3 + H_2O$$

离子方程式：

$$H^+ + OH^- = H_2O$$

只需具备上述三个条件之一，离子反应就能发生。NaCl 和 $NaNO_3$ 溶液混合后，反应就不能进行。

除了上述复分解反应是离子反应外，还有一些反应也是离子反应，例如电解质溶液中发生的置换反应、氧化还原反应等。

$$Zn + 2HCl = ZnCl_2 + H_2\uparrow$$

离子方程式：

$$Zn+2H^+=Zn^{2+}+H_2\uparrow$$

$$Cl_2+2KI=2KCl+I_2$$

离子方程式：

$$Cl_2+2I^-=2Cl^-+I_2$$

七、水的电离与溶液的 pH 值

1. 水的电离

通常认为纯水是不导电，根据精确的实验测出水有极弱的导电能力，说明水是一种极弱的电解质，它能微弱地电离：

$$H_2O\rightleftharpoons H^++OH^-$$

$$K=\frac{[H^+][OH^-]}{[H_2O]}$$

从纯水的导电实验测得，在 298 K 时，纯水中 H^+ 和 OH^- 的浓度都等于 1×10^{-7} mol·L^{-1}，这说明水的电离度很小，因而电离时消耗的水分子可忽略不计，则未电离时的 $[H_2O]$ 可视为一个常数，$[H^+][OH^-]$ 的乘积是一个常数。即

$$[H^+]\cdot[OH^-]=K_w$$

此式表示在纯水中 H^+ 浓度和 OH^- 浓度的乘积是一个常数，这个常数称作水的离子积常数，简称为水的离子积。在 298 K 时：

$$K_w=[H^+]\cdot[OH^-]=1\times10^{-7}\times1\times10^{-7}=1\times10^{-14}$$

K_w 随温度的升高而增大，见表 3—4。

表 3—4　　　　　　　　　　　　　K_w 与温度的关系

温度（K）	273	291	303	333	373
K_w	1.3×10^{-15}	7.4×10^{-15}	1.89×10^{-14}	1.26×10^{-13}	1×10^{-12}

在常温下 $K_w=1\times10^{-14}$。

2. 溶液的酸碱性与 pH 值

（1）酸碱度与 pH 值的关系

实验证明，水的离子积不仅适用于纯水，也适用于稀的酸性或碱性溶液。无论稀溶液是酸性、碱性还是中性，都同时存在着 H^+ 和 OH^-。不同的是酸性溶液中 H^+ 比 OH^- 浓度大，碱性溶液中 OH^- 比 H^+ 浓度大，在中性溶液中 H^+ 和 OH^- 浓度一样。总之，无论稀溶液是酸性、碱性或中性，在常温时，$[H^+]$ 和 $[OH^-]$

的乘积都等于 1×10^{-14}。

常温下，溶液的酸碱性与 H^+ 浓度和 OH^- 浓度的关系可以表示如下：

中性溶液 $[H^+] = [OH^-] = 1 \times 10^{-7}$ mol·L^{-1}

酸性溶液 $[H^+] > [OH^-]$　　$[H^+] > 1 \times 10^{-7}$ mol·L^{-1}

碱性溶液 $[H^+] < [OH^-]$　　$[H^+] < 1 \times 10^{-7}$ mol·L^{-1}

由此可看出，溶液的酸碱性可用 $[H^+]$ 来衡量。$[H^+]$ 越小，溶液的酸性越弱；$[H^+]$ 越大，溶液的酸性越强。

在实际工作中，常遇到的稀溶液中 $[H^+]$ 很小，给使用和计算带来不便。为方便起见，常采用 H^+ 浓度的负对数来表示溶液酸碱性的强弱，叫作溶液的 pH 值。

$$pH 值 = -lg[H^+]$$

例如：$[H^+] = 10^{-5}$ mol·L^{-1} 的酸性溶液，pH 值 = 5；而 $[H^+] = 10^{-9}$ mol·L^{-1} 的碱性溶液，pH 值 = 9；纯水中，$[H^+] = 1 \times 10^{-7}$ mol·L^{-1}，pH 值 = 7。

常温时，在中性溶液中 pH 值 = 7；在酸性溶液中 pH 值 < 7；在碱性溶液中 pH 值 > 7。

$[H^+]$、pH 值与溶液酸碱性的关系可表示如下。

$[H^+]$　10^0 10^{-1} 10^{-2} 10^{-3} 10^{-4} 10^{-5} 10^{-6} 10^{-7} 10^{-8} 10^{-9} 10^{-10} 10^{-11} 10^{-12} 10^{-13} 10^{-14}

pH 值　0　1　2　3　4　5　6　7　8　9　10　11　12　13　14

酸性增强　　中性　　碱性增强

分析上述关系可以看出：$[H^+]$ 越大，pH 值越小，溶液的酸性越强；$[H^+]$ 越小，pH 值越大，溶液的碱性越强。

pH 值通常适用于 $[H^+]$ 在 $1 \times 10^{-14} \sim 1$ mol·L^{-1} 之间，当超过此范围，可直接用 $[H^+]$ 或 $[OH^-]$ 来表示溶液的酸碱性。一般 pH 值的常用范围是 0～14。

同样地，$[OH^-]$ 也可以用 pOH 值来表示，即 $pOH = -lg[OH^-]$。

常温下，任何水溶液中 $[H^+] \cdot [OH^-] = 10^{-14}$。

即：pH + pOH = 14　　pH 值 = 14 - pOH

了解溶液 pH 值对人体健康和生产科研都有重要意义。人体中各种体液都有一定的 pH 值范围，如果超过这个范围，将严重影响机体正常的生理活动。如人体血液 pH 值的正常范围是 7.35～7.45，当 pH 值 < 7.35 时表现为酸中毒；当 pH 值 > 7.45 时，表现为碱中毒，pH 值偏离正常范围 0.4 个单位就有生命危险。在化工生产或科学研究的许多反应中，只有严格控制一定的 pH 值，生产或科研才能顺利进行。

（2）pH 值计算

【例 3—10】 计算 0.05 mol/L HCl 溶液的 pH 值。

解：盐酸是强电解质，在水溶液中全部电离为 H^+ 和 Cl^-，所以，溶液中 $[H^+]=0.05$ mol/L（水电离出的氢离子浓度很小，与 0.05 mol/L 相比，可忽略不计）。

则：0.05 mol/L HCl 溶液的 pH 值：

$$pH 值 = -\lg [H^+] = -\lg 0.05 = -\lg 5\times 10^{-2} = 2-\lg 5 = 2-0.699 \approx 1.3$$

【例 3—11】 计算 0.02 mol/L HAc 溶液 pH 值。已知 $K_{HAc}=1.8\times 10^{-5}$。

解：根据近似计算公式 $c/K_a \geq 500$ 时，

$$[H^+]=\sqrt{K_a \cdot c}=\sqrt{1.8\times 10^{-5}\times 0.02}=6\times 10^{-4} \text{ mol·L}^{-1}$$

则：

$$pH 值 = -\lg [H^+] = -\lg 6\times 10^{-4} = 3.22$$

【例 3—12】 计算 0.01 mol/L 氨水溶液的 pH 值。已知 $K_{NH_3·H_2O}=1.8\times 10^{-5}$。

解：根据近似计算公式 $c/K_b \geq 500$ 时，

$$[OH^-]=\sqrt{K_b \cdot c}=\sqrt{1.8\times 10^{-5}\times 0.01}=4.24\times 10^{-4} \text{ mol·L}^{-1}$$

$$[H^+]=\frac{10^{-14}}{[OH^-]}=\frac{10^{-14}}{4.24\times 10^{-4}}=2.36\times 10^{-11} \text{ mol·L}^{-1}$$

$$pH 值 = -\lg [H^+] = \lg 2.36\times 10^{-11} = 11-0.37 = 10.63$$

也可以根据 $[OH^-]$ 先求 pOH 值，再计算 pH 值。

$$pOH = -\lg [OH^-] = -\lg 4.24\times 10^{-4} = 3.37$$

$$pH 值 = 14-pOH = 14-3.27 = 10.63$$

八、盐的水解

酸的水溶液呈酸性，碱的水溶液呈碱性，盐是酸和碱发生中和反应的产物，盐的水溶液是否呈中性？

实验：把少量 CH_3COONa、Na_2CO_3、$NaCl$、KNO_3、NH_4Cl、$Al_2(SO_4)_3$ 的晶体分别投入 6 支盛有纯水的试管中，振荡试管使之溶解。然后分别用 pH 试纸检测。

实验结果表明，盐的水溶液不一定显中性。CH_3COONa、Na_2CO_3 的水溶液显碱性；NH_4Cl、$Al_2(SO_4)_3$ 的水溶液显酸性；$NaCl$、KNO_3 的水溶液显中性。因此，盐溶液的酸碱性与生成这种盐的酸和碱的强弱有着密切的关系：CH_3COONa、Na_2CO_3 是由强碱与弱酸所生成的盐，它们的水溶液显碱性；$NaCl$、KNO_3 是由强酸与强碱生成的盐，它们的水溶液显中性；NH_4Cl、$Al_2(SO_4)_3$ 是由强酸与弱碱所生成的盐，它们的水溶液显酸性。

为什么某些盐溶液会呈现一定的酸碱性？现以醋酸钠（CH_3COONa）为例来分析它的水溶液显碱性的原因。醋酸钠是强电解质，它在水中完全电离。水是极弱的电解质，它微弱地电离出等量的 H^+ 和 OH^-。在醋酸钠的水溶液里，并存着下列几种电离：

$$CH_3COONa = CH_3COO^- + Na^+$$
$$+$$
$$H_2O \rightleftharpoons H^+ + OH^-$$
$$\Downarrow$$
$$CH_3COOH$$

由于电离出的 CH_3COO^- 与水电离出的 H^+ 结合生成弱电解质 CH_3COOH 从而破坏了水的电离平衡。随着溶液里 $[H^+]$ 减小，使水的电离平衡向正方向移动，于是 $[OH^-]$ 相对增大，溶液中的 $[OH^-] > [H^+]$，使溶液显碱性。上述反应的化学方程式表示如下：

$$CH_3COONa + H_2O \rightleftharpoons CH_3COOH + NaOH$$

再以氯化铵（NH_4Cl）为例分析它的水溶液显酸性的原因。在它的水溶液里，存在着以下几种电离：

$$NH_4Cl = NH_4^+ + Cl^-$$
$$+$$
$$H_2O \rightleftharpoons OH^- + H^+$$
$$\Downarrow$$
$$NH_3 \cdot H_2O$$

NH_4^+ 与水电离出的 OH^- 结合生成弱电解质 $NH_3 \cdot H_2O$，从而破坏了水的电离平衡。随着溶液中 $[OH^-]$ 减小，水的电离平衡向正方向移动，于是 $[H^+]$ 相对增大，溶液中的 $[H^+] > [OH^-]$，溶液显酸性。上述反应的化学方程式表示如下：

$$NH_4Cl + H_2O \rightleftharpoons NH_3 \cdot H_2O + HCl$$

由上可知，某些盐的离子与水电离出的 H^+ 或 OH^- 能生成弱电解质，破坏了水的电离平衡，从而使溶液中 $[H^+]$ 和 $[OH^-]$ 不再相等。因此这些盐的水溶液显酸性或碱性。在溶液中盐的离子与水所电离出的 H^+ 或 OH^- 结合生成弱电解质的反应，叫作盐的水解。

盐水解后生成了酸和碱，所以盐的水解反应是酸、碱中和反应的逆反应。

$$酸 + 碱 \underset{水解}{\overset{中和}{\rightleftharpoons}} 盐 + 水$$

由强酸和弱碱所生成的盐，水解后溶液显酸性；由强碱和弱酸所生成的盐，水解后溶液显碱性；强酸和强碱所生成的盐不发生水解，溶液显中性。弱酸和弱碱生成的盐，在水溶液里发生强烈水解，水溶液显酸性还是碱性，取决于水解生成的弱酸和弱碱的相对强弱，也就是它们的电离常数的大小。

$K_{弱酸} > K_{弱碱}$ 的盐溶液显酸性，如 $HCOONH_4$；$K_{弱酸} < K_{弱碱}$ 的盐溶液显碱性，如 NH_4CN；$K_{弱酸} = K_{弱碱}$ 的盐溶液显中性，如 NH_4Ac。

第5节　常见的有机化合物

一、有机化合物概述

1. 有机化合物定义与特点

（1）定义

在日常生活中，我们经常接触到的吃的、穿的以及用的一些物质，如粮食、肉类、蔬菜、棉布、橡胶、塑料等，都属于有机化合物，这类物质都有一个共同的特点，就是这类物质受热到一定程度时会焦化成碳，说明它们的成分里都含有碳元素，因此我们把含碳元素的化合物或碳氢化合物及其衍生物叫作有机化合物。而一氧化碳、二氧化碳、碳酸、碳酸盐等，虽然含有碳元素，它们的分子结构跟无机物相似，所以，习惯把它们称作无机化合物。

（2）特点

有机化合物分子中除了碳元素以外，还含有氢、氧、氮、卤素、硫、磷、金属等元素。有机化合物不仅数量众多，而且具有一系列的共同特点：

1）受热容易分解，而且容易燃烧；

2）难溶于水，易溶于汽油、酒精、苯等有机溶剂，是非电解质，不易导电；

3）熔点低，有机化合物一般熔点较低，多数在300℃以下，而且容易测定。但也有一些有机化合物在一定温度时即行分解，一般400℃以上就碳化并无一定的熔点；

4）有机物所发生的化学反应复杂，速率较慢，不易完成。所以有机反应常常需要加热或应用催化剂以促进反应的进行。有机反应常伴有副反应发生，因此反应产物往往是混合物。

2. 有机化合物的分类

有机化合物种类繁多可以按碳原子结合方式的不同进行分类，也可以按分子中所含的官能团来分类：

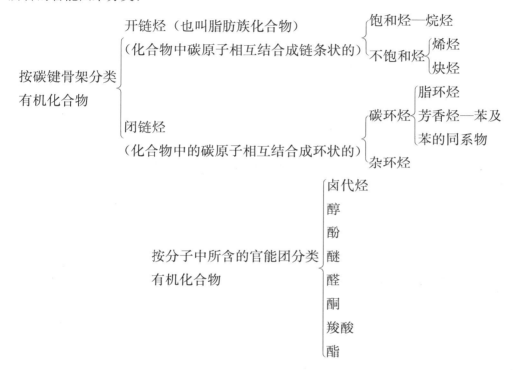

二、烃

1. 烷烃

（1）结构

在这类烃的分子中碳原子之间以单键结合成链状，碳原子与氢原子也以单键相结合，使每个碳原子的化合价都充分利用，即被氢原子所饱和。

例如：

甲烷   乙烷

具有这种结构特点的链烃叫饱和链烃，或称烷烃。

为了书写方便，上述烷烃的结构可用结构简式表示如下：

$CH_3—CH_3$（或 CH_3CH_3） $CH_3—CH_2—CH_3$（或 $CH_3CH_2CH_3$）

乙烷   丙烷

像甲烷、乙烷、丙烷这些物质，结构相似，在分子组成上相差一个或若干个 CH_2 原子团的物质互相称为同系物。烷烃的分子组成都符合一个通式，即 C_nH_{2n+2}。

(2) 特性

同系物具有相似的化学性质。如烷烃在通常情况下都很稳定，不会被高锰酸钾氧化，不与酸、碱反应；在空气里可以点燃；在光照条件下都能与氯气发生取代反应。

同系物的物理性质一般随分子中碳原子数目的递增而有规律地变化，见表 3—5。

表 3—5   几种烷烃的物理性质（20℃）

名称	结构简式	常温时状态	熔点（℃）	沸点（℃）	液态时的密度（$g \cdot cm^{-3}$）
甲烷	CH_4	气	−182.5	−164	0.466①
乙烷	CH_3CH_3	气	−183.3	−88.63	0.572②
丙烷	$CH_3CH_2CH_3$	气	−189.7	−42.07	0.500 5
丁烷	$CH_3(CH_2)_2CH_3$	气	−138.4	−0.5	0.578 8
戊烷	$CH_3(CH_2)_3CH_3$	液	−129.7	36.07	0.626 2
庚烷	$CH_3(CH_2)_5CH_3$	液	−90.61	98.42	0.683 8
辛烷	$CH_3(CH_2)_6CH_3$	液	−56.79	125.7	0.702 5
癸烷	$CH_3(CH_2)_8CH_3$	液	−29.7	174.1	0.730 0
十七烷	$CH_3(CH_2)_{15}CH_3$	固	22	301.8	0.778 8（固态）
二十四烷	$CH_3(CH_2)_{22}CH_3$	固	54	391.3	0.799 1（固态）

①是−164℃时值；②是−108℃时值。

2. 烯烃

(1) 结构

烯烃是分子里含有碳碳双键（C＝C）的不饱和链烃的总称。烯烃类化合物有乙烯（$CH_2＝CH_2$）、丙烯（$CH_3CH＝CH_2$）、丁烯（$CH_3CH_2CH＝CH_2$）等。与烷烃一样，乙烯的同系物也是依次相差一个 CH_2 原子团。烯烃的通式是 C_nH_{2n}。

(2) 特性

烯烃的物理性质和烷烃相似，在常温下，乙烯、丙烯、丁烯都是无色、无味、无臭的气体，含 5～18 个碳原子的烯烃为液体，含 19 个以上的烯烃为固体。烯烃的沸点和密度随着分子量的增加而增加，烯烃难溶于水，易溶于有机溶剂中。烯烃的物理性质见表 3—6。

表 3—6　　　　　　　　　　　几种烯烃的物理性质

名称	结构式	熔点（℃）	沸点（℃）	相对密度（g·cm^{-3}）
乙烯	$CH_2{=}CH_2$	−169.5	−103.7	0.570
丙烯	$CH_3CH{=}CH_2$	−185.2	−47.7	0.610
1—丁烯	$CH_3CH_2CH{=}CH_2$	−130	−6.4	0.625
1—戊烯	$CH_3(CH_2)_2CH{=}CH_2$	−166.2	30.1	0.641
1—己烯	$CH_3(CH_2)_3CH{=}CH_2$	−139	63.5	0.673
1—庚烯	$CH_3(CH_2)_4CH{=}CH_2$	−119	93.6	0.697
1—辛烯	$CH_3(CH_2)_5CH{=}CH_2$	−104	122	0.716

烯烃的化学性质比烷烃表现出很强的活泼性，因为烯烃分子内含有双键。如易发生加成反应、氧化反应、聚合反应等。

3. 炔烃

（1）结构

链烃分子里含有碳碳三键（C≡C）的不饱和烃叫作炔烃，如乙炔（CH≡CH）、丙炔（$CH_3C{\equiv}CH$）、丁炔（$CH_3CH_2C{\equiv}CH$）等。

乙炔的同系物也是依次相差一个 CH_2 原子团。炔烃的通式是 C_nH_{2n-2}。

（2）特性

炔烃的物理性质和烯烃相似，乙炔、丙炔、丁炔都是气体，戊炔以上是液体，高级炔烃是固体。它的物理性质随着分子量的增加而规律性的变化，见表 3—7。

表 3—7　　　　　　　　　　　几种炔烃的物理性质

名称	结构式	熔点（℃）	沸点（℃）	相对密度（g·cm^{-3}）
乙炔	$CH{\equiv}CH$	−81.8	−84	0.618
丙炔	$CH_3C{\equiv}CH$	−101.5	−23.3	0.671
1—丁炔	$CH_3CH_2C{\equiv}CH$	−122.5	8.5	0.668
1—戊炔	$CH_3(CH_2)_2C{\equiv}CH$	−98	39.7	0.695
1—己炔	$CH_3(CH_2)_3C{\equiv}CH$	−124	71.4	0.719
1—庚炔	$CH_3(CH_2)_4C{\equiv}CH$	−80.9	99.8	0.733

续表

名称	结构式	熔点（℃）	沸点（℃）	相对密度（g·cm^{-3}）
1—辛炔	$CH_3（CH_2）_5C\equiv CH$	−79.5	126.3	0.746

4. 环烃

烷烃、烯烃、炔烃中的碳原子相互连成链状，也称开链烃。还有一类称闭链烃，化合物中碳原子相互连成环状。依据它们的结构和性质，又可分为脂环烃和芳香烃。

（1）脂环烃

这类化合物的性质和脂肪族化合物类似，所以叫脂环烃。例如：

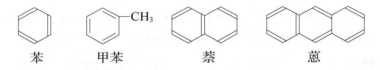

（2）芳香烃

这类化合物的碳原子环状结构中含有苯环。以前人们从一些芳香的树脂中提炼出这类化合物，并具有芳香气味，所以沿用"芳香"两个字。例如：

（3）杂环烃

这类化合物的碳原子环状结构中含有其他元素的原子，如氧、硫、氮等，所以叫杂环烃。例如：

三、烃的衍生物

烃分子中的一个或几个氢原子被其他原子或原子团取代以后生成的化合物叫烃

的衍生物。烃的衍生物具有与相应的烃不同的化学性质，这是因为取代氢原子的原子或原子团对于烃的衍生物的性质起着重要作用，这种决定化合物的化学特性的原子或原子团叫官能团。

烃的衍生物按官能团不同分类见表 3—8。

表 3—8　　　　　　　　　　按官能团烃的衍生物分类

烃的衍生物	官能团	通式
卤代烃	卤素原子	RX（X 代表氯、溴、碘）
醇	羟基（—OH）	ROH
醚	醇中的羟基氢原子被烃基取代	R—O—R′
醛	醛基（—CHO）	R—CHO
酮	羰基连接两个烃基（ —C— ） 　O	R—C—R 　O
羧酸	羧基（ —C—OH ） 　O	R—C—OH 　O
酯	羧基的氢原子被烃基取代	R—C—OR 　O
胺	氨分子（NH₃）中的氢原子被烃基取代	R—NH₂
酰胺	羧基上的羟基被氨基取代	R—C—NH₂ 　O
酚	羟基直接连着苯环	⬡—OH

四、糖类

糖类普遍存在于谷物、水果、蔬菜及其他人类食用的植物中，是一类多羟基醛或多羟基酮，或者水解后可以生成多羟基醛或多羟基酮的化合物。糖类可分为单糖、低聚糖、多糖三类。单糖是糖类中结构最简单，不能再被水解为更小单位的糖类，按所含碳原子数目的不同称为丙糖、丁糖、戊糖、己糖，其中以戊糖、己糖最为重要，如葡糖糖、果糖。低聚糖是指聚合度为 2～10 个单糖的糖类，按水解后生成单糖数目的不同，低聚糖又分为二糖、三糖、四糖、五糖、六糖等，其中二糖最为重要，如蔗糖、麦芽糖等。多糖指聚合度大于 10 的糖类，如淀粉、纤维素等。

1. 单糖

（1）单糖的性质

1）物理性质。单糖主要有以下物理性质：

①旋光性。一切糖类都有不对称碳原子，所以具有旋光性。

②甜度。甜味的高低为甜度，甜度是甜味剂的重要指标。甜度的测定目前只能用人的味觉来品评。

③溶解度。单糖分子中有多个羟基，增加了它的水溶性，尤其在热水中溶解度极大。但不溶于乙醚、丙酮等有机溶剂。

2）化学性质。单糖是多羟醛或多羟酮，所以具有醛基、酮基、醇羟基的性质。主要化学性质如下：

①氧化作用。单糖含有游离的羰基，具有还原能力。在弱氧化剂（如菲林试剂）的作用下，单糖的羰基被氧化，而氧化铜被还原成氧化亚铜，依据铜的生成量测含糖量。除了羰基之外，单糖分子中的羟基也能被氧化。因此，因氧化条件不同，单糖可被氧化成不同的产物。

②还原作用。糖分子上的酮基和醛基易被还原。在钠汞齐及硼氢化钠类还原剂作用下，醛糖还原成糖醇，酮糖还原成两个具有同分异构的羟基醇。

③酯化作用。单糖为多元醇，当与酸作用时生成酯，重要的糖脂是磷酸酯。

④与碱的作用。弱碱或稀强碱可引起单糖分子重排，形成同分异构体的混合液。如葡萄糖用稀碱液处理时，会部分转变为甘露糖和果糖，形成葡萄糖、甘露糖和果糖的混合液。

⑤成苷反应。单糖分子上的半缩醛羟基可以与其他的醇及酚的羟基反应，生成的化合物称为糖苷。非糖部分叫配糖体，糖体与配糖体之间形成的醚键称为糖苷键。

（2）单糖的类型

单糖是糖类中结构最简单的，单糖是不能发生水解的糖。单糖根据其分子中含有醛基或酮基可分为醛糖和酮糖。单糖中较为重要的是葡萄糖和果糖。

1）葡萄糖。葡萄糖是白色晶体，易溶于水，稍溶于乙醇，不溶于乙醚和烃类。有甜味，它广泛存在于生物体中，在成熟的葡萄和甜味果实的液汁中含量较为丰富，在人体与动物组织中也含有葡萄糖，存在于血液中的葡萄糖在医学上称为血糖。

葡萄糖的分子式为 $C_6H_{12}O_6$，葡萄糖是一种多羟基醛。分子中的醛基易被氧化成为羧基，因此，它具有还原性，如能发生银镜反应。

$$C_6H_{12}O_6 + Ag(NH_3)_2OH \xrightarrow{\triangle} C_5H_{11}O_5COONH_4 + 2Ag\downarrow + 3NH_3 + H_2O$$

也能与斐林试剂反应。

$$C_6H_{12}O_6 + 2C_4O_6H_2NaKCu + 2H_2O = C_5H_{11}O_5COOH + 2C_4H_4O_6NaK + Cu_2O \downarrow$$

葡萄糖是人体必需的营养物质，它是人类生命活动所需要能量的重要来源之一，它在人体组织中发生氧化还原反应，放出热量，供人们活动所需要。葡萄糖在医疗上用作营养剂，5%或10%的葡萄糖溶液可以用于病人输液以补充营养。葡萄糖还是制取维生素C、B₂和葡萄糖酸钙等药物的原料。葡萄糖也用于糖果制造业和制镜工业，热水瓶胆镀银常用葡萄糖作还原剂。

2）果糖。果糖存在于水果及蜂蜜中，果糖是白色结晶，易溶于水，可溶于乙醇及乙醚中。它是最甜（以10%或15%的蔗糖水溶液在20℃的甜度为1.00，果糖的甜度为1.50，葡萄糖的甜度为0.70）的一种糖。果糖具有供给热能、补充体液及营养全身的作用。

果糖的分子式为$C_6H_{12}O_6$，果糖是一种多羟基酮，果糖和葡萄糖互为同分异构体。果糖没有醛基，但在碱性条件下，可以转变为醛基。所以，果糖也具有还原性，葡萄糖和果糖都称为还原糖。

2. 低聚糖

低聚糖是指能水解成2～10个单糖分子的糖。在低聚糖中以二糖为最重要，常见的二糖是蔗糖、麦芽糖及乳糖。

（1）蔗糖

蔗糖是白色晶体，易溶于水，难溶于乙醇，甜味仅次于果糖。

蔗糖的分子式是$C_{12}H_{22}O_{11}$。由一分子葡萄糖和一分子果糖脱水形成，蔗糖的分子结构中不含有醛基，不显还原性，是一种非还原性糖。

蔗糖容易被酸或酶水解，水解后产生等量的D－葡萄糖和D－果糖，不具还原性。

蔗糖是光合作用的主要产物，广泛分布于植物体内，特别是甜菜、甘蔗和水果中含量极高。蔗糖是植物储藏、积累和运输糖分的主要形式。平时食用的白糖、红糖、冰糖都是蔗糖。

（2）麦芽糖

麦芽糖主要存在于麦芽中，故称为麦芽糖。怡糖就是麦芽糖的粗制品。麦芽糖是白色晶体，易溶于水，微溶于乙醇，几乎不溶于乙醚。有甜味，甜味只达到蔗糖的1/3。

麦芽糖的分子式是$C_{12}H_{22}O_{11}$，和蔗糖互为同分异构体。麦芽糖在硫酸或酶的催化作用下，水解生成两分子葡萄糖，有还原性。麦芽糖可用含淀粉较多的农产品，如大米、玉米、薯类等作为原料，在淀粉酶（大麦芽产生的酶）的作用下，发生水解反应而生成。

（3）乳糖

乳糖是哺乳动物乳汁中的主要糖，白色结晶，微甜，不易溶于水，有旋光性及变旋作用。乳糖有还原性，可形成糖脎，不被酵母发酵，能被酸水解，水解后生成葡萄糖和半乳糖。

3. 多糖

多糖是指能水解成 10 个以上单糖分子的糖。自然界中常见的多糖有淀粉和纤维素，它们的通式为 $(C_6H_{10}O_5)_n$。由于 n 值的不同，所以淀粉和纤维素不是同分异构体，它们是天然高分子化合物。多糖没有甜味，没有还原性，是非还原糖。

（1）淀粉

淀粉是绿色植物进行光合作用的产物，是人类所需要食物热能的主要来源。淀粉主要存在于植物的种子或块根、块茎中，例如大米含淀粉 62%～86%，小麦含57%～75%，马铃薯中则含淀粉超过 90%。淀粉包括直链淀粉和支链淀粉两种类型，是白色粉末，它不溶于冷水，在热水中淀粉颗粒会膨胀破裂，有一部分淀粉会溶解在水中，另一部分悬浮在水中，形成胶状淀粉糊，这种现象称为淀粉的糊化。

淀粉是由成百上千个葡萄糖单元构成的高分子化合物。它在稀酸或酶的催化作用下，可以水解生成一系列的产物，最后得到葡萄糖。人们在吃饭时多加咀嚼，会感到有些甜味，就是因为唾液淀粉酶将淀粉水解产生葡萄糖的缘故。淀粉与碘发生颜色反应，显蓝色，是由淀粉本身的结构特点决定的。淀粉是一种食品工业重要原料，如用来制葡萄糖、酒精、乙酸、氨基酸等。

（2）纤维素

纤维素是自然界中分布最广的一种多糖。它存在于一切植物体内，是构成植物细胞壁的主要成分，常常和半纤维素、木质素以及硅酸混在一起。棉花（含纤维素最高的植物达 98%）、木材、大麻、麦秆、稻草、甘蔗等，其主要成分为纤维素，蔬菜中也含有较多的纤维素。

纤维素是白色、无臭、无味的物质，不溶于水，也不溶于一般的有机溶剂，性质较为稳定。

纤维素可以发生水解，但要比淀粉困难。一般在浓酸中或用稀酸在一定压强下长时间加热进行，水解的最后产物也是葡萄糖。

纤维素的分子式 $(C_6H_{10}O_5)_n$，相对分子量为 50 000～2 500 000，相当于300～15 000 个葡萄糖基。纤维素分子中葡萄糖单元之间的结合方式与淀粉的不同。纤维素用于石油钻井、食品、陶瓷釉料、日化、合成洗涤、石墨制品、铅笔制造、电池、涂料、建筑建材、装饰、蚊香、烟草、造纸、橡胶、农业、黏合剂、塑料、炸药、电工及科研器材等方面。人和大多数哺乳动物体内缺乏纤维素酶，不能消化纤维素，但在食物中配以适量的纤维素（蔬菜）能促进消化液的分泌，刺激肠道蠕动，减少胆固醇的吸收和肠道疾病。在牛、马、羊等食草动物的肠胃消化液中有纤维素酶，能使纤维素水解生成葡萄糖，所以纤维素是这些动物的食物。人类膳食中的纤维素主要含于蔬菜和粗加工的谷类中，虽然不能被消化吸收，但有促进肠道蠕动，利于粪便排出等功能。

五、蛋白质

蛋白质是生物体的重要组成部分，是组成细胞的基本物质，占活细胞干重的 50% 左右。从高等植物到低等的微生物，从人类到最简单的生物病毒，都含有蛋白质，并以蛋白质为主要的组成成分。生物的生长、繁殖、运动、消化、分泌、免疫、遗传和变异等一切活动都与蛋白质密切相关。酶是一种具有催化作用的蛋白质，生物体内一刻不停地进行着的各种化学反应都离不开酶的作用。因此，蛋白质是生命的物质基础，生命是蛋白质的存在形式，没有蛋白质就没有生命。

1. 蛋白质的组成单位——氨基酸

蛋白质由碳（50%～55%）、氢（6%～7%）、氧（20%～23%）、氮（12%～19%）和硫（0.2%～3%）等元素构成，有些蛋白质还含有磷、碘、铁等元素。蛋白质的相对分子质量很大，从几万到几千万。例如，牛奶里所含的各种蛋白质的相对分子质量小的为 75 000，相对分子质量最大的可达 375 000 左右。各种蛋白质在催化剂的作用下都可发生水解，水解的最终产物是 α—氨基酸。因此 α—氨基酸是组成蛋白质的基本单位。α—氨基酸是氨基（—NH_2）与羧基（—COOH）连接在同一个碳原子上的氨基酸。其结构通式如下：

$$H_2N-\underset{\underset{R}{|}}{\overset{\overset{H}{|}}{C}}-COOH$$

从营养学的角度，氨基酸分为必需氨基酸、半必需氨基酸或条件必需氨基酸、非必需氨基酸。

（1）必需氨基酸

必需氨基酸是指人体（或其他脊椎动物）不能合成或合成速度远不适应机体的需要，必须由食物蛋白供给的氨基酸。成人必需氨基酸的需要量为蛋白质需要量的

20％～37％，共有 8 种，分别是赖氨酸、色氨酸、苯丙氨酸、蛋氨酸、苏氨酸、异亮氨酸、亮氨酸、缬氨酸。此外组氨酸是婴儿的必需氨基酸。

（2）半必需氨基酸或条件必需氨基酸

半必需氨基酸或条件必需氨基酸包括精氨酸、组氨酸、半胱氨酸、酪氨酸。人体虽能够合成这些氨基酸，但通常不能满足正常的需要，因此，又被称为半必需氨基酸或条件必需氨基酸。在幼儿生长期精氨酸、组氨酸是必需氨基酸。半胱氨酸和酪氨酸在体内能分别由蛋氨酸和苯丙氨酸合成，如果膳食中能够直接提供两种氨基酸，则人体对蛋氨酸和苯丙氨酸的需要分别减少 30％和 50％，所以半胱氨酸和酪氨酸也是半必需氨基酸或条件必需氨基酸。

（3）非必需氨基酸

非必需氨基酸是指人（或其他脊椎动物）自己能由简单的前体合成，不需要从食物中获得的氨基酸。例如甘氨酸、丙氨酸等。

2. 氨基酸的性质

（1）物理性质

1）溶解度。在水中，胱氨酸、酪氨酸、天冬氨酸、谷氨酸等氨基酸的溶解度很小，精氨酸、赖氨酸的溶解度特别大，脯氨酸、羟脯氨酸还能溶于乙醚和乙醇。所有的氨基酸都能溶于强酸和强碱溶液中，所以配制胱氨酸、酪氨酸、天冬氨酸、谷氨酸等难溶的氨基酸时必须加入一些稀盐酸。

2）旋光性。除甘氨酸外，所有氨基酸都有不对称碳原子，具有旋光性。

3）光吸收。氨基酸都不吸收可见光，但酪氨酸、色氨酸和苯丙氨酸显著地吸收紫外光。由于大多数蛋白质都含有酪氨酸残基，因此用紫外分光光度计测定蛋白质对 280 nm 紫外线的吸收，可作为测定溶液蛋白质含量的快速而简便的方法。

4）味感。氨基酸的味感与其立体构型有关。D—型氨基酸多数带有甜味，甜味最强的是 D—色氨基，可达蔗糖的 40 倍。L—型氨基酸有甜、苦、鲜、酸四种不同味感。

（2）化学性质

1）具有两性和等电点。氨基酸在水溶液和在晶体状态下都以两性离子形式存在。所谓两性离子指同一个氨基酸分子上带有能释放质子的正离子（—NH_3^+）和能接受质子的负离子（—COO^-）。

调节氨基酸溶液的 pH 值，使氨基酸分子上的—NH_3^+ 和—COO^- 的解离程度完全相等时，即氨基酸的净电荷为零时，在电场中既不向阳极移动也不向阴极移动，这时氨基酸所处溶液的 pH 值称氨基酸的等电点。

2）与茚三酮反应生成蓝紫色物质。脯氨酸、羟脯氨酸与茚三酮反应产生黄色物质，其余的氨基酸均产生蓝紫色物质。在 440 nm 处可测定脯氨酸、羟脯氨酸；根据蓝紫色物质的深浅，在 570 nm 处比色，可定量测定其余氨基酸。

3）与甲醛反应。氨基酸的氨基与甲醛反应形成氨基酸二羟甲基衍生物后，氨基酸两性离子中的 $-NH_3^+$ 的离解度增加，使溶液酸性增加，滴定终点移至 pH 值＝9 附近，可用酚酞指示剂，用氢氧化钠标准溶液来滴定。甲醛滴定法可用来测定蛋白质的水解程度。

4）与亚硝酸反应。在室温下，亚硝酸与含游离的 α—氨基酸反应定量放出氮气，氨基酸被氧化成羟酸。含亚氨基的脯氨酸不与亚硝酸反应。

5）与荧光胺反应。氨基酸与荧光胺反应生成强荧光衍生物，可用来快速定量测定氨基酸、肽和蛋白质。此法灵敏度高，该荧光物质的最大激发波长为 390 nm，最大发射波长为 475 nm。

6）与 1，2—苯二甲醛反应。邻苯二甲醛在 2—巯基乙醇存在下，在碱性溶液中与氨基酸作用产生强荧光异吲哚衍生物，最适宜的激发光和发射光波长分别为 380 nm 和 450 nm。

3. 蛋白质的化学性质

（1）具有两性及等电点

蛋白质是由 α—氨基酸通过肽键构成的高分子化合物，在蛋白质分子中存在着氨基和羧基，因此跟氨基酸相似，蛋白质也是两性物质。在酸性或碱性蛋白质溶液中通过电流时，蛋白质向阴极或阳极移动，当调节溶液到一定 pH 值时，蛋白质分子内的阴、阳电荷数相等，蛋白质分子不在电场中移动，此时溶液的 pH 值称等电点。

（2）可发生水解反应

蛋白质在酸、碱或酶的作用下发生水解反应，经过多肽，最后得到多种 α—氨基酸。

（3）溶于水具有胶体的性质

有些蛋白质能够溶解在水里形成溶液，例如鸡蛋白能溶解在水里。

蛋白质的分子直径达到了胶体微粒的大小（$10^{-9}\sim10^{-7}$ m），所以蛋白质具有胶体的性质如布朗运动、光散射现象、电泳现象、丁达尔现象，不能透过半透膜等。

（4）加入电解质可产生盐析作用

少量的盐（如硫酸铵、硫酸钠、氯化钠等）能促进蛋白质的溶解。如果向蛋白质水溶液中加入浓的无机盐溶液，可使蛋白质的溶解度降低，而从溶液中析出，这种作用叫作盐析。

这样盐析出的蛋白质仍旧可以溶解在水中，而不影响原来蛋白质的性质，因此盐析是个可逆过程。利用这个性质，采用分段盐析方法可以分离提纯蛋白质和酶制品。

（5）蛋白质的变性

在热、酸、碱、重金属盐、紫外线等作用下，蛋白质会发生性质上的改变而凝结起来。这种凝结是不可逆的，不能再使它们恢复成原来的蛋白质。蛋白质在某些物理及化学因素作用下，改变其原有的某些性质叫作蛋白质的变性。

蛋白质变性后，就失去了原有的可溶性，也就失去了它们生理上的作用。因此蛋白质的变性凝固是个不可逆过程。

造成蛋白质变性的原因有物理因素，也有化学因素。

物理因素包括加热、加压、搅拌、振荡、紫外线照射、X射线、超声波等。例如蛋清加热时凝固，瘦肉烹调时收缩变硬等都是蛋白的热变性作用引起的。

化学因素包括强酸、强碱、重金属盐、三氯乙酸、乙醇、丙酮等。例如重金属盐（$HgCl_2$、$AgNO_3$ 等）、三氯乙酸、乙醇、丙酮与蛋白质结合成不溶解的蛋白质，而使其沉淀下来。

（6）颜色反应

蛋白质能与许多试剂发生颜色反应。

1）缩二脲反应。蛋白质在浓碱（如氢氧化钠）溶液中与硫酸铜溶液反应呈现紫色或红色。蛋白质的含量越多，产生的颜色也越深。

2）黄蛋白反应。在蛋白质溶液中加入浓硝酸有白色沉淀产生，加热，沉淀变黄色，冷却后加氨水，沉淀变橙色，含有苯环的蛋白质能发生这个反应。皮肤、指甲等不慎沾上浓硝酸后，出现黄色就是这个缘故。

3）与茚三酮反应。含有 α—氨基酸的蛋白质都能与水合茚三酮发生反应生成蓝紫色物质。

4）米隆反应。在蛋白质溶液中加入米隆试剂（硝酸汞、亚硝酸汞、硝酸、亚硝酸的混合液）然后加热，即有砖红色沉淀析出。含有酚基的化合物都有这个反应，故含酪氨酸的蛋白质能与米隆试剂生成砖红色沉淀。

5）与醋酸铅反应。含有半胱氨酸、胱氨酸的蛋白质都能与醋酸铅起反应，因其中含有—S—S—或—SH基，故能生成黑色的硫化铅沉淀。

（7）气味

蛋白质在灼烧分解时，可以产生一种烧焦羽毛的特殊气味，利用这一性质可以鉴别蛋白质。

六、脂类

脂类是机体内的一类有机大分子物质，由脂肪酸和醇作用生成的酯及其衍生物统称为脂类。它包括范围很广，其化学结构有很大差异，生理功能各不相同，其共同物理性质是不溶于水而溶于有机溶剂，在水中可相互聚集形成内部疏水的聚集体。脂类是油、脂肪、类脂等的总称。食物中的油脂主要是油和脂肪，一般把常温下是液体的称作油，而把常温下是固体的称作脂肪。

1. 脂的分类

脂类
- 脂肪（由碳、氢、氧组成，包括油和脂）
- 类脂
  - 磷脂　由甘油三酯和含磷酸的化合物组成。
    - 如磷脂酸、卵磷脂、脑磷脂及神经鞘脂
  - 糖脂　分子中含糖、脂肪酸及神经鞘氨基醇
    - 如半乳糖脑苷脂
  - 固醇类　是一类含有多个环状结构的脂类化合物。
    - 如胆固醇、谷固醇、植物固醇

（1）脂的结构及种类

脂肪（也称中性脂肪）由一分子的甘油和三分子的脂肪酸组成。在食物脂类中占 95%、在体内脂类中占 99%。

分子式：

$$
\begin{array}{l}
\qquad\qquad\quad O \\
\qquad\qquad\quad \| \\
CH_2-O-C-R_1 \\
\qquad\qquad\quad O \\
\qquad\qquad\quad \| \\
CH-O-C-R_2 \\
\qquad\qquad\quad O \\
\qquad\qquad\quad \| \\
CH_2-O-C-R_3
\end{array}
$$

R_1、R_2、R_3 代表三分子脂肪酸的烃基，根据它们是否相同可将脂肪分为：

1）单纯甘油酯（三分子脂肪酸相同），如三油酸甘油酯；

2）混合甘油酯（三分子脂肪酸不同），如 α－软脂酸－β－油酸－α'－硬脂酸甘油酯。

（2）脂肪酸

构成脂肪的脂肪酸种类很多，脂肪的性质与其中所含脂肪酸有很大关系。例如含不饱和脂肪酸多的脂肪在常温下为液体，而含饱和脂肪酸多的在同样条件下为固态。植物油在常温下为液态，是因为含不饱和脂肪酸比动物脂多。

天然脂肪中主要的脂肪酸有下列几种：

1）饱和脂肪酸。饱和脂肪酸的特点是碳氢链上没有不饱和键存在。

①低级饱和脂肪酸，分子中碳原子数≤10的脂肪酸，常温下为液态。如丁酸、己酸、辛酸及癸酸。

②高级饱和脂肪酸，分子中碳原子数＞10的脂肪酸，常温下为固态。如月桂酸、硬脂酸、花生酸等。

2）不饱和脂肪酸。不饱和脂肪酸的特点是分子中有一个甚至六个不饱和键存在，通常为液态，不饱和键多数为双键。

①含一个双键的脂肪酸。主要有十四碳烯－［9］－酸（豆蔻油酸）、十六碳烯－［9］－酸（棕榈油酸）、十八碳烯－［9］－酸（油酸）、廿碳烯－［9］－酸（鳕油酸）、廿二碳烯－［13］－酸（菜籽油酸）。富含于橄榄油、山茶油中，花生油中也有一部分。

②含两个以上双键的脂肪酸。主要有十八碳二烯－［9，12］－酸（亚麻油酸即亚油酸）、十八碳三烯－［9，12，15］－酸（次亚麻油酸即亚麻酸）、廿碳四烯－［5，8，11，14］－酸（花生四烯酸）等。

2. 脂肪酸及脂肪的性质

（1）物理性质

1）色泽与气味。纯净的脂肪酸及其甘油酯是无色的，天然脂肪往往带有某种颜色是由于脂肪中溶有色素物质（如类胡萝卜素）。天然脂肪的气味除了极少数由短链脂肪酸构成外，一般也是由于其所含的非脂成分引起的，例如椰子油的香气主要是由于含有壬基甲酮，而棕榈油的香气则部分地是由于含有β－紫罗酮。此外，溶于脂肪中的低级脂肪酸（≤C_{10}）的挥发性气味也是造成脂肪臭味的原因。

2）熔点与沸点。脂肪酸的熔点随碳链增长而有不规则的增高，偶数碳链脂肪酸的熔点比相邻的奇数碳链脂肪酸高，见表3—9。

表3—9　　　　　　　　　不同碳原子脂肪酸的熔点

碳原子数	8	9	10	11	12	13	14	15	16	17	18
熔点（℃）	16.3	12.3	31.2	28.0	43.9	40.5	54.1	51.0	62.7	60.0	69.6

双键的引入可大大降低脂肪酸的熔点，而顺式异构体又大大低于反式异构体，例如：

$$CH_3(CH_2)_7CH \qquad\qquad CH_3(CH_2)_7CH$$
$$HOOC(CH_2)_7HC \qquad\qquad CH(CH_2)_7COOH$$

油酸（顺式）　　　　　　　　　　油酸（反式）

熔点 16.3℃　　　　　　　　　　熔点 43.7℃

脂肪酸的沸点随链长而增加，饱和度不同但碳链长度相同的脂肪酸沸点相近。脂肪由于是甘油酯的混合物，所以没有确切的熔点与沸点。几种常用食用油脂的熔点范围见表 3—10。

表 3—10　　　　　　　　　常用食用油脂的熔点范围　　　　　　　　单位：℃

油脂	大豆油	花生油	向日葵油	棉籽油	猪脂	牛脂
熔点	−8～−18	0～3	−16～−19	3～4	28～48	40～50

脂肪的密度除了极个别（腰果籽壳油）以外，都小于 1 g/cm³。

3）溶解性。脂肪不溶于水，除蓖麻油以外，均仅略溶于低级醇中，但易溶于乙醚、丙酮、烃、苯、二硫化碳等有机溶剂。

脂肪酸的溶解度比其相应的甘油酯大，都能溶于普通的极性和非极性有机溶剂中，低级脂肪酸能溶于水，不饱和脂肪酸比饱和脂肪酸更易溶于有机溶剂。

（2）化学性质

1）水解与皂化。脂肪在酸、碱或酶的作用下水解为脂肪酸及甘油。脂肪在碱性溶液中水解的产物不是游离脂肪酸而是脂肪酸的盐类，习惯成为肥皂，因此把脂肪在碱性溶液中的水解称为皂化。

$$C_3H_5(OOCR)_3 + 3NaOH \longrightarrow C_3H_5(OH)_3 + 3RCOONa$$
脂肪　　　　　　　　　　甘油　　　　肥皂

碱与脂肪酸及脂肪的作用可反映脂肪的两个重要指标：酸价与皂化价。

酸价：天然脂肪中常含有一些游离脂肪酸，所谓酸价就是用以中和 1 g 脂肪中的游离脂肪酸所需要的氢氧化钾的毫克数。酸价是反映油脂酸败的主要指标，测定油脂酸价可以评定油脂品质的好坏和储藏方法是否恰当，并能为脂肪碱炼工艺提供需要的加碱量。我国食用植物油都有国家标准的酸价规定，GB 2716—2005《食用植物油卫生标准》中规定食用植物油中酸价（KOH）≤3 mg/g。

皂化价：皂化 1 g 油脂所需要的氢氧化钾的毫克数。皂化价的大小反映脂肪的平均相对分子质量的大小，平均相对分子质量越大，皂化价越小。我国植物油国家标准中对皂化价有规定。

2）加成反应。油脂中含有的不饱和脂肪酸在催化剂存在下可在不饱和键上加氢或卤素等。液态的油可用氢化的方法转变为固态的脂，食品工业上广泛利用植物油经氢化成固态的"人造奶油"。通常用碘价来表示脂肪酸与脂肪的不饱和程度。碘价也称碘值，即指每100 g脂肪或脂肪酸吸收碘的克数。碘价越高，说明油脂中脂肪酸的双键越多，越不饱和，越不稳定，容易氧化和分解。

3）氧化反应。天然油脂暴露在空气中会自发进行氧化作用，发生酸臭和口味变苦的现象，称酸败。原因是脂肪中不饱和烃链被空气中的氧所氧化，生成过氧化物，生成过氧化物继续分解产生低级的醛和羧酸，这些物质使脂肪产生令人不愉快的嗅感和味感。饱和脂肪酸也能发生自发氧化，不过速率慢而已。酸败的另一个原因是在微生物的作用下，脂肪分解为甘油和脂肪酸，脂肪酸经一系列的酶促作用后生成 β—酮酸，脱羧后成为具有苦味及臭味的低级酮类。

油脂的酸败直接影响油脂的感官性质和食用价值，检测油脂中是否存在过氧化物，以及含量的大小，即可判断油脂是否新鲜和酸败的程度。

过氧化值有多种表示法，一般用滴定1 g油脂所需某种规定浓度 $Na_2S_2O_3$ 标准溶液的体积（mL）表示，也可用每千克油脂中活性氧物质的量（mmol）表示，或每克油脂中活性氧的质量（μg）表示。GB 2716—2005《食用植物油卫生标准》中规定食用植物油中过氧化值≤0.25 g/100 g。

思 考 题

1. 物质的量、摩尔质量的定义、单位、计算公式是什么？

2. 蔗糖（$C_{12}H_{22}O_{11}$）摩尔质量是多少？1 kg蔗糖的物质的量是多少？其中含多少 mol 碳原子？多少个碳原子？

3. 气体摩尔体积的定义、单位是什么？

4. 在标准状况下 2.24 L CO_2 的质量是 4.4 g，则 CO_2 的相对分子量是多少？

5. 简述酸、碱、盐的通性。

6. 化学方程式的概念是什么？5 g 碳酸钙和足量的盐酸反应，理论上可生成多少摩尔氯化钙？多少升二氧化碳？（标准状况）$M_{CaCO_3}=100$ g/mol。

7. 构成物质的基本粒子包括哪些？

8. 什么是化学键、离子键、共价键、配位键及配位键形成条件？各举一例。

9. 无机化学反应的基本类型有哪些？影响化学反应速度的因素有哪些？影响化学平衡移动的因素有哪些？什么是可逆反应？电离平衡的概念？

10. 填表。

改变反应条件	反应速度的变化	化学平衡移动方向
增加反应物浓度		
增大压强（有气体参加）		
升高温度		
使用催化剂		

11. 什么是离子？离子反应发生的条件是什么？如何书写离子方程式？

12. 写出下列物质在水中的电离方程式。

①硝酸　②氢氧化钠　③醋酸　④氯化钠　⑤氨水　⑥氢氰酸

13. 什么是溶液的 pH 值？溶液的 pH 值与溶液的酸碱性有什么关系？

14. 填表。

溶液	pH 值
0.1 mol/L 盐酸	
0.1 mol/L 氢氧化钠	
0.01 mol/L 氨水	
0.01 mol/L 醋酸	

15. 什么是有机化合物？组成有机化合物的元素主要有哪几种？有机化合物与无机物相比，性质上有哪些特点？

16. 举例说明醇、醛、酮、羧酸、酚的特征官能团。

17. 氨基酸、蛋白质的主要化学性质有哪些？

18. 单糖、淀粉的主要化学性质有哪些？

19. 脂肪的主要化学性质有哪些？

第4章
食品检验基础知识

第1节 食品检验概述

一、食品的基本要求

食品是指各种供人食用或者饮用的成品和原料以及按照传统既是食品又是药品的物品，但是不包括以治疗为目的的物品。人们对于食物有共同的也是最基本的营养要求，即供给能量、维持体温，满足生理活动和从事生活劳动的需要；构成细胞组织、供给生长发育和自我更新所需要的材料，并为制造体液、激素、免疫抗体等创造条件；保护器官机能、调节代谢反应，使机体各部分工作协调地正常运行。因此，食品的品质直接关系到人类的健康和生活质量。

1. 营养素

营养素是指食品中具有特定生理作用，能维持机体生长、发育、活动、繁殖以及正常代谢所需的物质，缺少这些物质，将导致机体发生相应的生化或生理学的不良变化。人体所需的六大营养素包括蛋白质、脂肪、碳水化合物、矿物质、维生素、水。其中蛋白质、脂肪、碳水化合物称为宏量营养素，矿物质（维持人体正常生理功能所必需的无机化学元素，如钙、磷、钠、氯、镁、钾、硫、铁、锌等，包括常量元素和微量元素）和维生素（促进生物生长发育，调节生理功能所必需的一类低分子有机化合物的总称，包括脂溶维生素和水溶维生素）称为微量营养素。

2. 质量要求

民以食为天，食品的数量和质量都关系到人们的生存和身体健康。近年来，我国食品工业持续快速健康发展，经济效益稳步提高，我国的食品供给格局发生了根本性的变化：品种丰富，数量充足，供给有余。随着人们生活水平的不断提高，人们对食品的选择标准已经发生了很大的变化。食以安为先，大多数消费者首先考虑的是食品的安全、卫生和营养价值；其次才是食品的色、香、味、组织形态等。另外，价格也是一个因素。

3. 食品安全要求

食品质量安全状况是一个国家经济发展水平和人民生活质量的重要标志。《中华人民共和国食品安全法》规定，食品安全，指食品无毒、无害，符合应当有的营养要求，对人体健康不造成任何急性、亚急性或者慢性危害。

食品安全包含食品数量安全、食品质量安全、食品可持续安全等，具体内容见第5章食品安全基础知识。

二、食品检验的主要内容及作用

对食品品质进行评价，就需要进行食品质量的检验。质量检验是指借助于某种手段或方法来测定产品的一个或多个质量特性，然后把测得的结果同规定的产品质量标准进行比较，从而对产品作出合格或不合格判断的活动。通过观察和判断，适时结合测量、实验所进行的符合性评价。食品检验贯穿于产品的开发、研制、生产和销售的全过程。

1. 食品检验内容

食品检验的主要内容包括食品营养成分的检验、食品添加剂的检验、食品安全性的检验和食品的感官检验等。

食品营养成分的检验：营养成分的检验是食品检验的常规项目和主要内容。包括常见的六大营养素，以及预包装食品营养标签所要求的所有项目的检验。

食品添加剂的检验：食品添加剂在应用于食品之前，尽管已进行了多次安全性测试，但毕竟不是食品的基本成分，因此，存在安全性问题，需要对食品添加剂进行监督管理。食品添加剂划分为23类，2 000多种，有无机物质和有机物质，应根据食品添加剂的性质选择适当的方法检验。

食品安全性的检验：对食品中限量或有害元素含量、各种农药残留、兽药残留、环境污染、加工过程中形成的有害物质、食品材料中固有的有毒有害物质、来自包装材料中有害物质及微生物污染的检测。

食品感官的检验：食品的感官检验是最直接、快速而且十分有效的食品检验方法。尽管食品的营养成分检验、安全性检验，保证了食品的安全性及提供了食品的营养指标，但对于消费者来说感官检验必不可少。有时食品感官检验可鉴别出精密仪器也难以检验出的轻微劣变。食品感官检验往往是食品检验各项检验内容的第一项，如果食品感官检验不合格，即可判定产品不合格，无须进行理化检验。

2. 食品检验的作用

（1）对食品生产和加工进行全面质量控制

食品生产企业通过对食品的原料、辅料、半成品以及成品进行检验，把握关键质量控制点，及时发现存在的质量安全问题，有效防止食品污染、损坏或变质。

（2）对进出口食品的质量进行把关

在进出口食品时，通过食品检验，按规定的质量条款进行验收检验，保证接收产品的质量。

（3）为消费者选择食品提供指南

通过食品检验为预包装食品营养标签提供准确可靠的数据，食品营养标签是向消费者提供食品营养信息和特性的说明，也是消费者直观了解食品营养组分、特征的有效方式。引导消费者合理选择预包装食品，促进公众膳食营养平衡和身体健康，保护消费者知情权、选择权和监督权。

（4）为食品质量监管部门宏观监控提供参考

质量监管部门依据技术标准对生产企业或市场的食品进行检验，为政府对产品质量实施宏观监控提供依据。

（5）为食品质量纠纷的解决提供技术依据

当供需双方产生质量纠纷时，第三方检验机构根据解决纠纷的有关机构的委托对有争议的食品作出仲裁检验，为有关机构解决食品质量纠纷提供技术依据。

三、食品检验的主要方法

在食品检验中，不同的检验目的，不同的检验对象，不同的检验项目，所选的检验方法不同。随着科技的发展，新型仪器的不断涌现，食品检验的方法越来越多。作为食品的出厂检验、发证检验、验收检验、监督检验、仲裁检验等应采用相关标准中规定的检验方法，检验方法不同，准确度、精密度不同，可能会影响最终结果的判定。食品检验中采用的检验方法可分为感官检验法、理化检验（化学检验、仪器检验）法、微生物检验法等。

1. 感官检验法

（1）概念

食品的感官检验是凭借人的感觉器官（眼、耳、鼻、口和手）对食品的质量状况作出客观的评价。检验的主要内容包括色泽、气味、滋味和外观组织状态等。

（2）感官检验的种类

1）视觉检验法。食品的色泽是人们评价食品品质的一个重要因素，也是判断食品质量的一个重要感官手段。食品的外观形态和色泽对于评价食品的新鲜程度或煮熟程度、食品是否有不良改变以及蔬菜、水果的成熟度等有着重要意义。视觉检验包括产品的外观形态和颜色特征。视觉检验应在白昼的散射光线下进行，只有在波长 380～780 nm 范围内才能被人眼所接受，灯光阴暗易发生错觉。检验时应注意整体外观、大小、形态、块形的完整程度、清洁程度，表面有无光泽、颜色的深浅等。在检验液态食品时，要将它注入无色的玻璃器皿中，透过光线来观察；也可将瓶子颠倒过来，观察其中有无夹杂物下沉或絮状物悬浮。

2）嗅觉检验法。食品的正常气味是人们是否能够接受该食品的一个决定因素。食品的气味常与食物的新鲜程度、加工方式、调制水平有关联。食品的气味是一些具有挥发性的物质形成的，它对温度的变化很敏感，因此进行嗅觉检验时，可把样品稍加热。但嗅觉检验最好在 15～25℃的常温下进行，因为食品中的挥发物质常随温度的高低而增减。在检验食品的异味时，液态食品可滴在清洁的手掌上摩擦，以增加气味的挥发。识别畜肉等大块食品时，可将一把尖刀稍微加热刺入深部，拔出后立即嗅闻气味。

感觉器官长时间接触浓气味物质的刺激会疲劳，因此检验时先检验气味淡的，后检验气味浓的，检验一段时间后，应休息一会儿。另外，检验前禁止吸烟。食品检验员不应有嗅觉缺失症。

3）味觉检验法。通过被检验物作用于味觉器官所引起的反应来评价食品的方法称为味觉检验。

感官检验中的味觉对于辨别食品品质的优劣是非常重要的一环。味觉是可溶性呈味物质溶解在口腔中对味感受体进行刺激后产生的反应，基本味觉有酸、甜、苦、咸四种，其余味觉都是由基本味觉组成的混合味觉。口腔内舌头上隆起部分——味蕾是味觉感受器，舌表面的味蕾乳头分布不均匀，对不同味道所引起刺激的乳头数目不同，因此舌头各个部分感觉味道的灵敏度不同。例如舌前部易感觉甜味和咸味，舌后部易感觉苦味，舌两侧易感觉酸味。

味觉器官的敏感性与食品的温度有关，在进行食品的滋味检验时，使食品处于

10～45℃范围内较适宜，以 30℃最为敏锐。影响味觉的因素还与呈味物质所处介质有关，介质的黏度增加，味道辨别能力降低。

几种不同味道的食品在进行感官评价时，应当按照刺激性由弱到强的顺序，最后检验味道强烈的食品。在进行大量样品检验时，中间必须休息，每检验一种食品之后必须用温水漱口。

4）触觉检验法。通过被检验物作用于触觉器官所引起的反应来评价食品的方法称为触觉检验。

触觉检验主要借助于手、皮肤等器官的触觉神经来检验食品的膨、松、软、硬、弹性（稠度），以评价食品品质的优劣，也是常用的感官检验方法之一。例如，根据鱼体肌肉的硬度和弹性，常常可以判断鱼是否新鲜；对谷物可以用手抓起一把，凭手感评价其水分；对饴糖和蜂蜜，用掌心或指头揉搓时的润滑感检验其稠度；评价动物油脂的品质时，常须检验其稠度等。在检验食品的硬度（稠度）时温度应在 15～20℃。

进行感官检验时，通常先进行视觉检验，再依次进行嗅觉检验、味觉检验及触觉检验。

2. 化学分析法

（1）原理

化学分析是指以物质的化学反应及其计量关系为基础的分析方法。

（2）分类及特点

化学分析是分析化学的基础，又称经典分析法。化学分析根据检验目的的不同，可进行定性分析和定量分析。定性分析是根据组分在化学反应中生成沉淀、气体或有色物质而进行的。定量分析是根据物质化学反应的计量关系来确定待测组分的含量。化学分析法主要有滴定分析和重量分析。滴定分析法，设备简单，操作简便、快速，准确度高（相对误差约为±0.2%），应用广泛，适于常量分析，是重要的例行分析法；重量分析法准确度很高，但操作烦琐，分析速度慢。

（3）应用范围

化学分析是食品检验中的基础分析方法，应用较为广泛，主要用于高含量和中含量组分（待测组分的质量分数 1%以上）的测定。利用食品中待测组分的化学反应类型选择适当的分析方法测定其含量。如滴定法测定食品中的酸度、酸价、碱度，高锰酸钾滴定法测定食品中钙含量，直接滴定法测定食品中还原糖的含量，沉淀滴定法测定肉蛋及制品中氯化物含量等。

3. 仪器分析法

（1）概念

仪器分析法是指以物质的物理或物理化学性质为基础，利用光、电等仪器来对物质进行定性、定量、形态和结构分析的一类测定方法。

（2）分类特点

仪器分析法通常需要使用特殊的分析仪器，与化学分析相比，仪器分析具有样品用量少、测定速度快、准确度高、灵敏度高、检出限低、选择性好、自动化程度高等特点。仪器分析的分类方法很多，依据测定原理分类，仪器分析包括光学分析法、电化学分析法、色谱分析法、其他分析方法。

1）光学分析法。基于物质与光的相互作用而建立的一类分析方法。包括紫外—可见光谱法、红外光谱法、原子吸收光谱法、原子发射光谱法、原子荧光光谱法和核磁共振波谱法。

2）电化学分析法。基于物质的电化学性质而建立的一类分析方法。包括电位分析法、电解和库仑分析法、伏安分析法以及电导分析法。

3）色谱分析法。基于混合物中各组分在互不相溶的两相中的吸附能力、分配系数的差异而建立的一类分析方法。包括气相色谱法、高效液相色谱法。

4）其他分析方法。包括质谱分析、元素分析、热分析等方法。

（3）应用范围

仪器分析法在食品检验中得到了广泛的应用，利用食品中待测组分的物理化学性质可选择适当的分析方法测定其含量。如用光度分析法测定食品中的亚硝酸盐、面制品中的铝、啤酒中的双乙酰等含量；用气相色谱法测定食品中山梨酸、苯甲酸含量；用高效液相色谱法测定食品中的维生素、乳制品中的三聚氰胺含量；用原子吸收法测定食品中钙、铅、铜、铬、镉等含量；用电位分析法测定食品的 pH 值等；用电导分析法测定饮用水的电导率等。随着现代科学技术的发展，仪器分析正进入一个广泛应用时期，渗透到各个领域，为食品的安全保驾护航。

4. 微生物检验法

（1）概念

微生物检验法就是应用微生物学及其相关学科的理论检验食品的方法。

（2）应用及特点

微生物检验法主要是对食品中细菌菌落总数、大肠菌群以及致病菌进行测定。通过检验食品中的细菌菌落总数、大肠菌群来判断食品被微生物污染的程度，正确而客观地揭示食品的卫生状况，间接判断有无传播肠道传染病的危险；通过对常见致病菌的检验，控制病原微生物的扩散传播，保障人体健康。

微生物检验法的特点是设备投资较少、反应条件温和、分析周期长、准确率高。

5. 检验方法的选择

选择食品检验方法，应从以下几个方面考虑：

（1）根据食品测定的具体要求，如待测组分的含量范围、组分的性质。

（2）了解食品中共存组分对测定的影响，依据具体情况拟订分离富集的方案。

（3）依据食品检验对测定准确度、精密度、检出限、灵敏度、置信概率等的要求，作出方案。

（4）依据实验室现有条件，测定成本、测定时间。

（5）对于质量有纠纷的样品，采用仲裁分析法，即国家标准规定的方法。

总之，选择检验方法要综合考虑各种分析方法的复杂程度、速度、灵敏度、检出限、选择性、标准偏差、置信概率等因素，拟订有关方案并进行实验。先用标准样品实验并进行精密度和准确度的评价，再进行样品的分析并比较分析结果。

四、食品检验的基本步骤

食品检验的一般程序：组批并确定批量、样品采集、样品的制备、样品的预处理、成分分析、分析数据处理及分析报告的撰写。

1. 组批并确定批量

组批就是根据检验分析的需要，将食品按一定的要求组成一个检验的总体。批量大小要根据实际需要由供需双方协商确定或由负责部门指定，组成一批的食品应该是由相同原材料、相同生产工艺、相同的加工设备和方法、相同的生产者在较短时间内生产的产品。

2. 样品采集

从整批产品中抽取一定量具有代表性的样品的过程称为样品的采集，简称采样。采样应注意样品的生产日期、批号、均匀性、代表性，能反映全部被测食品的组成、质量和卫生状况。对于需要进行微生物检验的食品，应采取无菌取样以保证所取的样品在微生物状态下不发生改变。

3. 样品的制备

用一般抽样方法取得的样品常常数量过多，颗粒太大，组成不均匀，因此需要对样品进行粉碎、混合、缩分，缩分后的样品粉碎至所要求的细度，这个过程称为样品的制备。制备的目的是要保证样品的均匀性，使在分析时取任何部分都能代表全部样品的成分。

4. 样品的预处理

食品的成分十分复杂，既含有大分子的有机化合物，如蛋白质、糖类、脂肪、维生素及人为加入的各种食品添加剂，残留的有机农药和兽药等，也含有各种无机元素，如钾、钠、钙、铁、铅、铜等。这些组分有的以复杂的结合态或络合态形式存在，有的被其他组分包裹。样品预处理的目的是使样品中的被测成分转化为便于测定的状态，消除共存成分在测定过程中的影响和干扰，浓缩富集被测成分。因此在预处理时总的原则是消除干扰因素、完整保留并尽可能浓缩被测组分，以获得可靠的分析结果。样品的预处理方法很多，在食品检验中常用的有有机物破坏法（干法灰化法、湿法灰化法、紫外线分解法、微波消解法）、蒸馏法、溶剂提取法、色层分离法（吸附色谱分离、分配色谱分离、离子交换色谱分离）、化学分离法（磺化法和皂化法、沉淀分离法、掩蔽法）、浓缩法（常压浓缩法、减压浓缩法）。

5. 成分分析

根据食品中被测组分的性质、含量以及对分析结果准确度的要求及实验室的实验条件，选择合适的分析方法。

6. 分析数据处理及分析报告的撰写

根据食品试样质量、实验所得数据、分析过程中有关反应的计量关系，计算出试样中待测组分的含量或浓度。正确填写分析数据，依据相关产品标准作出正确的评价。

第 2 节　常用仪器

一、玻璃仪器

1. 综述

食品检验实验室中大量使用玻璃仪器，因为玻璃具有很高的化学稳定性、热稳定性，很好的透明性，一定的机械强度，良好的绝缘性和易清洗等特点。所以，成为一切食品实验室最普遍使用的仪器。

玻璃的化学成分主要是 SiO_2、CaO、Na_2O、K_2O。加入 B_2O_3、Al_2O_3、ZnO、BaO 等，这使玻璃具有不同的性能和用途。食品实验室玻璃仪器种类多，用途各异，依据用途可分为烧器类、容器类、量器类、其他类。

烧器类是指用于加热的玻璃仪器，如烧杯、锥形瓶、碘量瓶、烧瓶、试管、蒸发皿等。

容器类是指用于盛放液体、固体样品的玻璃仪器，如烧杯、锥形瓶、细口瓶、广口瓶、滴瓶、称量瓶等。

量器类是指刻有较精密刻度，用于测量液体体积的玻璃仪器，如量筒、量杯、容量瓶、移液管、吸量管、滴定管等。

表4—1　　　　常用玻璃仪器名称、规格、用途、使用注意事项一览表

名称	规格	主要用途、性能	使用注意事项
烧杯	玻璃品质：硬质或软质；容量（mL）：5、10、25、50、100、150、200、250、300、400、500、600、800、1 000、2 000、3 000、5 000	反应容器，如配制溶液、溶样等	（1）硬质的可以加热至高温，但软质的要注意勿使温度变化过于剧烈（2）加热时应置于石棉网上，使其受热均匀，一般不可烧干（3）烧杯所盛反应液体不超过烧杯容量的2/3（4）不可用烧杯做量器来配制标准溶液
锥形瓶（三角烧瓶）	玻璃品质：硬质或软质；容量（mL）：50、100、250、500、1 000	反应容器，摇荡方便，口径小，减少反应物因蒸发而造成的损失和容量分析滴定	（1）硬质的可以加热至高温，但软质的要注意勿使温度变化过于剧烈（2）加热时应置于石棉网上，使其受热均匀，一般不可烧干，磨口三角瓶加热时要打开塞，非标准磨口三角瓶要保持原配塞（3）滴定时用手腕旋转摇动锥形瓶
碘量瓶	玻璃品质；容量（mL）：50、100、250、500、1 000	碘量法或其他生成挥发性物质的定量分析	（1）塞子及瓶口边缘磨口勿擦伤，以免产生漏隙（2）加热时应置于石棉网上，使其受热均匀，一般不可烧干，磨口碘量瓶加热时要打开塞，非标准磨口碘量瓶要保持原配塞

续表

名称	规格	主要用途、性能	使用注意事项
圆（平）底烧瓶	玻璃品质； 容量（mL）：250、500、1 000 可配橡皮塞号：5～6、6～7、8～9	长时间加热时用及蒸馏液体；平底烧瓶又可自制洗瓶	一般避免直接火焰加热、隔石棉网或各种加热套、加热浴加热
圆底蒸馏烧瓶	玻璃品质； 容量（mL）：30、60、125、250、500、1 000	蒸馏；也可作少量气体发生反应器	同圆底烧瓶
凯氏烧瓶	玻璃品质； 容量（mL）：50、100、300、500	消解有机物质	置石棉网上加热，瓶口方向勿对向自己及他人
洗瓶	有塑料和玻璃两种； 容量（mL）：250、500、1 000	用蒸馏水洗涤容器、沉淀或用洗涤液洗涤沉淀	（1）不可装自来水 （2）玻璃制的带磨口塞，可置石棉网上加热 （3）聚乙烯制的不可加热
量筒、量杯	玻璃品质； 容量（mL）：5、10、25、50、100、250、500、1 000、2 000 量出式、量入式	粗略地量取一定体积的液体用	（1）不能做反应容器用 （2）不能加热或烘烤 （3）量筒的最低刻度线应从标称容量的10%起向上分度 （4）量筒的标称容量为20℃的体积数

续表

名称	规格	主要用途、性能	使用注意事项
容量瓶（量瓶）	玻璃品质； 容量（mL）：1、2、5、10、20、25、50、100、200、250、500、1 000、2 000、5 000 量入式，无色、棕色	配制标准溶液或被测溶液	（1）不能盛热溶液或加热或烘烤 （2）磨口塞必须密合，要保持原配，避免打碎、遗失和搞混 （3）使用之前需试漏，漏水的不能用
滴定管（碱式、酸式）	玻璃品质； 容量（mL）：5、10、25、50、100 无色、棕色，量出式	（1）容量分析滴定时用 （2）取得准确体积的液体时用	（1）酸式的活塞要原配，避免打碎、遗失和搞混，漏水的不能使用；不能加热；不能长期存放碱液 （2）碱管不能盛放与橡皮作用的标准溶液 （3）用滴定管时要洗洁净，液体下流时管壁不得有水珠悬挂，全管不得留有气泡，用盛装液润湿3～4次
微量滴定管	玻璃品质； 容量（mL）：1、2、5、10 量出式	微量或半微量分析滴定操作时用	只有活塞式，活塞要原配，漏水的不能使用，不能加热，不能长期存放碱液
自动滴定管	玻璃品质； 滴定管容量 25 mL，储液瓶容量 1 000 mL 量出式	自动滴定；可在滴定液需隔绝空气的操作时使用	活塞要原配；漏水的不能使用；不能加热；不能长期存放碱液；注意成套保管，另外，要配打气用双连球

续表

名称	规格			主要用途、性能	使用注意事项
移液管（单标线吸量管）	玻璃品质； 容量（mL）：1、2、5、10、15、20、25、50、100 量出式			准确地移取一定量的液体	（1）不能加热或烘干 （2）注意移液管的选取如移取 5 mL 液体选 5 mL 移液管 （3）移取前用待移取液润湿移液管 2～3 次 （4）吸取的溶液放出时管尖端的液体不得吹出，若有"吹"字的需吹出
吸量管	玻璃品质； 容量（mL）：0.1、0.2、0.25、0.5、1、2、5、10、25、50 完全流出式、不完全流出式			准确地移取各种不同体积的液体	（1）不能加热或烘干 （2）使用前观察有无破损、污渍、规格等 （3）洗涤干净后，需移取液体润湿 3 次，再吸取待移取液体 （4）吸取的溶液放出时管尖端的液体不得吹出，若有"吹"字的需吹出
称量瓶	扁形 容量 （mL） 10、15、30	瓶高 （mm） 25、25、30	直径 （mm） 35、40、50	扁形用作测定水分或在烘箱中烘干基准物，高形用于称量基准物、样品	不可盖紧磨口塞烘烤，磨口塞要原配
	高形 容量 （mL） 10、20	瓶高 （mm） 40、50	直径 （mm） 25、30		

名称	规格	主要用途、性能	使用注意事项
试剂瓶、细口瓶、广口瓶、下口瓶	玻璃品质； 容量（mL）：30、60、125、250、500、1 000、2 000、10 000、20 000 无色、棕色	(1) 细口瓶用于存放液体试剂 (2) 广口瓶用于装固体试剂 (3) 棕色瓶用于存放见光易分解的试剂	(1) 不能加热 (2) 不能在瓶内配制在操作过程放出大量热量的溶液 (3) 磨口塞要保持原配 (4) 不要长期存放碱性溶液，存放时应使用橡皮塞
滴瓶	玻璃品质； 容量（mL）：30、60、125 无色、棕色	盛装需滴加的试剂	(1) 不能加热 (2) 不能在瓶内配制在操作过程放出大量热量的溶液 (3) 磨口塞要保持原配 (4) 不要长期存放碱性溶液
漏斗	玻璃品质； 长颈：口径50、60、75 mm；管长150 mm 短颈：口径50、60 mm；管长90、120 mm 锥体均为60°	(1) 长颈漏斗用于定量分析，过滤沉淀；短颈漏斗用作一般过滤 (2) 在引导液体或粉末状固体入小口容器中时用	(1) 不可直接火上加热 (2) 用时放在漏斗架上，漏斗颈尖端必须紧靠承接容器的壁
分液漏斗	玻璃品质； 容量（mL）：50、100、250、500、1 000 有球形、梨形、管形等 玻璃活塞或聚四氟乙烯活塞	(1) 分开两种互不相溶的液体 (2) 用于萃取分离和富集 (3) 制备反应中加液体	(1) 磨口旋塞必须原配，漏水的漏斗不能使用 (2) 活塞上需涂凡士林，使活塞转动灵活 (3) 不能盛热溶液 (4) 萃取时，振荡初期应防气数次，以免漏斗内压力过大 (5) 长期不用的，磨口处需垫一块纸

续表

名称	规格	主要用途、性能	使用注意事项
试管（普通试管、离心试管）	玻璃品质：硬质或软质； 普通试管 口径×长度（mm）： 10×75、10×100、12×75、12×100、16×100、16×125等 离心试管 容量（mL）： 5、10、15 带刻度、不带刻度	普通试管适用于一般实验室的正常使用，包括试样的蒸沸 离心试管可在离心机中借离心作用分离溶液和沉淀	（1）硬质玻璃制的试管可直接在火焰上加热，但不能骤冷；加热液体时，液体不得超过容积的2/3；加热要均匀，试管应倾斜约45°角 （2）离心管只能水浴中加热，不能直接加热
比色管	玻璃品质； 容量（mL）：10、25、50、100 带刻度、不带刻度，具塞、不具塞	光度分析	（1）不可直接用火加热，非标准磨口塞必须原配 （2）注意保持管壁透明，不可用去污粉刷洗，以免磨伤透光面
冷凝管 蛇形冷凝管　直形冷凝管 球形冷凝管　空气冷凝管	玻璃品质； 全长（mm）：320、370、490 直形、球形、蛇形、空气冷凝管	（1）用于冷却蒸馏出的液体 （2）蛇形管适用于冷凝低沸点液体蒸汽 （3）空气冷凝管用于冷凝沸点150℃以上的液体蒸汽	（1）不可骤冷骤热 （2）注意从下口进冷却水，上口出水

名称	规格	主要用途、性能	使用注意事项
抽滤瓶	玻璃品质； 容量（mL）：250、500、1 000、2 000	抽滤时接收滤液	属于厚壁容器，能耐负压；不可加热
表面皿	玻璃品质； 直径（mm）：45、60、75、90、100、120	（1）可做烧杯及漏斗的盖子等 （2）用来进行点滴反应 （3）观察小晶体结晶过程	（1）不可直接火上加热 （2）做盖子时直径要略大于所盖容器直径
研钵	瓷质、厚玻璃品质、玛瑙； 内底及杆均匀磨砂 直径（mm）：70、90、105	研磨固体试剂及试样等用	（1）不能撞击；不能烘烤 （2）不能研磨与玻璃作用的物质
砂芯玻璃滤器 坩埚式　漏斗式	玻璃品质； 容量（mL）：10、15、30 滤板号1#—6#	重量分析中烘干需称量的沉淀	（1）滤器使用前用强酸处理再用水洗净，必须抽滤 （2）不能骤冷骤热 （3）不能过滤氢氟酸、碱等 （4）用毕立即洗净

2. 洗涤

在食品检验实际工作中，洗净玻璃仪器不仅是一个必须做的实验前的准备工作，也是一个技术性的工作。仪器的洗涤是否符合要求，会直接影响检验结果的可靠性。一般来说，附着在仪器上的污物有尘土、其他不溶性物质、可溶性物质、有机物质及油污等。根据具体情况，选择不同的洗涤方法。

（1）常用玻璃仪器的洗涤方法

1）水刷洗。食品实验室应预先准备一些用于洗涤各种形状仪器的毛刷，根据仪器的种类和规格，选择合适的毛刷如试管刷、烧杯刷、瓶刷等。仪器刷洗之前应倾尽仪器中的试品，然后用毛刷蘸水刷洗仪器，用水冲去可溶性物质及表面黏附的灰尘。所用的烧杯、锥形瓶、试管、表面皿、试剂瓶等，先用自来水冲洗。若未洗净根据油污选择洗液洗涤，再用自来水冲洗干净。最后用蒸馏水润湿 2～3 次。

2）用洗涤液刷洗。用毛刷蘸取洗涤液刷洗，边刷边用水冲洗，当器壁上不挂水珠，表明仪器已洗干净。温热的洗涤液去油能力更强，必要时可将仪器短时间浸泡，再用自来水冲净洗涤液，最后用蒸馏水洗 3 遍至器壁上不挂水珠。

3）用还原剂洗去氧化剂，如二氧化锰的洗涤。

4）进行定量分析时，即使少量杂质对分析结果的准确性也有影响。可用铬酸洗液浸泡容量仪器，再用自来水、蒸馏水刷洗干净。去污粉因含有细沙等固体摩擦物，有损玻璃，如滴定管、容量瓶、吸量管等有精密刻度的仪器不要使用去污粉刷洗。

5）滴管、吸量管等仪器浸于温热的洗涤剂水溶液中在超声波清洗器中超洗数分钟，洗涤效果极佳，既省时、省事，又提高了效率。洗涤后再用自来水冲净洗涤液，最后用蒸馏水洗 3 遍。

总之，洗涤过程中自来水和蒸馏水都应按照"少量多次"的原则使用。洗净的仪器倒置时，水流出后器壁应不挂水珠，再用少量蒸馏水刷洗仪器 2～3 次，洗去自来水带来的杂质，放置备用。

（2）常用的洗涤液

针对仪器及沾污物的物理性质和化学性质，选择不同洗涤液通过物理或化学作用能有效地除去污物和干扰离子。几种常用的洗涤液见表 4—2。

表 4—2　　　　　　　　　　　　几种常用的洗涤液

洗涤液及其配制	使用方法及注意事项
铬酸洗液 20 g 研细的重铬酸钾溶于 40 mL 水中，加热溶解。冷却后，慢慢加入 360 mL 浓硫酸中	用于洗涤器壁残留油污，用少量洗液刷洗或浸泡过夜，洗液可重复使用，洗液由红棕色变绿色即失效 注意铬酸洗液具有强腐蚀性，防止灼伤皮肤。储存瓶要密封，以防吸水失效。洗涤废液经处理解毒方可排放（因铬有毒尽量不用）
合成洗涤剂 主要是洗衣粉、去污粉（碳酸钠、白土、细沙等）、洗洁精等	一般的器皿都可以用，有效地去除油污及某些有机化合物
盐酸 化学纯的盐酸与水（1＋1）的体积比进行混合	多种金属氧化物及金属离子
盐酸—乙醇溶液 化学纯的盐酸和乙醇（1＋2）的体积比进行混合	用于洗涤被染色的吸收池、比色管、吸量管等。洗时最好将器皿浸泡一定时间，然后用水冲洗

续表

洗涤液及其配制	使用方法及注意事项
纯酸洗液 （1+1）、（1+2）或（1+9）的盐酸或硝酸	用于除去 Hg、Pb 等重金属杂质离子，洗净的仪器浸泡于纯酸洗液中 24 h
氢氧化钠洗液 10%氢氧化钠水溶液	洗油污及某些有机物，水溶液加热（可煮沸）使用，其去油效果较好；注意，煮的时间太长会腐蚀玻璃。洗液储于塑料瓶中或储液瓶带胶塞
氢氧化钠－乙醇（或异丙醇）洗液 120 g NaOH 溶于 150 mL 水中，用 95%乙醇或工业乙醇（96%～97%）稀释至 1 L	用于洗去油污及某些有机物。精密玻璃量器，不可长时间浸泡，以免腐蚀玻璃，影响量器精度。注意储液瓶带胶塞
碱性高锰酸钾洗液 30 g/L 的高锰酸钾溶液和 1 mol/L 的氢氧化钠的混合溶液	清洗油污或其他有机物质，洗后容器沾污处有褐色二氧化锰析出，再用浓盐酸或草酸洗液、硫酸亚铁、亚硫酸钠等还原剂去除
酸性草酸或酸性羟胺洗液 称取 10 g 草酸或 1 g 盐酸羟胺，溶于 10 mL（1+4）盐酸溶液中	洗涤氧化性物质如二氧化锰、三价铁等，必要时加热使用
硝酸－氢氟酸洗液 50 mL 氢氟酸、100 mL HNO₃，350 mL 水混合，储于塑料瓶中盖紧	利用氢氟酸对玻璃的腐蚀作用有效地去除玻璃、石英器皿表面的金属离子，不可用于洗涤量器、玻璃砂芯滤器、吸收池及光学玻璃零件。使用时特别注意安全，必须戴防护手套
碘－碘化钾溶液 1 g 碘和 2 g 碘化钾混合研磨，溶于水中，用水稀释至 100 mL	洗涤用过硝酸银滴定液后留下的黑褐色沾污物，也可用于擦洗沾过硝酸银的白瓷水槽
有机溶剂 汽油、二甲苯、乙醚、丙酮、二氯乙烷等	可洗去油污或可溶于该溶剂的有机物质，用时要注意其毒性及可燃性
硝酸洗液 常用浓度（1+4）或（1+9）	浸泡、清洗测定金属离子的器皿。一般浸泡过夜，取出用自来水冲洗，再用去离子水冲洗

要注意在使用各种性质不同的洗液时，一定要把上一种洗涤液除去后再用另一种，以免相互作用，生成的产物更难洗净。洗涤液的使用要考虑能有效地除去污染物，不引进新的干扰物质（特别是微量分析），又不应腐蚀器皿。强碱性洗液不应在玻璃器皿中停留超过 20 min，以免腐蚀玻璃。

必须指出的是，洗液并不是万能的，对不同的污染应采用不同的洗涤方法，如被 AgCl 沾污的器皿，用洗液洗是无效的，此时可用 $NH_3 \cdot H_2O$ 或 $Na_2S_2O_3$ 溶液洗涤；又如被 MnO_2 沾污的器皿，应用 $HCl-NaNO_2$ 的酸性溶液洗涤。

铬酸洗液因六价铬和三价铬有毒，污染环境，尽可能不用，近年来多以合成洗涤剂、有机溶剂等来去除油污，但有时仍要用到铬酸洗液。

（3）特殊玻璃仪器的洗涤方法

1）特殊的洗涤方法

①水蒸气洗涤主要指成套的组合玻璃仪器，将仪器安装起来，用水蒸气蒸馏洗涤一定时间。如凯氏定氮仪，在使用前用装置本身发生的蒸气处理 5 min 以上。

②作微量元素分析用的玻璃器皿，要求洗去微量的杂质离子，可用盐酸（1+1）10％HNO₃ 溶液浸泡 8 h 以上，再用蒸馏水洗净。测磷用的仪器不可用含磷酸盐的洗涤剂洗涤。测铬、锰的仪器不可用铬酸洗液、KMnO₄ 洗液洗涤。测锌、铁用的玻璃仪器酸洗后不能再用自来水冲洗，必须直接用纯水洗涤。

③测定分析水中微量有机物的仪器可用铬酸洗液浸泡 15 min 以上，然后用自来水、蒸馏水洗净。

④痕量物质提取的索氏提取器，在分析样品前需先用己烷和乙醚分别回流 3～4 h。

⑤进行荧光分析时，玻璃仪器应避免使用含有荧光增白剂的洗衣粉洗涤，以免给分析结果带来误差。

⑥沾有细菌的器皿，可在 170℃用热空气灭菌 2 h 或高压灭菌锅 121℃灭菌 20 min。

⑦有机物严重沾污的器皿可置于高温炉中于 400℃加热 15～30 min。

2）砂芯玻璃滤器的洗涤

①新的滤器使用前应以热的盐酸或铬酸洗液浸泡、边抽滤边清洗，再用自来水、蒸馏水洗净。滤器可正置或倒置用水反复抽洗。

②根据不同的沉淀物选用适当的洗涤剂先溶解沉淀，或反置用水抽洗沉淀物，再用蒸馏水抽洗干净，于 110℃缓慢升温烘干，升温和冷却过程都要缓慢进行，以防裂损。然后保存在有盖的容器中。否则，积存的灰尘和沉淀堵塞滤孔很难洗净。表 4—3 列出的洗涤砂芯滤板的洗涤液可供选用。

表 4—3　　　　　　　　洗涤砂芯玻璃滤器常用的洗涤液

沉淀物	洗涤液
AgCl	(1+1) 氨水或 10％ Na₂S₂O₃ 水溶液
BaSO₄	100℃浓硫酸或用 EDTA—NH₃ 水溶液（3％EDTA 二钠盐 500 mL 与浓氨水 100 mL 混合）加热近沸
汞渣	热、浓 HNO₃

续表

沉淀物	洗涤液
有机物质	铬酸洗液浸泡或温热洗液抽洗
脂肪	CCl_4 等适当的有机溶剂
氧化铜	热氯酸钾与盐酸混合液
蛋白质	热氨水或热盐酸
铝质或硅质残渣	2%氢氟酸，随后为浓硫酸，用纯水漂洗，再用丙酮反复漂洗至无酸
细菌	化学纯浓 H_2SO_4 5.7 mL，化学纯 $NaNO_3$ 2 g，纯水 94 mL 充分混匀，抽气并浸泡 48 h 后以热蒸馏水洗净

3）比色皿的洗涤。比色皿是光度分析最常使用的器皿，按材质分玻璃和石英两类，使用时要注意保护好透光面，拿取时手指应捏住毛玻璃面，不要接触透光面。玻璃或石英吸收池在使用前要充分洗净，根据污染情况，采用能溶解中和的方法进行清洗，原则上是不能损坏比色皿的结构和透光性能。比色皿的洁净与否是影响测定准确度的因素之一，因此，必须选择正确的洗涤方法。

对于测定溶液为酸性的，可用弱碱溶液洗涤，也可以用冷的或温热的（40～50℃）阴离子表面活性剂的碳酸钠溶液（2%）浸泡，经水冲洗后，再于过氧化氢和硝酸（5∶1）混合溶液中浸泡半小时。对于有色物质的污染可用 HCl－乙醇（1＋1）溶液或硝酸溶液浸泡、洗涤，也可用超声波清洗机清洗。铬酸洗涤液不宜用于洗涤比色皿，易造成比色皿胶接面裂开而损坏，同时可能残存微量铬，在紫外区有吸收影响测定。

比色皿用自来水、蒸馏水充分洗净后倒立在纱布或滤纸上控去水，如急用，可用乙醇、乙醛润洗后用吹风机吹干。测定前用柔软擦镜纸吸去比色皿外壁的液珠，轻轻擦拭至透明。

3. 玻璃仪器的干燥和存放

（1）玻璃仪器的干燥

玻璃仪器的干燥方法主要有以下五种。

1）晾干。不急等用的仪器，可在纯水刷洗后，倒置于干净的实验柜或容器架上控去水分，然后自然晾干。

2）烘干。洗净的玻璃仪器控去水分，放在电热干燥箱中烘干，烘箱温度为105～120℃，烘 1 h 左右。放置容器时应注意平放或使容器口朝下，也可以在电热干燥箱的搁板上放一个搪瓷盘，以接收仪器上滴下的水珠，防止水珠滴到电炉丝上损坏电炉丝。称量用的称量瓶等在烘干后要放在干燥器中冷却和保存。砂芯玻璃滤器、带实心玻璃塞的及厚壁的仪器烘干时要注意慢慢升温并且温度不可过高，以免烘裂。玻璃量器的烘干温度不得超过 150℃。用乙醇等有机溶剂润洗过的仪器，不能立即放入烘箱，以免爆炸，应晾干。

3）烤干。烧杯或蒸发皿可置于石棉网上用火烤干。试管可以直接用小火烤干，先将试管略为倾斜，管口向下，并不时来回移动试管，水珠消失后，再将管口朝上，以便水汽逸出。

4）吹干。急需干燥又不便于烘干或烤干的玻璃仪器，可以使用电吹风机吹干。开始先用冷风，然后吹入热风至干燥。

5）用有机溶剂干燥。一些带有刻度的玻璃仪器，不能用加热方法干燥，否则，影响其精密度，可用少量乙醇、丙酮等有机溶剂倒入仪器中，把仪器倾斜，转动仪器，使器壁上的水与有机溶剂混合，然后倾出，少量残留在仪器内的混合液，很快挥发使仪器干燥。要求通风良好，要防止中毒，避免明火。

（2）玻璃仪器的保管

食品实验室里玻璃仪器要分门别类地存放，以便取用。玻璃仪器易按种类、规格顺序存放，尽可能倒置，可自然控干，又能防尘。如烧杯可倒扣于仪器柜中，量筒、烧瓶等可倒插于搁板的孔中，锥形瓶可倒插于沥水架上。

常用的几种玻璃仪器的保管方法：

1）移液管和吸量管。移液管洗净后晾干，置于防尘的盒中。吸量管可用纸包住两端，置于吸管架上。

2）滴定管。实验完成后洗去内装的溶液，用纯水刷洗后注满纯水，夹在滴定管夹上，盖上玻璃短试管或塑料套管，也可倒置夹于滴定管夹上。

3）比色皿。实验完成后用自来水、蒸馏水洗净，在瓷盘或塑料盘中下垫滤纸，倒置晾干后收于比色皿盒或洁净的器皿中。

4）带磨口塞的仪器。带磨口塞的仪器不要存放强碱溶液。因为玻璃中的二氧化硅与碱反应生成硅酸钠（俗称水玻璃，是一种黏合剂）会使磨口处粘连。

容量瓶、比色管、酸式滴定管、分液漏斗等最好在清洗前就用小线绳或塑料细套管把塞和管口拴好，以免打破塞子、丢失或互相弄混。需长期保存的磨口仪器要在塞间垫一张纸片，以免日久粘住。长期不用的滴定管要除掉凡士林后垫纸，用橡皮筋拴好活塞保存。磨口塞间如有沙砾不要用力转动，以免损伤其精度，也不要用去污粉擦洗磨口部位。

5）成套仪器。如凯氏定氮仪、索氏萃取器、蒸馏水器等用完要立即洗净、晾干，放回原有的包装盒里保存。

4. 常用玻璃仪器的组合方法

（1）定氮蒸馏装置

定氮蒸馏装置主要组成仪器有圆底烧瓶、反应室、定氮球、冷凝管、接受瓶，具体组成如图4—1所示。

（2）普通回流装置

普通回流装置仅由烧瓶及冷凝管组成，如图4—2所示。

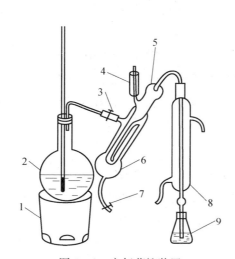

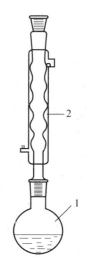

图4—1　定氮蒸馏装置

图4—2　普通回流装置

1—电炉　2—水蒸气发生器　3—螺旋夹　4—小玻杯及棒状玻塞

1—烧瓶　2—冷凝管

5—反应室　6—反应室外层　7—橡皮管及螺旋夹

8—冷凝管　9—蒸馏液接收瓶

（3）水泵减压蒸馏装置

水泵减压蒸馏装置主要组成仪器有开口式水银压差计、接水喷射泵、直形冷凝管、圆底烧瓶、温度计，如图4—3所示。

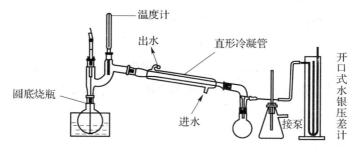

图4—3　水泵减压蒸馏装置

（4）蒸馏装置

蒸馏装置主要由蒸馏烧瓶、温度计、冷凝管、承接管、接收器（锥形瓶）等组成，如图 4—4 所示。

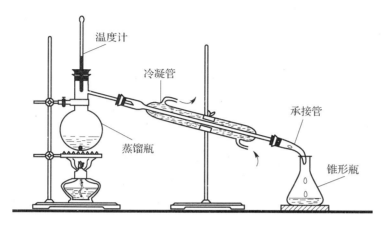

图 4—4　蒸馏装置

5. 玻璃仪器常见问题及解决方法

带磨口活塞的器皿放置时间过久打不开时，如用力拧就会拧碎，可采用以下几种方法尝试打开。

（1）用木锤或塑料锤轻轻敲击磨口塞的一方，使固着部位因受振动而渐渐松动打开。

（2）将磨口塞外层升温。如凡士林等油状物质粘住活塞可用热毛巾盖在磨口塞处或电吹风或小火烤等方法使油类黏度降低，然后加以轻轻敲击将其打开。

（3）在磨口塞的缝隙处滴加几滴渗透力强的液体，如石油醚、甲醇、丙酮等溶剂或稀表面活性剂溶液等，等待几分钟就能打开。

（4）活塞长时间不用，因尘土等粘住，可把它泡在水中，几小时后可打开。

（5）碱性物质粘住的活塞可将仪器在水中加热至沸，再用木锤或塑料锤轻敲塞子来打开。

（6）装有试剂的试剂瓶塞打不开时，若瓶内是腐蚀性试剂，如浓 H_2SO_4、HNO_3 等，要做好防护措施，操作时要在通风橱内进行。准备工作做好后，可用木锤或塑料锤轻敲瓶盖。

（7）将粘住的活塞部位置于超声波清洗机的清洗器中，通过超声波的振荡和渗透作用打开活塞。

二、其他材质的仪器

1. 石英玻璃仪器

（1）特点

石英玻璃的化学成分是二氧化硅。由于原料不同，石英玻璃可分为透明石英玻璃和不透明石英玻璃。透明石英玻璃理化性能优于不透明石英玻璃，是由水晶或四氯化硅为原料，经高温熔制而成，二氧化硅含量99.95％以上。主要用于制造实验室玻璃仪器及光学仪器等。由于石英玻璃能透过紫外线，在分析仪器中常用来制作紫外范围应用的光学零件。石英玻璃具有如下特点：

1）石英玻璃的热膨胀系数很小（5.5×10^{-7}/℃），仅为普通玻璃的$1/20 \sim 1/10$，因此它耐急冷急热，将透明石英玻璃烧至红热，放到冷水里也不会炸裂。

2）石英玻璃的软化温度高达1 730℃，由于它具有耐高温性能，能在1 100℃下使用，短时间可用到1 450℃。

3）石英玻璃的纯度很高，二氧化硅含量在99.95％以上，具有相当好的透明度。

4）石英玻璃的耐酸性能非常好，除氢氟酸和磷酸外，任何浓度的有机酸和无机酸甚至在高温下都极少和石英玻璃作用。

5）机械强度比硬质玻璃、陶瓷好。因此，石英是痕量分析用的好材料。在高纯水和高纯试剂的制备中也常采用石英器皿。

实验室中常用的石英玻璃仪器有石英烧杯、坩埚、蒸发皿、石英舟、石英管、石英蒸馏水器等。

（2）使用注意事项

1）强碱溶液包括碱金属碳酸盐能腐蚀石英，在常温时腐蚀较慢，温度升高腐蚀加快。石英玻璃不耐氢氟酸、热磷酸。因此，石英制品应避免盛装此类溶液。

2）石英玻璃价格昂贵，应与玻璃仪器分开存放及保管。

3）清洗可用除氢氟酸以外的无机酸作清洗液。

2. 瓷器和其他非金属材料器皿

（1）特点

1）能耐高温，可在高至1 200℃的温度下使用。

2）耐酸碱的化学腐蚀性也比玻璃好。

3）机械强度大于玻璃，且价格便宜。因此在实验室中经常用到。

涂有釉的瓷坩埚灼烧后失重甚微，可在重量分析中使用。陶瓷制品均不耐苛性碱和碳酸钠的腐蚀，尤其不能在其中进行熔融操作。非金属材料器皿主要用到的有MgO、C粉等作为填垫剂的难熔氧化物坩埚及石墨坩埚等。

（2）种类、规格及使用（见表4—4）

表4—4　　　　　　　　　常用瓷制器皿及非金属材料器皿

名称	示意图	规格	用途及注意事项
蒸发皿（无柄、有柄）		瓷品质，容量（mL）：15、30、60、100、300、500、1 000	蒸发、浓缩液体，干燥固体物质　液体量不超过蒸发皿深度的2/3为宜　不宜骤冷骤热
坩埚（高型、中型、低型）		瓷、刚玉、石英、铂、石墨等品质，容量（mL）：10、15、20、25、30、50、100	灼烧沉淀及高温处理试样　不宜骤冷骤热　清洗用稀盐酸煮沸清洗
瓷研钵		瓷品质，直径（mm）：60、80、100、150、180、190、205	研磨固体试剂或使固体混合均匀　避免撞击，不宜烘烤
布氏漏斗		瓷品质，直径（mm）：51、67、85、106、127、142、171、213、269	上铺两层滤纸用抽滤法过滤
玛瑙研钵		玛瑙品质，直径（mm）：40～300	研磨硬度大的样品；避免撞击，不宜烘烤；不能研磨易爆物、装物最多占容积的1/3；清洗用食盐研磨或稀盐酸洗再用水洗净，自然干燥或60℃低温烘干

3. 塑料制品

塑料是高分子材料，塑料制品在实验室的应用日益增多，是因为塑料特有的物理性质和化学性质，如塑料耐酸、碱、盐腐蚀，具有良好的化学稳定性，不溶于有机溶剂等。在实验室中可以作为金属、木材、玻璃等的代用品。最广泛使用的是聚乙烯、聚丙烯、聚四氟乙烯。

（1）聚乙烯和聚丙烯制品

聚乙烯可分为低密度、中密度和高密度聚乙烯，其软化点分别为低密度聚乙烯105℃，中密度聚乙烯127～130℃，高密度聚乙烯125℃。聚乙烯的最高使用温度为70℃，聚丙烯可在120℃以下连续使用。聚乙烯及聚丙烯耐一般酸、碱和氢氟酸的腐蚀，常用来代替玻璃试剂瓶储存氢氟酸、浓氢氧化钠溶液及一些呈碱性的盐类（如硫化物、硅酸钠等）。

注意浓硫酸、硝酸、溴、高氯酸可以与聚乙烯和聚丙烯作用。塑料对各种试剂有渗透性，因而不易洗干净。它们吸附杂质的能力也较强，因此，为了避免交叉污染，在使用塑料瓶储存各类溶液时，最好专瓶专用。

实验室中使用的塑料制品主要有烧杯、漏斗、量杯、试剂瓶、洗瓶、离心试管、试管架、移液管架和实验室用纯水储存桶等。

（2）聚四氟乙烯制品

聚四氟乙烯（又称特氟龙）被称作"塑料王"，是四氟乙烯经聚合而成的高分子化合物。色泽白，有蜡状感觉；耐热性好，最高工作温度为250℃；同时耐低温，具有良好的机械韧性；化学稳定性好，除熔融态钠和液态氟外能耐一切浓强酸、浓强碱、强氧化剂的腐蚀，在王水中煮沸也不起变化。

聚四氟乙烯烧杯、漏斗和坩埚均有产品，可用作氢氟酸处理样品的容器。

注意：有不锈钢外罩的聚四氟乙烯坩埚在加压加热时一般要求低于200℃。聚四氟乙烯使用温度不可超过250℃，超过此温度开始分解，在415℃以上急剧分解放出极毒的全氟异丁烯气体。

总之，洗涤塑料制品的器皿时一般选用对塑料制品无溶解性的乙醇等溶剂。若使用中塑料器皿被金属离子或氧化物沾污可用盐酸（1＋3）洗涤。

三、辅助仪器

实验室常用辅助仪器名称、用途、注意事项见表4—5。

表 4—5 实验室常用辅助仪器名称、用途、注意事项

名称	主要用途	使用注意事项
水浴锅	水浴加热或控温实验，有铜制水浴锅、铝制水浴锅及电热恒温水浴；水浴锅上的圆圈适于放置不同规格的蒸发皿	（1）不可烧干 （2）加热时水量不宜太多，以防沸腾溢出
泥三角	坩埚或小蒸发皿加热时的承受器	（1）灼热时避冷水，以免炸裂 （2）避免猛烈敲击 （3）放在其上的坩埚露出上部不超过本身高度的 1/3
石棉网	方形铁丝网，中间涂有圆形石棉，加热玻璃容器时垫在容器底部，使受热物体均匀受热	（1）不能与水接触 （2）不能随意放置，以免损坏石棉
双顶丝	铁质；固定万能夹及烧瓶夹	
万能夹	铁质；夹住烧瓶颈、冷凝管	头部套耐热橡胶管
烧瓶夹	夹住烧瓶	
烧杯夹	夹取热的烧杯	金属制品，注意防腐蚀

名称	主要用途	使用注意事项
坩埚钳	铁质或铜合金；夹取坩埚、坩埚盖和蒸发皿	（1）勿沾上酸等腐蚀性液体 （2）保持头部清洁，尖部向上放于桌上 （3）夹热坩埚时应先将夹子尖端预热，以免坩埚骤冷破裂
滴定台及滴管夹	铁质；固定滴定管	（1）底板上铺白瓷板，以便滴定时观察颜色变化 （2）滴定管夹上套橡胶管
移液管架	木制或塑料制，放置移液管及吸量管	
漏斗架	木制、塑料或金属制，放置漏斗	
试管架	木制、塑料或金属制，放置试管	勿沾污酸、碱等腐蚀性试剂
比色管架	木制或塑料，放置比色管及目视比色	

续表

名称	主要用途	使用注意事项
铁架台、铁环、万能夹	固定反应容器,与双顶丝、万能夹配合使用	
铁三脚架	放置石棉网,上置被加热的玻璃仪器	
洗耳球	橡胶制品;主要用于吸量管或移液管定量抽取液体,还可以把密闭容器里的粉末状物质吹散	
药匙	塑料、不锈钢、玻璃;用于取用粉末状或小颗粒状的固体试剂	(1)根据试剂用量不同,药匙应选用大小合适的 (2)不能用药匙取用热药品,也不要接触酸、碱溶液 (3)取用药品后,应及时用纸把药匙擦干净 (4)药匙最好专匙专用
螺旋夹	夹在橡皮管上,调节气体或液体流量	

四、通用检验仪器

1. 电热恒温干燥箱

电热恒温干燥箱常被称为干燥箱或恒温干燥箱，是食品实验室物品干燥、高温消毒、高温实验常用的电热设备。以 FXB101 型电热鼓风干燥箱为例。

（1）结构原理

1）基本结构。FXB101 型电热鼓风干燥箱由角铁和薄钢板构成，箱体内有一供放置样品的工作室，工作室内有放样品搁板 2 块，样品可置于其上进行干燥。工作室与箱体外壳间用玻璃纤维作保温层，箱门与工作室间有一双重玻璃窗，以供观察工作室内情况。

箱内工作室左壁与保温层之间有风道，内装有鼓风风叶及导向板，开启电动机开关可使鼓风机工作，工作室内空气借鼓风机促成机械对流，开启排气阀门可使工作室内的空气得以更换，获得干燥效果。

电气线路均装于箱侧控温层内，控温层侧门可以卸下，以备检修用。加热器装于箱体内工作室下部，分为"加热2""恒温1"两组炉丝。结构图如图4—5所示。

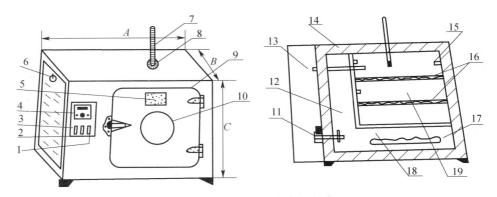

图 4—5　电热恒温干燥箱的结构

1—恒温开关　2—加热开关　3—鼓风开关　4—控温仪　5—铭牌　6—侧门　7—温度计

8—排气阀　9—箱门　10—观察窗　11—鼓风电动机　12—风道　13—温度传感器

14—保温层　15—搁板支架　16—试品搁板　17—加热器

18—散热板　19—工作室

2）主要技术参数（见表4—6）

（2）使用方法与注意事项

1）使用方法

①先检查电热鼓风干燥箱的电气性能，接通与本设备要求相一致电源。

表 4—6　　　　　　　　　　　　电热恒温干燥箱主要技术参数

型号	FXB 101—2	型号	FXB 101—2
工作电压（V）	220	调温范围（℃）	室温 10～250
加热器数量（组）	2	恒温波动度（℃）	≤±1
加热器总功率（kW）	2.4	温度均匀度（℃）	≤±5
最高工作温度（℃）	250	搁板承重（kg）	15

②打开箱门，将所需加热物品放置箱内的搁板上，关好箱门，在箱顶排气阀孔中，插入温度计。

③打开电源开关，电源指示灯亮。根据被加热物品温度需要，设定所需温度。仪器开始加热工作，温控仪表开始显示工作室的温度。

④工作完毕后，关闭电源开关即可。

2）注意事项

①干燥箱为非防爆干燥箱，故易燃易爆挥发物品切勿放入干燥箱内，以免发生爆炸。

②供电电压一定要与干燥箱额定工作电压相符，否则要造成箱内电子仪表的损坏。

③试品搁板的平均负荷为 15 kg/m²，放置试品时切勿过密或超载，上下四周应留存一定空间，保持工作室内气流畅通，同时散热板上不能放置试品或其他东西影响热空气对流。

④切勿任意拆卸机件，以免损坏箱内电气线路。

⑤鼓风机连续工作不能超过 5 h，如超过 12 h，需间隔 1～2 h 再使用。

⑥干燥箱使用环境温度不得高于 45℃。

⑦干燥箱使用完毕，应经常保持清洁。

（3）维护保养

1）使用前注意检查电源电压是否同干燥箱额定电压相符，以免造成不必要的损坏。

2）切勿把干燥箱放在含酸、含碱的腐蚀性环境中，以免损坏电子部件。

3）需要搬运箱子时，尽量做到轻放，避免剧烈振动后造成内部电气线路接点松动。

4）注意保护干燥箱外表漆面，否则不但影响箱体外形的美观，更重要的是会缩短箱体的寿命。

5）干燥箱上面不得堆放物品。

2. 架盘药物天平

架盘药物天平又称托盘天平，是一种实验室常用的称量用具。精确度不高，一般为 0.1 g 或 0.2 g，荷载有 100 g、200 g、500 g、1 000 g 等。

（1）结构原理

1）基本结构。由托盘、横梁、平衡螺母、刻度尺、指针、刀口、底座、标尺、游码、砝码等组成，如图 4—6 所示。

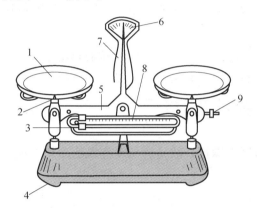

图 4—6　架盘药物天平的结构

1—托盘　2—托盘　3—游码　4—底座　5—横梁

6—分度盘　7—指针　8—标尺　9—平衡螺母

2）工作原理。依据杠杆原理制成的，即作用在杠杆上的两个力矩（力与力臂的乘积）大小必须相等。在杠杆的左右两端各有一小盘，右端放砝码，左端放需称量的物品。杠杆中央装有指针，两端平衡时，两端的质量（重量）相等。

（2）使用方法与注意事项

1）使用方法

①托盘天平要放置在水平的工作台上，游码要指向"0"刻度线。

②调"0"点：调节平衡螺母（天平两端的螺母），使指针对准刻度盘的中央刻度线，保证天平左右平衡。

③根据称量物的性质选择适宜的玻璃器皿或洁净的称量纸。左托盘放称量物，右托盘放砝码。事先应在同一天平上称得玻璃器皿或称量纸的质量，然后称量待称物质。

④记录称量结果，物体的质量等于砝码的总质量和游码在标尺上所对的刻度值之和。

⑤称量结束后，应使游码归零。砝码放回砝码盒。

2）注意事项

①天平在常温下工作，并应放置在平稳坚固的水平台上使用，且周围无明显的振动和气流。

②称量时称量物和砝码的位置应为"左物右码"。

③称量物不能直接放在托盘上。一般药品称量时，在两边托盘中各放一张大小、质量相同的称量纸。潮湿的或具有腐蚀性的药品（如氢氧化钠），放在加盖的玻璃器皿（如小烧杯、表面皿）中称量。

④砝码用镊子夹取，不能用手拿，应轻放轻拿；添加砝码时，先加质量大的砝码，后加质量小的砝码（先大后小）；游码也要用镊子拨动。

⑤过冷过热的物体不可放在天平上称量，应先在干燥器内放置至室温后再称量。

⑥称量结束后，应使游码归零。砝码放回砝码盒。托盘天平放回到固定位置。

⑦注意加载或去载时避免冲击。称量重量不得超过最大载荷量，以免横梁断裂。

（3）维护保养

1）托盘天平及砝码保持清洁、干燥，可用软布或软毛刷刷去灰尘。

2）在使用期间，每隔 3～12 个月必须检查天平的计量性能以防失准，发现托盘天平损坏和不准时送有关部门维修。

3. 机械（电光分析）天平

分析天平是检验工作中最主要、最常用的计量仪器之一，检验人员必须熟悉如何正确使用、分析天平。称量的准确度直接影响检测结果的准确度。了解分析天平的结构、原理、使用注意事项及正确地进行称量操作，是检验工作人员必备的知识和技能。

（1）分类与规格等级

1）按分析天平的构造原理分类。分析天平按原理分为杠杆式天平和电子天平两大类。杠杆式天平又可分为等臂双盘天平和不等臂单盘天平。等臂双盘天平按加码器加码范围又可分为部分机械加码天平和全机械加码两种。

2）按天平的最小分度值分类。可分为普通分析天平（分度值为 0.1 mg）、微量天平（分度值为 0.01 mg）和超微量天平（分度值为 0.001 mg）。

3）按精确度分类。把天平分为 10 级，级别越小，表示天平的精确度越高，见表 4—7。

表 4—7   **天平精确度级别**

精确度级别	最大称量/分度值（n）	精确度级别	最大称量/分度值（n）
1	$1\times10^7\leqslant n<2\times10^7$	6	$2\times10^6\leqslant n<4\times10^6$
2	$4\times10^6\leqslant n<1\times10^7$	7	$1\times10^5\leqslant n<2\times10^5$
3	$2\times10^6\leqslant n<4\times10^6$	8	$4\times10^4\leqslant n<1\times10^5$
4	$1\times10^6\leqslant n<2\times10^6$	9	$2\times10^4\leqslant n<4\times10^4$
5	$4\times10^6\leqslant n<1\times10^6$	10	$1\times10^4\leqslant n<2\times10^4$

食品实验室用的天平，其载荷多为 200 g，分度值为 0.1 mg，按此标准计算 $n=200/0.000\ 1=2\times10^6$ 为三级天平。

（2）杠杆式双盘天平

以 TG—328B 为例介绍其原理、结构、使用、维护。

1）结构原理。等臂双盘天平是一种衡量用的精密仪器。它根据杠杆原理制成的，是用已知质量的砝码来衡量被称物的质量。

2）结构（见图 4—7）。

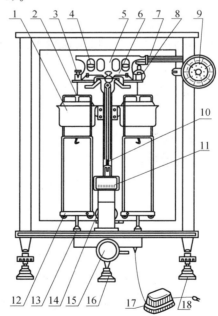

图 4—7 TG—328B 电光分析天平的正面图

1—空气阻尼器 2—挂钩 3—吊耳 4—零点调节螺钉 5—天平梁 6—天平柱

7—圈码钩 8—圈码 9—加圈码旋钮 10—指针 11—投影屏 12—秤盘

13—盘托 14—光源 15—旋钮 16—底垫 17—变压器 18—调水平螺钉

①天平梁。天平梁是天平的重要部件，多用质量轻、坚固不变形、抗腐蚀的铝铜合金制成，起平衡和承载物体的作用。在天平梁的左右两端各装一个零点调节螺钉，调节天平的零点。

②水准器。位于天平柱上，用来检查天平的水平位置，天平框下装有三只脚，脚下有垫脚，后面一只固定不动，前面两只装有可以调节高低的升降螺钉，用来调节天平的水平位置。

③秤盘和阻尼器。天平左右有两个秤盘挂在吊耳的挂钩上。左盘放置待称量的物体，右盘放置砝码。在吊耳上还挂有阻尼器的内筒，当天平摆动时，内筒能上下自由浮动，借助空气的阻力使天平较快地停止摆动，加快称量速度。

④指针和投影屏。指针固定在天平梁的中央。指针下端装有微分标尺，通过一套光学读数装置使微分标尺的刻度放大，再反射到投影屏上，即可读出天平的平衡位置。微分标尺上刻有 10 个大格，一大格相当于 1.0 mg，每大格又分 10 小格，每小格相当于 0.1 mg。天平启动时，标尺随指针摆动。投影屏的中央有一条纵向固定刻线，微分标尺的投影与刻线重合处即为天平的平衡位置。当天平空载时投影屏上刻线与微分标尺上的"0"位应恰好重合。若有偏差，可移动调零拨杆进行调节；若偏差过大，先调整平衡螺钉，再调零拨杆调节。

⑤砝码和圈码。每一台天平都附有一盒配套的砝码。将砝码从盒中取出或放回时，必须用砝码盒内的专用镊子，以免弄脏砝码而改变其质量。圈码是用一定质量的金属丝做成的，按一定的顺序放在天平梁右侧的圈码钩上。

3）使用方法。取下天平罩，折叠整齐放置好，将所称物品和称量容器放在天平的左侧，砝码盒放在右侧，准备称量。称量的步骤为称前检查、零点调节、称量、读数、复原。

①称前检查。检查天平各部件和砝码是否齐全，是否处于正常位置；天平秤盘和底板是否清洁；检查天平是否处于水平状态（水平仪的气泡要位于水准器的中心）。

②零点调节。零点是指空载状态下天平达到平衡时指针的位置。接通电源，慢慢旋转旋钮开启天平，微分标尺上的"0"刻度与投影屏上的刻线重合。若不重合，可拨动调零拨杆进行调整，必要时用零点调节螺钉调节。

③称量。先用托盘天平对称量物品进行粗称。将物品从天平左门放在秤盘中央，关好左门。按粗称质量取砝码放于右盘中央位置，关上右门。慢慢旋转旋钮使天平半开，观察指针偏转情况，关好旋钮。按"由大到小，逐级试验"原则增减砝码。当砝码与被称量物品相差在 1 g 以下时，关好右侧门。转动圈码外圈至适当

量，再转动刻度盘内圈至砝码与所称量物品相差 10 mg 以下。将旋钮全开，观察投影屏上刻线位置，读出 10 mg 以下的质量，休止天平。

④读数。1 g 以上的质量读砝码；10～990 mg 的质量读圈码，圈码外圈为 100～900 mg 的组合，内圈为 10～90 mg 的组合，所以读数时，小数点后一、两位应读圈码对应的数值；10 mg 以下的质量由微分标尺读出。分析天平称量物质的最终读数为砝码＋圈码＋微分标尺。

⑤复原。称量完毕，记下数值。取出砝码和物品，机械加码旋钮全部恢复到零位，关好天平门。关掉电源，盖好天平罩，填好天平使用记录簿。

4）注意事项

①实验室的温度应保持在 15～30℃，天平安置在牢固的台面上，不得受潮湿、振动、气流及其他强磁场的影响，避免阳光直接照射和腐蚀气体的侵袭。

②每台天平必须使用原配套的砝码。砝码用镊子夹取，不得用手直接拿取。

③称量的物品及砝码放置秤盘的中央，取放圈砝码时要轻缓，不要过快转动指示盘旋钮，致使圈码跳落或变位。

④取放物品、增减砝码，必须休止天平，读数时必须关闭天平门。

⑤绝不允许称量过量、过热、过冷的物体，过量（超过天平的最大量程）会损坏天平，过冷或过热，难以准确称量。

⑥天平载物不许超过最大载荷。同一实验应使用同一台天平和配套的砝码，目的是减小称量误差。

5）维护保养

①砝码表面如有灰尘，可用软毛刷清除；如有污物，可用绸布蘸无水酒精擦净；砝码使用日久后其质量或多或少会有改变，应定期用标准砝码予以校正或送计量部门检定。

②若长时间不使用，则应定时通电预热，一般每周 1 次，预热 2 h，以确保仪器始终处于良好的使用状态。

③天平放妥后不宜经常搬动。必须搬动时，应将天平盘、吊耳、天平梁等零件卸下，其他零件不能随意拆下。

（3）单盘天平

以 DT－100 单盘天平，分度值 0.000 1 g 为例。

1）结构原理。单盘天平也是根据杠杆原理设计的，是采用替代法原理进行称量。将待称物体置于天平盘上，替代悬挂系统中原有的砝码，为使天平保持原有的平衡位置，需减去相当的砝码。减去的砝码的质量就是被称物体的质量。单盘天平只有两个刀子：一个支点刀，一个承载刀。全部砝码都同时悬挂在一个臂的悬挂系统上，与另一臂上的配衡体保持平衡状态，如图 4—8 所示。

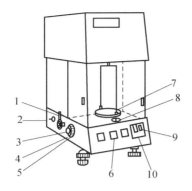

图 4—8　DT—100 单盘天平外形

1—停动手钮　2—电源开关圆　3—0.1～0.9 g 减码手轮

4—1～9 g 减码手轮　5—10～90 g 减码手轮

6—减码数字窗口　7—秤盘　8—水准器

9—微读数字窗口　10—投影屏

2）使用方法

①检查和调整水平，天平盘应清洁，水准器气泡位于中央。

②接通电源，检查和调整零点，开启天平，使天平处于全开状态，使标尺上的"00"刻线处于投影屏夹线正中位置。

③称量。将称量物品放于秤盘中央，轻转停动手钮到"半开"天平位置，进行减码，依次逐个转动 10～90 g、1～9 g 手钮和 0.1～0.9 g 手钮，每次使标尺由"＋"到出现"－"的偏移，退回一个数，回到出现"＋"偏移，轻转停动手钮到"全关"位置，然后轻转停动手钮到"全开"位置，待微分标尺停止移动，转动微读旋钮，至读数的刻度夹入双线内，读取称量结果，读至 0.000 1 g。

④称量完毕，转动停动手钮到"全关"位置，取出称量物品，将减码数字窗口、微读数字窗口全部恢复到"0"位。关掉电源，盖好天平罩。

3）维护保养。参见杠杆式双盘天平的维护保养。

4. 电子天平

（1）结构原理

以下以 FA2004 电子天平为例加以介绍。

1）基本结构（见图 4—9）。

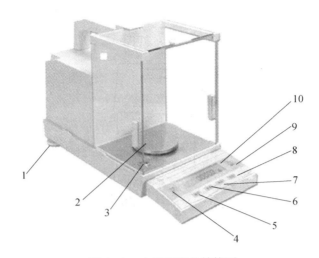

图 4—9　电子天平的结构图

1—水平调节脚　2—秤盘和秤盘座　3—水平泡　4—开机/关机　5—模式
6—校准　7—单位　8—打印　9—去皮/置零　10—显示窗

2）工作原理。电子天平是根据电磁力平衡的原理设计。没有刀口、刀承，无机械磨损，全部采用数字显示，称量速度快，使用寿命长。

（2）使用方法与注意事项

1）使用方法

①调整水平。检查天平是否水平放置，若不水平，应调整地脚螺栓高度，使水平仪内空气气泡位于圆环中央。

②开机。选择合适的电源电压，接通电源，开机后先要预热一段时间（视说明书而定），预热后方可称量。

③先校准后称量。电子天平安装好后，称量之前，必须"校准"。尤其初次使用的电子天平必须进行校正。因为称量的实质是安装地点被称样品的重力，即与重力加速度（g）有关。地球上，不同位置的 g 值不同，天平安装地点的纬度越高，g 值越大；在相同纬度时，高度越高，g 值越小，称量值也随之变化。因此，为使称量结果更准确，可随时对天平校准。

④称量

a. 去皮。放置空容器在秤盘上，关好防风门，按下显示屏的开关键，待读数稳定后，按调零按钮，使读数为零，即完成去皮操作。

b. 称取净重。在容器中加入样品，待读数稳定后，记下数据。

2）注意事项

①将天平置于稳定的工作台上避免振动、气流及阳光照射，防止腐蚀性气体的侵蚀。

②在使用前调整水平仪气泡至中间位置。

③电子天平应按说明书的要求进行预热。电子天平在初次接通电源或长时间断电之后，至少需要预热 30 min。在持续的检测过程中，为保证测量结果的准确，电子天平应保持在待机状态。

④称量易挥发和具有腐蚀性的物品时，要盛放在密闭的容器中，以免腐蚀和损坏电子天平。

⑤注意称量读数时一定关上侧门。

⑥在使用过程中，称量结果不断改变的原因可能是被测物质不稳定、被测物带静电荷、防风罩未完全关闭。

⑦操作天平不可超载使用以免损坏天平。

（3）维护保养

1）经常对电子天平进行自校或定期外校，保证其处于最佳状态。

2）天平必须小心使用，秤盘与外壳需经常用软布和牙膏轻轻擦洗，切不可用强溶剂擦洗。若长期不用电子天平时应暂时收藏为好。

3）长时间不用的电子天平，应每隔一段时间通电烘机，以保持电子元件干燥。

4）如果电子天平出现故障应及时检修，不可带"病"工作。

5. 生物显微镜

显微镜是一种光学仪器，是人类进入原子时代的标志，是主要用于放大微小物体成为人的肉眼所能看到的仪器。显微镜分光学显微镜和电子显微镜。下面重点介绍普通光学显微镜。

（1）结构原理

1）基本结构。普通光学显微镜是由机械系统和光学系统两大部分组成的，具体构造如图 4—10 所示。

①机械系统。机械系统包括镜座、镜臂、镜台、物镜转换器、镜筒及调节器。

a. 镜座。镜座是显微镜的底座，用以支持整个镜体平稳地放置在工作台上。

b. 镜臂。支持镜筒，也是取放显微镜时手握部位。

c. 镜筒。连在镜臂的前上方，镜筒上端装有目镜，下端装有物镜转换器。

d. 镜台（载物台）。在镜筒下方，形状有方、圆两种，用以放置玻片标本。其上有标本夹，用以夹持玻片标本。转动标本移动器手轮可使玻片标本作左右、前后方向的移动。

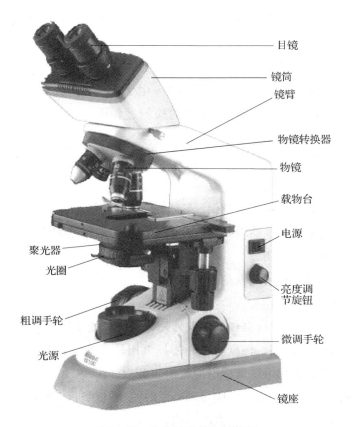

目镜

镜筒

镜臂

物镜转换器

物镜

载物台

电源

聚光器

光圈

亮度调节旋钮

粗调手轮

微调手轮

光源

镜座

图4—10　生物显微镜的结构图

e. 物镜转换器，简称旋转器。接于镜筒的下方，可自由转动，转动转换器，可以调换不同倍数的物镜，通过转动转换器，随意选择合适的物镜。

f. 调节器。调节器安装在镜臂的基部，是调节物镜于玻片标本距离的装置。通过转动粗调手轮和微调手轮，可清晰地观察到标本。

（a）粗调节器（粗调手轮）。大螺旋称粗调节器，移动时可使镜台作快速和较大幅度的升降，所以能迅速调节物镜和标本之间的距离使物象呈现于视野中，通常在使用低倍镜时，先用粗调节器迅速找到物象。

（b）细调节器（微调手轮）。小螺旋称细调节器，移动时可使镜台缓慢地升降，多在运用高倍镜时使用，从而得到更清晰的物像，并借以观察标本的不同层次和不同深度的结构。

②光学系统。光学系统主要包括目镜、物镜、聚光镜和反光镜等。

a. 目镜。装在镜筒的上端，通常备有2～3个。目镜一般由两块透镜组成，上面一块称目透镜，下面一块称场镜，在两块透镜中间或场镜的下方有一视场光阑。

测量时目镜测微尺要放在视场光阑上。目镜上面刻有 5×、10×、15×或 20×等符号以表示其放大倍数，可根据需要选择适当的目镜使用。

b. 物镜。由多块透镜组成。根据物镜的放大倍数和使用方法的不同，分为低倍物镜、高倍物镜、油镜。低倍物镜有 4×，10×，20×等倍数；高倍物镜有 40×，45×等倍数；油镜有 90×，95×，100×等倍数。

显微镜的放大倍数是物镜的放大倍数与目镜的放大倍数的乘积，如物镜为 10×，目镜为 10×，其放大倍数就为 10×10＝100。

c. 聚光镜（聚光器）：位于镜台下方的聚光器架上，由聚光镜和光圈组成，其作用是把光线集中到所要观察的标本上。

（a）聚光镜：由一片或数片透镜组成，起汇聚光线的作用，增强照明度。通过转动手轮调节聚光器的上下移动，以适应使用不同厚度的载玻片，保证焦点落在标本上。

（b）光圈（虹彩光阑）：通过调整光阑孔径的大小，可以调节进入物镜光线的强弱。

d. 反光镜。装在镜座上面，可向任意方向转动，它有平、凹两面，其作用是将光源光线反射到聚光器上，再经通光孔照明标本。凹面镜聚光作用强，适宜光线较弱时使用；平面镜聚光作用弱，适宜光线较强时使用。

另外，较好的光学显微镜自身带有内光源，由强光灯泡发出的光线通过安装在镜座上的聚光镜射入聚光器。

2）工作原理。光学显微镜主要由目镜、物镜、载物台和反光镜组成。由外界入射的光线经反光镜反射向上，或有内光源发射的光线经聚光镜向上，照亮被观察的物体。目镜和物镜都是凸透镜，焦距不同。物镜的凸透镜焦距小于目镜的凸透镜的焦距。物镜相当于投影仪的镜头，物体通过物镜成倒立、放大的实像。目镜相当于普通的放大镜，该实像又通过目镜成正立、放大的虚像。经显微镜到人眼的物体都成倒立放大的虚像。

（2）使用方法与注意事项

1）使用方法

①使用前的准备

a. 显微镜的放置。显微镜应直立放在工作台上，离工作台边 3 cm。镜检时身体要正对实习台，采取端正的姿态，两眼自然张开，左眼观察标本，右眼观察记录及绘图。同时左手调节焦距，使物像清晰并移动标本视野；右手记录、绘图。

b. 调节照明

（a）没有内光源的，利用自然光源时，最好用朝北的散射光作为光源。首先，使用低倍物镜，旋转粗调节器，使物镜和镜台间的距离约为 3 mm；其次，旋转聚光器螺旋，使聚光器与镜台的表面相距 1 mm；最后，调节反光镜，使光线充分进入聚光器，开闭聚光器上的孔径光阑，调节光线直至照明效果最佳为止。

（b）有内光源的，接通电源后，取下目镜，直接向镜筒内观察，并调节聚光器上的孔径光阑，使其孔径与视野恰好一样大或略小于视野。放回目镜后，通过调节聚光镜上的视场光阑或调节照明度控制钮，选择最佳的照明效果。

c. 标本放置。转动粗调螺旋，使镜台下降，把有标本的载玻片置于镜台上，用标本夹夹牢。转动标本移动器上的螺旋使标本置于物镜下方。

②观察。转动粗调手轮，升高镜台，使低倍物镜的前端接近载玻片，双眼在目镜上观察，并转动粗调手轮，使镜台下降，可看到物像；然后转动微调手轮，使物像清晰。转动物镜转换器把高倍物镜置于镜筒下方，转动微调手轮使物像清晰。当需要用油镜观察时，转动粗调手轮，使镜台下降，在标本处滴加 1~2 滴香柏油或液体石蜡。转动物镜转换器，把油镜置于镜筒下方。转动粗调螺旋，使镜台上升，让镜头的前端浸入镜油中，在目镜上观察，并缓缓地转动粗调手轮，使镜台下降，即可看到物像，再转动微调手轮，使物像清晰。

③显微镜的后处理。转动粗调手轮，使镜台下降，取出载玻片。先用擦镜纸擦去油镜上的香柏油，再用擦镜纸蘸少量二甲苯（不可用酒精）擦去粘在油镜上的镜油，最后用擦镜纸擦净镜油和二甲苯。液体石蜡作镜油时，只用擦镜纸即可擦净。把镜头转成"八"字形，下降至距镜台的最低处，套上镜罩后放入显微镜柜中。

2）注意事项

①显微镜应轻拿轻放，不可把显微镜放置在实验台的边缘，应放在距边缘 3 cm 处。持镜时必须是右手握臂、左手托座的姿势，不可单手提取，以免零件脱落或碰撞到其他地方。

②保持显微镜的清洁，光学和照明部分只能用擦镜纸擦拭，切忌口吹、手抹或用布擦，机械部分可用布擦拭。长期放置的生物显微镜，涂在镜架零部件上的润滑油脂会硬化，维护时须先用汽油清洗，然后用乙醇和乙醚混合液进行擦拭。

③水滴、酒精或其他药品切勿接触镜头和镜台，如果沾污应立即用擦镜纸擦净。用擦镜纸擦镜头时，只能向一个方向擦。

④放置玻片标本时要对准通光孔中央，且不能反放玻片，防止压坏玻片或碰坏物镜。

⑤要养成两眼同时睁开观察的习惯，以左眼观察视野，右眼用以绘图。

⑥不要随意取下目镜，以防止尘土落入物镜，也不要任意拆卸各种零件，以防损坏。

⑦使用完毕后，必须复原才能放回镜箱内。

（3）维护保养

1）显微镜应放置在通风干燥、灰尘少、不受阳光直接暴晒的地方。如果室内潮湿，光学镜片就容易生霉、生雾。镜片一旦生霉，很难除去。显微镜内部的镜片由于不便擦拭，潮湿对其危害性极大。机械零件受潮后，容易生锈。为了防潮，存放显微镜时，除了选择干燥的房间外，存放地点也应离墙、离地、远离湿源。显微镜箱内应放置 1～2 袋硅胶作干燥剂（或干燥的氧化钙），并经常对硅胶进行烘烤。在其颜色变粉红后，应及时烘烤，烘烤后再继续使用。

由于保管不善导致生物显微镜的镜头发霉起雾时，一般是用吹风球吹去灰尘，或用毛笔轻轻地拭去附在镜头表面的灰尘，然后用脱脂棉或白纱布蘸适量的二甲苯轻轻地擦拭，直至完全消除霉雾为止。

2）显微镜应防尘，光学元件表面落入灰尘，不仅影响光线通过，而且经光学系统放大后，会生成很大的污斑，影响观察。灰尘、沙砾落入机械部分，还会增加磨损，引起运动受阻。因此，必须经常保持显微镜的清洁。如有灰尘，则先用洗耳球吹去灰尘，或用擦镜纸轻轻擦去；若有油污，用擦镜纸或脱脂棉蘸无水乙醚 7 份、无水乙醇 3 份和混合液轻轻擦拭，然后用擦镜纸擦干。不使用时，用有机玻璃或塑料防尘罩将其罩起来，也可套上布套后放入显微镜箱内或显微镜柜内。

3）显微镜不能和具有腐蚀性的化学试剂（如硫酸、盐酸、强碱等）放在一起，以免受损。

4）显微镜应防热，避免热胀冷缩引起镜片的开胶与脱落。

5）显微镜应防止振动和暴力。调节螺旋、聚光器升降螺旋和标本推进器等机械系统应灵活而不松动。若不灵活，可在滑动部位滴加少许润滑油。

6. 高压蒸汽灭菌锅

（1）结构原理

1）基本结构。高压蒸汽灭菌锅可分为手提式灭菌锅和立式高压灭菌锅。热源可以用电源、煤气或蒸汽。灭菌器上装有表示锅内温度和压力的温度计、压力表，还有排气口、安全阀。如果压力超过一定限度时，安全阀可自动打开，放出过多的蒸汽。LDX－75KB 高压蒸汽灭菌锅的结构图如图 4—11 所示。

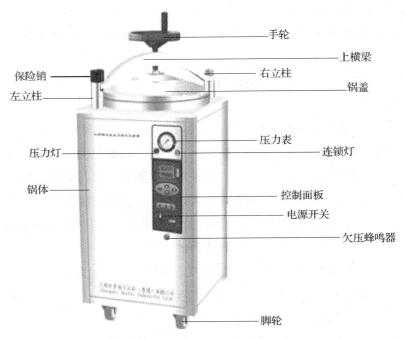

图4—11 高压蒸汽灭菌锅的结构图

2）工作原理。高压蒸汽灭菌锅是湿热灭菌中最为广泛的一种灭菌设备。利用电热丝加热水产生蒸汽，并能维持一定压力。在一个密闭的高压蒸汽灭菌锅中，水的沸点随水蒸气压的增加而上升，加压是为了提高水蒸气的温度。把待灭菌物品放在高压蒸汽灭菌锅中，当灭菌器内压力为0.1 MPa时，温度可达到121℃，一般维持20 min，即可杀死一切微生物的营养体及其孢子。高压蒸汽灭菌的关键是在压力上升之前先排除锅内的冷空气。若锅内仍滞留未排除的冷空气，压力表虽指示0.1 MPa，锅内温度实际不足121℃，灭菌不彻底。

（2）使用方法与注意事项

1）使用方法

①通电及开盖。接通电源，将控制面板上的电源开关按至"ON"处。向右转动手轮数圈，直至转到顶，使盖充分提起，拉起左立柱上的保险销，推开横梁移开锅盖。

②加水。将纯水直接注入锅内，观察控制面板上的水位灯，灯亮时方可停止加水，当水过多应开启下排水阀放去多余水。灭菌锅在使用前排水阀必须关闭。

③放入需灭菌的物品。将待灭菌物品放于灭菌金属筐内，再放入灭菌锅内进行灭菌。物品排放注意彼此间留有一定空隙，使蒸汽在灭菌锅内能够流通到每个物品

的部位，以免蒸汽形成死角，以提高灭菌效果。另外，物品不要紧靠桶壁，防止冷凝水流入灭菌物品。

④盖上锅盖密封。将手轮向左旋转数圈，使锅盖向下压紧锅体，以确保密封，开关处于接通状态，当连锁灯亮时，显示容器密封到位。

⑤设定温度和时间进行灭菌。按一下确认键，按动增加键，将温度设定在121℃；再按动一下确认键，按动增加键，设定时间为 20 min；最后再按确认键，温度和时间设定完毕。进入自动灭菌程序，随温度升温，当灭菌室内到达所设定温度，加热灯灭，自动控制系统开始进行灭菌倒计时，并在控制面板上的设定窗内正在显示所需灭菌时间。

⑥灭菌结束。关电源，将排汽排水阀向左旋转，排除蒸汽，当压力表上压力指示针指到"0"时，方可启盖取出灭菌物品。注意不能用凉水浇灭菌锅，迫使温度迅速下降。

⑦清理。灭菌完毕后，除去锅内剩余水分，保持灭菌锅干燥。如果连续使用灭菌锅，每次需补足水分。

2）注意事项

①推放灭菌物品时，严禁堵塞安全阀和放气阀，必须留出空位保证空气畅通，否则易造成容器爆裂。灭菌前注意灭菌锅内的水位是否合适，顶盖是否已经盖紧，安全阀是否已关闭。

②装入灭菌液体时，盛液不超过容器的 3/4。

③不同灭菌指标的物品不能一起灭菌。

④灭菌结束时，当压力表显示压力不为零绝对不能打开灭菌锅顶盖。若压力表指示针已经回复零位，而锅盖不易开启时，可将放气阀销子置于放气位置，使外界空气进入锅内，真空消除后，方可开盖。

⑤取灭菌物品时，应戴上防热手套，手套应大且质地厚重。

⑥灭菌后的物品应放在室温下缓慢冷却，若立即放入冷库，玻璃容易破碎。

（3）维护保养

1）长期使用或者受到污染的灭菌锅应当用蒸馏水或去离子水进行清洗，使用底下排水阀将清洗液排出，再加入蒸馏水或去离子水到适当的位置备用。

2）压力表使用日久，压力灯指示不正常或压力表不能回复零位，应及时予以检修。

3）经常保持设备的清洁与干燥，可以延长其使用寿命，橡胶密封圈使用日久会老化，应定期更换。

4）应定期检查安全阀的可靠性，工作压力超过 0.165 MPa 时不起跳，需更换合格安全阀。

7. 隔水式电热恒温培养箱

以 GHP—9050 隔水式电热恒温培养箱为例。

（1）结构原理

1）基本结构及主要技术指标。隔水式电热恒温培养箱又称隔水式电热细胞（霉菌）培养箱。外壳采用冷轧钢板制造，工作室内胆采用不锈钢制成，表面静电喷塑。温控系统采用微电脑单片机技术，具有控温、定时、超温报警的功能。智能水位控制，声光提醒用户加水是否到位，防止加水过度和断水。工作室搁架可随用户的要求任意调节高度和数量；工作室外壁左、右和底部采用隔水套加热。箱内玻璃门具备观察玻璃窗，无须打开内门便于观察样品。结构如图 4—12 所示。

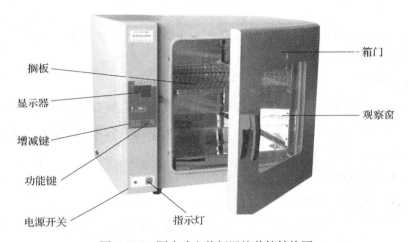

搁板
显示器
增减键
功能键
电源开关
指示灯
箱门
观察窗

图 4—12　隔水式电热恒温培养箱结构图

主要技术指标：温度调节范围 5～65℃；温度波动±0.5℃；温度均匀性±1℃；电源：AC 200 V，50 Hz。

2）工作原理。隔水式电热恒温培养箱利用水箱内的水，经电加热后，传导至内室将箱温升高。由水套中水温控制工作室内温度，温度均匀性好、波动度小、稳定性好，而且断电后仍能保持较长时间恒温。

（2）使用方法与注意事项

1）使用方法

①将隔水式电热恒温培养箱箱内的水位加至"止水"位置。

②样品放入隔水式电热恒温培养箱箱内后，将玻璃门和外门关上。

③接通电源，开启电源开关。

④依据样品要求进行温度设定。

⑤到达设定时间后，取出样品，切断电源。

2）注意事项

①严禁无水干烧，以免烧坏加热管。

②通电使用时忌用手触及箱左侧空间内的电器部分，或用湿布揩抹及用水冲洗。

③为了减少水垢产生，最好加蒸馏水或去离子水。

④样品放置在箱内不宜过挤，使空气流动畅通，保持箱内平均受热。

⑤每次使用完毕后，应将电源关断，并将水箱的水放干净。

⑥使用隔水式恒温培养箱时，一般实验为了恒温快，可在未加热前先加入高于实验温度 2～3℃的水。

⑦使用隔水式恒温培养箱时，在加水或加热状态时，水套略有响动属正常现象。

（3）维护保养

1）隔水式恒温培养箱内外应经常保持清洁，如长期不用，应将水放掉，在电镀件上涂中性油脂或凡士林，以防腐蚀，培养箱外面套好防尘罩。

2）将培养箱放在干燥的室内，以免控温仪受潮损坏。

8. 玻璃干燥器

实验室常用的玻璃干燥器有普通的玻璃干燥器和真空玻璃干燥器两种。普通玻璃干燥器一般用来保存易潮解或易升华的固体样品。真空玻璃干燥器比普通玻璃干燥器干燥效率要高一些，但不能用来干燥常温下易升华的物质。在此只介绍普通玻璃干燥器。

（1）结构原理

1）基本结构。干燥器是具有磨口盖子的厚质玻璃器皿，如图 4—13 所示。

干燥器常见规格（直径，mm）：100、150、180、210、240、300、400，有无色、棕色。干燥器内放置一块有圆孔的瓷板，瓷板上层放置干燥物品，下层放干燥剂。

——盖子

——干燥器

——瓷板

——干燥剂

图 4—13　玻璃干燥器

2）常用的干燥剂。常用的干燥剂有三类：第一类为酸性干燥剂，如浓硫酸、五氧化二磷、硅胶等；第二类为碱性干燥剂，如固体烧碱、石灰和碱石灰（氢氧化钠和氧化钙的混合物）等；第三类是中性干燥剂，如无水氯化钙、无水硫酸镁等。不同状态的物质对干燥剂有不同的要求，固体样品的干燥，最简单方便的方法是加热烘干，干燥后置于干燥器中保存。液体样品的干燥，通常将干燥剂直接加入待干燥液体中，为加速干燥过程，应充分振荡，或适度加热（加热温度要控制在不使液体汽化、干燥剂不至于分离出水的程度）。气体样品的干燥，可分别选用固体或液体干燥剂，或二者混用。

①变色硅胶。常用来保持仪器、天平的干燥。吸水后变粉红色，失效的硅胶可以经120℃烘干再生后继续使用。可干燥大多数物质。

②无水氯化钙。干燥速度快，能再生。如已吸水可于250℃以上加热除水。一般用以填充干燥器和干燥塔，干燥大多数固体物质和多种气体。不能用来干燥氨气、酒精、胺、醇、酚等。

③无水硫酸镁。有很强的干燥能力，吸水后生成 $MgSO_4 \cdot 7H_2O$。吸水作用迅速，效率高，是良好的干燥剂。常用来干燥有机试剂、氨气等，尤其是不能用无水氯化钙干燥的物质。

④浓 H_2SO_4。具有强烈的吸水性，常用来除去不与 H_2SO_4 反应的气体中水分及饱和烃、卤代烃等干燥，不能用来干燥醇、酮、醚、不饱和烃及碱性化合物。

⑤分子筛。分子筛是一种硅铝酸盐晶体，物理吸附过程，干燥效能强，能干燥各类有机化合物及溶剂、不饱和烃气体，常用作二次干燥和放在干燥器中。当加热至350℃以上时，吸附水的分子筛可以脱水活化，重复使用。

（2）使用方法与注意事项

1）使用方法

①装干燥剂。将干燥器的盖子取下，盖里朝上，圆顶朝下，放在实验台上。取出瓷板，借助纸筒将干燥剂（若干燥剂含粉尘应筛除）送入底部，再放上多孔瓷板，盖上盖子，备用。

②放物品。打开干燥器时，用左手按住干燥器的下部，右手拿住盖子的圆顶，向左前方平推打开干燥器盖。将需干燥的物品放入干燥器的瓷板上，盖上盖子干燥。

2）注意事项

①底部放变色硅胶或其他干燥剂，干燥剂不要放得太满，以干燥器下室的1/2为宜。

②在磨口处涂适量凡士林使之与盖子密合，保证其密封性。

③不可将刚灼烧过的物体放入，放入热的物体后要不时稍微推开盖子，放出热气体，以免盖子被顶起。

④打开盖时应将盖子向旁边推开，搬动时两手拇指压紧干燥器盖，其他手指托住下沿，禁止用一只手抱干燥器走动，以免盖子滑落而打碎。

⑤冬季气温低，有时玻璃干燥器盖子无法移动，可以用热毛巾覆盖，或者置于较高温度的环境中。

⑥灼烧或烘干后的坩埚和沉淀，在干燥器内不宜放置过久，否则会吸收一些水分而使质量略有增加。

（3）维护保养

1）玻璃干燥器应放置于清洁、干燥的工作台上。

2）干燥器内的干燥剂要按时更换。

第 3 节　实验用水、化学试剂及溶液

一、实验用水

食品检验中用水是质量控制的一个因素，关系空白实验、分析方法的检出限，尤其是微量分析对水质有更高的要求。作为检验人员应当对水的级别、规格有所了解，以便正确选用。自来水中含有各种杂质，主要有电解质、有机物、颗粒物质和微生物等，其中阳离子有 Na^+、K^+、Ca^{2+}、Mg^{2+}、Fe^{2+}、Fe^{3+}、Al^{3+} 等，阴离子有 HCO_3^-、SO_4^{2-}、Cl^-、NO_3^-、PO_4^{3-}、$HSiO_3^-$ 等，不能直接用于检验工作。检验用水最常见的是蒸馏水，在蒸馏水中，电解质几乎完全除尽，有机物、细菌等也降到最低限度，可用蒸馏、重蒸馏、亚沸蒸馏和离子交换等方法制得。

1. 分析实验室用水的规格

我国国家标准《分析实验室用水规格和试验方法》（GB/T 6682—2008）中规定了实验用水的级别、技术指标、制备方法及检验方法。表 4—8 列出了各级实验室用水的级别及主要技术指标。

表 4—8   分析实验室用水的级别及主要技术指标

项目	一级水	二级水	三级水
外观（目视观察）	无色透明液体		
pH 值范围（25℃）	—①	—①	5.0～7.5
电导率（25℃）（mS/m）	≤0.01	≤0.10	≤0.50
可氧化物质［以（O）计］（mg/L）	—②	≤0.08	≤0.4
吸光度（254 nm，1 cm 光程）	≤0.001	≤0.01	
蒸发残渣（105±2）℃（mg/L）	—②	≤1.0	≤2.0
可溶性硅［以（SiO₂）计］（mg/L）	≤0.01	≤0.02	—

①由于在一级水、二级水的纯度下，难以测定其真实的 pH 值，因此，对一级水、二级水的 pH 值范围不作规定。

②由于在一级水的纯度下，难以测定可氧化物质和蒸发残渣，对其限量不作规定。可用其他条件和制备方法来保证一级水的质量。

电导率是纯水质量的综合指标。一级水、二级水的电导率必须"在线"（即将测量电极安装在制水设备的出水管道内）测量。纯水在储存或与空气接触过程中，容器材料中可溶解成分的引入或吸收空气中二氧化碳等杂质，都会引起电导率的改变。水越纯，其影响越显著，一级水必须临用前制备，不宜存放；二级水、三级水储存时间也不宜过长。

各级纯水均应使用密闭、专用的聚乙烯、聚丙烯等容器存放，三级水可使用专用玻璃容器。新容器使用前应进行处理，用 20%盐酸溶液浸泡 2～3 天，再用待测水反复冲洗，并注满待测水浸泡 6 h 以上，沥空后使用。

2. 实验室用水的制备、储存和使用

经过各种纯化方法制得的各种级别的实验室用水，纯度越高要求储存的条件越严格，成本也越高，应根据不同分析方法的要求合理选用。表 4—9 列出了国家标准中规定的各级水的制备方法、储存条件及使用范围。

表 4—9   分析实验室用水的制备、储存及使用范围

级别	制备与储存	使用范围
三级水	可用蒸馏法、离子交换法或反渗透等方法制取；原水应当是饮用水或适当纯度的水 储存于密闭的、专用聚乙烯容器中，也可使用密闭的、专用玻璃容器	一般化学分析实验

续表

级别	制备与储存	使用范围
二级水	可用多次蒸馏或离子交换等方法制取；用三级水作原水 储存于密闭的、专用聚乙烯容器中	无机痕量分析等实验，如原子吸收光谱分析、电化学分析用水
一级水	可用二级水经过石英蒸馏设备蒸馏或离子交换混合床处理后，再经 0.2 μm 微孔滤膜过滤制取 不可储存，使用前制备	有严格要求的分析实验，包括对颗粒有要求的实验，如高压液相色谱分析用水

实验室用的三级水是最普遍使用的纯水，可直接用于某些实验，也可用于制备二级水、一级水。

3. 实验室用水的检验方法

实验室用水可以按照《分析实验室用水规格和实验方法》（GB/T 6682—2008）标准方法规定的项目检验，一般检验用的三级水可用测定电导率和化学方法检验。

（1）电导率

测量水的电导率可反映水中电解质杂质的含量，电导率越小，水的纯度越高。可用电导率仪测出纯水的电导率。电导率低于 5.0 μS/cm 的水可以满足一般工作的需要。

在实践中人们习惯于用电阻率衡量水的纯度，若以电阻率来表示，则一级、二级、三级水的电阻率应分别等于或大于 10 MΩ·cm、1 MΩ·cm、0.2 MΩ·cm。

（2）pH 值

可用酸度计测定实验室用水的 pH 值，合格 pH 值＝5.0～7.5，一般为 6.6。也可用简易的化学方法检验，取两支试管，在其中各加水 10 mL，于甲试管中滴加 0.2％甲基红（变色范围：pH 值＝4.4～6.2，颜色：红—黄）2 滴，不显红色；于乙试管中滴加 0.2％溴百里酚蓝（又名溴麝香草酚蓝，变色范围：pH 值＝6.0～7.6，颜色：黄—蓝）5 滴，不显蓝色，则符合要求。

（3）硅酸盐

取 30 mL 水于小烧杯中，加入 1∶3 硝酸 5 mL、5％钼酸铵溶液 5 mL，室温下放置 3 min 后，加入 10％亚硫酸钠溶液 5 mL，观察是否呈现蓝色。若呈现蓝色，则硅酸盐超标。

（4）氯离子

取 20 mL 水于试管中，加 1 滴 1∶3 硝酸酸化，加入 0.1 mol/L 硝酸银溶液

1～2滴，若有白色乳状沉淀，则氯离子超标。

（5）阳离子（Cu^{2+}、Pb^{2+}、Zn^{2+}、Ca^{2+}、Mg^{2+}等）

取 25 mL 水于烧杯中，加入 1 滴 0.2％铬黑 T 指示剂，5 mL pH 值＝10 的缓冲溶液，若显蓝色，说明 Cu^{2+}、Pb^{2+}、Zn^{2+}、Ca^{2+}、Mg^{2+} 等含量甚微；若显紫红色，则水不合格。

二、化学试剂

化学试剂是为实现某一化学反应而使用的化学物质，是检验工作接触最多的物质，掌握化学试剂的性质，合理选择、正确使用及妥善管理，是实验室工作的重要环节，它涉及实验室的人身、环境和财产安全。因此，化学试剂的正确使用是检验员必须掌握的基本技能，了解化学试剂的分类、规格、性质及使用知识是非常必要的。

1. 化学试剂的分类与规格

（1）化学试剂的分类

化学试剂种类繁多，世界各国对化学试剂的分类以及分级的标准不尽一致，国际标准化组织（ISO）近年来颁布了很多化学试剂的国际标准。国际纯粹化学与应用化学联合会（IUPAC）对化学标准物质的分级也有规定，见表 4—10。

表 4—10　国际纯粹化学和应用化学联合会（IUPAC）对化学标准物质的分级

A 级	相对原子质量标准物质
B 级	和 A 级最接近的基准物质
C 级	含量为（100±0.02）％的标准试剂
D 级	含量为（100±0.05）％的标准试剂
E 级	以 C 级和 D 级试剂为标准进行对比测定，所得的纯度相当于这种纯度的试剂，比 D 级的纯度低

表中 C 级和 D 级为滴定分析标准试剂，E 级为一般试剂。

我国化学试剂的产品标准有国家标准（GB）、化工部标准（HG）和企业标准三级。随着科学技术和生产的发展，新的试剂种类还在产生，目前还没有统一的分类标准。

现在使用较多的是按化学组成或用途进行分类。表 4—11 列出了化学试剂按化学组成或用途的分类。

表 4—11　　　　　　　　　　　　　　化学试剂分类

序号	类别	用　　途
1	无机试剂	用于化学分析的一般无机化学品。可细分为单质、氧化物、酸、碱、盐等，纯度一般大于 99%
2	有机试剂	用于化学分析的一般有机化学品。可细分为烃、醇、醚、醛、酮、酸、酯、胺等，纯度较高，杂质较少
3	基准试剂	用于标定标准溶液浓度，分容量工作基准试剂和 pH 值工作基准试剂，纯度 99.95% 以上
4	仪器分析试剂	用于仪器分析的试剂，如色谱试剂和制剂、核磁共振分析试剂、光谱纯试剂等
5	生化试剂	用于生命科学研究的试剂，分为生化试剂、生物染色剂、临床诊断试剂、生物缓冲液、分离工具试剂等
6	指示剂	用于容量分析指示滴定终点，或用于检验气体或溶液中某些物质存在的试剂，分为酸碱指示剂、氧化—还原指示剂、金属指示剂、吸附指示剂等
7	高纯试剂	用于某些特殊需要的化学品，如半导体和集成电路用、痕量分析用试剂，其纯度一般在 4 个"9"（99.99%）以上，杂质总量在 0.01% 以下
8	标准物质	用于评价分析方法或校准仪器的有定值的物质；标准物质分为一级标准物质和二级标准物质；是纯的或混合的气体、液体或固体
9	液晶	一定温度范围内，具有流动性、表面张力又具有光学各向异性的特征
10	特效试剂	用于无机分析中测定、分离、富集专用的有机试剂，如沉淀剂、萃取剂、螯合剂、显色剂等

　　我国的化学试剂按纯度和使用要求分为高纯（超纯、特纯）、光谱纯、分光纯、基准试剂、优级纯、分析纯和化学纯 7 种。后 3 种即优级纯、分析纯、化学纯为通用试剂，是实验室使用最多的试剂，见表 4—12。

表 4—12　　　　　　　　　　　　　　通用化学试剂

级别	中文标志	英文符号	标签颜色
一级	优级纯	GR	深绿色
二级	分析纯	AR	金光红色
三级	化学纯	CP	中蓝色

　　（2）各种规格试剂的应用

　　1）高纯、光谱纯、分光纯是纯度 99.99% 以上的试剂，主成分含量高，杂质含量比优级纯低，且规定的检验项目多。主要用于微量及痕量分析中试样的分解及试液的制备。分光纯试剂要求在一定波长范围内干扰物质的吸收小于规定值。

2）基准试剂（容量）是一类用于标定滴定分析标准溶液的标准物质，可作为滴定分析中的基准物用，也可精确称量后用直接法配制标准溶液。基准试剂主成分含量一般在99.95%～100.05%，杂质含量略低于优级纯或与优级纯相当。

3）优级纯主成分含量高，杂质含量低，主要用于精密科学研究和测定工作。

4）分析纯主成分含量略低于优级纯，杂质含量略高，用于一般科学研究和重要的测定。

5）化学纯品质较分析纯差，但高于实验试剂，用于工厂、教学实验的一般分析工作。

6）实验试剂（LR）杂质含量更多，但比工业品纯度高。主要用于普通的实验或研究。

2. 化学试剂的包装与标志

我国国家标准《化学试剂包装及标志》（GB 15346—2012）规定了化学试剂的包装和标志。

（1）化学试剂包装的基本要求

1）化学试剂经检验合格后应由质检部门出具产品质量合格报告单后方可进行分装。

2）化学试剂包装作业应严格按照产品包装操作规程和包装规范进行。

3）包装环境应保持清洁、干燥，有人员保护和环保装置。产品包装应在适宜的温度和湿度环境中进行（吸潮产品环境湿度另有规定）。

4）化学试剂包装应防止产品间的干扰，确保产品包装后不降低产品质量。包装容器应清洁，不得有产品残留物。

5）包装材料和包装容器应清洁、干燥，不与内装物发生理化反应。

6）见光易氧化、分解的产品应采用不透光的内包装容器。透光的包装容器应采取避光措施，如包黑纸、套黑塑料袋等。

（2）化学试剂包装单位

在购买化学试剂时，除了了解试剂的包装、等级外，还需要知道试剂的包装单位。化学试剂的包装单位是指每个内包装容器所盛装化学试剂的净含量。包装单位的大小是根据化学试剂的性质和使用要求决定的。我国规定化学试剂按下列5类包装单位包装，见表4—13。

表 4—13　　　　　　　　　　化学试剂的包装单位

类别	固体产品包装单位（g）	液体产品包装单位（mL）
1	0.1、0.25、0.5、1	0.5、1
2	5、10、25	5、10、20、25
3	50、100	50、100
4	250、500	250、500
5	1 000、2 500、5 000、25 000	1 000、2 500、3 000、5 000、25 000

包装固体产品的预留容量为不少于内包装容器满口容量的 10%；包装液体产品的预留容量为内包装容器满口容量的 10%～20%。

购买时应该根据用量决定购买量，以免造成浪费。例如过量储存易燃易爆品，不安全；易氧化及变质的试剂，过期失效；标准物质等贵重试剂，积压浪费等。

（3）化学试剂的标示要求

在每一个内包装容器及其避光层、中包装容器上需粘贴产品标签，外包装容器应标打、悬挂、喷刷或粘贴规定的标志内容。

1）标签的要求。标签文字应印刷清楚、整齐。除生产批号或生产日期可采用标打方式外，其他内容不得采用标打、书写等方式。标签及各种标志粘贴时要保证牢固、端正、清洁，必要时采取保护措施。

2）标签标注内容。按规定，试剂瓶的标签上应标示出试剂的名称（中、英文）、化学式或示性式、相对原子质量或相对分子质量、质量级别、技术要求、净含量、产品标准号、生产许可证号、生产批号或生产日期、生产厂厂名、商标，要求注明有效期的产品应注明有效期等。

3. 化学试剂的选用

根据所做实验对分析结果的准确度要求，所选方法的灵敏度、选择性，分析成本和对测定有无干扰等几个方面，合理地选用相应级别的试剂。高纯试剂和基准试剂的价格比一般试剂高数倍乃至数十倍，因此，在能满足实验要求的前提下，选用试剂的级别就低不就高。试剂的选用应考虑以下几点：

（1）化学分析中常用的标准溶液，一般应先用分析纯试剂进行近似配制，再用工作基准试剂进行标定。在某些情况下（对分析结果要求不很高的实验），也可以用优级纯或分析纯试剂代替工作基准试剂。如果标准溶液用量少，可用基准试剂直接配制标准溶液。滴定分析所用的其他试剂一般为分析纯。配位滴定最好选用分析纯试剂，因试剂中有些杂质金属离子封闭指示剂，使终点难以观察。

（2）仪器分析中一般使用优级纯、分析纯或专用试剂，痕量分析时应选用高纯试剂，以降低空白值和避免杂质干扰，同时，对所用的纯水的制取方法和仪器的洗涤方法也应有特殊的要求。

（3）对分析结果准确度要求高的工作，如仲裁分析、进出口商品检验、试剂检验等，基准物使用二级标准物质，可选用优级纯、分析纯试剂。

（4）有些教学实验，如酸碱滴定也可用化学纯试剂代替，车间中控分析可选用分析纯、化学纯试剂。

（5）冷却浴或加热浴用的药品可选用工业品。

4. 化学试剂的保管和使用

化学试剂保管不善或使用不当，极易变质和沾污。在食品检验中是引起误差甚至造成失败的主要原因之一，因此，必须按一定的要求保管和使用试剂。

（1）盛装试剂的试剂瓶都应贴上标签，写明试剂的名称、规格、日期等，不可在试剂瓶内装入与标签不符的试剂，以免造成差错。标签脱落的试剂，在未确定之前不可使用。

（2）易腐蚀玻璃的试剂，如氟化物、苛性碱等应保留在塑料瓶或涂有石蜡的玻璃瓶中。

（3）易氧化的试剂（如氯化亚锡、低价铁盐）、易风化或潮解的试剂应用石蜡密封瓶口。

（4）见光易分解的试剂，如高锰酸钾、硝酸银、碘等应用棕色瓶盛装，保存在阴暗处。

（5）受热易分解的试剂、低沸点的液体和易挥发的试剂，应保存在阴凉处。

（6）易燃、易爆的试剂如乙醇、乙醚、丙酮、过氧化氢等，应与其他试剂分开，储存于阴凉通风、不受阳光直射的地方。

（7）试剂取用前，要认清标签，取用时，不可将瓶盖随意乱放，应将瓶盖反放在干净的地方。固体试剂应用洁净的药勺取用，用毕后立即将药勺洗净，晾干备用；很少量（毫克级）的取用可用窄纸对折成直角，头部剪成 45°代替药勺。液体试剂一般用量筒取用，倒试剂时，标签朝上，不要将试剂泼洒在外，多余的试剂不应倒回试剂瓶内。取完试剂随手将瓶盖盖好，切忌张冠李戴，以防沾污。必须用吸管吸取试剂时，要将试剂转移到滴瓶中再吸取，不可用吸管伸入原瓶吸取液体。

（8）了解试剂的物理性质和化学性质及危险性，如腐蚀性、毒性、易燃、易爆等，在操作前准备好防护用品。打开久置未用的浓硫酸、浓硝酸、浓氨水等试剂瓶时，应戴防护面罩及防护手套。取用氢氟酸，一定要佩戴防护面罩及防护手套，以免洒在皮肤上，氢氟酸能侵蚀骨骼。配制放出大量热量的试剂溶液要将试剂加到纯水中，或用容器准备足够的冷却水，将试剂加到纯水中，如配制硫酸的溶液，要将硫酸缓缓加到纯水中。

（9）嗅试剂的气味时，将试剂瓶远离鼻子，打开瓶塞用手在试剂瓶上方扇动，使空气流流向自己而闻出其味，不可对准瓶口猛吸气。

（10）夏季室温高，打开易挥发如浓盐酸、浓硝酸、浓氨水、乙醚等试剂的瓶塞前，可将试剂瓶先置于冷水中冷却一段时间，瓶口不可对着自己和他人。

（11）试剂不可与手接触，不可品尝化学试剂。

5. 化学试剂变质的主要原因

化学试剂变质取决于内外两方面因素。内因是试剂本身化学结构所决定的理化性质；外因是试剂所处的环境条件。要做到合理保管，一要了解试剂结构和性质间的关系，二要创造适宜试剂储存的外部环境。有些性质不稳定的化学试剂，由于储存过久或保存条件不当会引起变质，影响使用。有些试剂必须在标签注明的条件如冷藏、充氮的条件下储存。常见的化学试剂变质的原因：

（1）氧化、还原和吸收二氧化碳

有些具有还原性的试剂，如活泼金属、硫酸亚铁、碘化钾、酚类等，易被氧化而变质；有的试剂易吸收空气中的还原性杂质，如 SO_2、H_2S 和有机尘埃等而变质；碱及碱性氧化物易吸收二氧化碳而变质，如 $NaOH$、KOH、MgO、CaO、ZnO 等易吸收 CO_2 变成碳酸盐。

（2）潮解和风化

有些试剂易吸收空气中的水分发生潮解，如 $CaCl_2$、$MgCl_2$、$ZnCl_2$、KOH、$NaOH$、Na_2S 等，吸水后影响试剂的纯度。

风化是指含结晶水的试剂置于干燥的空气中时，失去结晶水变为不透明晶体或粉末物质，如 $Na_2SO_4 \cdot 10H_2O$、$CuSO_4 \cdot 5H_2O$、$Na_2S_2O_3 \cdot 5H_2O$ 等。风化后的试剂取用时其分子质量难以确定。

（3）挥发和升华

挥发是指液态试剂或试剂溶液释出试剂蒸气的现象。试剂的相对分子质量较小、沸点较低，在常温下容易蒸发。如液溴、盐酸、硝酸、氨水以及低碳数的各类有机物质。若盖子密封不严，久存后由于其成分的逸出，使浓度降低；若蒸气易燃，有引起火灾的危险。

升华是指固态试剂不经液态直接变为气态的现象，如碘、萘等会因密封不严造成量的损失及污染空气。

（4）见光分解

光照会加快化学反应的进行，如过氧化氢溶液见光后分解为水和氧，甲醛见光氧化生成甲酸，$CHCl_3$ 氧化产生有毒的光气，HNO_3 在光照下生成棕色的 NO_2，高锰酸钾见光分解成二氧化锰等。因此这些试剂一定要避免阳光直射。有机试剂一般应储存于棕色瓶中。

（5）温度的影响

高温加速试剂的化学变化速率，促使挥发、升华速率加快。但温度过低也不利于试剂储存，在低温时有的试剂会析出沉淀，如甲醛在 6℃ 以下析出三聚甲醛，有的试剂发生冻结。

（6）发霉

化学试剂中霉菌繁殖的现象称为发霉。许多生化试剂，如碳水化合物、酯类和蛋白质类，在一定湿度和温度时，暴露在空气中均可发霉而变质。

三、溶液

1. 溶液的基本概念

（1）溶液的概念

自然界中绝大多数物质是混合物，而混合物中最重要的一种是溶液。无论是在工农业生产和科学研究，还是在日常生活方面，溶液都有着广泛的应用。

1）溶液。一种（或几种）物质（以分子、原子或离子状态）分散到另一种物质里，形成均匀、稳定的混合物叫溶液。

2）溶质。被溶解的物质叫溶质。

3）溶剂。能溶解其他物质的物质叫溶剂。

溶质可以是固体、液体、气体。固体、气体溶于液体时，固体、气体叫溶质，液体叫溶剂。两种液体互相溶解时，习惯上把量多的一种叫溶剂，量少的一种叫溶质。

（2）溶液浓度

实际工作中，经常用到各种浓度的溶液，溶液浓度通常指一定量的溶液中所含溶质的量，在国家标准《物理化学和分子物理学的量和单位》（GB 3102.8—1993）中，用 A 代表溶剂，用 B 代表溶质。

2. 溶液浓度的表示方法

（1）B 的物质的量浓度

1）概念。B 的物质的量浓度，常简称为 B 的浓度，是指 B 的物质的量除以混合物的体积，以 c_B 表示，它的 SI 单位 mol/m^3，常用单位为 mol/L。

2）计算公式

$$c_B = \frac{n_B}{V}$$

式中　c_B——物质 B 的物质的量浓度，mol/L；

n_B——物质 B 的物质的量，mol；

V——混合物（溶液）的体积，L。

c_B 是浓度的国际符号，下标 B 指基本单元。

例： ①$c_{H_2SO_4} = 1\ mol/L\ H_2SO_4$ 溶液，表示 1 L 溶液中含 H_2SO_4 98.08 g。

②$c_{1/2H_2SO_4} = 1\ mol/L\ H_2SO_4$ 溶液，表示 1 L 溶液中含 H_2SO_4 49.04 g。

（2）B 的质量分数

1）概念。B 的质量分数是指 B 的质量与混合物的质量之比，以 w_B 表示。

2）计算公式

$$w_B = \frac{m_B}{m}$$

式中　m_B——溶质 B 的质量，g；

m——溶液的质量，g。

由于质量分数是相同物理量之比，因此其量纲为 1，一律以 1 作为其 SI 单位，但是在量值的表达上 1 并不出现而是以纯数表达。例如，$w_{HCl} = 0.38$，也可以用"百分数"表示，即 $w_{HCl} = 38\%$。市售浓酸、浓碱大都用这种浓度表示。如果分子、分母两个质量单位不同，则质量分数应写上单位，如 mg/g、$\mu g/g$、ng/g 等。

例： $w_{NaCl} = 16\%$，即 100 g 溶液中含有 16 g NaCl，84 g 水。

质量分数还常用来表示被测组分在试样中的含量，如铁矿中铁含量 $w_{Fe} = 0.36$，即 36%。在微量和痕量分析中，含量很低，过去常用 ppm、ppb、ppt 表示，其含义分别为 10^{-6}、10^{-9}、10^{-12}，现已废止使用，应改用法定计量单位表示。例如，某产品中含铁 5 ppm，现应写成 $w_{Fe} = 5 \times 10^{-6}$，或 5 $\mu g/g$ 或 5 mg/kg。

（3）B 的质量浓度

1）概念。B 的质量浓度是指 B 的质量除以混合物的体积，以 ρ_B 表示，它的 SI 单位为 kg/m^3，常用单位为 g/L、mg/L、$\mu g/L$。

2）计算公式

$$\rho_B = \frac{m_B}{V}$$

式中　ρ_B——物质 B 的质量浓度，g/L；

　　　m_B——溶质 B 的质量，g；

　　　V——混合物（溶液）的体积，L。

例：$\rho_{NH_4Cl}=50$ g/L 的 NH_4Cl 溶液，表示 1 L NH_4Cl 溶液中含 50 g NH_4Cl。当浓度很稀时，可用 mg/L，μg/L 或 ng/L 表示。

（4）B 的体积分数

1）概念。B 的体积分数是指混合前 B 的体积除以混合物的体积（适用于溶质 B 为液体），以 ϕ_B 表示。

2）计算公式

$$\phi_B=\frac{V_B}{V}$$

式中　V_B——溶质 B 的体积；

　　　V——混合物的体积。

将原装液体试剂稀释时，多采用这种浓度表示，如 $\phi_{C_2H_5OH}=0.75$，也可以写成 $\phi_{C_2H_5OH}=75\%$，可量取无水乙醇 75 mL 加水稀释至 100 mL。

体积分数也常用于气体分析中表示某一组分的含量。如空气中含氧 $\phi_{O_2}=0.20$，表示氧气的体积占空气体积的 20%。

（5）体积比

1）概念。溶质 B 的体积与溶剂 A 的体积之比，以 Ψ_B 表示。

2）计算公式

$$\Psi_B=\frac{V_B}{V_A}$$

式中　V_B——溶质 B 的体积；

　　　V_A——溶剂 A 的体积。

例如 $\Psi_{HCl}=(1+5)HCl$ 溶液或 $V_{HCl}:V_{H_2O}=1:5$，表示 1 体积市售浓 HCl 与 5 体积蒸馏水相混而成的溶液。

（6）质量比

1）概念。溶质 B 的质量与溶剂 A 的质量之比，以 ζ_B 表示。

2）计算公式

$$\zeta_B=\frac{m_B}{m_A}$$

式中　m_B——溶质 B 的质量；

　　　m_A——溶剂 A 的质量。

例如：$\zeta_{KNO_3}=m_{KNO_3}/m_{Na_2CO_3}=1:4$ 或 $\zeta_{KNO_3}=1+4$ 表示 1 单位质量的 KNO_3 与 4 单位质量的 Na_2CO_3 混合。

（7）滴定度

滴定度是指与 1 mL 标准溶液相当的待测组分的质量，以 $T_{B/A}$ 表示，常用单位 g/mL。A 为标准溶液，B 为待测组分。

$$T_{B/A}=\frac{m_B}{V}$$

式中　　m_B——待测组分的质量，g；

　　　　V——滴定用标准溶液的体积，mL。

例如：$T_{NaOH/HCl}=0.04$ g/mL，表示 1 mL 盐酸标准溶液相当于 0.04 g NaOH。

第 4 节　化学分析方法

一、化学分析的方法与特点

1. 化学分析的主要方法

（1）根据分析任务分类

根据分析任务的不同，分析方法分为定性分析、定量分析和结构分析三类。定性分析的任务是确定物质的组分。无机定性分析一般确定元素、离子；有机定性分析一般确定元素、有机官能团、化合物。只有确定物质的组成后，才能选择适当的分析方法进行定量分析。如果只是为了检测某种离子或元素是否存在，可分别进行分析；如果需要经过一系列反应去除或者掩蔽其他干扰离子了解有哪些其他离子或者元素的存在，则为系统分析。定性分析主要解决研究对象"是不是""有没有"的问题，即本质的东西。定性分析通常在定量分析之前进行，它为设计或选择定量方法提供依据。但也并非定量分析都必须事先进行定性分析，因为有时分析对象中含有哪些组分是已知的。定性分析主要通过物质的物理特征、化学反应特征、生物学现象等进行判断。物质的物理特性有颜色、臭味、比重、硬度、焰色、熔点、沸点、溶解度、光谱、折射率、旋光性、磁性、电导性、放射性、晶型等；化学反应特性包括特征颜色、荧光、磷光的消失或出现，沉淀的生成或溶解，特征气体或特征臭味的出现，光和热的产生等；生物学现象包括范围比较广泛，如某些微量元素能抑制或促进某些特定微生物的生长，也可以利用某些特殊选择性酶检出物质，如尿素酶能把尿素分解为二氧化碳和氨，但不与硫脲、胍、甲基脲作用等。

定量分析是准确测定试样中各组分的含量，可分为重量分析、滴定分析、仪器分析三类。因分析试样用量和被测成分不同，又可分为常量分析、半微量分析、微量分析、超微量分析等。

（2）根据分析对象分类

根据分析对象的不同，可将分析方法分为无机分析和有机分析两类。

无机分析的对象是无机物。无机分析包括无机定性分析、无机定量分析和无机结构分析。无机定性分析主要是鉴定样品中的无机成分，无机定量分析则是对样品中的无机成分进行定量测定，无机结构分析则主要是测定无机物的晶形结构。在食品检验中，检测微量元素的存在和含量，如测定铅、汞、铬、铜、锌等。

有机分析的对象是有机物。组成有机物的元素虽然不多（主要为碳、氢、氧、氮、硫等），然而有机化合物种类却非常多且往往分子结构复杂，不仅需要鉴定组成元素，更重要的是进行化学官能团的分析及结构分析。因此有机结构分析在有机分析中占有非常重要的地位。有机物一般只有在厘清结构后，才能进行有效的定性分析和定量分析。

（3）根据分析原理分类

根据不同分析原理，可将分析方法分为化学分析和仪器分析两类。

化学分析是以物质间的化学反应及其计量关系为基础的分析方法，其又分为化学定性分析和化学定量分析两类。化学定性分析是根据化学反应的现象和特征来鉴定物质化学组成的定性分析方法。化学定量分析则是根据反应中试样和试剂的用量测定物质组成中各组分的相对含量。化学定量分析又有多种方法，其中最常用的有滴定分析法和重量分析法。

仪器分析是通过仪器测量物质的某些物理或化学性质、参数及其变化来确定物质的组成、成分含量及化学结构的分析方法。这些性质有光学性质、电学性质、热学性质、磁学性质等。因此，仪器分析法可分为电化学分析法、光谱分析法、质谱分析法、色谱分析法、热分析法、放射化学分析法、流动注射分析法等。

（4）根据试样用量分类

根据试样用量多少及操作规程的不同，分析方法可分为常量、半微量、微量和超微量分析。分类情况见表4—14。

表 4—14 各种分析方法的试样用量

方法	试样质量	试液体积（mL）
常量分析	＞0.1 g	＞10
半微量分析	0.01～0.1 g	1～10
微量分析	0.1～10 mg	0.01～1
超微量分析	＜0.1 mg	＜0.01

（5）根据组分的相对含量不同分类

根据被测组分在试样中的相对含量高低可分为常量组分（＞1%）分析、微量组分（0.01%～1%）分析、痕量组分（＜0.01%）分析和超痕量（约 0.000 1%）分析。

（6）根据分析结果分类

根据分析结果的用途不同，分析方法可分为例行分析（又称常规分析）与仲裁分析。例行分析是指一般实验室在日常生产流程的产品质量指标的分析，如化工厂、食品厂的化验室日常分析工作。仲裁分析是指仲裁单位用法定方法对分析结果进行重新准确分析，以仲裁原分析结果是否正确。

2. 化学分析的特点

化学分析的特点是简便、快速，可用于测量很多元素和化合物，特别是在常量定量分析中。由于它具有很高的准确度，常作为标准方法使用。化学分析实验性强，强调动手能力，培养实验操作技能，提高分析解决实际问题的能力。化学分析涉及化学、生物、电学、光学、计算机等学科的知识综合性强，科学性强，测定的数据不可随意取舍；数据准确度、偏差大小与采用的分析方法有关。

二、滴定分析法

1. 概述

滴定分析法是化学分析中最常用的方法。将已知准确浓度的试剂溶液（标准溶液）滴加到待测溶液中，使滴加的试剂与待测物质按照化学计量关系定量反应，然后根据标准溶液的浓度和体积计算出待测物质的含量的分析方法称为滴定分析。通常已知准确浓度的试剂溶液称为滴定剂。将滴定剂由滴定管滴加到被测溶液中的过程叫滴定。当滴入滴定剂的物质的量与待测物的物质的量正好符合滴定反应式中的化学计量关系时，称反应到达化学计量点。是否到达化学计量点一般需要指示剂颜色的变化来判断，但是指示剂的变色点不一定恰好符合化学计量点。因此在滴定分析中，根据指示剂的颜色突变而停止滴定的那一个点称为滴定终点。滴定终点与化学计量点之间的误差称滴定误差。化学反应式是滴定分析的基础，根据滴定反应的化学反应类型不同，常用滴定分析法可分为酸碱滴定法、配位滴定法、氧化还原滴定法、沉淀滴定法等。

（1）滴定分析须满足的条件

滴定分析法并非适用于所有化学反应，化学反应要用滴定分析法必须满足以下三个条件：

1）化学反应要定量完成。即化学反应严格按照化学反应计量关系进行，反应彻底（定量程度达到99％以上），这是定量计算的基础。

2）化学反应速率快。如果化学反应速率较慢，应采取适当措施，如加热、使用催化剂等提高反应速率。

3）有合适的确定滴定终点的方法，即指示剂要选择合适。由于各类滴定分析的特点有较大差异，所以在满足上述条件时会有所侧重。对于酸碱滴定来说，酸碱反应进行较快，一般都能满足滴定分析速度的要求，酸碱反应的完全程度与酸碱强弱和浓度等因素有关，酸碱越弱，浓度越稀，反应进行得越不完全。滴定分析时一般强酸或强碱做滴定剂，使滴定反应进行得更完全。酸碱滴定分析常用酸碱指示剂确定滴定终点，但当被测组分是弱酸或弱碱时，为使滴定分析误差小于±0.1％，弱酸或弱碱的解离常数 K_a 或 K_b 与其浓度 c 的乘积应达到 $cK_a \geq 10^{-8}$ 或 $cK_b \geq 10^{-8}$，否则将不能满足滴定分析的要求，即弱酸或弱碱不能用滴定分析法进行测定。

（2）滴定分析的分类

1）直接滴定。凡是满足上述滴定分析要求的反应，都可直接用标准溶液滴定被测物的滴定方法称为直接滴定法，如用强酸滴定强碱溶液。直接滴定法是滴定分析中最常用和最基本的滴定方法。

2）间接滴定。对不满足滴定分析要求的反应，也就是说滴定剂不能直接与其反应的物质可选用间接滴定法。例如将 Ca^{2+} 沉淀为 CaC_2O_4 后，用 H_2SO_4 溶解再用标准液 $KMnO_4$ 滴定与 Ca^{2+} 结合的 $C_2O_4^{2-}$，从而测定出 Ca^{2+} 的浓度。

3）返滴定法。当待测物质与标准溶液反应速率较慢或者反应物是固体试样时，加入标准溶液后，反应无法在瞬间完成，故不能用直接滴定法进行滴定。此时可加入过量标准溶液与试液中待测物质或固体试样进行反应，待反应完成后，再加入另一种标准溶液滴定剩余的标准溶液，根据实际消耗标准溶液的量计算待测物质的含量，这种滴定方法称为返滴定法。例如固体碳酸钙的滴定，在加入过量的盐酸标准溶液并完全反应后，剩余的盐酸标准液可用氢氧化钠标准溶液进行滴定。再如，Al^{3+} 与 EDTA 的反应，在含有 Al^{3+} 的溶液中加入过量的 EDTA 标准溶液后，剩余的 EDTA 可用标准 Zn^{2+} 溶液进行滴定。

4）置换滴定法。当待测组分参加的反应不按确定化学计量关系进行或伴有副反应时，不能采用直接滴定法测定待测组分，此时可先用适当试剂与待测组分发生反应，使其定量地置换出另一种物质，然后再进行直接滴定，该方法称为置换滴定法。例如 $Na_2S_2O_3$ 不能直接滴定 $K_2Cr_2O_7$ 及其他氧化剂，因为在酸性溶液中这些强氧化剂将 $S_2O_3^{2-}$ 氧化成 $S_4O_6^{4-}$ 及 SO_4^{2-} 的混合物，没有反应定量关系。但是 $Na_2S_2O_3$ 却是滴定 I_2 的一种很好的滴定剂，如果 $K_2Cr_2O_7$ 的酸性溶液中加入过量的 KI，使 $K_2Cr_2O_7$ 还原并产生一定量的 I_2，即可用 $Na_2S_2O_3$ 进行滴定。这种滴定方法常用于以 $K_2Cr_2O_7$ 标定 $Na_2S_2O_3$ 标准溶液的浓度。

2. 酸碱滴定法

（1）酸碱滴定法的原理

酸碱滴定法是基于酸碱反应的滴定分析方法，也叫中和滴定法。该方法简便快速，是广泛应用的分析方法之一。一般酸、碱以及能与酸、碱直接或间接发生酸碱中和反应的物质，几乎都可以用酸碱滴定法滴定。作为标准物质的滴定剂应选用强酸或强碱，如 HCl、NaOH 等。酸碱滴定法的理论基础是酸碱平衡理论，所以要讨论有关酸碱滴定问题，应先对酸碱平衡理论有一定的了解。酸碱平衡是溶液中普遍存在的化学平衡，它对溶液中物质的存在形式和反应有重要的影响。本章采用酸碱质子理论处理有关平衡问题。

1）溶液中酸碱质子理论。根据布朗斯特的质子酸碱理论，凡能给出质子（H^+）的物质称为酸，如 HCl、HAc、NH_4^+、HPO_4^{2-} 等；凡能接受质子的物质称为碱，如 Cl^-、Ac^-、NH_3、PO_4^{3-} 等；既能接受质子又可以给出质子的物质为两性物质。酸碱反应则是它们相互间质子的授受过程。因此酸碱滴定其实质就是以质子传递反应为基础的一种滴定分析法，可用来测定酸碱。下面几种类型的反应均为溶液中的酸碱反应。

①溶剂分子之间的质子转移反应，也叫质子自递反应。例如：

$$H_2O+H_2O \Longrightarrow H_3O^++OH^- \text{ 常简写 } H_2O \Longrightarrow H^++OH^-$$

$K_w=[H^+][OH^-]=1\times10^{-14}$（25℃），其平衡常数称溶剂分子的质子自递常数。

②酸碱溶质与溶剂分子间的反应，也称酸碱离解。例如：

$$HCl+H_2O \Longrightarrow Cl^-+H_3O^+$$

$$HF+H_2O \rightleftharpoons F^- +H_3O^+ \quad K_a = [F^-][H_3O^+]/[HF] =6.6\times10^{-4}$$

一般都简写 $HCl=Cl^- +H^+$，其平衡常数称为溶质的离解常数。

③酸碱中和反应一般是酸碱离解的逆反应也是酸碱滴定中用到的反应。

$$H^+ +HO^- \rightleftharpoons H_2O \quad K_t =1/[H^+][OH^-] =1/K_w$$

K_t 叫作酸碱反应常数。

④水解反应，弱酸弱碱的水解反应与上述的酸碱离解反应相同。

2）溶液 pH 值计算

①强酸、强碱溶液的 pH 值的计算。强酸、强碱在溶液中全部离解，因此，一般情况下 pH 值的计算比较简单。

例如，0.2 mol·L^{-1}HCl 溶液，其中 H^+ 浓度也是 0.2 mol·L^{-1}。但是当它们的浓度很稀时，计算溶液的 H^+ 浓度除了要考虑酸或者碱本身电离出来的 H^+ 或者 OH^- 之外还要考虑水解离出来的 H^+ 和 OH^-。

【例 4—1】 计算 1.0×10^{-4} mol·L^{-1}HCl 溶液的 pH 值。

解：由于 HCl 的浓度不是很稀，可以忽略水解离释放出的 H^+：

$$[H^+]=[HCl]=1.0\times10^{-4} mol·L^{-1}$$

$$pH 值=-lg[H^+]=-lg1.0\times10^{-4}=4$$

值得指出的是，人们习惯将 H^+ 浓度称作溶液的酸度，用 pH 值表示，这是忽略了离子强度的影响的情况下才是这样的。很显然酸度和酸的浓度在概念上是不相同的。酸的浓度又叫酸的分析浓度，它是指单位体积溶液中所含某种酸的量，包括已离解的和未离解的酸的浓度。同样碱的浓度和碱度在概念上也是有区别的，碱度用 pOH 表示。

②一元弱酸 pH 值的计算。设一元弱酸 HA 的解离常数为 K_a，溶液的浓度为 c。溶液中存在的酸碱组分分别有 H^+、OH^-、H_2O、A^{-1} 和 HA。以 HA 和 H_2O 为参考水准，其质子条件式为：

$$[H^+]=[A^-]+[OH^-]$$

根据电离平衡 $HA \rightleftharpoons H^+ +A^-$ 可知。$[A^-]=K_a[HA]/[H^+]$ 将其代入质子条件式：

$$[H^+]=\frac{K_a[HA]}{[H^+]}+\frac{K_w}{[H^+]}$$

$$[H^+]=\sqrt{K_a[HA]+K_w}$$

$$[HA]=c\delta_{HA}=\frac{c[H^+]}{[H^+]+K_a}$$

整理得：

$$[H^+]^3 + K_a[H^+]^2 - (K_a c + K_w)[H^+] - K_a K_w = 0$$

当 $K_a c \geqslant 20 K_w$ 且 $c/K_a \geqslant 500$ 时，弱酸的解离对总浓度的影响可忽略，得到最简式：

$$[H^+] = \sqrt{K_a c}$$

（2）酸碱指示剂的变色原理与变色范围

酸碱指示剂通常情况下是有机弱酸或弱碱，它的酸式和碱式具有明显的不同颜色，当溶液中 pH 值改变时，指示剂失去质子由酸式转变成碱式，或可得到质子由碱式变成酸式。由于酸碱式结构不同，因而颜色随之改变，通过这一变化来判定滴定终点。由于不同指示剂的平衡常数不同，因此，指示剂的变色范围也不相同，指示剂的变色范围、颜色变化、浓度见表 4—15。

表 4—15　　　　　　　　　　　酸碱指示剂的变色范围

指示剂	变色范围 pH 值	颜色		pK$_{In}$	浓度
		酸色	碱色		
百里酚蓝	1.2～2.8	红	黄	1.65	0.1%（20%乙醇溶液）
甲基黄	2.9～4.0	红	黄	3.25	0.1%（90%乙醇溶液）
甲基橙	3.1～4.4	红	黄	3.45	0.05%水溶液
溴酚蓝	3.1～4.6	黄	紫	4.1	0.1%（20%乙醇溶液）或指示剂钠盐的水溶液
溴甲酚绿	3.8～5.4	黄	蓝	4.9	0.1%水溶液每 100 mg 指示剂加 0.05 mol·L^{-1}NaOH2.9 mL
甲基红	4.4～6.2	红	黄	5.2	0.1%（60%乙醇溶液）
溴百里酚蓝	6.0～7.6	黄	蓝	7.3	0.1%（20%乙醇溶液）
中性红	6.8～8.0	红	黄橙	7.4	0.1%（60%乙醇溶液）
酚红	6.7～8.4	红	黄	8.0	0.1%（60%乙醇溶液）
酚酞	8.0～10.0	无	红	9.1	0.1%（90%乙醇溶液）
百里酚蓝	8.0～9.6	黄	蓝	8.9	0.1%（20%乙醇溶液）
百里酚酞	9.4～10.6	无	蓝	10.0	0.1%（90%乙醇溶液）

所有的指示剂都具有变色范围，并且变色范围越窄越好，pH 值稍有改变，指示剂就会变色说明指示剂变色敏锐，这对提高测定结果的准确率有很大帮助。当然，加入指示剂量的多少也会影响变色的敏锐程度，通常情况下，适量少加指示剂变色会明显一些。

（3）酸碱指示剂的种类与选用

1）种类。酸碱指示剂的种类有十多种（见表4—15），最常用的有甲基橙、酚酞。当溶液的酸度大时，甲基橙主要以红色双极离子形式存在，所以溶液呈红色；酸度降低，它可变成黄色离子形式，使溶液显黄色。酚酞在酸性溶液中以无色形式存在，在碱性溶液中则转化成醌式而显红色。但是在足够浓的强碱溶液中，它又进一步转化成无色的羧酸盐。

2）选用。酸碱指示剂选择时，指示剂的变色范围（见表4—15）应全部或者一部分在滴定突跃范围之内。

（4）常用酸碱指示剂的配制方法

1）甲基橙的配制方法，称取0.1 g甲基橙完全溶解100 mL的热水中。

2）酚酞的配制方法，称取0.2 g酚酞溶入90 mL乙醇中，加水至100 mL。

（5）酸碱滴定的操作

1）强酸强碱的滴定。强酸强碱在溶液中全部电离，滴定时的反应为：

$$H^+ + OH^- = H_2O$$

现以0.100 0 mol·L^{-1}氢氧化钠滴定20 mL 0.100 0 mol·L^{-1}盐酸为例，说明强酸强碱滴定时的滴定曲线和指示剂的选择。

滴定开始前，盐酸溶液呈强酸性，pH值很小。随着氢氧化钠溶液的不断加入，酸碱中和反应进行，溶液中的c（H^+）逐渐下降，pH值不断升高。当到化学计量点时，中和反应刚好进行完全。在整个滴定过程中溶液中的pH值是不断升高的，整个过程中pH值计算如下：

①滴定前，溶液的pH值取决于盐酸的原始浓度。

c（H^+）＝0.100 0 mol·L^{-1}，pH值＝1.00；滴定分数α＝0.00，滴定分数是滴定剂与被测组分的物质的量之比。

②滴定开始到化学计量点前，溶液的pH值取决于剩余的盐酸的量。加入18.00 mL的氢氧化钠溶液时，还剩余2.00 mL盐酸，这时溶液中的c（H^+）为2.00×0.100 0/（20.00＋18.00）＝5.26×10^{-3}mol/L，pH值＝2.28，α＝0.900。

当加入氢氧化钠溶液19.98 mL时，pH值＝4.30，α＝0.999。

③化学计量点时，pH值＝7.00，α＝1.000。

④化学计量点后，溶液的pH值取决于过量的氢氧化钠的量。当加入20.02 mL的氢氧化钠时，氢氧化钠过量0.02 mL，则：

$$c（OH^-）＝0.02×0.100 0/（20.00＋20.02）＝5.00×10^{-5}mol/L$$

$$c（H^+）＝1.00×10^{-14}/5.00×10^{-5}＝2.00×10^{-10}mol/L$$

pH 值 $= 9.70$，$\alpha = 1.001$

如此逐一计算，可得到加入不同的氢氧化钠体积时溶液的 pH 值计算结果，见表 4—16。以滴定剂的量为横坐标，pH 值为纵坐标，作图 4—14。

表 4—16　0.100 0 mol·L^{-1}氢氧化钠滴定 20 mL 0.100 0 mol·L^{-1}盐酸

加入 NaOH 体积（mL）	滴定分数 α	剩余 HCl 体积（mL）	过量 NaOH 体积（mL）	pH 值
0.00	0.000	20.00		1.00
18.00	0.900	2.00		2.28
19.80	0.990	0.20		3.30
19.96	0.998	0.04		4.00
19.98	0.999	0.02		4.30
20.00	1.000	0.00	0.00	7.00
20.02	1.001		0.02	9.70
20.04	1.002		0.04	10.00
20.20	1.010		0.20	10.70
22.00	1.100		2.00	11.70
40.00	2.000		20.00	12.52

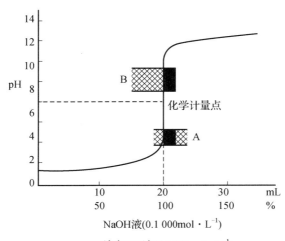

A．甲基橙　　　　B．酚酞

图 4—14　0.100 0 mol·L^{-1}氢氧化钠滴定 20 mL 0.100 0 mol·L^{-1}盐酸的滴定曲线

从滴定曲线图 4—14 和表 4—16 中数据可以看出，从滴定开始到加入 19.80 mL NaOH 溶液，溶液的 pH 值只改变了 2.3 个单位。在计量点附近加入的 NaOH 溶液，由 19.98 mL 增加至 20.02 mL（约 1 滴）时，溶液的 pH 值由 4.30 急剧改变为 9.70，0.04 mL 的 NaOH 液就使 pH 值变化了 5.40 个单位。这种在计量点附近突变的 pH 值范围为滴定突跃。滴定突跃是选择指示剂的重要依据，凡是变色范围全部或部分落在滴定突跃范围内的指示剂都可用来指示滴定终点。本滴定可选用酚酞（pH 值＝8.0～9.6）、甲基红（pH 值＝4.4～6.6）、甲基橙（pH 值＝3.1～4.4）等作指示剂。滴定突跃的大小还与溶液的浓度有关。应当指出的是，空气中的二氧化碳对滴定可能产生影响这与滴定终点的 pH 值有关。若终点 pH 值＜5，则基本不影响；若 pH 值较高，则需要煮沸溶液的方法消除其影响。

2）注意事项

①摇瓶时，使溶液向一个方向做圆周运动，但是勿使瓶口接触滴定管，溶液也不得溅出。

②要将滴定管夹在滴定管夹上平视读数。

③注意观察液滴落点周围溶液颜色变化。开始时应边摇边滴，滴定速度可稍快，但是不要形成水流。滴定时要不断振荡锥形瓶接近终点时要放慢速度一滴一滴地加入并边滴边振荡直至溶液出现明显的颜色变化，准确到达终点为止。

④当看到加入一滴标准液时，溶液变色并在半分钟内不褪色，即说明已达到滴定终点。

（6）酸碱滴定在食品检验中的应用

食品中的大多数有机酸是溶于水的，而且是食品本身的成分，它影响食品的色、香、味、稳定性和质量好坏。果蔬中主要含有苹果酸、柠檬酸、酒石酸、琥珀酸、醋酸、草酸等成分。苹果中主要存在苹果酸、柠檬酸；柑橘中主要存在柠檬酸；葡萄中存在酒石酸等；鱼类中主要是乳酸。食品中的有机酸除了以游离形式存在外，还常以钾、钙、钠盐形式存在。

食品中的酸度检验不但可以判断果蔬类的成熟度（如柑橘类的糖酸比可以判断成熟度）；而且可以说明食品有无腐败，如啤酒、番茄制品和乳制品的乳酸含量高时，说明这些制品已经腐败。油脂中游离脂肪酸的含量增加说明油脂新鲜度降低等。

酸度的检验包括总酸度（可滴定酸度）、有效酸度（氢离子活度、pH 值）和挥发酸。总酸度包括滴定前已离子化的酸，也包括滴定时产生的氢离子。但是人们味觉中的酸度，各种生物化学或其他化学工艺变化的动向和速度，主要不是取决于酸的总量，而是取决于离子状态的那部分酸。所以通常用氢离子活度（pH 值）来表示有效的酸度。挥发酸主要是醋酸和蚁酸等，它包括游离的和结合的两部分，前者在蒸馏时较易挥发，后者比较困难。总酸度的测定常用酸碱滴定进行，以酚酞作指示剂，它在 pH 值约为 8.2 时确定游离酸中和的终点。

3. 配位滴定法

（1）概述

1）滴定原理。配位滴定法是利用形成配合物反应为基础的滴定分析方法，又称络合滴定法。例如：

$$Ag^+ + 2CN^- = [Ag(CN)_2]^-$$

当滴定到化学计量点时，稍过量的 $AgNO_3$ 标准溶液与 $[Ag(CN)_2]^-$ 反应生成 $Ag[Ag(CN)_2]$ 白色沉淀，使溶液变混浊，指示滴定终点的到达。

$$Ag^+ + [Ag(CN)_2]^- = Ag[Ag(CN)_2] \downarrow 白色$$

2）滴定反应要求

①生成的配合物要有确定的组成，即中心离子与配位剂严格按一定比例配合。

②生成的配合物要有足够的稳定性。

③配合反应要足够快。

④有适当的反应化学计量点到达的指示剂或其他方法。

虽然配位反应具有很大的普遍性，金属离子在水溶液中大都是以不同形式的配离子存在。但由于无机配位剂分子中仅含有一个可键合原子，只能和金属离子形成 MLn 型简单配合物，由于逐级稳定常数比较接近，且稳定性不高，因此大多数不能满足滴定分析的要求。自 20 世纪 40 年代开始发展了有机配合剂，它们与金属离子的配合反应能够满足上述要求，在生产和科研中得到广泛的应用，目前常用的有机配位剂是氨羧配位剂，其中以 EDTA 应用最广泛。

（2）EDTA 及其分析应用

1）EDTA 的性质。EDTA 是乙二胺四乙酸的简称，分子式为 $C_{10}H_{16}N_2O_8$，结构式：

$$(HOOCCH_2)_2 - N = CH_2 - CH_2 = N - (CH_2COOH)_2$$

它是一类含有氨基（—N＝）和羧基（—COOH）的氨羧配位剂，是以氨基二乙酸 $[-N=(HOOCCH_2)_2]$ 为主体的衍生物。

EDTA 用 H_4Y 表示，微溶于水（22℃时每 100 mL 水溶解 0.02 g），难溶于酸和有机溶剂，但易溶于氨性溶液或苛性碱溶液中，生成相应的盐溶液。因此我们常应用它的二钠盐即乙二胺四乙酸二钠盐，用 $Na_2H_2Y \cdot 2H_2O$ 表示，习惯上也称为

EDTA。其结构式：

$$(NaOOCCH_2)_2 = N—CH_2CH_2 = N—(CH_2COOH)_2 \cdot 2H_2O$$

$Na_2H_2Y \cdot 2H_2O$ 是一种白色结晶状粉末，无臭无味无毒，易精制，稳定，室温下其饱和溶液的浓度约为 0.3 mol/L，水溶液的 pH 值约为 4.4，22℃时溶解度为 11.1 g。H_4Y 溶于水时，两个羧基可以再接受 H^+，成为 H_6Y^{2+}，这样 EDTA 相当于六元酸，有 6 级离解常数：

$$H_6Y^{2+} \rightleftharpoons H^+ + H_5Y^+ \qquad K_{a1}^{\ominus} = \frac{c(H^+) \cdot c(H_5Y^+)}{c(H_6Y^{2+})} = 10^{-0.9}$$

$$H_5Y^+ \rightleftharpoons H^+ + H_4Y \qquad K_{a2}^{\ominus} = \frac{c(H^+) \cdot c(H_4Y)}{c(H_5Y^+)} = 10^{-1.6}$$

$$H_4Y \rightleftharpoons H^+ + H_3Y^- \qquad K_{a3}^{\ominus} = \frac{c(H^+) \cdot c(H_3Y^-)}{c(H_4Y)} = 10^{-2.0}$$

$$H_3Y^- \rightleftharpoons H^+ + H_2Y^{2-} \qquad K_{a4}^{\ominus} = \frac{c(H^+) \cdot c(H_2Y^{2-})}{c(H_3Y^-)} = 10^{-2.67}$$

$$H_2Y^{2-} \rightleftharpoons H^+ + HY^{3-} \qquad K_{a5}^{\ominus} = \frac{c(H^+) \cdot c(H_2Y^{3-})}{c(H_2Y^{2-})} = 10^{-6.16}$$

$$HY^{3-} \rightleftharpoons H^+ + Y^{4-} \qquad K_{a6}^{\ominus} = \frac{c(H^+) \cdot c(Y^{4-})}{c(HY^{3-})} = 10^{-10.26}$$

在任一水溶液中，EDTA 总是以 H_6Y^{2+}、H_5Y^+、H_4Y、H_3Y^-、H_2Y^{2-}、HY^{3-} 和 Y^{4-} 7 种形式存在。各种形态的分布系数（δ）（即存在形态的浓度与 EDTA 总浓度之比）与溶液 pH 值有关。在不同的 pH 值下，EDTA 的主要存在形式见表 4—17。

表 4—17　　　　　不同的 pH 值下，EDTA 的主要存在形式

pH 值	<1	1~1.6	1.6~2.0	2.0~2.67	2.67~6.16	6.06~10.26	>10.26
主要存在形式	H_6Y^{2+}	H_5Y^+	H_4Y	H_3Y^-	H_2Y^{2-}	HY^{3-}	Y^{4-}

在这 7 种形式中，只有 Y^{4-} 能与金属离子直接配位。因此溶液的酸度越低 Y^{4-} 形式存在越多，其配位能力越强。

2）EDTA 与金属离子配合的特点

①从它的结构看出，它同时具有氨氮和羧氧两种配位能力很强的配位基，综合了氮和氧的配位能力，因此 EDTA 几乎能与周期表中大部分金属离子配合，形成具有五圆环结构的稳定的配合物。

在一个 EDTA 分子中，由 2 个氨氮和 4 个羧基提供了 6 个配位原子，它完全

能够满足一个金属离子所需要的配位数。

例如，EDTA 与 Co^{2+} 形成一种八面体的配合物，它具有 4 个 O—C—C—N—Co 螯合环和一个 N—C—C—N—Co 螯合环，这些螯合环均为五圆环，具有这种环形结构的配合物称为螯合物。根据有机结构理论和配合物理论的研究，能形成五圆环或六圆环的螯合物都是较稳定的。

②无色金属离子与 EDTA 生成的配合物是无色的，有色金属离子与 EDTA 生成的配合物都有色，如 NiY^{2-} 蓝色、CuY^{2-} 深蓝色、CoY^{2-} 紫红色、MnY^{2-} 紫红色、CrY^- 深紫色、FeY^- 黄色等，都比原金属离子的颜色更深。因此滴定这些离子时浓度要稀一些，否则影响终点的观察。

③EDTA 与金属离子生成的配合物，易溶于水，大多数反应迅速，所以配位滴定可以在水溶液中进行。

④EDTA 与金属离子的配合能力与溶液酸度密切相关。

⑤EDTA 与金属离子配合的特点是不论金属离子是几价的，它们多是以 1∶1 的关系配合，生成多个五原子环的螯合物。生成螯合物时的反应式：

$$M^{2+} + Y^{4-} \rightleftharpoons MY^{2-}$$
$$M^{3+} + Y^{4-} \rightleftharpoons MY^-$$
$$M^{4+} + Y^{4-} \rightleftharpoons MY$$

少数高价金属离子例外，如 Mo^{5+} 与 EDTA 形成 Mo∶Y＝2∶1 的螯合物 $(MoO_2)_2Y^{2-}$。

（3）配位平衡

1）配合物的稳定常数。金属离子与 EDTA 反应大都形成 1∶1 配合物，为方便省略电荷简写如下：

$$M + Y \longrightarrow MY$$

反应的稳定常数表达式为：

$$K_{MY} = \frac{c(MY)}{c(M)c(Y)}$$

K_{MY} 为金属离子与 EDTA 配合物的绝对稳定常数，通常称为稳定常数，其数值越大配合物就越稳定。其倒数为配合物的不稳定常数。对于 1∶1 类型的配合物，$K_稳$ 和 $K_{不稳}$ 的关系式为：

$$K_稳 = 1/K_{不稳} \quad lgK_稳 = pK_{不稳}$$

溶液的酸度的改变会影响 EDTA 的电离平衡，既影响 EDTA 在溶液中的存在形式，也会影响金属离子与 EDTA 配合物的稳定性。为了定量处理各种因素对配位平衡的影响，现讨论主反应和副反应。

2）配合反应的主反应和副反应。配位滴定中涉及的化学平衡比较复杂。除了被测金属离子（M）与 EDTA 离子（Y）之间的主反应外，还存在副反应。

例如，M 与 OH^- 或其他配位剂的反应，Y 可与 H^+ 或其他金属离子反应，MY 也可与 H^+、OH^- 反应，这些反应统称为副反应。M 或 Y 发生的副反应都不利于主反应向右进行，而 MY 发生副反应则有利于主反应的向右进行。这些副反应中以 Y 与 H^+ 的副反应和 M 与其他配位剂的副反应是影响主反应的两个主要因素，尤其是酸度的影响更为显著。

3）酸效应和酸效应系数。EDTA（Y）是一种广义碱，当金属与其反应时，由于 H^+ 的存在，就会与 Y 结合，形成它的共轭酸。使 Y 的浓度降低，使 M 与 Y 的配位能力下降的现象称为酸效应。酸效应的大小用酸效应系数 $\alpha_{Y(H)} = c(EDTA)/c(Y^{4-})$，式中 $c(EDTA)$ 为 EDTA 总浓度；$c(Y^{4-})$ 为 Y^{4-} 的平衡浓度。由此可见酸效应系数只与溶液的酸度有关，或者说只决定于溶液的 pH 值。酸度越高，$\alpha_{Y(H)}$ 的值越大，酸效应越严重，EDTA 配位能力越差。因此，酸效应系数是判断 EDTA 能否滴定某金属离子的重要参数。EDTA 在不同的 pH 值下的 $\lg \alpha_{Y(H)}$ 见表 4—18。

表 4—18　　　　　　　　不同 pH 值下的 $\lg \alpha_{Y(H)}$

pH 值	$\lg \alpha_{Y(H)}$	pH 值	$\lg \alpha_{Y(H)}$	pH 值	$\lg \alpha_{Y(H)}$
0.0	21.18	3.4	9.71	6.8	3.55
0.4	19.59	3.8	8.86	7.0	3.32
0.8	18.01	4.0	8.04	7.5	2.78
1.0	17.20	4.4	7.64	8.0	2.26
1.4	15.68	4.8	6.84	8.5	1.77
1.8	14.21	5.0	6.45	9.0	1.29
2.0	13.52	5.4	5.69	9.5	0.83
2.4	12.24	5.8	4.98	10.0	0.45
2.8	11.13	6.0	4.65	11.0	0.07
3.0	10.63	6.4	4.06	12.0	0.00

从表 4—18 中可以看出当溶液的 pH 值 ≥12 时，EDTA 的配位能力最强。

4）配合物的条件稳定常数。在配位滴定中，金属离子 M 与络合剂 EDTA 反应生成 MY。由于各种副反应的存在，配合物 MY 的 K_{MY} 值大小不能真实地反映主反应的进行程度。条件稳定常数是将副反应的影响考虑进去后的实际稳定常数，

前面讲的稳定常数 K_{MY} 是未考虑副反应时的绝对稳定常数，实际上只适合 pH 值≥ 12 时的情况。条件稳定常数又称为表观稳定常数。设未参加主反应 M 总浓度为 $[M']$，Y 总浓度为 $[Y']$，生成物 MY、MHY 等的总浓度为 $[(MY)']$，当达到平衡时可以得到以 $[M']$、$[Y']$、$[(MY)']$ 表示的络合物的稳定常数—条件稳定常数 K'_{MY}：

$$K'_{MY} = [(MY)'] / [M'][Y']$$

从以上副反应系数的讨论中可以得到：

$$[M'] = \alpha_M [M]$$

$$[Y'] = \alpha_Y [Y]$$

$$[(MY)'] = \alpha_{MY} [MY]$$

将这些式子代入上式，得到条件稳定常数的表达式：

$$K'_{MY} = [(MY)']/[M'][Y'] = \alpha_{MY}[MY]/\alpha_M[M]\alpha_Y[Y] = K_{MY} \alpha_{MY}/\alpha_M\alpha_Y$$

取对数：

$$\lg K'_{MY} = \lg K_{MY} - \lg\alpha_M - \lg\alpha_Y + \lg\alpha_{MY}$$

K'_{MY} 表示在有副反应的情况下，络合反应进行的程度。在一定条件下 α_M、α_Y、α_{MY} 为定值，所以 K'_{MY} 为常数。许多情况下 $\lg\alpha_{MY}$ 可忽略不计，可简化成：

$$\lg K'_{MY} = \lg K_{MY} - \lg\alpha_M - \lg\alpha_Y$$

EDTA 能与许多金属离子生成稳定的络合物，它们的 K_{MY} 一般都很大，但是在实际化学反应中不可避免地会发生各种副反应，因而条件稳定常数要减少很多。

5）准确滴定的判别式。配位滴定中准确滴定的条件和酸碱滴定类似，应根据滴定突跃大小来判断。配位滴定中通常采用金属离子指示剂指示终点，由于各种局限性即使指示剂的变色点与化学反应计量点完全重合，仍可能造成误差。可以根据被测金属离子的浓度、条件稳定常数及误差的要求来推导。

设金属离子 M 和 EDTA 初始浓度均为 $2c$，滴定到化学计量点时，若要求误差不大于 0.1%，则要求反应完全程度等于或高于 99.9%，M 基本上都配合成 MY，即 $[MY] \approx c$，未配合的金属离子和 EDTA 的总浓度等于或小于 $c \times 0.1\%$，则：

$$K_{MY} = \frac{[MY]}{[M][Y]} \geqslant \frac{c}{c \times 0.1\% \times c \times 0.1\%} = \frac{1}{c \times 10^{-6}}$$

$$cK_{MY} \geqslant 10^6 ，\lg cK_{MY} \geqslant 6$$

这是配位滴定能够准确滴定的判别式，若 $\lg cK_{MY} \leqslant 6$，就不能准确滴定。

（4）金属指示剂

金属滴定剂是一种有机配位剂，在配位滴定中，利用一种与金属离子生成有色配合物的显色剂指示滴定过程中金属离子浓度的变化，这种显色剂称为金属离子指示剂。

1）金属指示剂变色原理。金属指示剂大都是一种有机染料，能与某些金属离子生成有色配合物，此配合物的颜色与金属指示剂的颜色不同。

例如，用 EDTA 标准溶液滴定 Mg^{2+}，当加入铬黑 T 为指示剂（以 H_3In 表示），在 pH 值＝10 的缓冲溶液中为蓝色，与 Mg^{2+} 配合后生成红色配合物。

$$Mg^{2+} + HIn^{2-} \longrightarrow MgIn^- + H^+$$
蓝色 　　　　　红色

当以 EDTA 溶液进行滴定时，H_2Y^{2-} 逐渐夺取配合 Mg^{2+} 而生成更稳定的配合物 MgY^{2-}。

$$MgIn^- + H_2Y^{2-} \longrightarrow MgY^{2-} + H^+ + HIn^{2-}$$
红色 　　　　　　　　蓝色

反应一直进行到 $MgIn^-$ 完全转变为 MgY^{2-}，同时游离出蓝色的 HIn^{2-}，当溶液由红色变为纯蓝色时即为滴定终点。铬黑 T 与许多阳离子如 Ca^{2+}、Zn^{2+}、Cd^{2+} 等形成酒红色的配合物。铬黑 T 在 pH 值＜6 时为红色，pH 值＝8～11 为蓝色，pH 值＞12 时为橙色；显然铬黑 T 在 pH 值＜6 或者 pH 值＞12 的溶液中不能做滴定指示剂。因为在这种 pH 值范围内，游离指示剂的颜色与指示剂形成金属离子配合物的颜色没有明显的区别。只有在 pH 值＝8～11 时进行滴定，终点由酒红色变成蓝色，颜色变化才显著。因此使用金属指示剂应选择合适的 pH 值范围。

2）金属指示剂应具备的条件

①在滴定的 pH 值范围内，金属指示剂本身的颜色应与金属离子和与金属指示剂形成配合物的颜色有明显的区别。这才能使终点的颜色变化明显。

②指示剂与金属离子形成配合物的稳定性要适当地小于 EDTA 与金属离子形成的配合物的稳定性。但是金属离子与指示剂形成的配合物的稳定性不能太低，如果太低，就会提前出现终点，而且变色不敏锐。所以要符合 $\lg K'_{MIn} \geqslant 4$，同时 $\lg K'_{MY} - \lg K'_{MIn} > 2$。

③指示剂不与被测金属离子产生封闭现象。有时指示剂与某些金属离子形成极稳定的配合物，其稳定性超过了 $\lg K'_{MY}$，以至于在滴定过程中虽然加入了过量的 EDTA，也不能从金属指示剂配合物中夺取金属离子（M），因此无法确定滴定终点。这种现象称为指示剂的封闭现象。遇到这种情况可加适量的掩蔽剂来消除该离子的干扰。

④金属指示剂应比较稳定，以便于储存和使用。有些金属指示剂本身放置在空气中易被氧化破坏，或发生分子聚合作用而失效。对于稳定性差的金属指示剂可用

中性盐混合，配成固体混合物来储存备用，如二甲酚橙和 NaCl 按 1∶100 比例研磨混合；也可以在金属指示剂中加入防止其变质的试剂，如铬黑 T 中加入三乙醇胺。

⑤指示剂与金属离子形成配合物应易溶于水，如果溶解度小则易生成沉淀或胶体，MIn 与 EDTA 的置换反应将进行缓慢而使终点拖后，这种现象叫指示剂僵化。遇到这种情况可加入适量的有机溶剂或加热，增大其溶解度，加快置换反应速度。

3）常用的金属指示剂

①铬黑 T（EBT）。分子式是 $C_{20}H_{12}N_3NaO_7S$，化学名称 1－（1－羟基－2－萘偶氮）－6－硝基－2－萘酚－4－磺酸钠，为黑褐色粉末，略带金属光泽。溶于水后，结合在磺酸根上的 Na^+ 全部电离，以阳离子形式存在于溶液中。铬黑 T 是三元酸，以 HIn^{2-} 表示：

$$H_2In^- \longrightarrow HIn^{2-} \longrightarrow In^{3-}$$

pH 值＜6.3　　　pH 值＝8～10　　　pH 值＞11.6

红紫色　　　　　蓝色　　　　　　橙色

铬黑 T 与很多金属离子生成红色或紫红色的配合物。为使终点敏锐，最好控制溶液 pH 值＝8～10，根据实验最适宜的酸度为 pH 值＝9～10.5，终点颜色由红变蓝，比较敏锐；而 pH 值＜8 或者 pH 值＞11 时配合物的颜色和指示剂的颜色相似不宜使用。在 pH 值＝10 的缓冲溶液中，适宜滴定 Mg^{2+}、Zn^{2+}、Pb^{2+}、Mn^{2+}、Cd^{2+}、Hg^{2+} 等离子。

铬黑 T 与 Fe^{3+}、Al^{3+}、Cu^{2+}、Co^{2+}、Ni^{2+}、Ti^{4+} 生成的络合物非常稳定，会产生封闭现象。Cu^{2+}、Co^{2+}、Ni^{2+} 等金属离子可用 KCN 掩蔽，Fe^{3+}、Al^{3+}、Ti^{4+} 可用三乙醇胺掩蔽。若含少量的 Cu^{2+}、Pb^{2+} 可加 Na_2S 消除干扰。

铬黑 T 在水中不稳定很容易聚合而变质，一般将它与干燥的 NaCl 按 1∶100 比例研磨混合，或者称取 0.5 g 铬黑 T 与 2 g 盐酸羟胺混合溶于 100 mL 乙醇，或者 0.5 g 铬黑 T 溶于 75 mL 乙醇和 25 mL 三乙醇胺溶液中。

②钙指示剂（NN）。钙指示剂指铬蓝黑 R，又名酸性铬蓝黑、茜素蓝黑、依来铬蓝黑 R。分子式是 $C_{20}H_{13}N_2NaO_5S$，分子结构式：

钙羧酸指示剂，又名钙羧酸钠、钙红，学名 2－羟基－1－（2－羟基－4－磺基－1－萘基偶氮）－3－萘甲酸钠，习惯上也被称为钙指示剂。分子式是 $C_{21}H_{14}N_2O_7S$，结构式：

$C_{21}H_{14}N_2O_7S$ 为棕色至黑色结晶或褐色粉末，易溶于碱液和氨水，微溶于水。在 pH 值≤10 时呈红色，pH 值＝13～14 时为浅蓝色，能和钙形成红色螯合物，用于钙镁混合物中对钙的测定。终点由红色变为蓝色，颜色变化敏锐，在此条件下 Mg^{2+} 生成 $Mg(OH)_2$ 沉淀，不被滴定。水溶液和乙醇溶液均不稳定，故常按 1：100 比例与氯化钠混匀后使用。钙指示剂应密封于阴凉干燥处保存。

不同 pH 值其颜色变化为：

$$H_2In^- \longrightarrow HIn^{2-} \longrightarrow In^{3-}$$

pH 值＜7.4　　　pH 值＝8～13　　　pH 值＞13.5

酒红色　　　　　蓝色　　　　　　酒红色

钙指示剂能与 Ca^{2+} 形成红色配合物。在 pH 值＝13 时，可用于钙镁混合物中钙的测定，终点由红色变为蓝色，颜色变化敏锐。在此条件下 Mg^{2+} 生成 $Mg(OH)_2$ 沉淀，不被滴定。

钙指示剂与铬黑 T 一样，会与 Fe^{3+}、Al^{3+}、Cu^{2+}、Co^{2+}、Ni^{2+}、Ti^{4+} 发生封闭现象，Fe^{3+}、Al^{3+}、Ti^{4+} 可用三乙醇胺掩蔽，Cu^{2+}、Co^{2+}、Ni^{2+} 可用 KCN 掩蔽。

③二甲酚橙（XO）。分子式是 $C_{31}H_{32}N_2O_{13}S$，化学名称 3，3′－双［N，N′－二（羧甲基）－氨甲基］－邻甲酚磺酞，结构式：

二甲酚橙是紫色结晶，易溶于水，不溶于无水乙醇。一般商品是二甲酚橙的四钠盐，为紫色结晶。二甲酚橙的水溶液在 pH 值＞6.3 时为红色，在 pH 值＜6.3 的酸性溶液中为柠檬黄色，其金属络合物为红紫色，在碱性溶液中为紫红色。二甲酚橙有 6 级酸式解离，其中 H_6In 至 H_2In^{4-} 都是黄色，HIn^{5-} 至 In^{6-} 是红色。在 pH 值＝5～6 时，二甲酚橙主要以 H_2In^{4-} 形式存在。H_2In^{4-} 的酸碱解离平衡如下：

$$H_2In^{4-} \longrightarrow H^+ + HIn^{5-}(pK_a = 6.3)$$
黄色　　　　　红色

pH 值＝pK_a＝6.3 时，二甲酚橙呈现中间颜色。二甲酚橙与金属离子形成的配合物都是红紫色，因此它只适用于在 pH 值＜6 的酸性溶液中，用作酸碱指示剂、金属指示剂（测定铋、钍、铅、钴、铜、铈、钒、锆、锌、镉、汞等）。用二甲酚橙为指示剂，在酸性溶液中以 EDTA 直接滴定 Bi^{3+}、Zn^{2+}、Pb^{2+}、Hg^{2+} 等离子可得到很好的结果。二甲酚橙常配成 0.2％的水溶液使用，稳定 2～3 周。

二甲酚橙可用于许多金属离子的直接滴定，如 ZrO^{2+}（锆，pH 值＜1）、Bi^{3+}（pH 值＝1～2）、Th^{4+}（钍，pH 值＝2.5～3.5）、Zn^{2+}、Pb^{2+}（pH 值＝5.5～6）等，终点由红紫色转变为亮黄色，变色敏锐。Al^{3+}、Fe^{3+}、Ni^{2+}、Ti^{4+} 和 pH＝5～6 时的 Th^{4+} 对二甲酚橙有封闭现象，可用 NH_4F 掩蔽 Al^{3+}、Ti^{4+}，抗坏血酸掩蔽 Fe^{3+}，邻二氮菲掩蔽 Ni^{2+}，乙酰丙酮掩蔽 Th^{4+}、Al^{3+} 等，以消除封闭现象。

④PAN。PAN 属于偶氮类显色剂，化学名称是 1－（2－吡啶偶氮）－2－萘酚。为橘红色针状结晶，可溶于碱、甲醇、乙醇等，通常配成 0.1％的乙醇溶液。使用结构式为：

PAN 在 pH 值 1.9～12.2 范围内呈黄色，可与 Cu^{2+}、Bi^{3+}、Cd^{2+}、Hg^{2+}、Pb^{2+}、Zn^{2+}、Fe^{2+} 等离子形成红色配合物。这些配合物的溶解度很低，致使终点变色缓慢，形成了指示剂的"僵化"现象。解决的办法是加乙醇或适当加热。

⑤酸性铬蓝 K－萘酚绿 B 混合指示剂（简称 K－B 指示剂）。酸性铬蓝 K 结构式为：

在 pH 值 8～13 时呈蓝色，与 Ca^{2+}、Mg^{2+}、Zn^{2+}、Mn^{2+} 等离子形成红色配合物。它对 Ca^{2+} 的敏感度比铬黑 T 高。萘酚绿 B 在滴定过程中颜色没有变化，只是起衬托终点颜色的作用，终点为蓝绿色。

⑥磺基水杨酸（SS）。分子式是 $C_7H_6O_6S$，结构式：

磺基水杨酸是白色结晶或结晶性粉末，若带有微量铁离子时为粉红色结晶体，高温易分解，能溶于乙醚，易溶于水和乙醇，其水溶液无色。和 Fe^{3+} 配合生成紫红色配合物，可以在 pH 值＝1.5～2.5 时作 EDTA 滴定 Fe^{3+} 的指示剂。

4）金属指示剂的变色点 pMep。金属离子（M）与金属指示剂（In）生成配合物（MIn），其稳定常数为 $K_{MIn} = [MIn] / [M][In]$。金属指示剂一般是有机弱酸，存在酸效应，应该用 K'_{MIn} 表示，$K'_{MIn} = [MIn] / [M][In']$。

当 $[MIn] = [In']$ 时，达到变色点（ep），此时 $lgK'_{MIn} = -lg[M]$ ep＝pMep。指示剂变色点的 pMep 值随溶液 pH 值变化而变化，因此选择指示剂时必须考虑溶液的 pH 值。

（5）配位滴定曲线

配位滴定对配位反应的最基本的要求是必须定量、完全，且符合化学计量关系，以及有指示滴定终点的适当方法。配位滴定中，随着滴定剂的不断加入，被滴定的金属离子浓度 c（M）不断减少，其改变情况和酸碱滴定类似。在化学计量点附近 pM 值 $[-lgc$（M）] 发生突变，配位滴定过程中 pM 值的变化规律可以用 pM 值对配位剂 EDTA 的加入量所绘制的滴定曲线来表示。考虑到各种副反应的影响，需要应用条件稳定常数。对于不易水解或不易与其他配位剂反应的金属离子（如 Ca^{2+}），只考虑 EDTA 酸效应。利用算式算出不同的 pH 值溶液中不同阶段被滴定金属离子的浓度。据此绘制标准曲线，如图 4—15 所示。

1）提高配位滴定选择性的方法。EDTA 能与许多金属离子生成稳定的配合物，当几种金属离子共存时就会发生互相干扰，因此在配位滴定中消除干扰是个重

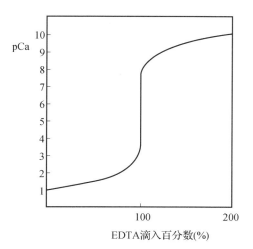

图 4—15　0.01 mol/LEDTA 滴定等浓度 Ca^{2+} 的滴定曲线

滴定突跃：5.3→7.69

要的问题。

2）金属离子间无干扰的条件。一种金属离子能被准确滴定的条件是 $\lg cK'_{MY} \geqslant 6$，当溶液中两种金属离子 M 和 N 共存时，要使 N 不干扰 M 的测定，必须符合：

$$c_M K'_{MY}/c_N K'_{NY} \geqslant 10^5 \text{ 或 } \lg c_M K'_{MY} - \lg c_N K'_{NY} \geqslant 5$$

即 $\lg c_M K'_{MY} \geqslant 6$，$\lg c_N K'_{NY} \leqslant 1$。

因此，要使 N 不干扰 M 的测定，必须想办法降低 N 的浓度和 NY 的稳定性。

3）消除干扰的方法

①控制酸度。当 MY 和 NY 的稳定性相差较大时，可控制酸度达到分步滴定。例如，Bi^{3+} 与 Pb^{2+} 共存时，先用硝酸调节溶液的 pH 值≈1.5，用 EDTA 滴定 Bi^{3+}，此时 Pb^{2+} 不被滴定，溶液由紫红色变为亮黄色，表示 Bi^{3+} 的终点，记录消耗的 EDTA 的体积；再加六次甲基四胺调节溶液的 pH＝5～6，溶液又变回紫红色，再用 EDTA 继续滴定 Pb^{2+} 至亮黄色为终点。

②利用掩蔽和解蔽。当 MY 和 NY 的稳定性相差不大时，即 $\lg c_M K'_{MY} - \lg c_N K'_{NY} \leqslant 5$ 时，可利用掩蔽剂降低 N 的浓度，以消除干扰。常用的掩蔽法有配位掩蔽法、沉淀掩蔽法和氧化还原掩蔽法，其中以配位掩蔽法使用最多。

a. 配位掩蔽法。利用掩蔽剂与干扰离子形成很稳定的配合物以消除干扰，如测定水中 Ca^{2+}、Mg^{2+} 时，若有 Fe^{3+}、Al^{3+} 存在将干扰测定，可加三乙醇胺来掩蔽。然后在氨性溶液中用铬黑 T 作指示剂，用 EDTA 滴定 Ca^{2+} 和 Mg^{2+}。常用配位掩蔽剂表见表 4—19。

表 4—19　　　　　　　　　　　常用配位掩蔽剂表

名称	pH 值范围	被掩蔽离子	备注
KCN	>8	Co^{2+}、Ni^{2+}、Cu^{2+}、Zn^{2+}、Hg^{2+}、Cd^{2+}、Ag^+	
NH_4F	4～6	Al^{3+}、Ti（IV）、Sn^{4+}、Zr^{4+}、W（VI）	NH_4F 比 NaF 好
	10	Al^{3+}、Mg^{2+}、Ca^{2+}、Sr^{2+}、Ba^{2+}、稀土	
三乙醇胺	10	Al^{3+}、Ti（IV）、Sn^{4+}、Fe^{3+}	与 KCN 并用更好
	11～12	Al^{3+}、Fe^{3+}	
二巯基丙醇	10	Bi^{3+}、Zn^{2+}、Hg^{2+}、Cd^{2+}、Ag^+、Pb^{2+}、As^{3+}、Sn^{4+}、少量 Co^{2+}、Ni^{2+}、Cu^{2+}、Fe^{3+}	
铜试剂	10	能与 Hg^{2+}、Cu^{2+}、Cd^{2+}、Pb^{2+}、Bi^{3+} 生成沉淀，故使用量应少于 2 μg/mL（Cu^{2+}）和 10 μg/mL（Bi^{3+}）	
酒石酸	1.2	Sb^{3+}、Fe^{3+}、Sn^{4+}、Cu^{2+}（少于 5 μg/mL）	在抗坏血酸存在下
	2	Fe^{3+}、Sn^{4+}、Mn^{2+}	
	5.5	Al^{3+}、Fe^{3+}、Sn^{4+}、Ca^{2+}	
	6～7.5	Cu^{2+}、Mg^{2+}、Al^{3+}、Fe^{3+}、Sb^{3+}、Mo^{4+}、W（VI）	
	10	Sn^{4+}、Al^{3+}	

b. 沉淀掩蔽法。利用掩蔽剂与干扰离子生成沉淀以消除干扰。如 Ca^{2+}、Mg^{2+} 共存时，加入 NaOH 至 pH 值>12，这时 Mg^{2+} 生成 $Mg(OH)_2$ 沉淀，不干扰 Ca^{2+} 的测定，加钙指示剂后用 EDTA 直接滴定 Ca^{2+}。

c. 氧化还原掩蔽法。加入氧化剂或还原剂，改变干扰离子价态以消除干扰。如 Bi^{3+} 和 Fe^{3+} 共存时，测 Bi^{3+} 时 Fe^{3+} 有干扰，可加抗坏血酸将 Fe^{3+} 还原为 Fe^{2+}。因为 $lgK_{FeY^-}=25.1$，而 $lgK_{FeY^{2-}}=14.32$，稳定性相差较大，所以此时 Fe^{2+} 不干扰 Bi^{3+} 的测定。

d. 利用解蔽的方法。被掩蔽的物质用解蔽剂将其恢复到初始状态后再滴定。如 Zn^{2+} 和 Mg^{2+} 共存时，在 pH 值=10 的氨性缓冲溶液中加入 KCN（注意 KCN 剧毒只能在碱性溶液中加入！）使 Zn^{2+} 生成 $[Zn(CN)_4]^-$ 而被掩蔽，不干扰 Mg^{2+} 的测定；待滴定 Mg^{2+} 到终点后，加入甲醛使 Zn^{2+} 解蔽出来，接着测定 Zn^{2+}。

4. 氧化还原滴定法

（1）氧化还原滴定

1）原理与特点。氧化还原滴定法是以氧化还原反应为基础的滴定分析方法，以氧化剂或者还原剂做标准溶液可以直接滴定还原性物质或氧化性物质，也可间接滴定一些能与氧化剂或者还原剂发生定量反应的物质，应用范围十分广泛。采用该种滴定方法可以测定许多无机物和有机物，有如下特点：

①氧化还原反应的机理较复杂，副反应多，因此与化学计量有关的问题更复杂。

②氧化还原反应比其他所有类型的反应速率较慢。

③氧化还原滴定可以用氧化剂作滴定剂，也可用还原剂作滴定剂。

④氧化还原滴定法主要用来测定氧化剂或还原剂，也可以用来测定不具有氧化性或还原性的金属离子或阴离子，所以应用范围很广。

2）条件电极电位。氧化还原电对常粗略地分为可逆的与不可逆两大类。在氧化还原反应的任一瞬间，可逆电对都能迅速地建立起氧化还原平衡，其电势基本符合能斯特公式计算出的理论电势。不可逆电对则不能在氧化还原反应的任一瞬间立即建立起符合能斯特公式的平衡，实际电势和理论电势差别较大。对反应速度相对快些且化学计量关系是已知的反应而言，若没有其他复杂的因素存在，一般认为一个化学计量的反应可由两个可逆的半反应得来。

$$Ox_1 + n_1 e^- \rightleftharpoons Red_1$$
试样
$$Ox_2 + n_2 e^- \rightleftharpoons Red_2$$
滴定剂

将两式合并：

$$n_2 Red_1 + n_1 Ox_2 \rightleftharpoons n_2 Ox_1 + n_1 Red_2$$

滴定中的任何一点，即每加入一定量的滴定剂，当反应达到平衡时，两个体系的电极电位相等。实际应用中，通常知道的是物质在溶液中的浓度，而不是其活度。为简化起见，常常忽略溶液中离子强度的影响，用浓度值代替活度值进行计算。但是只有在浓度极稀时，这种处理方法才是正确的；当浓度较大，尤其是高价离子参与电极反应时，或有其他强电解质存在下，计算结果就会与实际测定值发生较大偏差。因此，若以浓度代替活度，应引入相应的活度系数 γ_{Ox} 及 γ_{Red}。即

$$a_{Ox} = \gamma_{Ox}[Ox] \qquad a_{Red} = \gamma_{Red}[Red]$$

此外，当溶液中的介质不同时，氧化态、还原态还会发生某些副反应，如酸效应、沉淀反应、配位效应等而影响电极电位。因此必须考虑这些副反应的发生，引入相应的副反应系数 a_{Ox} 和 a_{Red}。则：

$$a_{Ox} = \gamma_{Ox}[Ox] = \gamma_{Ox}\frac{c_{Ox}}{a_{Ox}}$$

$$a_{Red} = \gamma_{Red}[\text{Red}] = \gamma_{Red}\frac{c_{Red}}{a_{Red}}$$

将上述关系代入能斯特方程式得：

$$\varphi_{Ox/Red} = \varphi^{\ominus}_{Ox/Red} + \frac{0.059}{n}\lg\frac{\gamma_{Ox}a_{Red}c_{Ox}}{\gamma_{Red}a_{Ox}c_{Red}}$$

当 $c(\text{Ox}) = c(\text{Red}) = 1\ mol/L$ 时得：

$$\varphi^{\ominus}{}'_{Ox/Red} = \varphi^{\ominus}_{Ox/Red} + \frac{0.059}{n}\lg\frac{\gamma_{Ox}a_{Red}}{\gamma_{Red}a_{Ox}}$$

$\varphi^{\ominus}{}'_{Ox/Red}$ 称为条件电极电位，它是在一定的介质条件下，氧化态和还原态的浓度均为 $1\ mol/L$ 时的实际电极电位。

条件电极电位反映了离子强度和各种副反应影响的总结果，是氧化还原电对在客观条件下的实际氧化还原能力，它在一定条件下为一常数。在进行氧化还原平衡计算时，应采用与给定介质条件相同的条件电极电位。若缺乏相同条件的 $\varphi^{\ominus}{}'_{Ox/Red}$ 数值，可采用介质条件相近的条件电极电位数据。对于没有相应条件电极电位的氧化还原电对，则采用标准电极电位。

3）影响反应速率的因素。在氧化还原反应中，根据氧化还原电对的标准电势或者条件电势，可以判断出氧化还原反应的方向和程度，但这只能表明反应发生的可能性，并不能指出反应进行的速率。而在滴定分析中，总是希望滴定反应能快速进行，若反应速率慢，反应就不能直接用于滴定。如 Ce^{4+} 与 H_3AsO_3 的反应：

$$2Ce^{4+} + H_3AsO_3 + 2H_2O \xrightarrow{0.5\ mol/L\ H_2SO_4} 2Ce^{3+} + H_3AsO_4 + 2H^+$$

$$\varphi^{\ominus}_{Ce^{4+}/Ce^{3+}} = 1.46\ V \qquad \varphi^{\ominus}_{As^{5+}/As^{3+}} = 0.56\ V$$

计算得该反应的平衡常数为 $K' \approx 1\,030$。若仅从平衡考虑，此常数很大，反应可以进行得很完全。实际上此反应速率极慢，若不加催化剂，反应则无法实现。因此在氧化还原滴定中，反应的速率是很关键的问题。影响氧化还原反应速率的因素，除了参加氧化还原反应电对本身的性质之外，还与反应时外界的条件如反应物浓度、温度、催化剂等因素有关。

①氧化剂与还原剂的性质。不同性质的氧化剂和还原剂，其反应速率相差极大，这与它们的原子结构、反应历程等诸多因素有关，情况较复杂，这里不作讨论。

②反应物浓度。在氧化还原反应中，由于反应机理比较复杂，许多氧化还原反应是分步进行的，整个反应速率由最慢的一步所决定。因此不能从总的氧化还原反应方程式来判断反应物浓度对反应速率的影响。但一般来说，增加反应物的浓度就

能加快反应的速率。例如 $Cr_2O_7^{2-}$ 与 I^- 的反应：

$$Cr_2O_7^{2-}+6I^-+14H^+ \longrightarrow 2Cr^{3+}+3I_2+7H_2O（慢）$$

此反应速率慢，但增大 I^- 的浓度或提高溶液酸度可加速反应。实验证明，在 H^+ 浓度为 0.4 mol/L 时，KI 过量约 5 倍，放置 5 min，反应即可进行完全。不过用增加反应物浓度来加快反应速率的方法只适用于滴定前一些预氧化还原处理的反应，在直接滴定时不能用此法来加快反应速率。

③催化反应对反应速率的影响。在分析化学中，通常用催化剂来改变反应速率。催化剂有正催化剂和负催化剂之分，正催化剂加快反应速率，负催化剂减慢反应速率。使用催化剂是提高反应速率的有效方法。例如前面提到的 Ce^{4+} 与 As（Ⅲ）的反应，实际上是分两步进行的：

$$As（Ⅲ）\xrightarrow{Ce^{4+}（慢）}As（Ⅳ）\xrightarrow{Ce^{4+}（快）}As（Ⅴ）$$

由于前一步的影响使总的反应速率很慢，如果加入少量的 I^-，则发生如下反应：

$$Ce^{4+}+I^- \longrightarrow I^0+Ce^{3+}$$

$$2I^0 \longrightarrow I_2$$

$$I_2+H_2O \longrightarrow HIO+H^++I^-$$

$$H_3AsO_3+HIO \longrightarrow H_3AsO_4+H^++I^-$$

由于所有涉及碘的反应都是快速的，少量的 I^- 起了催化剂的作用，加速了 Ce^{4+} 与 As（Ⅲ）的反应。基于此可用 As_2O_3 标定 Ce^{4+} 溶液的浓度。

又如，MnO_4^- 与 $C_2O_4^{2-}$ 的反应速率慢，若加入 Mn^{2+} 能催化反应迅速进行。如果不加入 Mn^{2+}，而利用 MnO_4^- 与 $C_2O_4^{2-}$ 发生作用后生成的微量 Mn^{2+} 作催化剂，反应也可进行。这种生成物本身引起催化作用的反应称为自动催化反应。这类反应有一个特点，就是开始时的反应速率较慢，随着生成物逐渐增多，反应速率逐渐加快。经一个最高点后，随着反应的浓度越来越低，反应速率又逐渐降低。

④温度对反应速率的影响。对大多数反应来说，升高溶液的温度可以加快反应速率。这是因为升高溶液的温度不仅增加了反应物之间的碰撞，更重要的是增加了活化分子或者活化离子的数目。通常溶液温度每增高 10℃，反应速率可增大 2～3 倍。例如在酸性溶液中，MnO_4^- 和 $C_2O_4^{2-}$ 的反应：

$$2MnO_4^-+5C_2O_4^{2-}+16H^+ = 2Mn^{2+}+10CO_2\uparrow+8H_2O$$

该反应在室温下的反应速率缓慢，如果将溶液加热至 75～85℃，反应速率就大大加快，滴定便可以顺利进行。应当注意不是所有的情况下都允许用升高温度的方法来加快反应速率。如 $K_2Cr_2O_7$ 与 KI 的反应，就不能用加热的方法来加快反应速率，因为生成的 I_2 会挥发而引起损失。又如草酸溶液加热的温度过高，时间过长，草酸分解引起的误差也会增大。有些还原性物质如 Fe^{2+}、Sn^{2+} 等也会因加热而更容易被空气中的氧所氧化。因此，对那些加热引起挥发，或加热易被空气中的氧气氧化的反应不能用提高温度来加速，只能寻求其他方法来提高反应速率。

⑤诱导反应对反应速率的影响。在氧化还原反应中，有些反应在一般情况下进行得非常缓慢或实际上并不发生，可是当存在另一反应的情况下，此反应就会加速进行。这种因某一氧化还原反应的发生而促进另一种氧化还原反应进行的现象，称为诱导作用，该反应称为诱导反应。例如，$KMnO_4$ 氧化 Cl^- 反应速率极慢，对滴定几乎无影响。但如果溶液中同时存在 Fe^{2+} 时，MnO_4^- 与 Fe^{2+} 的反应可以加速 MnO_4^- 与 Cl^- 的反应，使测定的结果偏高。这种现象就是诱导作用，MnO_4^- 与 Fe^{2+} 的反应就是诱导反应。

由于氧化还原反应机理较为复杂，采用何种措施来加速滴定反应速率，需要综合考虑各种因素。例如高锰酸钾法滴定 $C_2O_4^{2-}$，滴定开始前，需要加入 Mn^{2+} 作为反应的催化剂，滴定反应需要在 75～85℃下进行。

（2）氧化还原指示剂

1）常用指示剂种类。在氧化还原滴定过程中，除了用电位法确定终点外，还可以利用某些物质在化学计量点附近时颜色的改变来指示滴定终点。氧化还原反应滴定中常用的指示剂有如下几种类型：

①以滴定剂本身或者被滴定物质颜色指示滴定终点，又称自身指示剂。有些滴定剂本身或者被滴定物质有很深的颜色，而滴定产物为无色或颜色很浅，在这种情况下，滴定时可不必另加指示剂。例如 $KMnO_4$ 本身显紫红色，用它来滴定 $C_2O_4^{2-}$ 溶液时，反应产物 Mn^{2+} 是无色的，滴定到化学计量点后，只要 $KMnO_4$ 稍微过量半滴就能使溶液呈现淡红色，指示滴定终点的到达。

②显色指示剂。这种指示剂本身并不具有氧化还原性，但能与滴定剂或被滴定物质发生显色反应，而且显色反应是可逆的，因而可以指示滴定终点。这类指示剂最常用的是淀粉，如可溶性淀粉与碘溶液反应生成深蓝色的化合物，当 I_2 被还原为 I^- 时，蓝色就突然褪去。因此，在碘量法中，多用淀粉溶液作指示液。用淀粉指示液可以检出约 10^{-5} mol/L 的碘溶液，但淀粉指示液与 I_2 的显色灵敏度与淀粉的性质和加入时间、温度及反应介质等条件有关（详见碘量法），若温度升高，显色灵敏度下降。

此外，Fe^{3+} 溶液滴定 Sn^{2+} 时，可用 KCNS 作指示剂，当溶液出现红色（Fe^{3+}

与 CNS^- 形成的硫氰配合物的颜色）即为终点。

③氧化还原指示剂。这类指示剂本身是氧化剂或还原剂，它的氧化态和还原态具有不同的颜色。在滴定过程中，指示剂由氧化态转为还原态，或由还原态转为氧化态时，溶液颜色随之发生变化，从而指示滴定终点。例如用 $K_2Cr_2O_7$ 滴定 Fe^{2+} 时，常用二苯胺磺酸钠为指示剂。二苯胺磺酸钠的还原态无色，当滴定至化学计量点时，稍过量的 $K_2Cr_2O_7$ 使二苯胺磺酸钠由还原态转变为氧化态，溶液显紫红色，因而指示滴定终点的到达。若以 In（Ox）和 In（Red）分别代表指示剂的氧化态和还原态，滴定过程中，指示剂的电极反应可用下式表示：

$$In(Ox) + ne^- \rightleftharpoons In(Red)$$

$$\varphi = \varphi^{\ominus}{}'_{In} \pm \frac{0.059}{n} \lg \frac{[In_{Ox}]}{[In_{Red}]}$$

显然，随着滴定过程中溶液电位值的改变，$\frac{[In_{Ox}]}{[In_{Red}]}$ 比值也在改变，因而溶液的颜色也在发生变化。与酸碱指示剂在一定 pH 值范围内发生颜色转变一样，我们只能在一定电位范围内看到这种颜色变化，这个范围就是指示剂变色电位范围，它相当于两种形式浓度比值从 1/10 变到 10 时的电位变化范围。即

$$\varphi = \varphi^{\ominus}{}'_{In} \pm \frac{0.059}{n}$$

当被滴定溶液的电位值恰好等于 $\varphi^{\ominus}{}'_{In}$ 时，指示剂呈现中间颜色，称为变色点。若指示剂的一种形式的颜色比另一种形式深得多，则变色点电位将偏离 $\varphi^{\ominus}{}'_{In}$ 值。

2）常用氧化还原指示剂变色范围。常用的氧化还原指示剂配制方法见表 4—20。

表 4—20　　　　　　　　　　常用的氧化还原指示剂表

指示剂	$\varphi^{\ominus}{}'_{In}/V$ $[H^+]=1$	颜色变化		配制方法
		还原态	氧化态	
次甲基蓝	+0.52	无	蓝	0.5 g/L 水溶液
二苯胺磺酸钠	+0.85	无	紫红	0.5 g 指示剂，2 g Na_2CO_3，加水稀释至 100 mL
邻苯氨基苯甲酸	+0.89	无	紫红	0.11 g 指示剂溶于 20 mL 50 g/L Na_2CO_3 溶液中，用水稀释至 100 mL

续表

指示剂	$\varphi^{\ominus}{}'_{In}/V$ [H$^+$]=1	颜色变化		配制方法
		还原态	氧化态	
邻二氮菲亚铁	+1.06	红	浅蓝	1.485 g邻二氮菲，0.695 g FeSO$_4$·7H$_2$O，用水稀释至100 mL

氧化还原指示剂不仅对某种离子特效，而且对氧化还原反应普遍适用，因而是一种通用指示剂，应用范围比较广泛。选择这类指示剂的原则是，指示剂变色点的电位应当处在滴定体系的电位突跃范围内。例如，在1 mol/L H$_2$SO$_4$溶液中，用Ce^{4+}滴定Fe^{2+}，前面已经计算出滴定到化学计量点后0.1%的电位突跃范围是0.86～1.26 V。显然，选择邻苯氨基苯甲酸和邻二氮菲－亚铁是合适的；若选二苯胺磺酸钠，终点会提前，终点误差将会大于允许误差。应该指出，指示剂本身会消耗滴定剂。例如，0.1 mL 0.2%二苯胺磺酸钠会消耗0.1 mL 0.017 mol/L的K$_2$Cr$_2$O$_7$溶液，因此如若K$_2$Cr$_2$O$_7$溶液的浓度是0.01 mol/L或更稀，则应作指示剂的空白校正。

（3）常用的氧化还原滴定法

1）高锰酸钾滴定法

①方法概述。KMnO$_4$是一种强氧化剂，它的氧化能力和还原产物与溶液的酸度有关。在强酸性溶液中，KMnO$_4$与还原剂作用被还原为Mn^{2+}。

$$MnO_4^- + 8H^+ + 5e^- \rightleftharpoons Mn^{2+} + 4H_2O \quad \varphi^{\ominus}=1.51\ V$$

由于在强酸性溶液中KMnO$_4$有更强的氧化性，因而高锰酸钾滴定法一般多在0.5～1 mol/L H$_2$SO$_4$强酸性介质下使用，而不使用盐酸介质，这是由于盐酸具有还原性，能诱发一些副反应干扰滴定。硝酸由于含有氮氧化物容易产生副反应也很少采用。

在弱酸性、中性或碱性溶液中，KMnO$_4$被还原为MnO$_2$。

$$MnO_4^- + 2H_2O + 3e^- \rightleftharpoons MnO_2\downarrow + 4OH^- \quad \varphi^{\ominus}=0.593\ V$$

由于反应产物为棕色的MnO$_2$沉淀，阻碍终点观察，所以很少使用。

在pH值>12的强碱性溶液中用高锰酸钾氧化有机物时，由于在强碱性（大于2 mol/L NaOH）条件下的反应速度比在酸性条件下更快，所以常利用KMnO$_4$在强碱性溶液中与有机物的反应来测定有机物。

$$MnO_4^- + e^- \rightleftharpoons MnO_4^{2-} \quad \varphi^{\ominus}_{MnO_4^-/MnO_4^{2-}}=0.564\ V$$

KMnO$_4$滴定法有如下特点：

a. $KMnO_4$ 氧化能力强，应用广泛，可直接或间接地测定多种无机物和有机物。如可直接滴定许多还原性物质 Fe^{2+}、As（Ⅲ）、Sb（Ⅲ）、W（V）、U（Ⅳ）、H_2O_2、$C_2O_4^{2-}$、NO_2^- 等；返滴定时可测 MnO_2、PbO_2 等物质；也可以通过 MnO_4^- 与 $C_2O_4^{2-}$ 反应间接测定一些非氧化还原物质如 Ca^{2+}、Th^{4+} 等。

b. $KMnO_4$ 溶液呈紫红色，当试液为无色或颜色很浅时，滴定不需要外加指示剂。

c. 由于 $KMnO4$ 氧化能力强，因此方法的选择性欠佳，而且 $KMnO_4$ 与还原性物质的反应历程比较复杂，易发生副反应。

d. $KMnO_4$ 标准溶液不能直接配制，且标准溶液不够稳定，不能久置，需经常标定。

②高锰酸钾标准滴定溶液的制备（执行 GB 601—2002《化学试剂标准滴定溶液的制备》）。市售高锰酸钾试剂常含有少量的 MnO_2 及其他杂质，使用的蒸馏水中也含有少量如尘埃、有机物等还原性物质。这些物质都能使 $KMnO_4$ 还原，因此 $KMnO_4$ 标准滴定溶液不能直接配制，必须先配成近似浓度的溶液，放置一周后滤去沉淀，然后再用基准物质标定。

标定 $KMnO_4$ 溶液的基准物很多，如 $Na_2C_2O_4$、$H_2C_2O_4 \cdot 2H_2O$、$(NH_4)_2Fe$、$(SO_4)_2 \cdot 6H_2O$ 和纯铁丝等。其中常用的是 $Na_2C_2O_4$，这是因为它易提纯且性质稳定，不含结晶水，在 105～110℃ 烘至恒重，即可使用。

MnO_4^- 与 $C_2O_4^{2-}$ 的标定反应在 H_2SO_4 介质中进行，其反应如下：

$$2MnO_4^- + 5C_2O_4^{2-} + 16H^+ \longrightarrow 2Mn^{2+} + 10CO_2\uparrow + 8H_2O$$

此时，$KMnO_4$ 的基本单元为 $1/5\ KMnO_4$，而 $Na_2C_2O_4$ 的基本单元为 $1/2\ Na_2C_2O_4$。

为了使标定反应能定量地较快进行，标定时应注意以下滴定条件：

a. 温度。$Na_2C_2O_4$ 溶液加热至 70～85℃ 再进行滴定。不能使温度超过 90℃，否则 $H_2C_2O_4$ 分解，导致标定结果偏高。

$$H_2C_2O_4 \xrightarrow{\geqslant 90℃} H_2O + CO_2\uparrow + CO\uparrow$$

b. 酸度。溶液应保持足够大的酸度，一般控制酸度为 0.5～1 mol/L。如果酸度不足，易生成 MnO_2 沉淀，酸度过高则又会使 $H_2C_2O_4$ 分解。

c. 滴定速度。MnO_4^- 与 $C_2O_4^{2-}$ 的反应开始时速率很慢，当有 Mn^{2+} 生成之后，反应速率逐渐加快。因此，开始滴定时，应该等第一滴 $KMnO_4$ 溶液褪色后，再加第二滴。此后，因反应生成的 Mn^{2+} 有自动催化作用而加快了反应速率，随之可加快滴定速率，但不能过快，否则加入的 $KMnO_4$ 溶液会因来不及与 $C_2O_4^{2-}$ 反应，就在热的酸性溶液中分解，导致标定结果偏低。

$$4MnO_4^- + 12H^+ = 4Mn^{2+} + 6H_2O + 5O_2\uparrow$$

若滴定前加入少量的 $MnSO_4$ 为催化剂，则在滴定的最初阶段就以较快的速率进行。

d. 滴定终点。用 $KMnO_4$ 溶液滴定至溶液呈淡粉红色且 30 s 内不褪色即为终点。放置时间过长，空气中还原性物质能使 $KMnO_4$ 还原而褪色。

标定好的 $KMnO_4$ 溶液在放置一段时间后，若发现有 $MnO(OH)_2$ 沉淀析出，应重新过滤并标定。标定结果按下式计算：

$$c\left(\frac{1}{5}KMnO_4\right) = \frac{m_{Na_2C_2O_4}}{(V-V_0)\times M\left(\frac{1}{2}Na_2C_2O_4\right)\times 10^{-3}}$$

式中　$m_{Na_2C_2O_4}$——称取 $Na_2C_2O_4$ 的质量，g；

　　　V——滴定时消耗 $KMnO_4$ 标准滴定溶液的体积，mL；

　　　V_0——空白实验时消耗 $KMnO_4$ 标准滴定溶液的体积，mL；

　　　$M\left(\frac{1}{2}Na_2C_2O_4\right)$——以 $\frac{1}{2}Na_2C_2O_4$ 为基本单元的 $Na_2C_2O_4$ 摩尔质量，67.00 g/mol。

2）重铬酸钾法

①方法概述。$K_2Cr_2O_7$ 是一种常用的氧化剂，它具有较强的氧化性，在酸性介质中 $Cr_2O_7^{2-}$ 被还原为 Cr^{3+}，其电极反应如下：

$$Cr_2O_7^{2-} + 14H^+ + 6e \longrightarrow 2Cr^{3+} + 7H_2O \qquad \varphi_{Cr_2O_7^{2-}/Cr^{3+}}^{\ominus} = 1.33\ V$$

$K_2Cr_2O_7$ 的基本单元为 $\frac{1}{6}K_2Cr_2O_7$。

重铬酸钾的氧化能力不如高锰酸钾强，因此重铬酸钾可以测定的物质不如高锰酸钾广泛，但与高锰酸钾法相比，它有自己的优点。

a. $K_2Cr_2O_7$ 易提纯，可以制成基准物质，在 140～150℃干燥 2 h 后，可直接称量，配制标准溶液。$K_2Cr_2O_7$ 标准溶液相当稳定，保存在密闭容器中，浓度可长期保持不变。

b. 室温下，当 HCl 溶液浓度低于 3 mol/L 时，$Cr_2O_7^{2-}$ 不会诱导氧化 Cl^-，因此 $K_2Cr_2O_7$ 法可在盐酸介质中进行滴定。$Cr_2O_7^{2-}$ 的滴定还原产物是 Cr^{3+}，呈绿色，滴定时须用指示剂指示滴定终点。常用的指示剂为二苯胺磺酸钠。

②$K_2Cr_2O_7$ 标准滴定溶液的制备

a. 直接配制法。$K_2Cr_2O_7$ 标准滴定溶液可用直接法配制，但在配制前应将 $K_2Cr_2O_7$ 基准试剂在 $105\sim110℃$ 温度下烘至恒重。

b. 间接配制法（执行 GB 601—2002《化学试剂标准滴定溶液的制备》）。若使用分析纯 $K_2Cr_2O_7$ 试剂配制标准溶液，则需进行标定。标定原理：移取一定体积的 $K_2Cr_2O_7$ 溶液，加入过量的 KI 和 H_2SO_4，用已知浓度的 $Na_2S_2O_3$ 标准滴定溶液进行滴定，以淀粉指示液指示滴定终点，其反应式为：

$$Cr_2O_7^{2-} + 6I^- + 14H^+ \longrightarrow 2Cr^{3+} + 3I_2 + 7H_2O$$

$$I_2 + 2S_2O_3^{2-} \longrightarrow S_4O_6^{2-} + 2I^-$$

$K_2Cr_2O_7$ 标准溶液的浓度按下式计算：

$$c\left(\frac{1}{6}K_2Cr_2O_7\right) = \frac{(V_1 - V_2) \cdot c(Na_2S_2O_3)}{V}$$

式中 $c\left(\frac{1}{6}K_2Cr_2O_7\right)$ ——重铬酸钾标准溶液的浓度，mol/L；

$c(Na_2S_2O_3)$ ——硫代硫酸钠标准滴定溶液的浓度，mol/L；

V_1 ——滴定时消耗硫代硫酸钠标准滴定溶液的体积，mL；

V_2 ——空白实验消耗硫代硫酸钠标准滴定溶液的体积，mL；

V ——重铬酸钾标准溶液的体积，mL。

3）碘量法

①方法概述。碘量法是利用 I_2 的氧化性和 I^- 的还原性来进行滴定的方法，其基本反应是：

$$I_2 + 2e^- \longrightarrow 2I^-$$

固体 I_2 在水中溶解度很小（298 K 时为 1.18×10^{-3} mol/L）且易于挥发，通常将 I_2 溶解于 KI 溶液中，此时它以 I_3^- 配离子形式存在，其半反应为：

$$I_3^- + 2e^- \longrightarrow 3I^- \qquad \varphi_{I_3^-/I^-}^{\ominus} = 0.545 \text{ V}$$

从 $\varphi^{\ominus}$ 值可以看出，I_2 是较弱的氧化剂，能与较强的还原剂作用；I^- 是中等强度的还原剂，能与许多氧化剂作用，因此碘量法可以用直接或间接的两种方式进行。

碘量法既可测定氧化剂，又可测定还原剂。I_3^-/I^- 电对反应的可逆性好，副反应少，又有很灵敏的淀粉指示剂指示终点，因此碘量法的应用范围很广。

a. 直接碘量法。用 I_2 配成的标准滴定溶液可以直接测定电位值比 $\varphi_{I_3^-/I^-}^{\ominus}$ 小的还原性物质，如 S^{2-}、SO_3^{2-}、Sn^{2+}、$S_2O_3^{2-}$、As（Ⅲ）、维生素 C 等，这种碘量法称为直接碘量法，又叫碘滴定法。直接碘量法不能在碱性溶液中进行滴定，因为碘与碱发生歧化反应。

$$I_2 + 2OH^- \longrightarrow IO^- + I^- + H_2O$$

$$3IO^- \longrightarrow IO_3^- + 2I^-$$

b. 间接碘量法。电位值比 $\varphi_{I_3/I^-}^{\ominus}$ 高的氧化性物质，可在一定的条件下，用 I^- 还原，然后用 $Na_2S_2O_3$ 标准溶液滴定释放出的 I_2，这种方法称为间接碘量法，又称滴定碘法。间接碘量法的基本反应为：

$$2I^- + 2e^- \longrightarrow I_2$$

$$I_2 + 2S_2O_3^{2-} \longrightarrow S_4O_6^{2-} + 2I^-$$

利用这一方法可以测定很多氧化性物质，如 Cu^{2+}、$Cr_2O_7^{2-}$、IO_3^-、BrO_3^-、AsO_4^{3-}、ClO^-、NO_2^-、H_2O_2、MnO_4^- 和 Fe^{3+} 等。

间接碘量法多在中性或弱酸性溶液中进行，因为在碱性溶液中 I_2 与 $S_2O_3^{2-}$ 将发生如下反应：

$$S_2O_3^{2-} + 4I_2 + 10OH^- \longrightarrow SO_4^{2-} + 8I^- + 5H_2O$$

同时，I_2 在碱性溶液中还会发生歧化反应：

$$3I_2 + 6OH^- \longrightarrow IO_3^- + 5I^- + 3H_2O$$

在强酸性溶液中，$Na_2S_2O_3$ 溶液会发生分解反应：

$$S_2O_3^{2-} + 2H^+ \longrightarrow SO_2 + S\downarrow + H_2O$$

同时，I^- 在酸性溶液中易被空气中的 O_2 氧化。

$$4I^- + 4H^+ + O_2 \longrightarrow 2I_2 + 2H_2O$$

c. 碘量法的终点指示——淀粉指示剂法。I_2 与淀粉呈现蓝色，其显色灵敏度除与 I_2 的浓度有关以外，还与淀粉的性质、加入的时间、温度及反应介质等条件有关。因此在使用淀粉指示液指示终点时要注意以下几点：

（a）所用的淀粉必须是可溶性淀粉。

（b）I_3^- 与淀粉的蓝色在热溶液中会消失，因此，不能在热溶液中进行滴定。

（c）要注意反应介质的条件，淀粉在弱酸性溶液中灵敏度很高，显蓝色；当 pH 值<2 时，淀粉会水解成糊精，与 I_2 作用显红色；若 pH 值>9 时，I_2 转变为 IO^- 离子与淀粉不显色。

（d）直接碘量法用淀粉指示液指示终点时，应在滴定开始时加入。终点时，溶液由无色突变为蓝色。间接碘量法用淀粉指示液指示终点时，应等滴至 I_2 的黄色很浅时再加入淀粉指示液。若过早加入淀粉，它与 I_2 形成的蓝色配合物会吸留部分 I_2，往往易使终点提前且不明显。终点时，溶液由蓝色转无色。

（e）淀粉指示液的用量一般为 $2\sim 5$ mL（5 g/L 淀粉指示液）。

d. 碘量法的误差来源和防止措施。碘量法的误差来源于两个方面：一是 I_2 易挥发；二是在酸性溶液中 I^- 易被空气中的 O_2 氧化。为了防止 I_2 挥发和空气中 O_2 氧化 I^-，测定时要加入过量的 KI，使 I_2 生成 I_3^- 离子，并使用碘瓶，滴定时不要剧烈摇动，以减少 I_2 的挥发。由于 I^- 被空气氧化的反应，随光照及酸度增高而加快，因此在反应时，应将碘瓶置于暗处；滴定前调节好酸度，析出 I_2 后立即进行滴定。此外，Cu^{2+}、NO_2^- 等离子会催化空气对 I^- 的氧化，应设法消除干扰。

②碘量法标准滴定溶液的制备。碘量法中需要配制和标定 I_2 和 $Na_2S_2O_3$ 两种标准滴定溶液。

a. $Na_2S_2O_3$ 标准滴定溶液的制备（执行 GB 601—2002《化学试剂标准滴定溶液的制备》）。市售硫代硫酸钠（$Na_2S_2O_3 \cdot 5H_2O$）一般都含有少量杂质，因此配制 $Na_2S_2O_3$ 标准滴定溶液不能用直接法，只能用间接法。配制好的 $Na_2S_2O_3$ 溶液在空气中不稳定，容易分解，这是由于在水中的微生物、CO_2、空气中 O_2 作用下，发生下列反应：

$$Na_2S_2O_3 \xrightarrow{\text{微生物}} Na_2SO_3 + S\downarrow$$

$$Na_2S_2O_3 + CO_2 + H_2O \longrightarrow NaHSO_4 + NaHCO_3 + S\downarrow$$

$$Na_2S_2O_3 + O_2 \longrightarrow 2Na_2SO_4 + 2S\downarrow$$

此外，水中微量的 Cu^{2+} 或 Fe^{3+} 等也能促进 $Na_2S_2O_3$ 溶液分解。因此配制 $Na_2S_2O_3$ 溶液时，应当用新煮沸并冷却的蒸馏水，并加入少量 Na_2CO_3，使溶液呈弱碱性，以抑制细菌生长。配制好的 $Na_2S_2O_3$ 溶液应储存于棕色瓶中，于暗处放置 2 周后，滤去沉淀，然后再标定。标定后的 $Na_2S_2O_3$ 溶液在储存过程中如发现溶液变混浊，应重新标定或弃去重配。

标定 $Na_2S_2O_3$ 溶液的基准物质有 $K_2Cr_2O_7$、KIO_3、$KBrO_3$ 及升华 I_2 等。除 I_2 外，其他物质都需在酸性溶液中与 KI 作用析出 I_2 后，再用配制的 $Na_2S_2O_3$ 溶液滴定。以 $K_2Cr_2O_7$ 作基准物为例，则 $K_2Cr_2O_7$ 在酸性溶液中与 I^- 发生如下反应：

$$Cr_2O_7^{2-} + 6I^- + 14H^+ \longrightarrow 2Cr^{3+} + 3I_2 + 7H_2O$$

反应析出的 I_2 以淀粉为指示剂，用待标定的 $Na_2S_2O_3$ 溶液滴定。

$$I_2 + 2S_2O_3^{2-} \longrightarrow 2I^- + S_4O_6^{2-}$$

用 $K_2Cr_2O_7$ 标定 $Na_2S_2O_3$ 溶液时应注意：$Cr_2O_7^{2-}$ 与 I^- 反应较慢，为加速反应，须加入过量的 KI 并提高酸度，不过酸度过高会加速空气氧化 I^-。因此，一般应控制酸度为 $0.2\sim0.4$ mol/L，并在暗处放置 10 min，以保证反应完全。

根据称取 $K_2Cr_2O_7$ 的质量和滴定时消耗 $Na_2S_2O_3$ 标准溶液的体积，可计算出

$Na_2S_2O_3$ 标准溶液的浓度。计算公式如下：

$$c(Na_2S_2O_3) = \frac{m_{K_2Cr_2O_7} \times 1\,000}{(V-V_0) \times M(1/6K_2Cr_2O_7)}$$

式中　$m_{K_2Cr_2O_7}$——$K_2Cr_2O_7$ 的质量，g；

V——滴定时消耗 $Na_2S_2O_3$ 标准溶液的体积，mL；

V_0——空白实验消耗 $Na_2S_2O_3$ 标准溶液的体积，mL；

$M\left(\dfrac{1}{6}K_2Cr_2O_7\right)$——以 $\left(\dfrac{1}{6}K_2Cr_2O_7\right)$ 为基本单元的 $K_2Cr_2O_7$ 摩尔质量，49.03 g/mol。

b. I_2 标准滴定溶液的制备［执行《化学试剂标准滴定溶液的制备》（GB 601—2002）］。

（a）I_2 标准滴定溶液配制。用升华法制得的纯碘，可直接配制成标准溶液。但通常是用市售的碘先配成近似浓度的碘溶液，然后用基准试剂或已知准确浓度的 $Na_2S_2O_3$ 标准溶液来标定碘溶液的准确浓度。由于 I_2 难溶于水，易溶于 KI 溶液，故配制时应将 I_2、KI 与少量水一起研磨后再用水稀释，并保存在棕色试剂瓶中待标定。

（b）I_2 标准滴定溶液的标定。I_2 溶液可用 As_2O_3 基准物标定。As_2O_3 难溶于水，多用 NaOH 溶解，使之生成亚砷酸钠，再用 I_2 溶液滴定 AsO_3^{3-}。

$$As_2O_3 + 6NaOH \longrightarrow 2Na_3AsO_3 + 3H_2O$$
$$AsO_3^{3-} + I_2 + H_2O \longrightarrow AsO_4^{3-} + 2I^- + 2H^+$$

此反应为可逆反应，为使反应快速定量地向右进行，可加 $NaHCO_3$，以保持溶液 pH 值≈8。

根据称取的 As_2O_3 质量和滴定时消耗 I_2 溶液的体积，可计算出 I_2 标准溶液的浓度。计算公式如下：

$$c\left(\frac{1}{2}I_2\right) = \frac{m_{As_2O_3} \times 1\,000}{(V-V_0) \times M\left(\frac{1}{4}As_2O_3\right)}$$

式中　$m_{As_2O_3}$——称取 As_2O_3 的质量，g；

V——滴定时消耗 I_2 溶液的体积，mL；

V_0——空白实验消耗 I_2 溶液的体积，mL；

$M\left(\dfrac{1}{4}As_2O_3\right)$——以 $\dfrac{1}{4}As_2O_3$ 为基本单元的 As_2O_3 摩尔质量，g/mol。

由于 As_2O_3 为剧毒物，一般常用已知浓度的 $Na_2S_2O_3$ 标准滴定溶液标定 I_2 溶液。

5. 沉淀滴定法

（1）沉淀滴定法概述

沉淀滴定法是以沉淀反应为基础的一种滴定分析方法。虽然沉淀反应很多，但不是所有的沉淀反应都可用于沉淀滴定分析，因为很多沉淀的组成不恒定，易形成过饱和溶液，共沉淀等副反应比较严重。用于滴定分析的沉淀反应必须符合下列几个条件：

1）沉淀反应必须迅速，并按一定的化学计量关系进行。

2）生成的沉淀应具有恒定的组成，而且溶解度很小。

3）能够有适当的指示剂或其他方法确定滴定终点。

4）沉淀的吸附现象不影响滴定终点的确定。

由于上述条件的限制，能用于沉淀滴定法的反应并不多，目前有实用价值的主要是形成难溶性银盐的反应，例如：

$$Ag^+ + Cl^- = AgCl\downarrow（白色）$$
$$Ag^+ + SCN^- = AgSCN\downarrow（白色）$$

这种利用生成难溶银盐反应进行沉淀滴定的方法称为银量法。银量法主要用于测定 Cl^-、Br^-、I^-、Ag^+、CN^-、SCN^- 等离子及含卤素的有机化合物。

除银量法外，沉淀滴定法中还有利用其他沉淀反应的方法。例如 $K_4[Fe(CN)_6]$ 与 Zn^{2+}、四苯硼酸钠与 K^+ 形成沉淀的反应，都可用于沉淀滴定法。

$$2K_4[Fe(CN)_6] + 3Zn^{2+} = K_2Zn_3[Fe(CN)_6]_2\downarrow + 6K^+$$
$$NaB(C_6H_5)_4 + K^+ = KB(C_6H_5)_4\downarrow + Na^+$$

本节主要讨论银量法。根据滴定方式的不同，银量法可分为直接法和间接法。直接法是用 $AgNO_3$ 标准溶液直接滴定待测组分的方法；间接法是先在待测试液中加入一定量的 $AgNO_3$ 标准溶液，再用 NH_4SCN 标准溶液来滴定剩余的 $AgNO_3$ 溶液的方法。

（2）沉淀滴定法的应用

根据确定滴定终点所采用的指示剂不同或按创立者的名字命名，银量法分为莫尔法、佛尔哈德法和法扬司法。

1）莫尔法——铬酸钾作指示剂法

莫尔法是以 K_2CrO_4 为指示剂，在中性或弱碱性介质中用 $AgNO_3$ 标准溶液测定卤素混合物含量的方法。在银量法中有两类指示剂，一类是稍过量的滴定剂与指示剂形成带色的化合物而显示终点；另一类是利用指示剂被沉淀吸附的性质在化学计量时的改变以指示滴定终点。

①指示剂的作用原理。以测定 Cl^- 为例，K_2CrO_4 作指示剂，用 $AgNO_3$ 标准溶液滴定，其反应为：

$$Ag^+ + Cl^- = AgCl\downarrow（白色）$$

$$2Ag^+ + CrO_4^{2-} = Ag_2CrO_4\downarrow（砖红色）$$

这个方法的依据是多级沉淀原理。由于 AgCl 的溶解度比 Ag_2CrO_4 的溶解度小，因此在用 $AgNO_3$ 标准溶液滴定时，AgCl 先析出沉淀。当滴定剂 Ag^+ 与 Cl^- 达到化学计量点时，微过量的 Ag^+ 与 CrO_4^{2-} 反应析出砖红色的 Ag_2CrO_4 沉淀，指示滴定终点的到达。

②滴定条件

a. 指示剂的用量。用 $AgNO_3$ 标准溶液滴定 Cl^- 时，指示剂 K_2CrO_4 的用量对终点的指示有较大的影响。CrO_4^{2-} 浓度过高或过低，Ag_2CrO_4 沉淀的析出就会过早或过迟，产生一定的终点误差。因此要求 Ag_2CrO_4 沉淀应该恰好在滴定反应的化学计量点时出现。化学计量点时 $[Ag^+]$ 为：

$$[Ag^+] = [Cl^-] = \sqrt{K_{sp,\,AgCl}} = \sqrt{3.2\times10^{-10}}\ mol/L = 1.8\times10^{-5}\ mol/L$$

若此时恰有 Ag_2CrO_4 沉淀，则：

$$[CrO_4^{2-}] = \frac{K_{sp,\,Ag_2CrO_4}}{[Ag^+]^2} = 5.0\times10^{-12}/(1.8\times10^{-5})^2\ mol/L = 1.5\times10^{-2}\ mol/L$$

在滴定时，由于 K_2CrO_4 显黄色，当其浓度较高时颜色较深，不易判断砖红色的出现。为了能观察到明显的终点，指示剂的浓度以略低一些为好。实验证明，滴定溶液中 $c（K_2CrO_4）$ 为 5×10^{-3} mol/L 是确定滴定终点的适宜浓度。

显然，K_2CrO_4 浓度降低后，要使 Ag_2CrO_4 析出沉淀，必须多加 $AgNO_3$ 标准溶液，这时滴定剂就过量了，终点将在化学计量点后出现。但由于产生的终点误差一般都小于 0.1%，不会影响分析结果的准确度。如果溶液较稀，如用 0.010 00 mol/L $AgNO_3$ 标准溶液滴定 0.010 00 mol/L Cl^- 溶液，滴定误差可达 0.6%，影响分析结果的准确度，应做指示剂空白实验进行校正。

b. 滴定时的酸度。在酸性溶液中，CrO_4^{2-} 有如下反应：

$$2CrO_4^{2-} + 2H^+ \longrightarrow 2HCrO_4^- \longrightarrow Cr_2O_7^{2-} + H_2O$$

因而降低了 CrO_4^{2-} 的浓度，使 Ag_2CrO_4 沉淀出现过迟，甚至不会沉淀。

在强碱性溶液中，会有棕黑色 Ag_2O 沉淀析出：

$$2Ag^+ + 2OH^- \longrightarrow Ag_2O\downarrow + H_2O$$

因此，莫尔法只能在中性或弱碱性（pH 值=6.5~10.5）溶液中进行。若溶液酸性太强，可用 $Na_2B_4O_7\cdot10H_2O$ 或 $NaHCO_3$ 中和；若溶液碱性太强，可用稀

HNO_3 溶液中和；而在有 NH_4^+ 存在时，滴定的 pH 值范围应控制在 6.5～7.2。

③应用范围。莫尔法主要用于测定 Cl^-、Br^- 和 Ag^+，如氯化物、溴化物纯度测定以及天然水中氯含量的测定。当试样中 Cl^- 和 Br^- 共存时，测得的结果是它们的总量。若测定 Ag^+，应采用返滴定法，即向 Ag^+ 的试液中加入过量的 NaCl 标准溶液，然后再用 $AgNO_3$ 标准溶液滴定剩余的 Cl^-。因为若直接滴定，先生成的 Ag_2CrO_4 转化为 AgCl 的速度缓慢，滴定终点难以确定。莫尔法不宜测定 I^- 和 SCN^-，因为滴定生成的 AgI 和 AgSCN 沉淀表面会强烈吸附 I^- 和 SCN^-，使滴定终点过早出现，造成较大的滴定误差。

莫尔法的选择性较差，凡能与 CrO_4^{2-} 或 Ag^+ 生成沉淀的阳、阴离子均会干扰滴定。前者有 Ba^{2+}、Pb^{2+}、Hg^{2+} 等，后者有 SO_3^{2-}、PO_4^{3-}、AsO_4^{3-}、S^{2-}、$C_2O_4^{2-}$ 等。

2）佛尔哈德法——铁铵矾作指示剂

佛尔哈德法是在酸性介质中，以铁铵矾 $[NH_4Fe(SO_4)_2 \cdot 12H_2O]$ 作指示剂来确定滴定终点的一种银量法。根据滴定方式的不同，佛尔哈德法分为直接滴定法和返滴定法两种。

①直接滴定法测定 Ag^+。在含有 Ag^+ 的 HNO_3 介质中，以铁铵矾作指示剂，用 NH_4SCN 标准溶液直接滴定，当滴定到化学计量点时，微过量的 SCN^- 与 Fe^{3+} 结合生成红色的 $[FeSCN]^{2+}$ 即为滴定终点。其反应如下：

$$Ag^+ + SCN^- = AgSCN\downarrow（白色）\qquad K_{sp,\,AgSCN} = 2.0 \times 10^{-12}$$

$$Fe^{3+} + SCN^- = [FeSCN]^{2+}（红色）\qquad K = 200$$

由于指示剂中的 Fe^{3+} 在中性或碱性溶液中将形成 $Fe(OH)^{2+}$、$Fe(OH)_2^+$ 等深色配合物；碱度再大，还会产生 $Fe(OH)_3$ 沉淀。因此滴定应在酸性（0.3～1 mol/L）溶液中进行。

用 NH_4SCN 溶液滴定 Ag^+ 溶液时，生成的 AgSCN 沉淀能吸附溶液中的 Ag^+，使 Ag^+ 浓度降低，以致红色的出现略早于化学计量点。因此在滴定过程中需剧烈摇动，使被吸附的 Ag^+ 释放出来。此法的优点在于可用来直接测定 Ag^+，并可在酸性溶液中进行滴定。

②返滴定法测定卤素离子。佛尔哈德法测定卤素离子（如 Cl^-、Br^-、I^- 和 SCN^-）时应采用返滴定法，即在酸性（HNO_3 介质）待测溶液中，先加入已知过量的 $AgNO_3$ 标准溶液，再用铁铵矾作指示剂，用 NH_4SCN 标准溶液回滴剩余的 Ag^+（HNO_3 介质）。反应如下：

$$Ag^+ + Cl^- = AgCl\downarrow（白色）$$
（过量）
$$Ag^+ + SCN^- = AgSCN\downarrow（白色）$$
（剩余量）

终点指示反应：

$$Fe^{3+} + SCN^- = [FeSCN]^{2+}（红色）$$

用佛尔哈德法测定 Cl^-，滴定到临近终点时，摇动后形成的红色会褪去，这是因为 AgSCN 的溶解度小于 AgCl 的溶解度，加入的 NH_4SCN 将与 AgCl 发生沉淀转化反应。

$$AgCl + SCN^- = AgSCN + Cl^-$$

沉淀的转化速率较慢，滴加 NH_4SCN 形成的红色随着溶液的摇动而消失。这种转化作用将持续进行到 Cl^- 与 SCN^- 浓度之间建立起一定的平衡关系，才会出现持久的红色，无疑滴定多消耗了 NH_4SCN 标准滴定溶液。为了避免上述现象的发生，通常采用以下措施：

a. 试液中加入一定量的 $AgNO_3$ 标准溶液之后，将溶液煮沸，使 AgCl 沉淀凝聚，以减少 AgCl 沉定对 Ag^+ 的吸附。滤去沉淀，并用稀 HNO_3 充分洗涤沉淀，然后用 NH_4SCN 标准滴定溶液回滴滤液中的过量 Ag^+。

b. 在滴入 NH_4SCN 标准溶液之前，加入有机溶剂硝基苯或邻苯二甲酸二丁酯或 1，2—二氯乙烷。用力摇动后，有机溶剂将 AgCl 沉淀包住，使 AgCl 沉淀与外部溶液隔离，阻止 AgCl 沉淀与 NH_4SCN 发生转化反应。此法简便，但硝基苯有毒。

c. 提高 Fe^{3+} 的浓度以减小终点时 SCN^- 的浓度，从而减小上述误差。实验证明，一般溶液中 $c(Fe^{3+}) = 0.2$ mol/L 时，终点误差将小于 0.1%。

佛尔哈德法在测定 Br^-、I^- 和 SCN^- 时，滴定终点十分明显，不会发生沉淀转化，因此不必采取上述措施。但是在测定碘化物时，必须加入过量 $AgNO_3$ 溶液然后再加入铁铵矾指示剂，以避免 I^- 对 Fe^{3+} 的还原作用而造成误差。强氧化剂和氮的氧化物以及铜盐、汞盐都会与 SCN^- 作用，从而干扰测定，必须预先除去。

3）法扬司法——吸附指示剂法

法扬司法是以吸附指示剂确定滴定终点的一种银量法。

①吸附指示剂的作用原理。吸附指示剂是一类有色染料，它的阴离子在溶液中易被带正电荷的胶状沉淀吸附，吸附后使分子结构发生改变，从而引起颜色的变化，指示滴定终点的到达。

现以 $AgNO_3$ 标准溶液滴定 Cl^- 为例，说明指示剂荧光黄的作用原理。荧光黄是一种有机弱酸，用 HFI 表示，在水溶液中可离解为荧光黄阴离子 FI⁻，呈黄绿色。

$$HFI \longrightarrow FI^- + H^+$$

在化学计量点前，生成的 AgCl 沉淀在过量的 Cl⁻ 溶液中，AgCl 沉淀吸附 Cl⁻ 而带负电荷，形成的（AgCl）·Cl⁻ 不吸附指示剂阴离子 FI⁻，溶液呈黄绿色。达到化学计量点时，微过量的 AgNO₃ 可使 AgCl 沉淀吸附 Ag⁺ 形成（AgCl）·Ag⁺ 而带正电荷，此带正电荷的（AgCl）·Ag⁺ 吸附荧光黄阴离子 FI⁻，结构发生变化呈现粉红色，使整个溶液由黄绿色变成粉红色，指示终点的到达。

$$(AgCl) \cdot Ag^+ + FI^- \xrightarrow{吸附} (AgCl) \cdot Ag \cdot FI$$

（黄绿色）　　　　　　　（粉红色）

②使用吸附指示剂的注意事项。为了使终点变色敏锐，应用吸附指示剂时需要注意以下几点：

a. 保持沉淀呈胶体状态。由于吸附指示剂的颜色变化发生在沉淀微粒表面上，因此，应尽可能使卤化银沉淀呈胶体状态，具有较大的表面积。为此，在滴定前应将溶液稀释，并加糊精或淀粉等高分子化合物作为保护剂，以防止卤化银沉淀凝聚。

b. 控制溶液酸度。常用的吸附指示剂大都是有机弱酸，而起指示剂作用的是它们的阴离子。酸度大时，H⁺ 与指示剂阴离子结合成不被吸附的指示剂分子，无法指示终点。酸度的大小与指示剂的离解常数有关，离解常数越大，酸度越大。例如：荧光黄其 $pK_a \approx 7$，适用于 pH 值＝7～10 的条件下进行滴定；若 pH 值＜7 荧光黄主要以 HFI 形式存在，不被吸附。

c. 避免强光照射。卤化银沉淀对光敏感，易分解析出银使沉淀变为灰黑色，影响滴定终点的观察，因此在滴定过程中应避免强光照射。

d. 吸附指示剂的选择。沉淀胶体微粒对指示剂离子的吸附能力，应略小于对待测离子的吸附能力，否则指示剂将在化学计量点前变色。但不能太小，否则终点出现过迟。卤化银对卤化物和几种吸附指示剂的吸附能力的次序如下：

I⁻＞SCN⁻＞Br⁻＞曙红＞Cl⁻＞荧光黄

因此，滴定 Cl⁻ 不能选曙红，而应选荧光黄。表 4—21 中列出了几种常用的吸附指示剂及其应用。

③应用范围。法扬司法可用于测定 Cl⁻、Br⁻、I⁻、SCN⁻ 及生物碱盐类（如盐酸麻黄碱）等。测定 Cl⁻ 常用荧光黄或二氯荧光黄作指示剂，而测定 Br⁻、I⁻ 和 SCN⁻ 常用曙红作指示剂。此法终点明显，方法简便，但反应条件要求较严，应注

意溶液的酸度、浓度及胶体的保护等。

表 4—21　　　　　　　　常用吸附指示剂

指示剂	被测离子	滴定剂	滴定条件	终点颜色变化
荧光黄	Cl^-、Br^-、I^-	$AgNO_3$	pH 值＝7～10	黄绿→粉红
二氯荧光黄	Cl^-、Br^-、I^-	$AgNO_3$	pH 值＝4～10	黄绿→红
曙红	Br^-、SCN^-、I^-	$AgNO_3$	pH 值＝2～10	橙黄→红紫
溴酚蓝	生物碱盐类	$AgNO_3$	弱酸性	黄绿→灰紫
甲基紫	Ag^+	NaCl	酸性溶液	黄红→红紫

三、重量分析法

1. 概述

（1）重量分析法的分类与特点

重量分析法是用适当的方法先将试样中待测组分与其他组分分离，然后用称量的方法测定该组分的含量。根据分离方法的不同，重量分析法常分为三类。

1）沉淀法。沉淀法是重量分析法中的主要方法，这种方法是利用试剂与待测组分生成溶解度很小的沉淀，经过滤、洗涤、烘干或灼烧成为组成一定的物质，然后称其质量，再计算待测组分的含量。例如，测定试样中 SO_4^{2-} 含量时，在试液中加入过量 $BaCl_2$ 溶液，使 SO_4^{2-} 完全生成难溶的 $BaSO_4$ 沉淀，经过滤、洗涤、烘干、灼烧后，称量 $BaSO_4$ 的质量，再计算试样中的 SO_4^{2-} 的含量。

2）汽化法。利用物质的挥发性质，通过加热或其他方法使试样中的待测组分挥发逸出，然后根据试样质量的减少，计算该组分的含量；或者用吸收剂吸收逸出的组分，根据吸收剂质量的增加计算该组分的含量。例如，测定氯化钡晶体（$BaCl_2·2H_2O$）中结晶水的含量，可将一定质量的氯化钡试样加热，使水分逸出，根据氯化钡质量的减轻称出试样中水分的含量。也可以用吸湿剂（高氯酸镁）吸收逸出的水分，根据吸湿剂质量的增加来计算水分的含量。

3）电解法。利用电解的方法使待测金属离子在电极上还原析出，然后称量，根据电极增加的质量，求得其含量。

重量分析法是经典的化学分析法，它通过直接称量得到分析结果，不需要从容量器皿中引入许多数据，也不需要标准试样或基准物质作比较。对高含量组分的测定，重量分析比较准确，一般测定的相对误差不大于 0.1％。对高含量的硅、磷、钨、镍、稀土元素等试样的精确分析，至今仍常使用重量分析方法。但重量分析法的不足之处是操作较烦琐，耗时多，不适于生产中的控制分析；对低含量组分的测定误差较大。

（2）沉淀重量法对沉淀形和称量形的要求

利用沉淀重量法进行分析时，首先将试样分解为试液，然后加入适当的沉淀剂使其与被测组分发生沉淀反应，并以"沉淀形"沉淀出来。沉淀经过过滤、洗涤，在适当的温度下烘干或灼烧，转化为"称量形"，再进行称量。根据称量形的化学式计算被测组分在试样中的含量。沉淀形和称量形可能相同，也可能不同。例如：

$$Ba^{2+} \xrightarrow{沉淀} BaSO_4 \xrightarrow{灼烧} BaSO_4$$
被测组分　　　沉淀形　　　称量形

$$Fe^{3+} \xrightarrow{沉淀} Fe(OH)_3 \xrightarrow{灼烧} Fe_2O_3$$
被测组分　　　沉淀形　　　称量形

在重量分析法中，为获得准确的分析结果，沉淀形和称量形必须满足以下要求：

1）对沉淀形的要求

①沉淀要完全，沉淀的溶解度要小，要求测定过程中沉淀的溶解损失不应超过分析天平的称量误差。一般要求溶解损失应小于 0.1 mg。例如，测定 Ca^{2+} 时，以形成 $CaSO_4$ 和 CaC_2O_4 两种沉淀形式作比较，$CaSO_4$ 的溶解度较大（$K_{sp}=2.45\times10^{-5}$），CaC_2O_4 的溶解度小（$K_{sp}=1.78\times10^{-9}$）。显然，用 $(NH_4)_2C_2O_4$ 作沉淀剂比用硫酸作沉淀剂沉淀得更完全。

②沉淀必须纯净，并易于过滤和洗涤。沉淀纯净是获得准确分析结果的重要因素之一。颗粒较大的晶体沉淀（如 $MgNH_4PO_4\cdot6H_2O$）其表面积较小，吸附杂质的机会较少，因此沉淀较纯净，易于过滤和洗涤。颗粒细小的晶形沉淀（如 CaC_2O_4、$BaSO_4$），由于某种原因其比表面积大，吸附杂质多，洗涤次数也相应增多。非晶形沉淀［如 $Al(OH)_3$、$Fe(OH)_3$］体积庞大疏松、吸附杂质较多，过滤费时且不易洗净。对于这类沉淀，必须选择适当的沉淀条件以满足对沉淀形式的要求。

③沉淀形应易于转化为称量形。沉淀经烘干、灼烧时，应易于转化为称量形式。例如 Al^{3+} 的测定，若沉淀为 8－羟基喹啉铝［$Al(C_9H_6NO)_3$］，在 130℃烘干后即可称量；而沉淀为 $Al(OH)_3$，则必须在 1 200℃灼烧才能转变为无吸湿性的 Al_2O_3，方可称量。因此，测定 Al^{3+} 时选用前法比后法好。

2）对称量形的要求

①称量形的组成必须与化学式相符，这是定量计算的基本依据。例如测定

PO_4^{3-}，可以形成磷钼酸铵沉淀，但组成不固定，无法利用它作为测定 PO_4^{3-} 的称量形。若采用磷钼酸喹啉法测定 PO_4^{3-}，则可得到组成与化学式相符的称量形。

②称量形要有足够的稳定性，不易吸收空气中的 CO_2、H_2O。例如测定 Ca^{2+} 时，若将 Ca^{2+} 沉淀为 $CaC_2O_4 \cdot H_2O$，灼烧后得到 CaO，易吸收空气中 H_2O 和 CO_2。因此，CaO 不宜作为称量形式。

③称量形的摩尔质量尽可能大，这样可增大称量形的质量，以减小称量误差。例如在铝的测定中，分别用 Al_2O_3 和 8—羟基喹啉铝 $[Al(C_9H_6NO)_3]$ 两种称量形进行测定，若被测组分 Al 的质量为 0.100 0 g，则可分别得到 0.188 8 g Al_2O_3 和 1.704 0 g $Al(C_9H_6NO)_3$。两种称量形由称量误差所引起的相对误差分别为 $\pm 1\%$ 和 $\pm 0.1\%$。显然，以 $Al(C_9H_6NO)_3$ 作为称量形比用 Al_2O_3 作为称量形测定 Al 的准确度高。

（3）沉淀剂的选用

根据上述对沉淀形和称量形的要求，选择沉淀剂时应考虑如下几点：

1）选用具有较好选择性的沉淀剂。所选的沉淀剂只能和待测组分生成沉淀，而与试液中的其他组分不起作用。例如，丁二酮肟和 H_2S 都可以沉淀 Ni^{2+}，但在测定 Ni^{2+} 时常选用前者。又如沉淀锆离子时，选用在盐酸溶液中与锆有特效反应的苦杏仁酸作沉淀剂，这时即使有钛、铁、钡、铝、铬等十几种离子存在，也不发生干扰。

2）选用能与待测离子生成溶解度最小的沉淀的沉淀剂。所选的沉淀剂应能使待测组分沉淀完全。例如，生成难溶的钡的化合物有 $BaCO_3$、$BaCrO_4$、BaC_2O_4 和 $BaSO_4$。根据其溶解度可知，$BaSO_4$ 溶解度最小。因此以 $BaSO_4$ 的形式沉淀 Ba^{2+} 比生成其他难溶化合物好。

3）尽可能选用易挥发或经灼烧易除去的沉淀剂。这样沉淀中带有的沉淀剂即便未洗净，也可以借烘干或灼烧而除去。一些铵盐和有机沉淀剂都能满足这项要求。例如，在沉淀 Fe^{3+} 时，选用氨水而不用 NaOH 作沉淀剂。

4）选用溶解度较大的沉淀剂。用此类沉淀剂可以减少沉淀对沉淀剂的吸附作用。例如，利用生成难溶钡化合物沉淀 SO_4^{2-} 时，应选 $BaCl_2$ 作沉淀剂，而不用 $Ba(NO_3)_2$。因为 $Ba(NO_3)_2$ 的溶解度比 $BaCl_2$ 小，$BaSO_4$ 吸附 $Ba(NO_3)_2$ 比吸附 $BaCl_2$ 严重。

2. 影响沉淀溶解度的因素

影响沉淀溶解度的因素很多，如同离子效应、盐效应、酸效应、配位效应等。此外，温度、介质、沉淀结构和颗粒大小等对沉淀的溶解度也有影响。现分别进行讨论。

（1）同离子效应

组成沉淀晶体的离子称为构晶离子。当沉淀反应达到平衡后，如果向溶液中加入适当过量的含有某一构晶离子的试剂或溶液，则沉淀的溶解度减小，这种现象称为同离子效应。例如：25℃时，$BaSO_4$ 在水中的溶解度：

$$s=[Ba^{2+}]=[SO_4^{2-}]=\sqrt{K_{sp}}=\sqrt{6\times10^{-10}}=2.4\times10^{-5}\ mol/L$$

如果使溶液中的 $[SO_4^{2-}]$ 增至 0.10 mol/L，此时 $BaSO_4$ 的溶解度：

$$s=[Ba^{2+}]=K_{sp}/[SO_4^{2-}]=6\times10^{-10}/0.10\ mol/L=6\times10^{-9}\ mol/L$$

即 $BaSO_4$ 的溶解度减少至万分之一。

因此，在实际分析中，常加入过量沉淀剂，利用同离子效应，使被测组分沉淀完全。但沉淀剂过量太多，可能引起盐效应、酸效应及配位效应等副反应，反而使沉淀的溶解度增大。一般情况下，沉淀剂过量 50%～100% 是合适的；如果沉淀剂是不易挥发的，则以过量 20%～30% 为宜。

（2）盐效应

沉淀反应达到平衡时，由于强电解质的存在或加入其他强电解质，使沉淀的溶解度增大，这种现象称为盐效应。例如，AgCl、$BaSO_4$ 在 KNO_3 溶液中的溶解度比在纯水中大，而且溶解度随 KNO_3 浓度增大而增大。

产生盐效应的原因是由于离子的活度系数 γ 与溶液中加入的强电解质的浓度有关，当强电解的浓度增大到一定程度时，离子强度增大因而使离子活度系数明显减小。而在一定温度下 K_{sp} 为一常数，因而 $[M^+][A^-]$ 必然要增大，致使沉淀的溶解度增大。因此，利用同离子效应降低沉淀的溶解度时，应考虑盐效应的影响，即沉淀剂不能过量太多。

应该指出，如果沉淀本身的溶解度很小，一般来讲，盐效应的影响很小，可不予考虑。只有当沉淀的溶解度比较大，而且溶液的离子强度很高时，才考虑盐效应的影响。

（3）酸效应

溶液酸度对沉淀溶解度的影响称为酸效应。酸效应的发生主要是由于溶液中 H^+ 浓度的大小对弱酸、多元酸或难溶酸离解平衡的影响。因此，酸效应对于不同类型沉淀的影响情况不一样，若沉淀是强酸盐（如 $BaSO_4$、AgCl 等），其溶解度受酸度影响不大；但对弱酸盐如 CaC_2O_4，则酸效应的影响就很显著。例如 CaC_2O_4 沉淀在溶液中有下列平衡：

$$CaC_2O_4 \rightleftharpoons Ca^{2+} + C_2O_4^{2-}$$

$$-H^+ \big\updownarrow +H^+$$

$$HC_2O_4^- \underset{-H^+}{\overset{+H^+}{\rightleftharpoons}} HC_2O_4$$

当酸度较高时，沉淀溶解平衡向右移动，从而增加了沉淀溶解度。若知平衡时溶液的 pH 值，就可以计算酸效应系数，得到条件溶度积，从而计算溶解度。

为了防止沉淀溶解损失，对于弱酸盐沉淀，如碳酸盐、草酸盐、磷酸盐等，通常应在较低的酸度下进行沉淀。如果沉淀本身是弱酸，如硅酸（$SiO_2 \cdot nH_2O$）、钨酸（$WO_3 \cdot nH_2O$）等，易溶于碱，则应在强酸性介质中进行沉淀。如果沉淀是强酸盐如 AgCl 等，在酸性溶液中进行沉淀时，溶液的酸度对沉淀的溶解度影响不大。对于硫酸盐沉淀，如 $BaSO_4$、$SrSO_4$ 等，由于 H_2SO_4 的 K_{a2} 不大，当溶液的酸度太高时，沉淀的溶解度也随之增大。

（4）配位效应

进行沉淀反应时，若溶液中存在能与构晶离子生成可溶性配合物的配位剂，则可使沉淀溶解度增大，这种现象称为配位效应。

配位剂主要来自两方面，一是沉淀剂本身就是配位剂，二是加入的其他试剂。例如用 Cl^- 沉淀 Ag^+ 时，得到 AgCl 白色沉淀，若向此溶液加入氨水，则因 NH_3 配位形成 $[Ag(NH_3)_2]^+$，使 AgCl 的溶解度增大，甚至全部溶解。如果在沉淀 Ag^+ 时，加入过量的 Cl^-，则 Cl^- 能与 AgCl 沉淀进一步形成 $AgCl_2^-$ 和 $AgCl_3^{2-}$ 等配离子，也可使 AgCl 沉淀逐渐溶解，这时 Cl^- 沉淀剂本身就是配位剂。由此可见，在用沉淀剂进行沉淀时，应严格控制沉淀剂的用量，同时注意外加试剂的影响。

配位效应使沉淀的溶解度增大的程度与沉淀的溶度积、配位剂的浓度和形成配合物的稳定常数有关。沉淀的溶度积越大，配位剂的浓度越大，形成的配合物越稳定，沉淀就越容易溶解。

综上所述，在实际工作中应根据具体情况来考虑哪种效应是主要的。对无配位反应的强酸盐沉淀，主要考虑同离子效应和盐效应；对弱酸盐或难溶盐的沉淀，多数情况主要考虑酸效应；对于有配位反应且沉淀的溶度积又较大，易形成稳定配合物时，应主要考虑配位效应。

（5）其他影响

除上述因素外，温度、其他溶剂的存在、沉淀颗粒大小和结构等，都对沉淀的溶解度有影响。

1）温度的影响。沉淀的溶解一般是吸热过程，其溶解度随温度升高而增大。因此，对于一些在热溶液中溶解度较大的沉淀，在过滤洗涤时必须在室温下进行，如 $MgNH_4PO_4$、CaC_2O_4 等。对于一些溶解度小、冷时又较难过滤和洗涤的沉淀，则采用趁热过滤，并用热的洗涤液进行洗涤，如 $Fe(OH)_3$、$Al(OH)_3$ 等。

2）溶剂的影响。无机物沉淀大部分是离子型晶体，它们在有机溶剂中的溶解度一般比在纯水中要小。例如 $PbSO_4$ 沉淀在 100 mL 水中的溶解度为 $1.5×10^{-4}$ mol/L，而在 100 mL 50％的乙醇溶液中的溶解度为 $7.6×10^{-6}$ mol/L。

3）沉淀颗粒大小和结构的影响。同一种沉淀，在质量相同时，颗粒越小，其总表面积越大，溶解度越大。由于小晶体比大晶体有更多的角、边和表面，处于这些位置的离子受晶体内离子的吸引力小，又受到溶剂分子的作用，易进入溶液中。因此，小颗粒沉淀的溶解度比大颗粒沉淀的溶解度大。所以，在实际分析中，要尽量创造条件以利于形成大颗粒晶体。

3. 沉淀的类型及形成过程

（1）沉淀类型

沉淀按其物理性质的不同，可粗略地分为晶形沉淀和无定形沉淀两大类。

1）晶形沉淀。晶形沉淀是指具有一定形状的晶体，其内部排列规则有序，颗粒直径为 $0.1～1$ μm。这类沉淀的特点是结构紧密，具有明显的晶面，沉淀所占体积小、沾污少、易沉降、易过滤和洗涤。例如 $MgNH_4PO_4$、$BaSO_4$ 等典型的晶形沉淀。

2）无定形沉淀。无定形沉淀是指无晶体结构特征的一类沉淀，如 $Fe_2O_3 \cdot nH_2O$，$P_2O_3 \cdot nH_2O$ 是典型的无定形沉淀。无定形沉淀是由许多聚集在一起的微小颗粒（直径小于 0.02 μm）组成的，内部排列杂乱无章、结构疏松、体积庞大、吸附杂质多，不能很好沉降，无明显的晶面，难以过滤和洗涤。它与晶形沉淀的主要差别在于颗粒大小不同。

介于晶形沉淀与无定形沉淀之间，颗粒直径在 $0.02～0.1$ μm 的沉淀，如 AgCl，称为凝乳状沉淀，其性质也介于两者之间。在沉淀过程中，究竟生成的沉淀属于哪一种类型，主要取决于沉淀本身的性质和沉淀的条件。

（2）沉淀形成过程

沉淀的形成是一个复杂的过程，一般来讲，沉淀的形成要经过晶核形成和晶核长大两个过程，简单表示如图4—16所示。

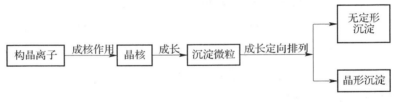

图 4—16　沉淀的形成过程

1）晶核的形成。将沉淀剂加入待测组分的试液中，溶液是过饱和状态时，构晶离子由于静电作用而形成微小的晶核。晶核的形成可以分为均相成核和异相成核。

均相成核是指过饱和溶液中构晶离子通过缔合作用，自发地形成晶核的过程。不同的沉淀，组成晶核的离子数目不同。例如，$BaSO_4$ 的晶核由 8 个构晶离子组成，Ag_2CrO_4 的晶核由 6 个构晶离子组成。

异相成核是指在过饱和溶液中，构晶离子在外来固体微粒的诱导下，聚合在固体微粒周围形成晶核的过程。溶液中的晶核数目取决于溶液中混入固体微粒的数目。随着构晶离子浓度的增加，晶体将成长得大一些。

当溶液的相对过饱和程度较大时，异相成核与均相成核同时作用，形成的晶核数目多，沉淀颗粒小。

2）晶形沉淀和无定形沉淀的生成。晶核形成时，溶液中的构晶离子向晶核表面扩散，并沉积在晶核上，晶核逐渐长大形成沉淀微粒。在沉淀过程中，由构晶离子聚集成晶核的速度称为聚集速度；构晶离子按一定晶格定向排列的速度称为定向速度。如果定向速度大于聚集速度较多，溶液中最初生成的晶核不很多，有更多的离子以晶核为中心，并有足够的时间依次定向排列长大，形成颗粒较大的晶形沉淀；反之聚集速度大于定向速度，则很多离子聚集成大量晶核，溶液中没有更多的离子定向排列到晶核上，于是沉淀就迅速聚集成许多微小的颗粒，因而得到无定形沉淀。

定向速度主要取决于沉淀物质的本性，极性较强的物质，如 $BaSO_4$、$MgNH_4PO_4$ 和 CaC_2O_4 等，一般具有较大的定向速度，易形成晶形沉淀。AgCl 的极性较弱，逐步生成凝乳状沉淀。氢氧化物，特别是高价金属离子的氢氧化物，如 $Fe(OH)_3$、$Al(OH)_3$ 等，由于含有大量水分子，阻碍离子的定向排列，一般生成无定形胶状沉淀。

聚集速度不仅与物质的性质有关，同时主要由沉淀的条件决定，其中最重要的是溶液中生成沉淀时的相对过饱和度。聚集速度与溶液的相对过饱和度成正比，溶液相对过饱和度越大，聚集速度越大，晶核生成多，易形成无定型沉淀。反之，溶液相对过饱和度越小，聚集速度越小，晶核生成少，有利于生成颗粒较大的晶形沉淀。因此，通过控制溶液的相对过饱和度，可以改变形成沉淀颗粒的大小，有可能改变沉淀的类型。

4. 影响沉淀纯度的因素

在重量分析中，要求获得的沉淀是纯净的。但是，沉淀从溶液中析出时，总会或多或少地夹杂溶液中的其他组分。因此必须了解影响沉淀纯度的各种因素，找出减少杂质混入的方法，以获得符合重量分析要求的沉淀。影响沉淀纯度的主要因素有共沉淀现象和继沉淀现象。

（1）共沉淀

当沉淀从溶液中析出时，溶液中的某些可溶性组分也同时沉淀下来的现象称为共沉淀。共沉淀是引起沉淀不纯的主要原因，也是重量分析误差的主要来源之一。共沉淀现象主要有以下三类：

1）表面吸附。由于沉淀表面离子电荷的作用力未达到平衡，因而产生自由静电力。沉淀表面静电引力作用吸引了溶液中带相反电荷的离子，使沉淀微粒带有电荷，形成吸附层。带电荷的微粒又吸引溶液中带相反电荷的离子，构成电中性的分子。因此，沉淀表面吸附了杂质分子。例如，加过量 $BaCl_2$ 到 H_2SO_4 的溶液中，生成 $BaSO_4$ 晶体沉淀。沉淀表面上的 SO_4^{2-} 由于静电引力强烈地吸引溶液中的 Ba^{2+}，形成第一吸附层，使沉淀表面带正电荷。然后它又吸引溶液中带负电荷的离子，如 Cl^- 离子，构成电中性的双电层，如图 4—17 所示。双电层能随颗粒一起下沉，因而使沉淀被污染。

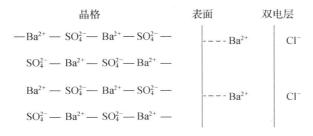

图 4—17　晶体表面吸附示意图

显然，沉淀的总表面积越大，吸附杂质就越多；溶液中杂质离子的浓度越高，价态越高，越易被吸附。由于吸附作用是一个放热反应，所以升高溶液的温度，可减少杂质的吸附。

2）吸留和包藏。吸留是被吸附的杂质机械地嵌入沉淀中，包藏常指母液机械地包藏在沉淀中。这些现象的产生，是由于沉淀剂加入太快，使沉淀急速生长，沉淀表面吸附的杂质来不及离开就被随后生成的沉淀所覆盖，使杂质离子或母液被吸留或包藏在沉淀内部。这类共沉淀不能用洗涤的方法将杂质除去，可以借改变沉淀条件或重结晶的方法来减免。

3）混晶。当溶液杂质离子与构晶离子半径相近，晶体结构相同时，杂质离子将进入晶核排列中形成混晶。例如 Pb^{2+} 和 Ba^{2+} 半径相近，电荷相同，在用 H_2SO_4 沉淀 Ba^{2+} 时，Pb^{2+} 能够取代 $BaSO_4$ 中的 Ba^{2+} 进入晶核形成 $PbSO_4$ 与 $BaSO_4$ 的混晶共沉淀。又如 $AgCl$ 和 $AgBr$、$MgNH_4PO_4 \cdot 6H_2O$ 和 $MgNH_4AsO_4$ 等都易形成混晶。为了减免混晶的生成，最好在沉淀前先将杂质分离出去。

（2）继沉淀

在沉淀析出后，当沉淀与母液一起放置时，溶液中某些杂质离子可能慢慢地沉积到原沉淀上，放置时间越长，杂质析出的量越多，这种现象称为继沉淀。例如，Mg^{2+} 存在时以 $(NH_4)_2C_2O_4$ 沉淀 Ca^{2+}，Mg^{2+} 易形成稳定的草酸盐过饱和溶液而不立即析出。如果把形成 CaC_2O_4 沉淀过滤，则发现沉淀表面上吸附有少量镁。若将含有 Mg^{2+} 的母液与 CaC_2O_4 沉淀一起放置一段时间，则 MgC_2O_4 沉淀的量将会增多。

由继沉淀引入杂质的量比共沉淀要多，且随沉淀在溶液中放置时间的延长而增多。因此为防止继沉淀的发生，某些沉淀的陈化时间不宜过长。

5. 减少沉淀污染的方法

为了提高沉淀的纯度，可采用下列措施：

（1）采用适当的分析程序

当试液中含有几种组分时，首先应沉淀低含量组分，再沉淀高含量组分。反之，由于大量沉淀析出，会使部分低含量组分掺入沉淀，产生测定误差。

（2）降低易被吸附杂质离子的浓度

对于易被吸附的杂质离子，可采用适当的掩蔽方法或改变杂质离子价态来降低其浓度。例如，将 SO_4^{2-} 沉淀为 $BaSO_4$ 时，Fe^{3+} 易被吸附，可把 Fe^{3+} 还原为不易被吸附的 Fe^{2+} 或加酒石酸、EDTA 等使 Fe^{3+} 生成稳定的配离子，以减小沉淀对 Fe^{3+} 的吸附。

（3）选择沉淀条件

沉淀条件包括溶液浓度、温度、试剂的加入次序和速度、陈化与否等，对不同类型的沉淀，应选用不同的沉淀条件，以获得符合重量分析要求的沉淀。

（4）再沉淀

必要时将沉淀过滤、洗涤、溶解后，再进行一次沉淀。再沉淀时，溶液中杂质的量大为降低，共沉淀和继沉淀现象自然减小。

（5）选择适当的洗涤液洗涤沉淀

吸附作用是可逆过程，用适当的洗涤液通过洗涤交换的方法，可洗去沉淀表面吸附的杂质离子。例如，$Fe(OH)_3$ 吸附 Mg^{2+}，用 NH_4NO_3 稀溶液洗涤时，被吸附在表面的 Mg^{2+} 与洗涤液的 NH_4^+ 发生交换，吸附在沉淀表面的 NH_4^+，可在燃烧沉淀时分解除去。为了提高洗涤沉淀的效率，同体积的洗涤液应尽可能分多次洗涤，通常称为"少量多次"的洗涤原则。

（6）选择合适的沉淀剂

无机沉淀剂选择性差，易形成胶状沉淀，吸附杂质多，难以过滤和洗涤；有机沉淀剂选择性高，常能形成结构较好的晶形沉淀，吸附杂质少，易于过滤和洗涤。因此，在可能的情况下，尽量选择有机试剂做沉淀剂。

6. 沉淀的条件和称量形的获得

（1）沉淀的条件

在重量分析中，为了获得准确的分析结果，要求沉淀完全、纯净、易于过滤和洗涤，并减小沉淀的溶解损失。因此，对于不同类型的沉淀，应当选用不同的沉淀条件。

1）晶形沉淀。为了形成颗粒较大的晶形沉淀，采取以下沉淀条件：

①在适当稀、热溶液中进行。在稀、热溶液中进行沉淀，可使溶液中相对过饱和度保持较低，以利于生成晶形沉淀；同时也有利于得到纯净的沉淀。对于溶解度较大的沉淀，溶液不能太稀，否则沉淀溶解损失较多，影响结果的准确度。在沉淀完全后，应将溶液冷却后再进行过滤。

②快搅慢加。在不断搅拌的同时缓慢滴加沉淀剂，可使沉淀剂迅速扩散，防止局部相对过饱和度过大而产生大量小晶粒。

③陈化。陈化是指沉淀完全后，将沉淀连同母液放置一段时间，使小晶粒变为大晶粒，不纯净的沉淀转变为纯净沉淀的过程。因为在同样条件下，小晶粒的溶解度比大晶粒大。在同一溶液中，对大晶粒为饱和溶液时，对小晶粒则为未饱和，小晶粒就要溶解。这样，溶液中的构晶离子就在大晶粒上沉积，直至达到饱和。这时，小晶粒又为未饱和，又要溶解。如此反复进行，小晶粒逐渐消失，大晶粒不断长大。

陈化过程不仅能使晶粒变大，而且能使沉淀变得更纯净。加热和搅拌可以缩短陈化时间。但是陈化作用对伴随有混晶共沉淀的沉淀，不一定能提高纯度，对伴随有继沉淀的沉淀，不仅不能提高纯度，有时反而会降低纯度。

2）无定形沉淀。无定形沉淀的特点是结构疏松、比表面大、吸附杂质多、溶解度小，易形成胶体，不易过滤和洗涤。对于这类沉淀关键问题是创造适宜的沉淀条件来改善沉淀的结构，使之不致形成胶体，并且有较紧密的结构，便于过滤和减小杂质吸附。因此，无定形沉淀的沉淀条件：

①在较浓的溶液中进行沉淀。在浓溶液中进行沉淀，离子水化程度小，结构较紧密，体积较小，容易过滤和洗涤。但在浓溶液中，杂质的浓度也比较高，沉淀吸附杂质的量也较多。因此，在沉淀完毕后，应立即加入热水稀释搅拌，使被吸附的杂质离子转移到溶液中。

②在热溶液中及电解质存在下进行沉淀。在热溶液中进行沉淀可防止生成胶体，并减少杂质的吸附。电解质的存在，可促使带电荷的胶体粒子相互凝聚沉降，加快沉降速度。电解质一般选用易挥发性的铵盐如 NH_4NO_3 或 NH_4Cl 等，它们在灼烧时均可挥发除去。有时在溶液中加入与胶体带相反电荷的另一种胶体来代替电解质，可使被测组分沉淀完全。例如测定 SiO_2 时，加入带正电荷的动物胶与带负电荷的硅酸胶体凝聚而沉降下来。

③趁热过滤洗涤，无须陈化。沉淀完毕后，趁热过滤，不要陈化，因为沉淀放置后逐渐失去水分，聚集得更为紧密，使吸附的杂质更难洗去。

洗涤无定形沉淀时，一般选用热、稀的电解质溶液作洗涤液，主要是防止沉淀重新变为胶体难以过滤和洗涤，常用的洗涤液有 NH_4NO_3、NH_4Cl 或氨水。无定形沉淀吸附杂质较严重，一次沉淀很难保证纯净，必要时进行再沉淀。

3）均匀沉淀。为改善沉淀条件，避免因加入沉淀剂所引起的溶液局部相对过饱和现象的发生，采用均匀沉淀法。这种方法是通过某一化学反应，使沉淀剂从溶液中缓慢地、均匀地产生出来，使沉淀在整个溶液中缓慢地、均匀地析出，获得颗粒较大、结构紧密、纯净、易于过滤和洗涤的沉淀。例如，沉淀 Ca^{2+} 时，如果直接加入 $(NH_4)_2C_2O_4$，尽管按晶形沉淀条件进行沉淀，仍得到颗粒细小的 CaC_2O_4 沉淀。若在含有 Ca^{2+} 的溶液中，以 HCl 酸化后，加入 $(NH_4)_2C_2O_4$，溶液中主要存在的是 $HC_2O_4^-$ 和 $H_2C_2O_4$，此时，向溶液中加入尿素并加热至 $90℃$，尿素逐渐水解产生 NH_3。

$$CO(NH_2)_2 + H_2O \longrightarrow 2NH_3 + CO_2 \uparrow$$

水解产生的 NH_3 均匀地分布在溶液的各个部分，溶液的酸度逐渐降低，$C_2O_4^{2-}$ 浓度渐渐增大，CaC_2O_4 则均匀而缓慢地析出形成颗粒较大的晶形沉淀。

均匀沉淀法还可以利用有机化合物的水解（如酯类水解）、配合物的分解、氧化还原反应等方式进行，见表 4—22。

表 4—22　　　　　　　　　　某些均匀沉淀法的应用

沉淀剂	加入试剂	反应	被测组分
OH^-	尿素	$CO(NH_2)_2 + H_2O = CO_2 + 2NH_3$	Al^{3+}、Fe^{3+}、Bi^{3+}
OH^-	六次甲基四胺	$(CH_2)_6N_4 + 6H_2O = 6HCHO + 4NH_3$	Th^{4+}
PO_4^{3-}	磷酸三甲酯	$(CH_3)_3PO_4 + 3H_2O = 3CH_3OH + H_3PO_4$	Zr^{4+}、Hf^{4+}
S^{2-}	硫代乙酰胺	$CH_3CSNH_2 + H_2O = CH_3CONH_2 + H_2S$	金属离子
SO_4^{2-}	硫酸二甲酯	$(CH_3)_2SO_4 + 2H_2O = 2CH_3OH + SO_4^{2-} + 2H^+$	Ba^{2+}、Sr^{2+}、Pb^{2+}
$C_2O_4^{2-}$	草酸二甲酯	$(CH_3)_2C_2O_4 + 2H_2O = 2CH_3OH + H_2C_2O_4$	Ca^{2+}、Th^{4+}、稀土
Ba^{2+}	Ba—EDTA	$BaY^{2-} + 4H^+ = H_4Y + Ba^{2+}$	SO_4^{2-}

（2）称量形的获得

沉淀完毕后，还需经过滤、洗涤、烘干或灼烧，最后得到符合要求的称量形。

1）沉淀的过滤和洗涤。沉淀常用定量滤纸（也称无灰滤纸）或玻璃砂芯坩埚过滤。对于需要灼烧的沉淀，应根据沉淀的性状选用紧密程度不同的滤纸。一般无定形沉淀如 $Al(OH)_3$、$Fe(OH)_3$ 等，选用疏松的快速滤纸；粗粒的晶形沉淀如 $MgNH_4PO_4 \cdot 6H_2O$ 等选用较紧密的中速滤纸；颗粒较小的晶形沉淀如 $BaSO_4$ 等，选用紧密的慢速滤纸。

对于只需烘干即可作为称量形的沉淀，应选用玻璃砂芯坩埚过滤。

洗涤沉淀是为了洗去沉淀表面吸附的杂质和混杂在沉淀中的母液。洗涤时要尽量减小沉淀的溶解损失和避免形成胶体。因此，需选择合适的洗液。选择洗涤液的原则：对于溶解度很小，又不易形成胶体的沉淀，可用蒸馏水洗涤；对于溶解度较大的晶形沉淀，可用沉淀剂的稀溶液洗涤，但沉淀剂必须在烘干或灼烧时易挥发或易分解除去，例如用 $(NH_4)_2C_2O_4$ 稀溶液洗涤 CaC_2O_4 沉淀；对于溶解度较小而又能形成胶体的沉淀，应用易挥发的电解质稀溶液洗涤，例如用 NH_4NO_3 稀溶液洗涤 $Fe(OH)_3$ 沉淀。

用热洗涤液洗涤，可过滤较快，且能防止形成胶体，但溶解度随温度升高而增大较快的沉淀不能用热洗涤液洗涤。

洗涤必须连续进行，一次完成，不能将沉淀放置太久，尤其是一些非晶形沉淀，放置凝聚后，不易洗净。

洗涤沉淀时，既要将沉淀洗净，又不能增加沉淀的溶解损失。同体积的洗涤液，采用"少量多次""尽量沥干"的洗涤原则，用适当少的洗涤液，分多次洗涤，每次加洗涤液前，使前次洗涤液尽量流尽，这样可以提高洗涤效果。

在沉淀的过滤和洗涤操作中，为缩短分析时间和提高洗涤效率，都应采用倾泻法。

2）沉淀的烘干和灼烧。沉淀的烘干或灼烧是为了除去沉淀中的水分和挥发性物质，并转化为组成固定的称量形。烘干或灼烧的温度和时间，随沉淀的性质而定。

灼烧温度一般在800℃以上，常用瓷坩埚盛放沉淀。若需用氢氟酸处理沉淀，则应用铂坩埚。灼烧沉淀前，应用滤纸包好沉淀，放入已灼烧至质量恒定的瓷坩埚中，先加热烘干、炭化后再进行灼烧。沉淀经烘干或灼烧至质量恒定后，由其质量即可计算测定结果。

思 考 题

1. 简述常用玻璃仪器的名称、规格、主要用途、性能及使用注意事项。

2. 玻璃仪器洗涤的一般方法是什么？常用的洗涤液有哪几种？其主要能清洗的污物是什么？

3. 实验室中常用的铬酸洗液是如何配制的？实验室中二氯化钴硅胶失效后，呈现何种颜色？

4. 说明常用玻璃器皿的干燥、存放方法。

5. 写出优级纯、分析纯、化学纯试剂的符号、标签颜色。

6. 简述溶液、溶质的概念，说明物质的量浓度、质量分数、质量浓度、体积分数、体积比、质量比、滴定度表示的含义。

7. 食品中六大营养素包括哪些？食品检验的内容、主要作用、主要方法有哪些？

8. 简述电热恒温干燥箱的使用方法。

9. 简述架盘药物天平、电子天平、机械天平（电光分析天平）使用及维修方法。

10. 简述生物显微镜的使用及维修方法。

11. 简述高压蒸汽灭菌锅、隔水式电热恒温培养箱的使用方法。

12. 简述化学检验法的应用范围，仪器检验法的概念、微生物检验法的特点。

13. 简述酸碱滴定法的原理、酸碱指示剂的变色原理、常见酸碱指示剂的变色范围、酸碱指示剂的选择依据、常用酸碱指示剂的配制方法。

14. 简述氧化还原滴定法的原理、氧化还原滴定法的指示剂种类、常见的氧化还原滴定法种类、高锰酸钾滴定法、重铬酸钾滴定法碘量法的适用范围。

15. 简述络合滴定法的原理、金属指示剂的作用机理、金属指示剂应具备的条件、金属指示剂的种类。

16. 如何对氢氧化钠、盐酸、高锰酸钾、EDTA 标准溶液进行标定，并说明标定用基准物质的干燥条件。

第5章
食品安全基础知识

第1节 食品安全概述

一、食品安全的概念与内涵

1. 食品安全的概念

目前国际上对食品安全最具代表性的定义有两种。

世界卫生组织（WHO）的定义为：食品安全是指食品当按照其预期用途进行制作和（或）食用时，不会对消费者产生危害的保证。

ISO 22000 的定义（HACCP）为：食品安全是食品在按照预期用途制备或食用时不会对消费者造成伤害的概念，但不包括与人类健康相关的其他方面，如营养不良。

《中华人民共和国食品安全法》对食品安全的定义为：食品安全是指食品无毒、无害，符合应当有的营养要求，对人体健康不造成任何急性、亚急性或者慢性危害。

食品安全在法律上的含义至少有三层：第一是食物数量的安全，指食物数量满足人民的基本需求；第二是食品质量安全，指食品中有害物质含量对人体不会造成危害；第三是食物满足人类营养与健康的需要，指从食物中摄取足够的热量、蛋白质、脂肪以及其他营养物质（纤维素、维生素、矿物质等）。

食品安全是相对的。食品的相对安全性，是指一种食物或成分在合理食用和正常食量的情况下不会导致对健康的损害。

食品安全概念的属性如下：

（1）食品安全是个综合概念

作为种概念，食品安全包括食品卫生、食品质量、食品营养等相关方面的内容和食品（食物）种植、养殖、加工、包装、储藏、运输、销售、消费等环节。而作为属概念的食品卫生、食品质量、食品营养等均无法涵盖上述全部内容和全部环节。

（2）食品安全是个社会概念

与卫生学、营养学、质量学等学科概念不同，食品安全是个社会治理概念。不同国家以及不同时期，食品安全所面临的问题和治理要求有所不同。

（3）食品安全是个政治概念

无论是发达国家，还是发展中国家，食品安全都是企业和政府对社会最基本的责任和必须做出的承诺。食品安全与生存权紧密相连，具有唯一性和强制性，通常属于政府保障或者政府强制的范畴。

（4）食品安全是个法律概念

20 世纪 80 年代以来，一些国家和有关国际组织从社会系统工程建设的角度出发，逐步以食品安全的综合立法替代卫生、质量、营养等要素立法。

（5）食品安全是个经济学概念

在经济学上，食品安全指的是有足够的收入购买安全的食品。

食品安全既包括生产安全，也包括经营安全；既包括结果安全，也包括过程安全；既包括现实安全，也包括未来安全。

2. 食品安全概念的内涵

食品安全包含多方面的安全，主要有以下几种。

（1）食品卫生安全

食品的基本要求是卫生和必要的营养，其中食品卫生是食品的最基本要求。强调保证食品卫生，是解决吃得干净不干净、有害与无害、有毒与无毒的问题，也就是食品安全与卫生的问题。食品卫生是指为确保食品安全性和适用性在食物链的所有阶段必须采取的一切条件和措施。食品安全是以食品卫生为基础的。

（2）食品质量安全

食品质量安全是指食品品质的优劣程度，包括食品的外观和内在品质，外观品质如色、香、味、形，内在品质包括营养成分、卫生状况等。食品要符合产品标准规定的应有的营养要求、卫生要求和相应的色、香、味、形等感官性状。

（3）食品营养安全

按照联合国粮农组织的解释，营养安全就是"在人类的日常生活中，要有足够、平衡的，并且含有人体发育必需的营养元素供给，以达到完善的食品安全"。

食品的营养成分指标要平衡、结构要合理。食品必须要有营养，如蛋白质、脂肪、维生素、矿物质、纤维素等各种人体生理需要的营养素要达到国家相应的产品标准，确保食品的营养安全。

（4）食品数量安全

食品数量安全是指食品数量满足人民的基本需要，从数量的角度，要求人们既能买得到、又能买得起需要的基本食品。

（5）食品生物安全

食品生物安全是指现代生物技术的研发、应用以及转基因生物的越境转移，可能会对生物多样性、生态环境和人体健康及生命安全产生潜在的不利影响，特别是各类转基因动植物的研发利用，可能会对人类构成潜在风险与威胁。

（6）食品可持续性安全

从发展的角度，要求食品的获取要注重生态环境保护和资源利用的可持续性。

二、食品安全与食品质量、食品卫生的关系

1. 食品安全与食品卫生

食品卫生是为防止食品在生产、收获、加工、运输、储藏、销售等各个环节被有害物质污染，使食品有益于人体健康所采取的各项措施。与食品安全相比，一是范围不同，食品安全包括食品（食物）的种植、养殖、加工、包装、储藏、运输、销售、消费等环节的安全，食品卫生通常不包含种植、养殖环节的安全。二是侧重点不同，食品安全是结果安全和过程安全的完整统一，食品卫生虽然也包含这两项内容，但更侧重于过程安全。食品安全是食品卫生的目的，食品卫生是实现食品安全的措施和手段。

2. 食品安全与食品质量

食品质量是指食品的固有特性满足人们明确的以及隐含的要求的能力，包括功用性、卫生性、营养性、稳定性和经济性。食品质量的构成有两类品质特性，一是消费者容易知晓的直观性品质特性，如色、香、味、形等；二是消费者难以知晓的非直观性品质特性，如食品的卫生、营养及功能特性。某种食品如在上述各方面能满足消费者的需求，就是一种高质量的食品。食品质量是一个"度"的概念，指食品的优劣程度，既包括优等食品，也包括劣等食品。

食品安全是食品不存在对人体健康造成急性或慢性损害的危险，是一个绝对概念。广义上讲是食品不受任何有害物质和微生物的污染。狭义上讲是在规定的使用方式和用量的条件下长期食用，对食用者不产生可观察到的不良反应。食品安全是一个"质"的概念。

第 2 节　食 品 污 染

一、食品污染的概念

食品污染是指食品受到有害物质的侵袭，致使食品安全性、营养性和感官性状发生改变的过程。

二、食品污染的分类

食品污染物大致有食品中的天然有害物，环境污染物，药物残留，滥用食品添加剂，食品加工、储运过程中产生的有害物质或工具、用具中的污染物。根据污染物的性质，食品污染可分为生物性污染、化学性污染和物理性污染。

1. 生物性污染

因微生物及其毒素、病毒、寄生虫及其虫卵等对食品的污染造成的食品质量安全问题为食品的生物性污染。这里所说的微生物及其毒素主要是细菌及细菌毒素、霉菌及霉菌毒素等。细菌对食品的污染途径主要有对食品原料的污染、对食品加工过程的污染以及在食品储存、运输、销售中对食品造成的污染。

2. 化学性污染

因化学物质对食品的污染造成的食品质量安全问题为食品的化学性污染。危害最严重的是化学农药、重金属、多环芳香烃类等化学污染物，滥用食品加工工具、食品容器、食品添加剂、植物生长促进剂等也是引起化学污染的重要因素。

3. 物理性污染

食品的物理性污染是指食品生产加工过程中混入食品中的杂质超过规定的含量，或食品吸附、吸收外来的放射线核素所引起的食品质量安全问题。如小麦粉生产加工过程中混入磁性金属物。

三、食品污染的危害

国际法典（CAC，1997）将"危害"定义为：会对食品产生潜在的健康危害的生物、化学或物理因素或状态。

食品中的危害从来源上可分为自源性和外源性。自源性危害是原料本身所固有的危害，如原料自身的腐败、天然毒素及其生长环境中受到污染等；外源性危害是指在加工过程中引入食品中的危害，包括从原料采购、运输、加工直至储存、销售过程中引入食品中的危害。污染物对食品造成的危害可能影响食品的感官性状、造成急性食物中毒、引起机体的慢性危害。根据污染物的性质，食品危害包括生物性危害、化学性危害和物理性危害。

1. 生物性危害

（1）生物性危害的概念

生物性危害是指能够导致食源性疾病的病毒、细菌、真菌、寄生虫以及由它们产生的毒素。食品中的生物危害既有可能来自原料，也有可能来自食品的加工过程。食品中存在的危害有80%～90%属于生物性的危害。

（2）生物性危害的种类

生物性危害主要包括致病微生物和腐败微生物、病毒及寄生虫。

1）致病微生物和腐败微生物。食源性微生物危害的致病因素主要表现在两个方面：一是致病微生物直接引起致病；二是腐败微生物引起食品腐败变质，进而引起致病。有些微生物同时兼有上述两种致病因素。

①致病性微生物。致病性微生物引起食物中毒发生的机理主要有感染型、毒素型和混合型三种。感染型是致病菌引起某些炎症变化并可引起体温升高，毒素型是致病菌导致腹泻，混合型是致病菌与毒素同时存在。

②腐败微生物。腐败微生物能够分解食品中的营养成分，并且产生有害代谢产物使得食品腐败变质，不仅使食品失去食用价值，有害的代谢物质也会对食用者的健康产生危害。

2）食源性病毒。食源性病毒与食源性细菌病原体不同，病毒只是简单地存在被污染的食物中，不能繁殖，在数量上并不增长；食源性致病菌可以通过适当的处理使细菌降低到没有危害的水平，食源性致病菌使人致病后也可以通过相应的治疗处理得以康复。但对食源性病毒，人体细胞是其最易感染的宿主细胞，它可以抵抗抗生素等抗菌药物，目前除免疫外尚没有对付该病毒的更好方法。

病毒污染食物的主要途径：一是污染水，进而污染鱼、贝类；二是污染灌溉水，进而污染水果、蔬菜；三是污染饮用水，通过饮用水污染食品；四是病毒携带者从事食品生产、加工、经营，从而污染食品。

3）食源性寄生虫。在动物性食品中存在的寄生虫有许多是人畜共患的，通过食物链会有一些这样的寄生虫在人体内寄生，从而给人类带来疾病。一般来说，人与鱼类没有共患寄生虫，但是环境的污染可能会使一些寄生虫的生存能力增强，也可能对人类造成危害。常见的食源性寄生虫有圆形孢子、隐孢子虫、贾第虫、复管线虫、隐孔吸虫、裂头绦虫、旋毛虫、囊尾蚴、弓形虫等。

食品的生物性危害会引起食物中毒，中毒者常常出现恶心、呕吐、腹痛、腹泻等消化道症状以及呼吸道传染病，严重的可能引起伤寒、肺炎、心包炎、呼吸困难、吞咽困难、胃肠炎、败血症等，甚至导致死亡。

2. 化学性危害

（1）化学性危害的概念

化学性危害是指生长、收获、加工、储存和销售过程中加到食品或原料中的化学物质造成的危害。这些化学物质，只有发生误用或超出限量时才会有危害。

化学危害可能自然发生，可能在动植物性食品原料种植和养殖过程中被污染，也可能在食品加工过程中被污染或人为添加所致。高水平的有害化学物质与食源性急性疾病有关，低水平的有害化学物质是引起慢性疾病的重要原因。

（2）化学性危害的种类

食品中的化学危害主要包括天然毒素、天然过敏源物质、化学清洁剂、农药残留、兽药残留、抗生素残留、有毒金属元素、食品添加剂、包装迁移物、亚硝酸盐、硝酸盐和亚硝基氮化物以及其他违法添加物。

1）天然毒素和天然过敏源物质。天然毒素是除食源性致病菌（如肉毒梭菌、金黄色葡萄球菌等）产生的毒素（肉毒素、肠毒素）以外的某些真菌、藻类代谢产生的有毒物质。

①海洋毒素。海洋中藻类代谢产生的有毒物质，即藻类毒素。鱼、贝类吞食含有藻类毒素的藻类后，藻类毒素便蓄积于鱼体、贝类中。贝类毒素包括麻痹性贝毒（PSP）、腹泻性贝毒（DSP）、神经性贝毒（NSP）、遗忘性贝毒（ASP），鱼类毒素包括河豚毒素、西加毒素和鲭鱼毒素（组胺）。

②真菌毒素。真菌毒素在农产品中经常发现。常见的主要是黄曲霉毒素 B_1、B_2、G_1、G_2，其中黄曲霉毒素 B_1 是毒性最大的毒素，能致许多生物癌变，存在于花生、大豆及玉米等谷物及其制品内。而果蔬原料常常会存在棒曲霉毒素。

2）食品添加剂。食品添加剂（如保鲜剂、防腐剂、着色剂和酸度调节剂等）

能使人产生过敏反应，这些过敏反应严重时会危及人的生命。比较典型的食品添加剂是亚硝酸盐。食品添加剂对人体的危害概括起来有致畸性、致癌性和致突变性。

3）药物残留。包括农药残留、兽药残留、抗生素残留。

①农药残留。是指由于食品或生产食品用原料所含有农药的残留。例如有机氯、有机磷、多氯联苯等。人体摄入高浓度农药残留的食品，会产生急性中毒或慢性中毒，对肝、肾和神经系统造成损害，引起神经细胞变性、贫血、白细胞增多，并对生殖系统、免疫系统、内分泌系统产生伤害；高毒难降解的有机磷农药具有致癌、致畸、致突变的危害性。

②兽药残留。动物在饲养过程中滥用许可药物或使用违禁药物所致。这类药物主要有生长激素类（盐酸克伦特罗）、类固醇类、抗生素类、磺胺类药物、驱虫类与非类固醇类消炎药，以及染料等。食品中兽药残留对人的危害主要有抗生素及磺胺类导致的过敏、产生耐药菌株、肠道菌群失调、再生障碍性贫血及耳聋，干扰人体内分泌系统，致癌、致畸及致突变作用等。

③抗生素残留。食品中的抗生素残留主要来源于动物性食品原料。人们长期食用含抗生素残留的食品后，对身体产生毒性作用。轻者出现过敏反应，严重的可发生再生性障碍贫血、耳聋、血压下降、皮疹、喉头水肿、呼吸困难等严重症状；也可能出现耐药性、菌群失调、致畸、致癌、内分泌失调等；儿童可出现发育障碍、出生缺陷、生育缺陷等。

4）清洗消毒剂。食品清洗消毒剂是指食品生产、加工过程中为了保持良好的清洁卫生而在食品接触面使用的物质，该物质使用后可通过与食品的接触而残留于食品中。食品中残留的清洗剂与消毒剂能造成人的过敏反应与致畸作用。

5）其他化学污染物的危害。如有毒元素和化合物（如铅、镉、砷、汞和氰化物）等、工厂化学药品（如润滑油、清洁剂、消毒剂和油漆）以及多环芳香烃类。人体摄入的重金属超标，可引起急性或慢性中毒反应，还可能产生致畸、致癌和致突变作用。多环芳香烃类有机化合物都具有一定的毒性，对肝、肾及血管都有损伤作用，可致癌（主要是肝癌、胃癌、肺癌和食管癌）、致畸、致突变。

3. 物理性危害

（1）物理性危害概念

物理性危害包括任何在食品中发现的不正常的具有潜在危害的外来物以及食品吸附、吸收外来的放射线核素。

（2）物理性危害种类

食品与金属的接触，特别是机器的切割和搅拌操作及使用中部件可能破裂或脱落，都可使金属碎片进入产品。玻璃部件破碎掉落到食品中，此类碎片对食用者可能构成危害，如卡住喉咙或食道、划破人体组织和器官特别是消化器官、损坏牙齿、堵住气管引起窒息等。

由于食品加工或食品原料受到放射性污染，致使食品中含有高浓度的放射性残留。例如锶—90、铯—137、铯—134、碘—131等同位素，都可能污染食品。放射性物质可经过消化道、呼吸道和皮肤等途径进入人体造成危害，可能引起恶性肿瘤、白血病或破坏不同器官。

第 3 节 食品污染物防控常识

一、食品污染物的种类及来源

1. 食品污染物的种类

根据食品污染的类型，食品污染物也分为生物性污染物、化学性污染物和物理性污染物。

2. 食品污染物的来源

（1）生物性污染物的来源

微生物在自然界环境中分布十分广泛，不同环境中存在的微生物的类型和数量不尽相同，而食品从原料、生产、加工、储藏、运输、销售到烹调等各个环节，常常与环境发生各种方式的接触，进而导致微生物的污染引发危害。污染食品的微生物来源可分为土壤、空气、水、人员、动植物、加工机械及设备、包装材料等方面。

1）土壤。土壤中含有大量的可供微生物利用的碳源和氮源，还含有大量的硫、磷、钾、钙、镁等无机元素及硼、钼、锌、锰等微量元素，土壤的保水性和适宜的酸碱度及温度等，都为微生物的生长繁殖提供了有利条件。

2）空气。空气虽不具备微生物生长繁殖所需的营养物质和充足的水分条件，然而来自土壤、水、人和动植物体表的脱落物和呼吸道、消化道的排泄物可能散发到空气中，从而使空气中可能存在霉菌等的孢子和细菌的芽孢及酵母、结核杆菌、金黄色葡萄球菌、沙门氏菌、流感嗜血杆菌和病毒等。

3）水。自然界中有各种淡水与咸水，尽管不同水域中的有机物和无机物种类、含量、温度、酸碱度、含盐量、含氧量及不同深度光照度等有差异，但都生存着相应的微生物。

4）人及动物体。人体及各种动物（如犬、猫、鼠等）的皮肤、毛发、口腔、消化道、呼吸道均带有大量的微生物，当人或动物感染了病原微生物后，体内会存在不同数量的病原微生物。这些微生物可以通过直接接触或通过呼吸道和消化道向体外排出而污染食品。蚊、蝇、蟑螂等各种昆虫也都携带有大量的微生物，其中可能有多种病原微生物，它们接触食品同样会造成微生物的污染。

5）加工机械及设备。在食品加工过程中，由于食品黏附于机械设备内表面，生产结束时机械设备没有得到彻底的灭菌，使微生物得以在其上大量生长繁殖，成为微生物的污染源。这些设备在使用中与食品接触将造成食品的微生物污染。

6）包装材料。各种包装材料如果处理不当也会带有微生物。如塑料包装材料由于带有电荷会吸附灰尘及微生物。

7）原料及辅料。食品生产的原辅材料包括动物性原料和植物性原辅材料。

动物性原料：屠宰前健康的畜禽正常机体组织内部一般是无菌的，而畜禽体表、皮毛、消化道、上呼吸道等器官总有微生物存在。屠宰后的畜禽丧失了先天的防御机能，微生物侵入组织后迅速繁殖。在屠宰、分割、加工、储存和销售过程中的每一个环节，微生物的污染都可能发生。

植物性原辅材料：健康的植物生长期与自然界广泛接触，其体表存有大量的微生物，所以收获后的粮食一般都含有其原来生活环境中的微生物。植物体表还会附着有植物病原菌以及来自人畜粪便的肠道微生物及病原菌。这些病原微生物是在植物的生长过程中通过根、茎、叶、花、果实等不同途径侵入组织内部的。

（2）化学性危害的来源

1）环境污染。工业生产和生活中产生的污染物通过对环境的污染而导致食品的污染。特别是有些污染物通过食物链的生物富集作用，使作为人类食物的生物体内污染物浓度远远高于环境浓度，如汞、镉等通过食物链的生物富集作用在鱼、虾等水产品中的含量可高达其生存环境浓度的数百倍以上。

2）组胺危害。不新鲜或腐败的鱼含有一定的组胺，在高温环境下保存，组织蛋白酶分解蛋白质释放出游离胺酸，再由组胺酸脱去羧基形成组胺。容易生成组胺的鱼有金枪鱼、沙丁鱼、鲐鱼等。

3）农药残留超标。在种植业中广泛使用农药和其他农用化学物质，如有机磷和有机氯等杀虫剂、杀菌剂、除草剂和植物生长调节剂及各种化学肥料，其中有些农药不易降解，可在环境和农作物中长时间残留。另外，在农药使用过程中违反有关安全使用规定随意滥用，导致农药在农作物中高浓度残留。

4）兽药残留。在养殖业中广泛使用兽药及饲料添加剂，如抗生素、磺胺类、抗寄生虫药、激素、促生长药物、镇静剂等，导致水产品、畜禽肉类、蛋类及乳类中兽药残留。

5）滥用食品添加剂、食品包装材料及清洗消毒剂。擅自扩大食品添加剂的使用范围和使用量，使用非食品添加剂，在肉制品中超量使用发色剂硝酸盐和亚硝酸盐，糖果、饮料、小食品中大量添加色素、甜味剂和香精；用甲醛处理水发食品等；塑料等食品包装材料中单体或低聚物及助剂对食品的污染，利用非食品用包装材料包装食品；加工和餐饮业普遍使用清洗消毒剂清洗加工设备、工器具、容器和操作台等——所有这些都会引发化学污染。

6）食品加工过程油脂酸败。食用油脂放久，空气中的氧、日光以及微生物与酶的作用，使油脂的酸价、羰基价和 TBA 值过高。油脂酸败所产生的酸、醛、酮类以及各种氧化物等，不但改变了油脂的感官性质，而且会对机体产生不良影响。

7）利用非食品原料加工食品。如用含有甲醇的工业酒精配制假酒。

（3）物理性危害的来源

1）由原材料中引入的物理危害。植物性原料在收获过程中混入的异物；动物性原料在饲养过程中引入的异物；水产品原料在捕捞过程中引入异物，如铁钉、铁丝、石头、玻璃、陶瓷、塑料、橡胶、鱼钩等杂物。

2）加工过程中混入的异物。机械设备上脱落的螺母、螺钉、金属碎片、钢丝、玻璃、陶瓷碎片、灯具、温度计、包装材料碎片、纽扣、首饰等。

3）畜、禽和水产品因加工处理不当造成的物理性危害。剔除畜、禽、鱼骨、刺时处理不当，致使上述物质碎片在食品中遗留；加工贝类、蟹肉、虾类食品时动物外壳残留在食品中；以蛋类为原料加工食品蛋壳留在食品中等。

4）食品中的放射性物质来源于天然放射性物质和人工放射性物质。天然的放射性物质是自然界本来就存在的放射性核素，一是地球以外的宇宙射线，二是地球辐射。人工放射性物质主要来源于核试验、核工业生产过程、核事故以及其他科学实验中使用的核元素。

二、食品污染物的预防控制

1. 生物性污染物的预防措施

生物性污染物通过充分加热可以杀死病原体或使大多数病原体失活，在分发和储存时通过充分冷冻可以使其数量保持在最低水平。那些生吃、腌制或半加热产品中的食源性寄生虫可以通过有效的冷冻技术来杀灭。病毒通常通过控制传染源、切断传染途径和免疫进行控制。

控制食品腐败变质的措施，主要是减弱或消除引起食品腐败的各种因素。首先应减少微生物污染和抑制微生物的生长繁殖，要求注意食品生产环节的卫生，采取抑菌或灭菌的措施，抑制酶活力，防止各种环境因素对食品的不利作用，以达到防止或延缓食品质量的变化。常用的食品防腐方法有以下几种。

（1）低温防腐

低温可以抑制微生物的繁殖，降低食品内化学反应的速度和酶的活力。通常肉类在0℃时可保存7～10天，－10℃时可保存半年；鱼的冷冻温度以－30～－5℃为好；果蔬菜以0～5℃为好。

（2）高温灭菌防菌

食品经高温处理后，可杀死其中绝大部分微生物，并可破坏食品中酶类。但是对微生物发生作用的大小取决于温度的高低、加热时间的长短，大多数微生物在60℃时经10～15 min即可杀死，但细菌芽孢与霉菌因耐受力强，需更高温度或更长时间。

（3）脱水防腐

可使食品中的水分降至一定限度以下，微生物不能繁殖，酶的活性也受到抑制，从而防止食品腐败变质。为了达到保存目的，脱水防腐的含水量，奶粉应小于8%，全蛋粉应为13%～15%，脱脂奶粉应小于15%，豆类应小于15%，蔬菜应为14%～25%。

（4）提高渗透压防腐

常用有盐腌法和糖渍法。微生物处于高渗状态的介质中，则菌体原生质脱水收缩，与细胞膜脱离，原生质凝固，从而使微生物死亡。一般盐腌浓度达10%，大多数细菌受到抑制；但糖渍时必须达至60%～65%糖浓度，才较可靠。

（5）提高氢离子浓度防腐

针对大多数微生物不能在pH值4.5以下很好发育的作用原理，可利用提高氢离子浓度来防腐。常用的方法有酸渍法、酸发酵法，如泡菜和渍酸菜。

（6）化学添加剂防腐

常用的食品防腐添加剂有防腐剂、抗氧化剂，防腐剂用于抑制或杀灭食品中引起腐败变质微生物。对部分食品开始应用电离辐射、微波等方法进行食品防腐。

2. 化学性污染物的预防措施

化学性污染物一旦污染了食品，是比较难去除的。因此，对它们的控制通常是在其引入的环节进行管理，或者在食品的标签上加以提示。

（1）控制农药残留污染的措施

1）加强农药管理，严格执行《农药安全使用标准》和《农药合理使用准则》；禁止和限制某些农药的使用，如茶叶禁止使用 DDT、BHC；严格遵守施药与作物收获的间隔期；严格执行农药在食品中的残留量标准；使用高效低残留新农药。

2）加工时进行充分洗涤、削皮、加热等处理。

（2）控制兽药污染的措施

1）规范药物的合理使用，严格执行休药期，严格控制兽药的最大残留量。

2）加强监督检测工作，使用合适的加工及食用方式。

（3）减少重金属污染的措施

1）禁止使用含有毒重金属的农药、化肥等化学物质，如含汞、砷、铅等的制剂，严格管理农药、化肥的使用。严格限制使用含砷、铅等金属的食品加工用具、管道、容器和包装材料，以及含有重金属的添加剂和各种原材料。

2）减少环境污染，严格按照环境标准执行工业废水、废气、废渣的排放。

3）加强食品安全监督管理。完善食品安全标准，加强对食品监督检测工作。

（4）对食品添加剂的控制措施

1）严格执行生产食品添加剂的生产许可审批程序，确保生产源头质量。

2）严格执行《食品安全国家标准　食品添加剂使用标准》（GB 2760—2011）；食品添加剂的使用必须经过毒理学安全评价，以证明在使用期限内长期使用对人体安全无害。食品添加剂的使用不能影响食品本身的营养成分、感官品质，不能掩盖食品缺陷。

3. 物理性污染物的预防措施

（1）加强管理，防止物理性污染物进入食品，并采用设备（如利用金属探测、磁铁吸附、过筛、水选）或者人工进行挑选去除污染物。

（2）对可能成为食品中物理危害来源的因素进行控制，如经常检修设备、生产用具以保证其安全和完整性；对生产场所的周边环境进行控制，消除可能带来危害的物质；对职工加强教育和培训，提高职工的安全卫生意识，制定相关的规章制度以减少人为因素造成的物理危害。

（3）加强对放射污染源的控制，食品生产厂和食品仓库要远离从事放射性工作的单位，对产生放射性废物、废水的单位应加强监督。如果放射性核素已进入食品内部，应予以销毁。绝对禁止向食品中加入放射性核素作为食品保藏剂。应用电离放射方法保藏食品时，应严格遵守照射剂量和照射源的各项规定。

第 4 节　食品质量安全市场准入制度

民以食为天，食以安为先，食品是人类赖以生存和发展的最重要的物质基础，食品安全既是保障人们身心健康的需要，也是提高食品在国内外市场上竞争力的需要，同时也是保护和恢复生态环境，实现可持续发展的需要。如何加强对食品安全的监督管理，我国负责食品质量安全监管的部门进行了深入的探讨，遵循适应市场经济规律、符合世贸规则、借鉴国外成功经验、结合我国国情的原则，建立了适合我国国情的食品质量安全市场准入制度。

市场准入制度，是指为了防止资源配置低效或过度竞争，确保规模经济效益和提高经济效率，政府职能部门通过批准和注册，对企业的市场准入进行管理。市场准入制度是关于市场主体和交易对象进入市场的有关准则和法规，是政府对市场管理和经济发展的一种制度安排。它是通过政府有关部门对市场主体的登记、发放许可证、执照等方式来体现的。

食品质量安全市场准入制度，是指为保证食品的质量安全，具备规定条件的生产者才允许进行生产经营活动，具备规定条件的食品才允许生产销售的监管制度。它是一种政府行为，是一项行政许可制度。该制度包含生产许可制度、强制检验制度和市场准入标志（QS）制度。

生产许可制度：对食品生产加工企业实行生产许可证管理，对食品生产加工企业的环境条件、生产设备、加工工艺过程、原材料把关、执行产品标准、人员资质、储运条件、检测能力、质量管理制度和包装要求等条件进行审查，并对其产品进行抽样检验。对符合条件且产品经全部项目检验合格的企业，颁发食品生产许可证，准予生产获证范围内的产品。未取得食品生产许可证的企业不准生产食品。从生产条件上保证企业能生产符合质量安全要求的食品。

强制检验制度：企业所生产加工的食品必须经检验合格方可出厂销售，未经检验或检验不合格的食品不得出厂销售。具有产品出厂检验能力的企业，可以自行检验。实行自行检验的企业，应当定期将样品送到指定的法定检验机构进行定期检验；不具备产品出厂检验能力的企业，按照就近方便的原则，委托符合《食品安全法》规定的食品检验机构进行检验，有效地把住食品出厂安全质量关。

市场准入标志制度：获得食品生产许可证的企业，其生产加工的食品经出厂检验合格的，在出厂销售之前，必须在最小销售单元的食品包装上标注由国家统一制定的食品质量安全生产许可证编号并加印或者加贴食品质量安全市场准入标志，即"质量安全"的英文 Quality Safety 缩写"QS"标志。没有加贴 QS 标志的食品不得进入市场销售。这既便于广大消费者识别和监督，也便于行政执法部门监督检查，还有利于促进生产企业提高对食品质量安全的责任感。

思　考　题

1. 简述食品安全的概念与内涵。
2. 简述食品污染的概念、分类及危害。
3. 简述食品污染的来源及其预防措施。
4. 简述生物性污染、化学性污染的种类。
5. 简述食品质量安全市场准入制度及食品生产许可证制度的概念。

第6章

微生物检验基础知识

第1节 概　　述

一、微生物基础知识

1. 微生物的概念

微生物（microorganism，microbe）是一些肉眼看不见的微小生物的总称，包括属于原核类的细菌、放线菌、支原体、立克次氏体、衣原体和蓝细菌（过去称蓝藻或蓝绿藻），属于真核类的真菌（酵母菌和霉菌）、原生动物和显微藻类，以及属于非细胞类的病毒、类病毒和朊病毒等。

2. 微生物的共性

（1）体积小，面积大

微生物是一个小体积、大面积的系统，必然有一个巨大的营养物吸收面、代谢废物排泄面和环境信息的接收面。

（2）吸收多，转化快

发酵乳糖的细菌在1 h内可分解其自身质量1 000～10 000倍的乳糖；产朊假丝酵母合成蛋白质的能力比大豆强100倍，比食用公牛强10万倍；一些微生物在呼吸速率方面比高等动植物组织也强得多。

（3）生长旺，繁殖快

由于种种客观条件的限制，细菌的指数分裂速度只能维持数小时，因而在液体培养基中，细菌细胞的浓度一般仅能达到 $10^8 \sim 10^9$ 个/mL。

（4）适应强，易变异

例如在海洋深处的某些硫细菌可在 250℃ 甚至 300℃ 的高温条件下正常生长；大多数细菌能耐任何低温，甚至在液态氢下仍能保持生命活性；一些嗜盐菌甚至能在饱和盐水中正常生活；许多微生物尤其是产芽孢的细菌可在干燥条件下保藏几十年、几百年甚至上千年；最常见的变异形式是基因突变，它可以涉及任何性状，诸如形态构造、代谢途径、生理类型、各种抗性、抗原性以及代谢产物的质或量的变异等。

（5）分布广，种类多

高等生物分布范围的扩大常靠人类或其他大型生物的散播。而微生物则因其体积小、质量小，因此可以到处传播以致达到"无孔不入"的地步，只要生活条件合适，它们就可大大繁殖起来。

3. 细菌的分类及结构

广义的细菌（bacteria）即为原核生物，是指一大类细胞核无核膜包裹，只存在称作拟核区（nuclear region）（或拟核）的裸露 DNA 的原始单细胞生物，包括真细菌（eubacteria）和古生菌（archaea）两大类群。人们通常所说的则为狭义的细菌。狭义的细菌为原核微生物的一类，是一类形状细短、结构简单、多以二分裂方式进行繁殖的原核生物，是在自然界分布最广、个体数量最多的有机体，是大自然物质循环的主要参与者。

（1）细菌的形态结构

细菌的基本形态包括球状、杆状、螺旋状三种。球状细菌按其排列方式又可分为单球菌、双球菌、四联球菌、八叠球菌、葡萄球菌和链球菌。杆状细菌的细胞形态较复杂，有短杆状、棒杆状、梭状、月亮状、分支状。螺旋状细菌可分为弧菌（螺旋不满一环）和螺菌（螺旋满 2～6 环，小的坚硬的螺旋状细菌）。此外，人们还发现了星状细菌和方形细菌。

测量细菌大小的单位是微米（μm），球状细菌的直径一般为 $0.5 \sim 1\,\mu$m，杆状细菌直径与球状细菌相似。

（2）细菌的生理结构

细菌的基本结构主要由细胞膜、细胞质、核糖体等部分构成，有的细菌还有荚膜、鞭毛、菌毛等特殊结构。

1）细菌的基本结构

①细胞壁。细胞壁厚度因细菌不同而异，一般为 15～30 nm。主要成分是肽聚

糖，由 N—乙酰葡糖胺和 N—乙酰胞壁酸构成双糖单元，以 β—1，4 糖苷键连接成大分子。革兰氏阳性菌细胞壁厚 20～80 nm，有 15～50 层肽聚糖片层，每层厚 1 nm，含 20%～40%的磷壁酸（teichoic acid），有的还具有少量蛋白质。革兰氏阴性菌细胞壁厚约 10 nm，仅 2～3 层肽聚糖，其他成分较为复杂，由外向内依次为脂多糖、细菌外膜和脂蛋白。

②细胞膜。细胞膜是典型的单位膜结构，厚 8～10 nm，外侧紧贴细胞壁。某些行光合作用的原核生物（蓝细菌和紫细菌），质膜内褶形成结合有色素的内膜，与捕光反应有关。某些革兰氏阳性细菌质膜内褶形成小管状结构，称为中膜体（mesosome）或间体，中膜体扩大了细胞膜的表面积，提高了代谢效率，有拟线粒体（chondroid）之称，此外还可能与 DNA 的复制有关。

③细胞质与核质体。细菌和其他原核生物一样，只有拟核，没有核膜，DNA 集中在细胞质中的低电子密度区，称核区或核质体（nuclear body）。细菌一般具有 1～4 个核质体，多的可达 20 余个。核质体是环状的双链 DNA 分子，所含的遗传信息量可编码 2 000～3 000 种蛋白质，空间构建十分精简，没有内含子。

④核糖体。每个细菌细胞含 5 000～50 000 个核糖体，部分附着在细胞膜内侧，大部分游离于细胞质中。细菌核糖体的沉降系数为 70 S，由大亚单位（50 S）与小亚单位（30 S）组成，大亚单位含有 23 S rRNA、5 S rRNA 与 30 多种蛋白质，小亚单位含有 16 S rRNA 与 20 多种蛋白质。30 S 的小亚单位对四环素与链霉素很敏感，50 S 的大亚单位对红霉素与氯霉素很敏感。

⑤质粒。细菌核区 DNA 以外的可进行自主复制的遗传因子，称为质粒（plasmid）。质粒是裸露的环状双链 DNA 分子，所含遗传信息量为 2～200 个基因，能进行自我复制，有时能整合到核 DNA 中去。质粒 DNA 在遗传工程研究中很重要，常用作基因重组与基因转移的载体。

2）细菌的特殊结构。细菌的特殊结构主要有荚膜、鞭毛、菌毛、芽孢等。许多细菌的最外表还覆盖着一层多糖类物质，边界明显的称为荚膜（capsule），如肺炎球菌，边界不明显的称为黏液层（slime layer），如葡萄球菌。细菌不仅可利用荚膜抵御不良环境，保护自身不受白细胞吞噬，而且能有选择地黏附到特定细胞的表面上，表现出对靶细胞的专一攻击能力。鞭毛是某些细菌的运动器官，由一种称为鞭毛蛋白（flagellin）的弹性蛋白构成，可以通过调整鞭毛旋转的方向（顺和逆时针）来改变运动状态。菌毛是在某些细菌表面存在着的一种比鞭毛更细、更短而直硬的丝状物，须用电镜观察。普通菌毛与细菌吸附和侵染宿主有关，性菌毛为中空管子，与传递遗传物质有关。芽孢是细菌的休眠体，对不良环境有较强的抵抗能力。

（3）霉菌的形态特征

1）霉菌的个体形态特征。霉菌绝大多数都是多细胞的微生物，由菌丝构成，菌丝可无限伸长和产生分支，分支的菌丝相互交织在一起，形成菌丝体。霉菌的菌丝有两类：一类菌丝中无隔膜，整个菌丝体可看作一个多核的单细胞，如低等种类的根霉、毛霉、犁头霉等霉菌的菌丝均无隔膜；另一类菌丝体有隔膜，每一段就是一个细胞，整个菌丝体是由多细胞构成，多数霉菌都属这一类。

霉菌的菌丝细胞都由细胞壁、细胞膜、细胞质、细胞核和其他内含物组成。菌丝的宽度一般为 2～10 μm，比细菌或放线菌宽几倍至几十倍，细胞壁的厚度为 100～250 nm，成分各有差异，大部分霉菌细胞壁由几丁质组成，几丁质是由 N－乙酰葡糖胺以 β－1，4－葡萄糖苷键连接的多聚体。少数低等的水生性较强的霉菌，细胞壁以纤维素为主。霉菌的菌丝，从功能上已经分化成特殊的结构和组织。在固体培养基上，一部分菌丝伸入培养基内吸收营养，称为营养菌丝；另一部分菌丝伸出培养基外，称为气生菌丝。一部分气生菌丝到一定生长阶段，分化为繁殖菌丝，产生各种孢子。有的霉菌（如根霉），在营养菌丝上会产生须状的假根伸入基质内，某些寄生霉菌，菌丝还可以分化出指头状的吸器，伸入到寄主细胞中吸取养料。霉菌菌丝的特征，是鉴定霉菌、分类的依据之一。

霉菌是真核微生物，霉菌的细胞核有核膜、核仁和染色体构成，细胞核的直径为 0.7～3 μm。细胞质中含有线粒体和核糖体，还含有很多内含物颗粒，如肝糖和脂肪滴等。幼嫩的菌丝细胞中细胞质均匀，而老菌丝中出现液泡。

2）霉菌菌落的形态特征。霉菌在固体培养基上生长繁殖，经过一定时间后，可以逐渐看到由菌丝聚合而成的群体出现，这就是霉菌的菌落。由于霉菌的菌丝细胞较粗长，生长速度较快，所以形成比放线菌更为疏松和大型的菌落；同时由于菌丝的粗细、菌丝组合的紧密程度、菌丝伸展的长度等差异，即可出现不同的外观形状，如蜘蛛网状、棉絮状、颗粒状、羊毛状、皮革状、丝绒状等。由于霉菌形成的孢子有不同形状、构造与颜色，所以菌落表面往往呈现出肉眼可见的不同结构与色泽特征。营养菌丝和气生菌丝的颜色也有所不同，前者还会分泌不同的水溶性色素扩散到培养基中，因此菌落的正反面呈现不同的色泽。霉菌菌落所呈现的形状、大小、颜色、纹饰以及结构等特征，对不同种类的霉菌来说，有很大的差异，可作为鉴定和分类的又一项依据。

（4）酵母菌的形态特征

1）酵母菌的形态。酵母细胞的形态多样，种类有普通球形、椭圆形、卵圆形、柠檬形和腊肠形。有些酵母菌细胞与其子代细胞连在一起成为链状，称为假丝酵母。酵母细胞的直径一般为 $1\sim5\,\mu m$，长 $5\sim30\,\mu m$ 或更长。发酵工业上通常培养的面包酵母和啤酒酵母，细胞平均直径为 $4\sim8\,\mu m$，长 $5\sim16\,\mu m$。

2）酵母菌的菌落。酵母菌菌落表面一般是光滑、湿润及黏稠的，也有粗糙带粉粒的，或有皱褶的、边缘整齐，或带丝状。菌落较大、较厚、大多数不透明，成油脂状或蜡脂状，白色、奶油色，只有少数呈红色。

酵母菌细胞结构组成包括细胞壁、细胞膜、细胞核、细胞质、液泡、线粒体以及各种储藏物。细胞壁厚度为 $0.1\sim0.3\,\mu m$，质量占细胞干质量的 $18\%\sim25\%$。细胞壁上含有很多关键酶，是细胞出芽繁殖的部位。细胞壁的化学成分主要为葡聚糖（glucan）、甘露聚糖（mannan）及蛋白质等，还有少量几丁质、脂类、无机盐。细胞壁的外层主要是甘露聚糖，内层主要是葡聚糖，中间一层主要是蛋白质。细胞膜的主要功能是选择性地运入营养物质，排除代谢产物，也是大分子成分的生物合成和装配基地，部分酶的合成和作用场所。酵母菌在细胞质中具有完整的核。核有核膜、核仁及染色体。不同种的酵母菌的染色体数目不同，但同种酵母菌的染色体数目稳定。除细胞核外，酵母菌的线粒体和环状的 2μ 质粒中也含有 DNA。

线粒体是一种位于细胞质内的粒状或棒状的细胞器。它比细胞质质量大，具双层膜，内膜内陷，形成嵴，其中富含参与电子传递和氧化磷酸化的酶系，在嵴的两侧均匀分布着圆形或多面形的基粒。嵴间充满液体的空隙为基质（matrix），它含有三羧酸循环的酶系，是进行氧化磷酸化、产生 ATP 的场所，被称为细胞的动力房。大多数酵母，尤其是球形、椭圆形酵母细胞中只有一个液泡。细胞染色后，在光学显微镜下可见液泡为一个透明区域，电子显微镜下可见液泡是由单层膜包围着的。液泡往往在细胞发育的中后期出现。它的多少、大小可作为衡量细胞成熟的标志，较大的液泡常将细胞核挤到细胞的边缘。细胞质内含物除了在电子显微镜下可以清楚地看到的一些细胞构造和结构外，细胞质中的其他物质统称为基质，基质主要包括碳水化合物、核糖体和一些酶类。

二、食品中微生物的来源

一方面微生物在自然界中分布十分广泛，不同的环境中存在的微生物类型和数量不尽相同，另一方面食品从原料、生产、加工、储藏、运输、销售到烹调等各个环节，常常与环境发生各种方式的接触，进而导致微生物的污染。污染食品的微生物来源可分为土壤、空气、水、操作人员、动植物、加工机械及设备、包装材料等方面。

1. 微生物污染食品的途径

食品在生产加工、运输、储藏、销售以及食用过程中都可能遭受到微生物的污染，其污染的途径可分为两大类。

（1）内源性污染

凡是作为食品原料的动植物体在生活过程中，由于本身带有的微生物而造成食品的污染称为内源性污染，也称第一次污染。如畜禽在生活期间，其消化道、上呼吸道和体表总是存在一定类群和数量的微生物。当受到沙门氏菌、布氏杆菌、炭疽杆菌等病原微生物感染时，畜禽的某些器官和组织内就会有病原微生物的存在。当家禽感染了鸡白痢、鸡伤寒等传染病，病原微生物可通过血液循环侵入卵巢，在蛋黄形成时被病原菌污染，使所产卵中也含有相应的病原菌。

（2）外源性污染

食品在生产加工、运输、储藏、销售、食用过程中，通过水、空气、人、动物、机械设备及用具等而使食品发生微生物污染称外源性污染，也称第二次污染。

1）通过水污染。水既是许多食品的原料或配料成分，也是清洗、冷却、冰冻不可缺少的物质，设备、地面及用具的清洗也需要大量用水。各种天然水源包括地表水和地下水，不仅是微生物的污染源，也是微生物污染食品的主要途径。自来水是天然水净化消毒后而供饮用的，在正常情况下含菌较少，但如果自来水管出现漏洞、管道中压力不足以及暂时变成负压时，则会引起管道周围环境中的微生物渗漏进入管道，使自来水中的微生物数量增加。在生产中，即使使用符合卫生标准的水源，由于方法不当也会导致微生物的污染范围扩大。如在屠宰加工厂中的宰杀、除毛、开膛取内脏的工序中，皮毛或肠道内的微生物可通过用水的散布而造成畜体之间的相互感染。生产中所使用的水如果被生活污水、医院污水或厕所粪便污染，就会使水中微生物数量骤增，水中不仅会含有细菌、病毒、真菌、钩端螺旋体，还可能会含有寄生虫。用这种水进行食品生产会造成严重的微生物污染，同时还可能造成其他有毒物质对食品的污染。

2）通过空气污染。空气中的微生物可能来自土壤、水、人及动植物的脱落物和呼吸道、消化道的排泄物，它们可随着灰尘、水滴的飞扬或沉降而污染食品。人体的痰沫、鼻涕与唾液的小水滴中所含有的微生物包括病原微生物，当有人讲话、咳嗽或打喷嚏时均可直接或间接地污染食品。人在讲话或打喷嚏时，距人体 1.5 m 内的范围是直接污染区，大的水滴可悬浮在空气中达 30 min 之久，小的水滴可在空气中悬浮 4～6 h，因此食品暴露在空气中被微生物污染是不可避免的。

3）通过人及动物接触污染。从事食品生产的人员，如果身体、衣帽不经常清洗，不保持清洁，就会有大量的微生物附着其上，通过皮肤、毛发、衣帽与食品接触而造成污染。在食品的加工、运输、储藏及销售过程中，如果被鼠、蝇、蟑螂等直接或间接接触，同样会造成食品的微生物污染。试验证明，每只苍蝇带有数百万个细菌，80%的苍蝇肠道中带有痢疾杆菌，鼠类粪便中带有沙门氏菌、钩端螺旋体等病原微生物。

4）通过加工设备及包装材料污染。在食品的生产加工、运输、储藏过程中所使用的各种机械设备及包装材料，在未经消毒或灭菌前，总是会带有不同数量的微生物而成为微生物污染食品的途径。在食品生产过程中，通过不经消毒灭菌的设备越多，造成微生物污染的机会也越多。已经过消毒灭菌的食品，如果使用的包装材料未经过无菌处理，则会造成食品的重新污染。

2. 污染食物的微生物的主要来源

（1）土壤

土壤中含有大量的可被微生物利用的碳源和氮源，还含有大量的硫、磷、钾、钙、镁等无机元素及硼、钼、锌、锰等微量元素，加之土壤具有一定的保水性、通气性及适宜的酸碱度（pH 值为 3.5～10.5），土壤温度变化范围通常在 10～30℃，而且表面土壤的覆盖可以保护微生物免遭太阳紫外线的危害。可见，土壤为微生物的生长繁殖提供了有利的营养条件和环境条件。因此，土壤素有"微生物的天然培养基"和"微生物大本营"之称。

土壤中的微生物数量可达 $10^7 \sim 10^9$ 个/g。土壤中的微生物种类十分庞杂，其中细菌占有比例最大，可达 70%～80%，放线菌占 5%～30%，其次是真菌、藻类和原生动物。不同土壤中微生物的种类和数量有很大差异，在地面下 3～25 cm 是微生物最活跃的场所，肥沃的土壤中微生物的数量和种类较多，果园土壤中酵母的数量较多。土壤中的微生物除了自身发展外，分布在空气、水和人及动植物体的微生物也会不断进入土壤中。许多病原微生物就是随着动植物残体以及人和动物的排泄物进入土壤的。因此，土壤中的微生物既有非病原的，也有病原的。通常，无芽孢菌在土壤中生存的时间较短，有芽孢菌在土壤中生存时间较长。例如，沙门氏菌只能生存数天至数周，炭疽芽孢杆菌却能生存数年甚至更长时间。同时土壤中还存在着能够长期生活的土源性病原菌。霉菌及放线菌的孢子在土壤中也能生存较长时间。

（2）空气

空气中不具备微生物生长繁殖所需的营养物质和充足的水分条件，加之室外经常接收来自日光的紫外线照射，所以空气不是微生物生长繁殖的场所。然而空气中也确实含有一定数量的微生物，这些微生物是随风飘扬而悬浮在大气中或附着在飞扬起来的尘埃或液滴上的。这些微生物可来自土壤、水、人和动植物体表的脱落物和呼吸道、消化道的排泄物。

空气中的微生物主要为霉菌、放线菌的孢子和细菌的芽孢及酵母。不同环境空气中微生物的数量和种类有很大差异。空气中的尘埃越多，污染的微生物也越多；公共场所、街道、畜舍、屠宰场及通气不良处的空气中微生物的数量较高。室内污染严重的空气微生物数量可达 10^6 个/m³，海洋、高山、乡村、森林等空气清新的地方微生物的数量较少。

空气中有时也会含有一些病原微生物。这些病原微生物有的间接地来自地面，有的直接地来自人或动物的呼吸道，如结核杆菌、金黄色葡萄球菌、沙门氏菌、流感嗜血杆菌和病毒等一些呼吸道疾病的病原微生物，可以随着患者口腔喷出的飞沫小滴散布于空气中。

（3）水

自然界中的江、河、湖、海等各种淡水与咸水水域中都生存着相应的微生物。由于不同水域中的有机物和无机物种类和含量、温度、酸碱度、含盐量、含氧量及不同深度光照度等的差异，使得各种水域中的微生物种类和数量存在明显差异。通常水中微生物的数量主要取决于水中有机物质的含量，有机物质含量越多，其中微生物的数量也就越大。

淡水域中的微生物可分为两大类型：一类是清水型水生微生物，这类微生物习惯于在洁净的湖泊和水库中生活，以自养型微生物为主，可被看作是水体环境中的土居微生物，如硫细菌、铁细菌、衣细菌及含有光合色素的蓝细菌、绿硫细菌和紫细菌等。也有部分腐生性细菌，如色杆菌属（*Chromobacterium*）、无色杆菌属（*Achromobacter*）和微球菌属（*Micrococcus*）的一些种就能在低含量营养物的清水中生长。霉菌中也有一些水生性种类，如水霉属（*Saprolegnia*）和绵霉属（*Achlya*）的一些种可以生长于腐烂的有机残体上。此外，还有单细胞和丝状的藻类以及一些原生动物常在水中生长，通常它们的数量不大。另一类是腐败型水生微生物，它们是随腐败的有机物质进入水域，获得营养而大量繁殖的，是造成水体污染、传播疾病的重要原因。其中数量最大的是 G⁻ 细菌，如变形杆菌属（*Proteus*）、大肠杆菌、产气肠杆菌（*Enterobacter aerogenes*）和产碱杆菌属（*Alcaligenes*）等，还有芽孢杆菌属、弧菌属（*Vibrio*）和螺菌属（*Spirillum*）中的一些种。当水体受到土壤和人畜排泄物的污染后，会使肠道菌的数量增加，如大肠杆菌、粪链球菌（*Streptococcus faecalis*）和魏氏梭菌（*Clostridium welchii*）、沙门氏菌、产气荚膜芽孢杆菌（*B. perfringens*）、炭疽杆菌（*B. anthracis*）、破伤风芽孢杆菌（*B. tetani*）。污水中还会有纤毛虫类、鞭毛虫类和根足虫类原生动物。进入水体的动植物致病菌，因水体环境条件不能完全满足其生长繁殖的要求，通常难以长期生存，但也有少数病原菌可以生存达数月之久。

海水中也含有大量的水生微生物，主要是细菌，它们均具有嗜盐性。近海中常见的细菌有假单胞菌、无色杆菌、黄杆菌、微球菌属、芽孢杆菌属和噬纤维菌属（*Cytophaga*），它们能引起海产动植物的腐败，有的是海产鱼类的病原菌。海水中还存在有可引起人类食物中毒的病原菌，如副溶血性弧菌（*Vibrio parahaemolyticus*）。矿泉水及深井水中通常含有很少的微生物数量。

（4）人及动物体

人体及各种动物（如犬、猫、鼠等）的皮肤、毛发、口腔、消化道、呼吸道均带有大量的微生物，如未经清洗的动物被毛，皮肤微生物数量可达 $10^5 \sim 10^6$ 个/cm^2。当人或动物感染了病原微生物后，体内会存在不同数量的病原微生物，其中有些菌种是人畜共患病原微生物，如沙门氏菌、结核杆菌、布氏杆菌（*Bacterium burgeri*）。这些微生物可以通过直接接触或通过呼吸道和消化道向体外排出而污染食品。

蚊、蝇及蟑螂等各种昆虫也都携带有大量的微生物，其中可能有多种病原微生物，它们接触食品同样会造成微生物的污染。

（5）加工机械及设备

各种加工机械设备本身没有微生物所需的营养物质，但在食品加工过程中，由于食品的汁液或颗粒黏附于内表面，食品生产结束时机械设备没有得到彻底的灭菌，使原本少量的微生物得以在其上大量生长繁殖，成为微生物的污染源。这种机械设备在后来的使用中会通过与食品接触而造成食品的微生物污染。装运易腐败食品的运输工具和容器，如果在用过后未进行彻底的清洗和消毒而连续使用，就会使运输工具和容器中残留较多数量的微生物，从而造成以后装用食品的污染。

（6）包装材料

如果处理不当，各种包装材料也会带有微生物。一次性包装材料通常比循环使用的材料所带有的微生物数量要少。塑料包装材料由于带有电荷会吸附灰尘及微生物。而已经消毒或无菌的食品，如果使用材料不洁净的包装容器，也会使含菌不多的食品或无菌的食品重新遭受污染，这样甚至会造成食品一经包装完毕即已经成为不符合卫生质量指标的食品。

（7）原料及辅料

1) 动物性原料。屠宰前健康的畜禽具有健全而完整的免疫系统,能有效地防御和阻止微生物的侵入和在肌肉组织内扩散。所以正常机体组织内部(包括肌肉、脂肪、心、肝、肾等)一般是无菌的,而畜禽体表、被毛、消化道、上呼吸道等器官总是有微生物存在,如未经清洗的动物被毛、皮肤微生物数量可达 $10^5 \sim 10^6$ 个/cm²。如果被毛和皮肤污染了粪便,微生物的数量会更多。刚排出的家畜粪便微生物数量可多达 10^7 个/g、瘤胃成分中微生物的数量可达 10^9 个/g。

屠宰后的畜禽即丧失了先天的防御机能,微生物侵入组织后迅速繁殖。屠宰过程卫生管理不当将造成微生物广泛污染的机会。最初污染微生物是在使用非灭菌的刀具放血时,将微生物引入血液中的,随着血液短暂的微弱循环而扩散至胴体的各部位。在屠宰、分割、加工、储存和肉的配销过程中的每一个环节,微生物的污染都可能发生。

健康禽类所产生的鲜蛋内部本应是无菌的,但是鲜蛋中经常可发现微生物存在,即使是刚产出的鲜蛋也是如此。微生物污染的来源主要有以下方面。

①卵巢内。病原菌通过血液循环进入卵巢,在蛋黄形成时进入蛋中。常见的感染菌有雏沙门氏菌(*S. pullora*)、鸡沙门氏菌(*S. gallinarum*)等。

②排泄腔(生殖道)。禽类的排泄腔内含有一定数量的微生物,当蛋从排泄腔排出体外时,由于蛋内遇冷收缩,附在蛋壳上的微生物可穿过蛋壳进入蛋内。

③环境。鲜蛋蛋壳的屏障作用有限,蛋壳上有许多大小为 $4 \sim 6 \mu m$ 的气孔,外界的各种微生物都有可能进入,特别是储存期长或经过洗涤的蛋,在高温、潮湿的条件下,环境中的微生物更容易借水的渗透作用侵入蛋内。

刚生产出来的鲜乳总是会含有一定数量的微生物,这是由于即使是健康乳畜的乳房内,也可能生存有一些细菌,特别是乳头管及其分支,常生存着特定的乳房菌群。这些菌群主要有微球菌属、链球菌属、乳杆菌属。当乳畜患乳腺炎时,乳房内还会含有引起乳腺炎的病原菌,如无乳链球菌(*Str. agalactia*)、化脓棒状杆菌(*Cor. pyogenes*)、乳房链球菌和金黄色葡萄球菌等。患有结核或布氏杆菌病时,乳中可能有相应的病原菌存在。

鱼类生活在水域中,由于水域中含有多种微生物,所以鱼的体表、鳃、消化道内都有一定数量的微生物。活鱼体表每平方厘米附着的细菌有 $10^2 \sim 10^7$ 个,每毫升鱼的肠液中含细菌数为 $10^5 \sim 10^8$ 个。因此,刚捕捞的鱼体所带有的细菌主要是水生环境中的细菌,主要有假单胞菌属、黄色杆菌属、无色杆菌属等。淡水中的鱼还有产碱杆菌属、气单胞菌属和短杆菌属(*Brevibacterium*)等。

近海和内陆水域中的鱼可能受到人或动物的排泄物污染,而带有病原菌如副溶血性弧菌。它们在鱼体上存在的数量不多，不会直接危害人类健康，但如储藏不当，病原菌大量繁殖后可引起食物中毒。在鱼上发现的病原菌还可能有沙门氏菌、志贺氏菌和霍乱弧菌、红斑丹毒丝菌、产气荚膜梭菌，它们也是由环境污染的。捕捞后的鱼类在运输、储存、加工、销售等环节中，还可能进一步被陆地上的各种微生物污染。这些微生物主要有微球菌属和芽孢杆菌属，其次还有变形杆菌、大肠杆菌、赛氏杆菌、八叠球菌及梭状芽孢杆菌。

2）植物性原料。健康的植物在生长期与自然界广泛接触，其体表存在有大量的微生物，所以收获后的粮食一般都含有其原来生活环境中的微生物。据测定，每克粮食含有几千个细菌。这些细菌多属于假单胞菌属、微球菌属、乳杆菌属和芽孢杆菌属等。此外，粮食中还含有相当数量的霉菌孢子，主要是曲霉属、青霉属、交链孢霉属、镰刀霉属等，还有酵母菌。植物体表还会附着有植物病原菌及来自人畜粪便的肠道微生物及病原菌。

感染病后的植物组织内部会存在大量的病原微生物，这些病原微生物是在植物的生长过程中通过根、茎、叶、花、果实等不同途径侵入组织内部的。果蔬汁是以新鲜水果为原料，经加工制成的。由于果蔬原料本身带有微生物，而且在加工过程中还会再次感染，所以制成的果蔬汁中必然存在大量微生物。果汁的 pH 值一般在 2.4～4.2，糖度较高，因而在果汁中生存的微生物主要是酵母菌，其次是霉菌和极少数的细菌。

粮食在加工过程中，经过洗涤和清洁处理，可除去籽粒表面上的部分微生物，但某些工序可使其受环境、机具及操作人员携带的微生物再次污染。多数市售面粉的细菌含量为每克几千个，同时还含有 50～100 个霉菌孢子。

三、控制微生物的主要措施

微生物污染是导致食品腐败变质的首要原因，生产中必须采取综合措施才能有效地控制食品的微生物污染。

1. 加强生产环境的卫生管理

食品加工厂和畜禽屠宰场必须符合卫生要求，及时清除废物、垃圾、污水和污物等；生产车间、加工设备及工具要经常清洗、消毒，严格执行各项卫生制度。操作人员必须定期进行健康检查，患有传染病者不得从事食品生产；工作人员要保持个人卫生及工作服的清洁。生产企业应有符合卫生标准的水源。

2. 严格控制加工过程中的污染

自然界中微生物的分布极广，要杜绝食品的微生物污染是很难办到的。因此，在食品加工、储藏、运输过程中尽可能减少微生物的污染，对防止食品腐败变质就显得十分重要。运用健康无病的动植物原料，不使用腐烂变质的原料，采用科学卫生的处理方法进行分割、冲洗；食品原料如不能及时处理，需采用冷藏、冷冻等有效方法加以储藏，避免微生物的大量繁殖。食品加工中的灭菌条件，要能满足商业灭菌的要求。使用过的生产设备、工具要及时清洗、消毒。

3. 注意储藏、运输和销售卫生

食品的储藏、运输及销售过程中也应防止微生物的污染，控制微生物的大量生长；采用合理的储藏方法，保持储藏环境符合卫生标准。运输车辆应做到专车专用，有防尘装置，车辆应经常清洗消毒。

第 2 节　食物中毒的概念及种类

一、食物中毒概念

食物中毒（food poisoning）是指人体因食用了含有有害微生物或微生物毒素、化学性有害物质而出现的非传染性的中毒。食物中毒潜伏期短，来势急剧，常集体性暴发，短时间内有很多人同时发病，且有相同的临床表现；一般人和人之间不直接传染。

食物中毒有多种多样，按食物中毒的病因分为微生物性食物中毒、动植物性毒素中毒、化学性食物中毒等。根据引起食物中毒的微生物类群不同，微生物性食物中毒又分为细菌性食物中毒和真菌性食物中毒，属于食源性疾病的范畴。食物中毒既不包括因暴饮暴食而引起的急性胃肠炎、食源性肠道传染病（如伤寒）和寄生虫病（如囊虫病），也不包括因一次大量或者长期少量摄入某些有毒有害物质而引起的以慢性毒性为主要特征（如致畸、致癌、致突变）的疾病。食物中毒通常是在不知情的情况下发生的。

二、常见食物中毒种类及危害

1. 种类

（1）细菌性食物中毒

近几年来统计资料表明，我国发生的细菌性食物中毒在食物中毒中较为常见，特别是沙门氏菌食物中毒，其次为副溶血性弧菌、蜡样芽孢杆菌食物中毒。细菌性食物中毒可分为感染型食物中毒、毒素型食物中毒和混合型食物中毒。

1）感染型食物中毒。感染型食物中毒是指食物被污染并繁殖了大量食物中毒性微生物（包括病原菌和条件致病菌），如沙门氏菌、致病性大肠杆菌、副溶血性弧菌、变形杆菌、蜡样芽孢杆菌、魏氏梭菌、耶尔森氏菌、嗜盐菌、枯草杆菌及球菌等，这种含有大量活菌（一般含菌数在 10^7 个/g 以上）的食物被摄入机体后，引起一系列消化道症状的现象，称为感染型食物中毒，此类中毒是由细菌本身引起的。

发病机制：病原菌随食物进入肠道，在肠道内继续生长繁殖，靠其侵袭力附于肠黏膜或侵入黏膜及黏膜下层，引起肠黏膜充血、白细胞浸润、水肿、渗出等炎性病理变化。某些病原菌（如沙门氏菌）进入黏膜固有层后可被吞噬细胞吞噬或杀灭，病原菌菌体裂解后释放出内毒素，内毒素可作为致热源刺激体温调节中枢引起体温升高，也可协同致病菌作用于肠黏膜，引起腹泻等胃肠道症状。

2）毒素型食物中毒。食物被能产生毒素的微生物（如葡萄球菌、肉毒梭菌、魏氏梭菌等）污染，并在适宜的条件下生长繁殖，产生了某种毒素，这种毒素随同污染的微生物一起或单独随食物被摄入人体后，所引起的一系列中毒现象，称为毒素型食物中毒。此种中毒主要是细菌产生的大量毒素所引起的，如葡萄球菌肠毒素、魏氏梭菌毒素引起的食物中毒及肉毒毒素引起的食物中毒等，均属于毒素型食物中毒。

3）混合型食物中毒。有的细菌性食物中毒既具有感染型食物中毒的特征，又具有毒素型食物中毒的特征，称为混合型食物中毒。如魏氏梭菌、蜡样芽孢杆菌引起的食物中毒。这种中毒在检验时，应特别重视对其毒素的测定。副溶血性弧菌等病原菌，进入肠道除侵入黏膜引起肠黏膜的炎性反应外，还可以产生肠毒素引起急性胃肠道症状。这类病原菌引起的食物中毒是致病菌对肠道的侵入及其产生的肠毒素的协同作用，因此其发病机制为混合型。

（2）霉菌毒素性食物中毒

霉菌毒素性食物中毒是指某些霉菌（如黄曲霉菌、赭曲霉菌）污染了食品，并在适宜条件下繁殖，同时产生了毒素，这些毒素达到一定量后，随被污染的食品一同摄入人体内而引起的食物中毒。当霉菌毒素的量很少时，还不至于引起食物中毒。但长期少量摄入某种霉菌毒素，则可导致癌症或发生"三致"（致癌、致畸、致突变）作用。因此，要禁止使用发霉的原料生产食品和使用发霉的饲料饲养动物。

2. 危害

（1）感染型食物中毒的临床特征

1）潜伏期短。一般几小时到 24 h，平均为 12 h 左右，潜伏期长短主要与进入机体的细菌量及个体体质状况有关。

2）病程短。通常为 1～3 天，个别细菌可长达 7～14 天，如沙门氏菌为 3～7 天、小肠结肠炎耶尔森氏菌为 3～14 天，溶血性链球菌为 2～7 天等。

3）发病症状以急性胃肠炎为主。表现为恶心、呕吐、腹泻，体温升高、头痛等，从病人和原因食品中均可分离出相同的病原微生物。

（2）毒素型食物中毒的临床特征

1）潜伏期长短不一。如金黄色葡萄球菌肠毒素所引起的中毒潜伏期为 2～5 h、肉毒素中毒潜伏期为 2 h～10 天甚至 10 天以上。

2）病程长短不一。如金黄色葡萄球菌毒素中毒能够迅速痊愈，而肉毒毒素中毒则恢复很慢，一般为 2～3 天，长的达 2～3 周。

3）胃肠型症状不明显。如葡萄球菌肠毒素所引起的中毒虽有频繁的呕吐、腹痛，但腹泻很少见，体温正常或微升高。肉毒毒素所引起的中毒，虽然初期表现为恶心、呕吐，有时有腹泻，但其主要症状为痉挛乏力神经失调、分泌机能失调等神经症状和虚脱，出现不能抬头、瞳孔放大、光反应迟钝、言语困难、吞咽不易、呼吸不畅等。

三、微生物食物中毒特点

虽然食物中毒的原因不同，症状各异，但一般都具有如下流行病学和临床特征。

1. 与饮食有关，不吃者不发病

与食物有密切的关系，所有病人都食过同一种食物。

2. 引起中毒的原因食品除掉后，不再有新的患者发生

人与人之间没有直接传染，当停食该种食物后，发病即可控制。

3. 发病呈暴发性

潜伏期短，进食后 0.5～24 h 相继发病，来势急剧，短时间内可能有大量病人同时发病。微生物性食物中毒和其他食物中毒一样，突然发生，根据食用原因、食品的人数不同，可有数百人至数千人同时发病，而且表现出的临床症状一致。

4. 发病季节性强

一般多发生在 4 月至 10 月，6 月至 9 月进入高峰期，这主要与这段时间气温高、微生物易于生长繁殖和人们的饮食习惯（吃凉食、冷饮较多）有关。

5. 中毒症状以急性胃肠炎为主，不具有传染性

微生物性食物中毒中经常发生的是细菌性食物中毒，所有病人都有急性胃肠炎的相同或相似的症状，因此在症状上多数具有恶心、呕吐、腹痛、腹泻等急性胃肠炎症状，而且不相互传染。

6. 从病人和原因食品中均可检测到同样的病原微生物或微生物毒素

发生微生物性食物中毒时，都能从病人急性发病期的呕吐物、血液及后期的粪便中和引起中毒的食品中分离到同一血清型的微生物或微生物毒素。

四、微生物中毒的主要原因

发生微生物性食物中毒的根本原因是食品受到了某些微生物或微生物毒素的污染。微生物污染的原因有内源性污染和外源性污染，其中外源性污染是经常性的和主要的，概括起来主要有以下几个方面。

1. 食品原料受到了污染

原料选择不严格，可能食品本身有毒，或受到大量活菌及其毒素污染，或食品已经腐败变质。

2. 生产、加工、运输、销售及食用过程中的污染

食品在生产、加工、运输、储存、销售等过程中不注意卫生、生熟不分造成食品污染，食用前又未充分加热处理；食品保存不当，致使食品霉变等都可造成食物中毒。

3. 加工方法不当

主要是某些大块食品在烧煮时时间太短或温度太低，内部温度不够，不足以杀死微生物，或油炸食品时中心未熟透等。

4. 交叉污染

在食品制作时，发生了生熟食品交叉污染，如盛放过生食品的容器、用具、刀板等与熟食品发生了接触，导致生食品中的某些微生物污染到熟食品上，这种熟食品在食用前没有经过再加热或加热温度不足以杀灭污染的微生物。

5. 工作人员的污染

接触食品的工作人员的个人卫生状况不良，如患有某种肠道传染病或带菌，个人卫生不好，都可以将这种病原微生物污染到食品上而导致食物中毒或食物感染。

五、食物中毒的预防

1. 食物中毒的预防原则

微生物性食物中毒常常给人类带来严重的危害，是食品卫生检验的重要内容之一。

（1）严格执行有关法规。

严格遵守《中华人民共和国食品安全法》和其他有关的条例、规定，以及各地区制定的各种规定与卫生要求，加强食品卫生的检验与监督工作。

（2）严格防止食品污染。

（3）控制微生物在食品上的繁殖。

一般食物中毒性细菌的最适生长温度为 35～37℃，绝大部分在低温下即停止繁殖或缓慢繁殖，因此，低温储存食品是控制污染微生物在食品上繁殖的重要措施。

（4）杀灭污染食品中的微生物。

杀灭食品中微生物的方法很多，如降低食品的 pH 值、提高食品的渗透压（盐腌、糖渍）、采用紫外线照射或其他辐射线照射和加热灭菌等。其中加热灭菌法对微生物的杀灭最为彻底，这在食品罐头生产中已广泛应用。

（5）加强食品卫生检验和宣传工作。

2. 食物的选购

（1）不要购买那些没有受到适当保护的食物（例如挂在店铺外边的烧味卤味和没有盖好的熟食等）。

（2）不要光顾无证摊点和熟食小贩或从他们那里购买熟食或生冷食物（因为他们烹调食物的环境和方法大多不符合卫生要求）。

（3）生吃的食物（如刺身和生蚝），应向符合卫生要求和信誉良好的店铺购买，以确保品质优良。

（4）选购包装好的食品和罐头时，要注意包装上是否标明有效日期和制造日期，未标明生产日期和保质期的食品不要购买，因为无法证明食品是否仍在有效期限内。选购罐头时，还要注意罐头的外观是否变形。

（5）选购蔬菜水果，不要只关注蔬果的完美外表，因为过分完美的外表往往是大量喷洒农药的结果。

3. 食物的处理

（1）一般的细菌只能存活于正常的室温，在过高或过低的温度下，细菌不易繁殖，因此充分地将食物煮熟，是保障饮食卫生的最好方式。

（2）将熟食物与生食物分开处理和储存（以免相互污染）。煮食所使用的器皿、刀具、抹布、砧板也是细菌容易滋生的地方，需保持清洁干净，应该使用两套不同的刀具、砧板分别处理生食和熟食，以避免交叉污染。

（3）选择新鲜的食品后，彻底洗净食品及相关处理用具。蔬果清洗的主要目的是去除表面灰尘、寄生虫，更重要的是将蔬果表面上的农药残留洗干净，以避免农药中毒。洗蔬果最好的方法是先用水浸泡，再仔细清洗。

4. 食物的储存

（1）准备好的食物应即时食用。细菌繁殖和产生毒素的主要因素是温度和时间，只有在适宜的温度和足够时间条件下，细菌才能大量繁殖或产生毒素。因此，降低温度和缩短储存时间是预防细菌性食物中毒的一项重要措施。

（2）剩余的食物最好弃置，如要保留，应在4℃或以下保藏。目前家庭保存食品多利用冰箱，但冰箱内不可放置太多的东西，否则冰箱内冷空气无法正常循环，会影响冰箱冷藏的效果，造成冷藏食品的腐败。

（3）冰冻的肉类和禽类在烹调前应彻底化冻，再充分加热煮透后方可食用。已化冻的肉禽及鱼类不宜再次保存，鱼、肉等罐头食品保存期不得超过一年。

综上所述，预防食物中毒的原则就是：新鲜、清洁、迅速、加热及冷藏。

六、食品卫生的微生物指标

目前，食品卫生标准中的微生物指标一般分为菌落总数、大肠菌群和致病菌等。

1. 菌落总数

菌落总数（aerobic plate count）是指食品检样经过处理，在一定条件（如培养基、培养温度和培养时间等）下培养后，所得每克（或毫升）检样中形成的细菌菌落总数。一般采用平皿菌落计数法测定食品中的活菌数。

2. 大肠菌群

大肠菌群（coliforms）是指一群在37℃下经24 h能发酵乳糖，并产酸产气，需氧或兼性厌氧生长的革兰氏阴性的无芽孢杆菌。其中包括有大肠杆菌、产气杆菌和一些中间类型的细菌。这群细菌能在含有胆盐的培养基上生长。

由于大肠菌群都是直接或间接地来自人与温血动物的粪便，来自粪便以外的极为罕见，所以大肠菌群作为食品卫生标准的意义在于，它是较为理想的粪便污染的指示菌群。另外，肠道致病菌（如沙门氏菌属和志贺氏菌属等），对食品安全性威胁很大。经常检验致病菌有一定困难。而食品中的大肠菌群较容易检验出来，肠道致病菌与大肠菌群的来源相同，而且在一般条件下大肠菌群在外环境中生存时间也与主要肠道致病菌一致。所以大肠菌群的另一重要食品卫生意义是作为肠道致病菌污染食品的指示菌。

测定大肠菌群数量的方法，通常采用稀释平板法，以每 100 mL（g）食品检样内大肠菌群的最近似值（most probable number，MPN）表示，是基于泊松分布的一种间接计数方法。

3. 致病菌

致病菌是指肠道致病菌、致病性球菌、沙门氏菌等。食品中不允许有致病菌存在，这是食品卫生质量指标中必不可少的标准之一。致病菌种类繁多，随食品的加工、储藏条件各异，因此被致病菌感染的情况是不同的。如何检验食品中的致病菌，只有根据不同食品可能污染的情况来进行针对性的检查。例如禽、蛋、肉类食品必须进行沙门氏菌的检查，酸度不高的罐头必须进行肉毒梭菌的检查，发生食物中毒时必须根据当时当地传染病的流行情况，对食品进行有关致病菌的检查，如沙门氏菌、志贺氏菌、变形杆菌、葡萄球菌等的检查；果蔬制品还应进行霉菌计数。

有些致病菌能产生毒素，毒素的检查也是一项不容忽视的指标，因为有时当菌体死亡后，毒素还继续存在。毒素的检查一般采用动物实验法，确定其最小致死量、半数致死量等指标。总之，病原微生物及其代谢产物的检查都属致病菌检验内容。以沙门菌属（*Salmonella*）为例，沙门菌属分属肠杆菌科，是一种重要的肠道致病菌，可引起人类的伤寒、副伤寒、感染性腹泻、食物中毒和医院内感染，并引起动物发生沙门菌病等。典型的沙门菌具有两种抗原结构，沙门氏菌具有复杂的抗原结构，一般可分为菌体（O）抗原、鞭毛（H）抗原和表面（Vi）抗原三种。

第 3 节　食品微生物的检测

一、菌落总数

1. 菌落总数的概念及卫生意义

食品中细菌数量越多，食品腐败变质的速度就越快，甚至可引起食用者的不良反应。菌落是指细菌在固体培养基上生长繁殖而形成的能被肉眼识别的生长物，它是由数以万计相同的细菌集合而成的。细菌数量的表示方法由于所采用的计数方法不同而有菌落总数和细菌总数两种。

（1）菌落总数

菌落总数指一定数量或面积的食品样品，在一定条件下进行细菌培养，使每一个活菌只能形成一个肉眼可见的菌落，然后进行菌落计数所得的菌落数量。通常以 1 g、1 mL 或 1 cm² 样品中所含的菌落数量来表示。

按国家标准方法规定，即在需氧情况下，37℃培养48 h，能在普通营养琼脂平板上生长的细菌菌落总数，所以厌氧或微需氧菌、有特殊营养要求的以及非嗜中温的细菌，由于条件不能满足其生理需求，故难以繁殖生长。因此菌落总数并不表示实际中的所有细菌总数，菌落总数并不能区分其中细菌的种类，所以有时被称为杂菌数、需氧菌数等。

（2）细菌总数

细菌总数指一定数量或面积的食品样品，经过适当的处理后，在显微镜下对细菌进行直接计数，其中包括各种活菌数和尚未消失的死菌数。细菌总数也称细菌直接显微镜数，通常以 1 g、1 mL 或 1 cm² 样品中的细菌总数来表示。

菌落总数测定是用来判定食品被细菌污染的程度及卫生质量的。细菌总数在食品中有两方面的食品卫生意义：一方面反映食品在生产过程中是否符合卫生要求，以便对被检样品做出适当的卫生学评价，菌落总数的多少在一定程度上标志着食品卫生质量的优劣；另一方面可以用来预测食品可能存放的期限。食品中细菌数较多，将加速食品的腐败变质，甚至可引起食用者的不良反应。

2. 菌落总数的常规检验法

菌落总数的常规检验程序如图 6—1 所示：一般将被检样品制成几个不同的 10 倍递增稀释液，然后从每个稀释液中分别取出 1 mL 置于灭菌平皿中与平板计数琼脂培养基混合，在一定温度下，培养一定时间后（一般为 48 h），记录每个平皿中形成的菌落数量，依据稀释倍数，计算出每克（或每 mL）原始样品中所含细菌菌落总数。

（1）样品的处理和稀释

如系固体样品，取样时不应集中一点，宜多采几个部位。固体样品必须经过均质或研磨，液体样品须经过振摇，以获得均匀稀释液。样品稀释液主要是灭菌生理盐水，有的采用磷酸盐缓冲液（或 0.1％蛋白胨水），后者对食品已受损伤的细菌细胞有一定的保护作用。如对含盐量较高的食品（如酱油）进行稀释，可以采用灭菌蒸馏水。样品如果有包装，应用 75％乙醇在包装开口处擦拭后取样。操作应当在超净工作台或经过消毒处理的无菌室进行。琼脂平板在工作台暴露 15 min，每个平板不得超过 15 个菌落。

（2）倾注培养

1）根据对样品污染状况的估计，选择 2～3个适宜稀释度的样品匀液（液体样品可包括原液），在进行 10 倍递增稀释时，吸取 1 mL 样品液均匀涂布于无菌平皿内，每个稀释度做两个平皿。同时，分别吸取 1 mL 空白稀释液加入两个无菌平皿内作空白对照。将 15～20 mL 冷却至46℃的平板计数琼脂培养基放置于倾注平皿，并转动平皿使其混合均匀。待琼脂凝固后，将平板翻转，（36±1）℃培养（48±2）h。取出计算平板内菌落数目，乘以稀释倍数，即得每克（每毫升）样品所含菌落总数。如果样品中可能含有在琼脂培养基表面弥漫生长的菌落时，可在凝

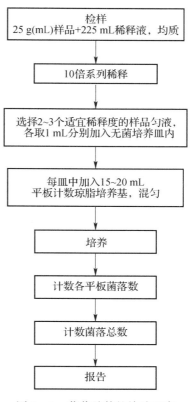

图 6—1 菌落总数的检验程序

固后的琼脂表面覆盖一薄层琼脂培养基（约 4 mL），凝固后翻转平板，按特定条件进行培养。

2）为使菌落能在平板上均匀分布，检液加入平皿后，应尽快倾注培养基并旋转混匀，可正反两个方向旋转，检样从开始稀释到倾注最后一个平皿所用时间不宜超过 20 min，以防止细菌有所死亡或繁殖。

3）培养温度一般为 37℃（由于水产品的生活环境水温较低，所以水产品的培养温度多采用 30℃）。培养时间一般为 48 h，有些方法只要求 24 h 的培养即可计数。培养箱应保持一定的湿度，琼脂平板培养 48 h 后，培养基失重不应超过 15％。

4）为了避免食品中的微小颗粒或培基中的杂质与细菌菌落发生混淆，不易分辨，可同时作一稀释液与琼脂培基混合的平板，不经培养，而于 4℃环境中放置，以便计数时作对照观察。

3. 菌落总数的其他检验法

菌落总数的检验方法还有涂布平板法、点滴平板法、螺旋平板法。

（1）涂布平板法

是将营养琼脂制成平板，经 50℃下 1～2 h 或 35℃下 18～20 h 干燥后，在上面滴加检样稀释液 0.2 mL，用"L"棒涂布于整个平板的表面，放置约 10 min，将平板翻转，放至（36±1）℃温箱内培养（24±2）h［水产品用 30℃培养（48±2）h］后取出，进行菌落计数，然后乘以 5（由 0.2 mL 换算为 1 mL），再乘以样品稀释液的倍数，即得每克或每毫升检样所含菌落数。

这种方法比常规检验法效果好。因为菌落生长在表面，便于识别和检查其形态，虽检样中含有食品颗粒，也不会发生混淆。但是本法取样量比常规检验法少，代表性会受到一定影响。

（2）点滴平板法

与涂布平板法相似。不同的是点滴平板法只是用标定好的微量吸管或注射器针头按滴（使每滴相当于 0.025 mL）将检样稀释液滴加于琼脂平板上固定的区域（预先在平板背面用标记笔画成四个区域）。每个区域滴 1 滴，每个稀释度滴两个区域，作为平行试验。滴加后，将平板放平约 10 min，然后翻转平板，如涂布平板法加样移入温箱中，培养 6～8 h 后进行计数，将所得菌落数乘以 40（由 0.025 mL 换算为 1 mL），再乘以样品的稀释倍数，即得每克或每毫升检样所含菌落数。

4. 菌落总数检验的标准《食品安全国家标准　食品微生物学检验　菌落总数测定》（GB 4789.2—2010）

（1）样品的稀释

1）固体和半固体样品。称取 25 g 样品置盛有 225 mL 磷酸盐缓冲液或生理盐水的无菌均质杯内，8 000～10 000 r/min 均质 1～2 min，或放入盛有 225 mL 稀释液的无菌均质袋中，用拍击式均质器拍打 1～2 min，制成 1∶10 的样品匀液。

2）液体样品。以无菌吸管吸取 25 mL 样品置盛有 225 mL 磷酸盐缓冲液或生理盐水的无菌锥形瓶（瓶内预置适当数量的无菌玻璃珠）中，充分混匀，制成 1∶10 的样品匀液。

3）用 1 mL 无菌吸管或微量移液器吸取 1∶10 样品匀液 1 mL，沿管壁缓慢注于盛有 9 mL 稀释液的无菌试管中（注意吸管或吸头尖端不要触及稀释液面），振摇试管或换用 1 支无菌吸管反复吹打使其混合均匀，制成 1∶100 的样品匀液。

4）按 3）操作程序，制备 10 倍系列稀释样品匀液。每递增稀释一次，换用 1 次 1 mL 无菌吸管或吸头。

5）根据对样品污染状况的估计，选择 2～3 个适宜稀释度的样品匀液（液体样品可包括原液），在进行 10 倍递增稀释时，吸取 1 mL 样品匀液于无菌平皿内，每个稀释度做两个平皿。同时，分别吸取 1 mL 空白稀释液加入两个无菌平皿内作空白对照。

6）及时将 15～20 mL 冷却至 46℃的平板计数琼脂培养基［可放置于（46±1)℃恒温水浴箱中保温］倾注平皿，并转动平皿使其混合均匀。

（2）培养

1）待琼脂凝固后，将平板翻转，（36±1)℃培养（48±2）h。水产品（30±1)℃培养（72±3）h。

2）如果样品中可能含有在琼脂培养基表面弥漫生长的菌落时，可在凝固后的琼脂表面覆盖一薄层琼脂培养基（约 4 mL），凝固后翻转平板，进行培养。

（3）菌落计数

可用肉眼观察，必要时用放大镜或菌落计数器，记录稀释倍数和相应的菌落数量。菌落计数以菌落形成单位（colony-formingunits，CFU）表示。

1）选取菌落数在 30～300 CFU、无蔓延菌落生长的平板计数菌落总数。低于 30 CFU 的平板记录具体菌落数，大于 300 CFU 的可记录为"多不可计"。每个稀释度的菌落数应采用两个平板的平均数。

2）其中一个平板有较大片状菌落生长时，则不宜采用，而应以无片状菌落生长的平板作为该稀释度的菌落数；若片状菌落不到平板的一半，而其余一半中菌落分布又很均匀，即可计算半个平板后乘以 2，代表一个平板菌落数。

3）当平板上出现菌落间无明显界线的链状生长时，则将每条单链作为一个菌落计数。

（4）结果与报告

1）菌落总数的计算方法

①若只有一个稀释度平板上的菌落数在适宜计数范围内，计算两个平板菌落数的平均值，再将平均值乘以相应稀释倍数，作为每克或每毫升样品中菌落总数结果。

②若有两个连续稀释度的平板菌落数在适宜计数范围内时，按公式计算：

$$N = \sum C / (n_1 + 0.1n_2)d$$

式中　N——样品中菌落数；

$\sum C$——平板（含适宜范围菌落数的平板）菌落数之和；

n_1——第一稀释度（低稀释倍数）平板个数；

n_2——第二稀释度（高稀释倍数）平板个数；

d——稀释因子（第一稀释度）。

示例：

稀释度	1∶100（第一稀释度）	1∶1 000（第二稀释度）
菌落数（CFU）	232，244	33，35

$$n = \sum C/(n_1 + 0.1n_2)d = \frac{232 + 244 + 33 + 35}{[2 + (0.1 \times 2)] \times 10^{-2}} = \frac{544}{0.022} = 24\ 727$$

上述数据按数字修约后，表示为 25 000 或 2.5×10^4。

③若所有稀释度的平板上菌落数均大于 300 CFU，则对稀释度最高的平板进行计数，其他平板可记录为"多不可计"，结果按平均菌落数乘以最高稀释倍数计算。

④若所有稀释度的平板菌落数均小于 30 CFU，则应按稀释度最低的平均菌落数乘以稀释倍数计算。

⑤若所有稀释度（包括液体样品原液）平板均无菌落生长，则以小于 1 乘以最低稀释倍数计算。

⑥若所有稀释度的平板菌落数均不在 30～300 CFU，其中一部分小于 30 CFU 或大于 300 CFU 时，则以最接近 30 CFU 或 300 CFU 的平均菌落数乘以稀释倍数计算。

2）菌落总数的报告

①菌落数小于 100 CFU 时，按"四舍五入"原则修约，以整数报告。

②菌落数大于或等于 100 CFU 时，第 3 位数字采用"四舍五入"原则修约后，取前 2 位数字，后面用 0 代替位数；也可用 10 的指数形式来表示，按"四舍五入"原则修约后，采用两位有效数字。

③若所有平板上为蔓延菌落而无法计数，则报告菌落蔓延。

④若空白对照上有菌落生长，则此次检测结果无效。

⑤称重取样以 CFU/g 为单位报告，体积取样以 CFU/mL 为单位报告。

（5）平板计数琼脂（plate count agar，PCA）培养基

1）成分

胰蛋白胨：5.0 g。

酵母浸膏：2.5 g。

葡萄糖：1.0 g。

琼脂：15.0 g。

蒸馏水：1 000 mL。

pH 值：7.0±0.2。

2）制法。将上述成分加于蒸馏水中，煮沸溶解，调节 pH 值。分装试管或锥形瓶，121℃高压灭菌 15 min。

二、大肠菌群的检测

1. 大肠菌群 MPN 的概念及意义

（1）概念

大肠菌群并非细菌学分类命名，而是卫生细菌领域的用语，它不代表某一个或某一属细菌，而是指具有某些特性的一组与粪便污染有关的细菌，这些细菌在生化及血清学方面并非完全一致。大肠菌群是指一群在 37℃能发酵乳糖、产酸、产气、需氧和兼性厌氧的革兰氏阴性的无芽孢杆菌。从种类上讲，大肠菌群包括许多生化及血清学特性均很不相同的细菌，其中有埃希氏菌属、枸橼酸菌属、肠杆菌属和克雷伯氏菌属等。以埃希氏菌属为主，大肠菌群 MPN 是指在 100 mL（或 100 g）食品检样中所含的大肠菌群的最近似或最可能数。

大肠菌群数量的表示方法有两种：

1）大肠菌群 MPN。大肠菌群 MPN 是采用一定的方法，应用统计学的原理所测定和计算出的一种最近似数值。

2）大肠菌群值。大肠菌群值是指在食品中检出一个大肠菌群细菌时所需要的最少样品量。故大肠菌群值越大，表示食品中所含的大肠菌群细菌的数量越少，食品的卫生质量也就越好。

在上述两种表示方法中，目前国内外普遍采用大肠菌群 MPN，而大肠菌群值逐渐趋于不用。大肠菌群是评价食品卫生质量的重要指标之一，目前已被国内外广泛应用于食品卫生工作中。

（2）意义

大肠菌群作为判断食品是否被肠道致病菌所污染及污染程度指示菌的条件，主要原因在于：

1）和肠道致病菌的来源相同，并且在相同的来源中普遍存在和数量甚多，易于检出。

2）在外界环境中的生存时间与肠道致病菌相当或稍长。

3）检验方法比较简便。

人们通过大量研究发现，大肠菌群在数量和检验方面均符合指示菌的三项要求，因此，用大肠菌群作为标志食品是否已被肠道致病菌污染及其污染程度的指标菌是合适的。大肠菌群作为食品的指示菌，即是说在食品中存在的大肠菌群数量越多，表示该食品受粪便污染的程度越大，也就相应地表示该食品被肠道致病菌污染的可能性越大。

2. 大肠菌群 MPN 的常规检验方法

大肠菌群 MPN 常规的检验方法有三管系列、五管系列和其他系列，其原理相同，区别在于样品滴度和各滴度的管数。三管系列接种三个滴度，每个滴度三管；五管系列接种五个滴度，每个滴度五管。以三管系列较为简便。

我国现有两个大肠菌群检测标准，一个是国家标准（GB 4789.3—2010《食品安全国家标准　食品微生物学检验　大肠菌群计数》），另一个是专业标准（ZB SN/T 0169—2010《进出口食品中大肠菌群、粪大肠菌群和大肠杆菌检测方法》）。

大肠菌群 MPN 的常规检验方法是将不同倍数的检样稀释液接种到乳糖胆盐发酵管内，经一定的温度、时间发酵，若均不产气者则可报告为阴性；如有气产生者，则需进行分离培养，证实试验，然后查取 MPN 检索表，报告出每 100 mL（100 g）大肠菌群的最近似数。大肠菌群 MPN 的检验程序如图 6—2 所示。

（1）样品的稀释

1）固体和半固体样品。称取 25 g 样品，放入盛有 225 mL 磷酸盐缓冲液或生理盐水的无菌均质杯内，8 000～10 000 r/min 均质 1～2 min，或放入盛有 225 mL 磷酸盐缓冲液或生理盐水的无菌均质袋中，用拍击式均质器拍打 1～2 min，制成 1∶10 的样品匀液。

液体样品：以无菌吸管吸取 25 mL 样品置盛有 225 mL 磷酸盐缓冲液或生理盐水的无菌锥形瓶（瓶内预置适当数量的无菌玻璃珠）中，充分混匀，制成 1∶10 的样品匀液。

样品匀液的 pH 值应在 6.5～7.5，必要时分别用 1 mol/L 的 NaOH 或 1 mol/L 的 HCl 调节。

2）用 1 mL 无菌吸管或微量移液器吸取 1∶10 样品匀液 1 mL，沿管壁缓缓注入 9 mL 磷酸盐缓冲液或生理盐水的无菌试管中（注意吸管或吸头尖端不要触及稀释液面），振摇试管或换用 1 支 1 mL 无菌吸管反复吹打，使其混合均匀，制成 1∶100 的样品匀液。

3）根据对样品污染状况的估计，按上述操作，依次制成 10 倍递增系列稀释样品匀液。每递增稀释 1 次，换用 1 支 1 mL 无菌吸管或吸头。从制备样品匀液至样品接种完毕，全过程不得超过 15 min。

（2）乳糖初发酵试验

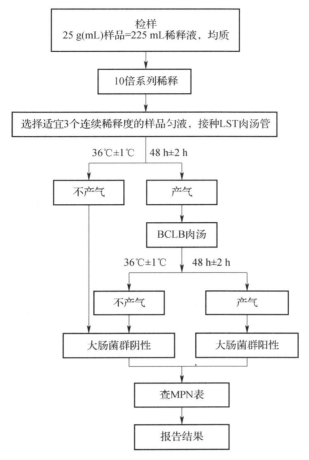

图 6—2　大肠菌群 MPN 计数法检验程序

每个样品，选择 3 个适宜的连续稀释度的样品匀液（液体样品可以选择原液），每个稀释度接种 3 管月桂基硫酸盐胰蛋白胨（LST）肉汤，每管接种 1 mL（如接种量超过 1 mL，则用双料 LST 肉汤），（36±1）℃培养（24±2）h，观察倒管内是否有气泡产生。（24±2）h 产气者进行复发酵实验；如未产气则继续培养至（48±2）h，产气者进行复发酵试验，未产气者为大肠菌群阴性。

在乳糖发酵试验工作中，经常可以看到在发酵倒管内极微小的气泡（有时比小米粒还小），有时可以遇到在初发酵时产酸或沿管壁有缓缓上浮的小气泡。实验表明，大肠菌群的产气量，多者可以使发酵倒管全部充满气体，少者可以产生比小米粒还小的气泡。如果对产酸但未产气的乳糖发酵有疑问时，可以用手轻轻拍打试管，如有气泡沿管壁上浮，即应考虑可能有气体产生，而应作进一步试验。

（3）复发酵试验

用接种环从产气的 LST 肉汤管中分别取培养物 1 环，移种于煌绿乳糖胆盐肉汤（BGLB）管中，（36±1）℃培养（48±2）h，观察产气情况。产气者，即为大肠菌群阳性管。

（4）大肠菌群最可能数（MPN）的报告

按复发酵确证的大肠菌群 LST 阳性管数，检索 MPN 表，报告每克（每毫升）样品中大肠菌群的 MPN 值。

3. 大肠菌群平板计数法

大肠菌群平板计数法检验程序如图 6—3 所示。

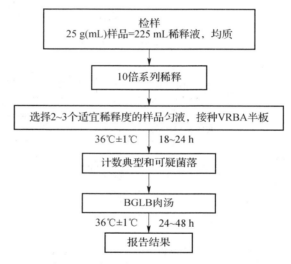

图 6—3　大肠菌群平板计数法检验程序

（1）样品的稀释

按大肠菌群 MPN 计数法检验方法进行。

（2）平板计数

1）选取 2～3 个适宜的连续稀释度，每个稀释度接种 2 个无菌平皿，每皿 1 mL。同时取 1 mL 生理盐水加入无菌平皿作空白对照。

2）及时将 15～20 mL 冷至 46℃的结晶紫中性红胆盐琼脂（VRBA）约倾注于每个平皿中。小心旋转平皿，将培养基与样液充分混匀，待琼脂凝固后，再加 3～4 mL 的 VRBA 覆盖平板表层。翻转平板，置于（36±1）℃培养 18～24 h。

（3）平板菌落数的选择

选取菌落数在 15～150 CFU 之间的平板，分别计数平板上出现的典型和可疑的大肠菌群菌落。

典型菌落为紫红色，菌落周围有红色的胆盐沉淀环，菌落直径为 0.5 mm 或更大。

（4）证实试验

从 VRBA 平板上挑取 10 个不同类型的典型和可疑菌落，分别移种于 BGLB 肉汤管内，（36±1）℃培养 24～48 h，观察产气情况。凡 BGLB 肉汤管产气，即可报告为大肠菌群阳性。

大肠菌群平板计数的报告经最后证实为大肠菌群阳性的试管比例乘以计数的平板菌落数，再乘以稀释倍数，即为每克（每毫升）样品中大肠菌群数。例：10^{-4} 样品稀释液 1 mL，在 VRBA 平板上有 100 个典型和可疑菌落，挑取其中 10 个接种 BGLB 肉汤管，证实有 6 个阳性管，则该样品的大肠菌群数为 $100\times6/10\times10^{-4}$/g（mL）＝$6.0\times10^5$ CFU/g（mL）。

4. 月桂基硫酸盐胰蛋白胨（LST）肉汤

（1）成分

1）胰蛋白胨或胰酪胨：20.0 g。

2）氯化钠：5.0 g。

3）乳糖：5.0 g。

4）磷酸氢二钾（K_2HPO_4）：2.75 g。

5）磷酸二氢钾（KH_2PO_4）：2.75 g。

6）月桂基硫酸钠：0.1 g。

7）蒸馏水：1 000 mL。

8）pH 值：6.8±0.2。

（2）制法

将上述成分溶解于蒸馏水中，调节 pH 值。分装到有玻璃小倒管的试管中，每管 10 mL。121℃高压灭菌 15 min。

5. BGLB 培养基的成分与配制方法

（1）煌绿乳糖胆盐（BGLB）肉汤

1）成分

①蛋白胨：10.0 g。

②乳糖：10.0 g。

③牛胆粉（oxgall 或 oxbile）溶液：200 mL。

④0.1％煌绿水溶液：13.3 mL。

⑤蒸馏水：800 mL。

⑥pH 值：7.2±0.1。

2）制法。将蛋白胨、乳糖溶于约 500 mL 蒸馏水中，加入牛胆粉溶液 200 mL（将 20.0 g 脱水牛胆粉溶于 200 mL 蒸馏水中，调节 pH 值至 7.0～7.5），用蒸馏水稀释到 975 mL，调节 pH 值，再加入 0.1％煌绿水溶液 13.3 mL，用蒸馏水补足到 1 000 mL，用棉花过滤后，分装到有玻璃小倒管的试管中，每管 10 mL。121℃高压灭菌 15 min。

（2）注释

大肠菌群检验中常用的抑菌剂有胆盐、十二烷基硫酸钠、洗衣粉、煌绿、龙胆紫、孔雀绿等。抑菌剂的主要作用是抑制其他杂菌，特别是革兰氏阳性菌的生长。国家标准中乳糖胆盐发酵管利用胆盐作为抑菌剂，行业标准中 LST 肉汤利用十二烷基硫酸钠作为抑菌剂，BGLB 肉汤利用煌绿和胆盐作为抑菌剂。抑菌剂虽可抑制样品中的一些杂菌，而有利于大肠菌群细菌的生长和挑选，但对大肠菌群中的某些菌株有时也产生一些抑制作用。

6. 结晶紫中性红胆盐琼脂的使用

结晶紫中性红胆盐琼脂（VRBA）

（1）成分

①蛋白胨：7.0 g。

②酵母膏：3.0 g。

③乳糖：10.0 g。

④氯化钠：5.0 g。

⑤胆盐或 3 号胆盐：1.5 g。

⑥中性红：0.03 g。

⑦结晶紫：0.002 g。

⑧琼脂：15～18 g。

⑨蒸馏水：1 000 mL。

⑩pH 值：7.4±0.1。

（2）制法

将上述成分溶于蒸馏水中，静置几分钟，充分搅拌，调节 pH 值。煮沸 2 min，将培养基冷却至 45～50℃倾注平板。使用前临时制备，不得超过 3 h。

三、霉菌和酵母菌的检测

1. 霉菌和酵母菌的概念

霉菌也是真菌，能够形成疏松的绒毛状的菌丝体的真菌称为霉菌。酵母菌是真菌中的一大类，通常是单细胞，呈圆形、卵圆形、腊肠形或杆状。长期以来，人们利用某些霉菌和酵母加工一些食品，如用霉菌加工干酪和肉，使其味道鲜美；还可利用霉菌和酵母酿酒、制酱，食品、化学、医药等工业都少不了霉菌和酵母。但在某些情况下，霉菌和酵母也可造成腐败变质。由于它们生长缓慢和竞争能力不强，故常常在不适于细菌生长的食品中出现，这些食品是 pH 值低、湿度低、含盐和含糖高的食品、低温储藏的食品，含有抗菌素的食品等。由于霉菌和酵母能抵抗热、冷冻，以及抗菌素和辐照等储藏及保藏技术，它们能转换某些不利于细菌的物质，而促进致病细菌的生长；有些霉菌能够合成有毒代谢产物——霉菌毒素。因此霉菌和酵母也作为评价食品卫生质量的指示菌，并以霉菌和酵母计数来制定食品被污染的程度。

2. 检验方法

霉菌和酵母的计数方法，与菌落总数的测定方法基本相似。主要步骤为：将样品制作成 10 倍梯度的稀释液，选择 3 个合适的稀释度，吸取 1 mL 于平皿，倾注培养基后，培养观察，计数。对霉菌的计数，还可以采用显微镜直接镜检计数的方法。

具体检测标准参见《中华人民共和国国家标准　食品卫生微生物检验　霉菌和酵母计数》（GB 4789.15—2010）。霉菌和酵母计数的检验程序如图 6—4 所示。

3. 检验程序

（1）样品的稀释

1）固体和半固体样品：称取 25 g 样品至盛有 225 mL 灭菌蒸馏水的锥形瓶中，充分振摇，即为 1∶10 稀释液。或放入盛有 225 mL 无菌蒸馏水的均质袋中，用拍击式均质器拍打 2 min，制成 1∶10 的样品匀液。

2）液体样品：以无菌吸管吸取 25 mL 样品至盛有 225 mL 无菌蒸馏水的锥形瓶（可在瓶内预置适当数量的无菌玻璃珠）中，充分混匀，制成 1∶10 的样品匀液。

3）取 1 mL 的 1∶10 稀释液注入含有 9 mL 无菌水的试管中，另换一支 1 mL 无菌吸管反复吹吸，此液为 1∶100 稀释液。

4）按如上操作程序，制备 10 倍系列稀释样品匀液。每递增稀释一次，换用一

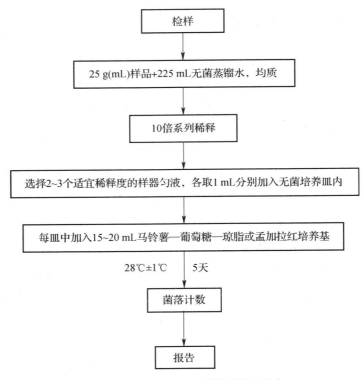

图 6—4　霉菌和酵母计数的检验程序

次 1 mL 无菌吸管。

5）根据对样品污染状况的估计，选择 2～3 个适宜稀释度的样品匀液（液体样品可包括原液），在进行 10 倍递增稀释的同时，每个稀释度分别吸取 1 mL 样品匀液于 2 个无菌平皿内。同时分别取 1 mL 样品稀释液加入 2 个无菌平皿作空白对照。

6）及时将 15～20 mL 冷却至 46℃的马铃薯－葡萄糖－琼脂或孟加拉红培养基［可放置于（46±1）℃恒温水浴箱中保温］倾注平皿，并转动平皿使其混合均匀。

（2）培养

待琼脂凝固后，将平板倒置，（28±1）℃培养 5 天，观察并记录。

（3）菌落计数

肉眼观察，必要时可用放大镜，记录各稀释倍数和相应的霉菌和酵母数。以菌落形成单位（colony formingunits，CFU）表示。

选取菌落数在 10～150 CFU 的平板，根据菌落形态分别计数霉菌和酵母数。霉菌蔓延生长覆盖整个平板的可记录为"多不可计"。菌落数应采用两个平板的平均数。

4. 结果

（1）计算两个平板菌落数的平均值，再将平均值乘以相应稀释倍数计算。

（2）若所有平板上菌落数均大于 150 CFU，则对稀释度最高的平板进行计数，其他平板可记录为"多不可计"，结果按平均菌落数乘以最高稀释倍数计算。

（3）若所有平板上菌落数均小于 10 CFU，则应按稀释度最低的平均菌落数乘以稀释倍数计算。

（4）若所有稀释度平板均无菌落生长，则以小于 1 乘以最低稀释倍数计算；如为原液，则以小于 1 计数。

5. 报告

（1）菌落数在 100 以内时，按"四舍五入"原则修约，采用两位有效数字报告。

（2）菌落数大于或等于 100 时，前 3 位数字采用"四舍五入"原则修约后，取前 2 位数字，后面用 0 代替位数来表示结果；也可用 10 的指数形式来表示，此时也按"四舍五入"原则修约，采用两位有效数字。

（3）称重取样以 CFU/g 为单位报告，体积取样以 CFU/mL 为单位报告，报告或分别报告霉菌和/或酵母数。

6. 培养基

（1）马铃薯—葡萄糖—琼脂

1）成分

马铃薯（去皮切块）：300 g。

葡萄糖：20.0 g。

琼脂：20.0 g。

氯霉素：0.1 g。

蒸馏水：1 000 mL。

2）制法。将马铃薯去皮切块，加 1 000 mL 蒸馏水，煮沸 10～20 min。用纱布过滤，补加蒸馏水至 1 000 mL。加入葡萄糖和琼脂，加热溶化，分装后，121℃灭菌 20 min。倾注平板前，用少量乙醇溶解氯霉素加入培养基中。

（2）孟加拉红培养基

1）成分

①蛋白胨：5.0 g。

②葡萄糖：10.0 g。

③磷酸二氢钾：1.0 g。

④硫酸镁（无水）：0.5 g。

⑤琼脂：20.0 g。

⑥孟加拉红：0.033 g。

⑦氯霉素：0.1 g。

⑧蒸馏水：1 000 mL。

2）制法。上述各成分加入蒸馏水中，加热溶化，补足蒸馏水至 1 000 mL，分装后，121℃灭菌 20 min。倾注平板前，用少量乙醇溶解氯霉素加入培养基中。

7. 霉菌直接镜检计数法

常用的方法为郝氏霉菌计测法。本方法适用于番茄酱罐头。

（1）设备和材料

1）折光仪。

2）显微镜。

3）郝氏计测玻片：具有标准计测室的特制玻片。

4）盖玻片。

5）测微器：具标准刻度的玻片。

（2）操作步骤

1）检样的制备。取定量检样，加蒸馏水稀释至折光指数为 1.344 7～1.346 0（即浓度为 7.9%～8.8%），备用。

2）显微镜标准视野的校正。将显微镜按放大率 90～125 倍调节标准视野，使其直径为 1.382 mm。

3）涂片。洗净郝氏计测玻片，将制好的标准液用玻璃棒均匀地摊布于计测室，以备观察。

4）观测。将制好的载玻片放于显微镜标准视野下进行霉菌观测。一般每一检样观察 50 个视野，同一检样应由两人进行观察。

5）结果与计算。在标准视野下，发现有霉菌菌丝其长度超过标准视野（1.382 mm）的 1/6 或三根菌丝总长度超过标准视野的 1/6（即测微器的一格）时即为阳性（＋），否则为阴性（－），按 100 个视野计，其中发现有霉菌菌丝体存在的视野数，即为霉菌的视野百分数。

四、常见致病菌的检测

1. 金黄色葡萄球菌

（1）病原菌

金黄色葡萄球菌（*Staphylococcus aureus*）为革兰氏阳性球菌。无芽孢，无鞭毛，不能运动，呈葡萄状排列。兼性厌氧菌，对营养要求不高，在普通琼脂培养基上培养 24 h，菌落圆形、边缘整齐、光滑湿润不透明，颜色呈金黄色。产肠毒素的葡萄球菌有两种，即金黄色葡萄球菌和表皮葡萄球菌。金黄色葡萄球菌致病力最强，可引起化脓性病灶和败血症，其肠毒素能引起急性胃肠炎。葡萄球菌能在 12～45℃下生长，最适生长温度为 35～37℃，最适 pH 值为 7.4，但耐酸性较强，pH值为 4.5 时也能生长。此菌对外界的抵抗力是不产芽孢细菌中最强的一种，加热到80℃，经 30 min 方能杀死，在干燥状态下可生存数月之久。

（2）毒素和酶

金黄色葡萄球菌能产生多种毒素和酶，故致病性极强。致病菌株产生的毒素和酶，主要有溶血毒素、杀白细胞毒素、肠毒素、凝固酶、溶纤维蛋白酶、透明质酸酶、DNA 酶等。与食物中毒关系密切的主要是肠毒素。近年报告表明，50％以上的金黄色葡萄球菌菌株在实验室条件下能够产生肠毒素，并且一种菌株能产生两种或两种以上的肠毒素。

（3）中毒原因及症状

金黄色葡萄球菌食物中毒的原因是产生肠毒素的葡萄球菌污染了食品，在较高的温度下大量繁殖，适宜的 pH 值和合适的食品条件下产生了肠毒素。吃了这样的食品发生的中毒现象，是毒素型食物中毒。葡萄球菌肠毒素中毒后，会引起呕吐、腹泻等急性胃肠炎症状。葡萄球菌肠毒素目前已发现 A、B、C、D、E 五型，A 型毒力最强，摄入 1 μg 即能中毒。葡萄球菌产生的毒素是一种蛋白质，耐热性强。100℃下 2 h 加热可破坏毒素，一般的烹调温度仍可引起中毒。

引起葡萄球菌肠毒素中毒的食品必须具备以下条件：

1）食物中污染大量产肠毒素的葡萄球菌；

2）污染后的食品放置于适合产毒的温度下；

3）有足够的潜伏期；

4）食物的成分和性质适于细菌生长繁殖和产毒。

（4）病菌来源及预防措施

肠毒素的形成与食品污染程度、食品存入温度、食品种类和性质密切相关。一般来说，食品污染越严重，细菌繁殖就越快越易形成肠毒素，且温度越高，产生肠毒素时间越短；含蛋白质丰富、含水分较多，同时含一定淀粉的食品受葡萄球菌污染后，易产生肠素养素。所以引起金黄色葡萄球菌食物中毒的食品以乳、鱼、肉及其制品、淀粉类食品、剩大米饭等最为常见。近年来由熟鸡、鸭制品引起的食物中毒增多。

主要污染来源包括原料和生产操作人员，如原料中的污染有患有乳房炎的奶牛、生产操作人员患病等。由于金黄色葡萄球菌耐热性强，一旦食品被金黄色葡萄球菌污染并产生了肠毒素，食用前重新加热处理并不能完全消除引起中毒的可能性。

预防金黄色葡萄球菌食物中毒包括防止葡萄球菌污染和防止其肠毒素形成两个方面，应从以下几方面采取措施防止。

1）防止带菌人群对食品的污染。定期对食品生产人员、饮食从业人员及保育员等有关人员进行健康检查，对患有化脓性感染的人不适合任何与食品有关的工作。

2）防止葡萄球菌对食品原料的污染。定期对健康奶牛的乳房进行检查，患有乳腺炎的奶不能使用。同时为了防止葡萄球菌污染，健康奶牛的奶挤出后，应立即冷却于10℃以下，防止在较高的温度下该菌的繁殖和肠毒素的形成。

3）防止肠毒素的形成。在低温、通风良好的条件下储藏食物，在气温较高季节，食品放置时间不得超过 6 h，食用前还必须彻底加热。

2. 沙门氏菌

（1）病原菌

沙门氏菌（*Salmonella*）属于肠道病原菌，是细菌性食物中毒中最常见的致病菌。革兰氏阴性，无芽孢、无荚膜，两端钝圆、短杆菌。该菌属种类繁多，迄今已发现约 2 000 个血清型，我国已发现 100 个血清型。引起食物中毒的沙门氏菌属主要是鼠伤寒沙门氏菌、肠炎沙门氏菌、猪霍乱沙门氏菌。此外，纽波特沙门氏菌、病牛沙门氏菌、都柏林沙门氏菌、汤普逊沙门氏菌、山夫顿堡沙门氏菌、德尔比沙门氏菌、鸭沙门氏菌、火鸡沙门氏菌等，也曾有引起食物中毒的报道。

除鸡伤寒沙门氏菌外，均为周生鞭毛，能运动，多数具有菌毛。最适生长温度为 37℃，最适生长 pH 值为 6.8～7.8，在水中可生存 2～3 周，在冰中可生存 1～2 个月。在普通琼脂培养基上培养 24 h，菌落圆形、表面光滑、无色、半透明、边缘整齐。该菌对热、消毒药水及外界环境的抵抗力不强，60℃下 15～20 min 即可死亡。在牛乳及肉类中能存活数月。在含有 10%～15%食盐的肉腌制品中可存活 2～3 个月。当水煮或油炸大块肉、鱼、香肠时，若食品内部达不到足以使细菌杀死和毒素破坏的情况，就会有细菌残留或有毒素存在，由此常引起食物中毒。该菌具有耐低温的能力，在-25℃低温环境中能存活 10 个月左右，即冷冻保藏食品对该菌无杀伤作用。

有些沙门氏菌产生内毒素、有些产生肠毒素。如肠炎沙门氏菌在适合的条件下，可以在牛奶或肉类中产生达到危险水平的肠毒素。此肠毒素为蛋白质，在50～60℃时可耐受 8 h，不被胰蛋白酶和其他水解酶所破坏，并对酸碱有抵抗力。

（2）食物中毒原因及症状

沙门氏菌引起的食物中毒有多种多样的中毒表现，一般可分为胃肠炎型、类伤寒型、类霍乱型、类感冒型和败血症型 5 种类型。其中胃肠炎型最为多见。沙门氏菌食物中毒的临床症状一般在进食 12～24 h 后出现，主要表现为急性肠胃炎症状。发病初期表现为寒战、头痛、恶心、食欲不振等，以后出现腹痛、呕吐、腹泻甚至发热等，严重的会出现抽搐及昏迷等症状。病程一般为 3～7 天，愈后良好。但老人、儿童和体弱者可能出现面色苍白、四肢发凉、血压下降甚至休克等症状，如不及时救治也可能导致死亡。

大多数的沙门氏菌食物中毒是沙门氏活菌对肠黏膜的侵袭导致全身性的感染型中毒。当沙门氏菌进入消化道后，可以在小肠和结肠内繁殖，引起组织感染，并可经淋巴系统进入血液，引起全身感染。这一过程有两种菌体毒素参与作用：一种是菌体代谢分泌的肠毒素，另一种是菌体细胞裂解释放出的菌体内毒素。由于中毒主要是摄食一定量的活菌并在人体内增殖所引起的，因此，沙门氏菌引起的食物中毒可主要属于感染型食物中毒。如沙门氏菌的鼠伤寒沙门氏菌、肠炎沙门氏菌除活菌菌体内毒素外，所产生的肠毒素在导致食物中毒中也起重要的作用。

沙门氏食物中毒发生与食物中的带菌量、菌体毒力及人体自身的防御能力等因素有关。食入的活菌量越多，发生中毒的机会就越大。由于各种血清型沙门氏菌致病性强弱不同，因此随同食物摄入的沙门氏菌出现的中毒菌量也不相同。一般来说，食入致病力强的血清型沙门氏菌达 2×10^5 CFU/g 即可发病，致病力弱的血清型沙门氏菌达 10^8 CFU/g 才能发生食物中毒。致病力越强的菌型越易致病。幼儿、体弱老人及其他病症患者是易感染人群，较少量或较弱致病力的菌型仍可引起食物中毒的发生。

（3）病菌来源及预防措施

沙门氏菌多由动物性食品引起，特别是肉类，也可以是鱼类、禽类、乳类、蛋及其制品引起。豆制品和糕点有时也会引起沙门氏菌食物中毒，但非常少见。

沙门氏菌的宿主主要是家畜、家禽和野生动物。它们可以在这些动物的胃肠道内繁殖。沙门氏菌污染肉类，可分为生前感染和宰后污染两个方面。生前感染指家畜、家禽在宰杀前已感染沙门氏菌。健康家畜的沙门氏菌带菌率为 1.0%～4.5%，患病家畜的带菌率较高，如病猪沙门氏菌检出率达 70% 以上。宰后污染是家畜、家禽在屠宰过程中被带沙门氏菌的粪便、容器、污水等污染。蛋类污染沙门氏菌主要是在卵巢内和卵壳表面，一般为30％～40％。另外，蛋壳表面可在肛门腔里被污染，沙门氏菌可以通过蛋壳气孔侵入蛋内。水产品污染沙门氏菌主要是由于水源被污染，淡水鱼虾有时带菌，海产鱼虾一般带菌者较少。带菌乳牛产的奶有时带有沙门氏菌，所以鲜奶和鲜奶制品如消毒不彻底，可引起沙门氏菌食物中毒。肉类食品从畜禽宰杀到烹调加工的各个环节中，都可受到污染。带菌的人和鼠、蝇、蟑螂等也可成为污染源。上述这些被沙门氏菌污染的食品在适合该菌大量繁殖的条件下，放置较久，食前未再充分加热时，极易引起食物中毒。

值得注意的是，沙门氏菌不分解蛋白质，因此被沙门氏菌污染的食品通常没有感官性状的变化，难以用感官鉴定方法鉴别出来，故应引起特别注意，以免造成食物中毒。

沙门氏菌食物中毒预防措施除加强食品卫生监测外，还应注意：

1）防止沙门氏菌污染。加强家畜、家禽等宰前、宰后的卫生检验，容器及用具严防生肉和胃肠物污染，严禁食用和采用病死畜禽。

严格执行生、熟食分开制度，并对食品加工、销售及食品行业的从业人员定期进行健康检查，防止交叉感染。严禁家畜、家禽进入厨房和食品加工车间。

2）控制食品中沙门氏菌的繁殖。沙门氏菌的最适繁殖温度为37℃，但在20℃以上就能大量繁殖。因此，低温储藏食品是预防食物中毒的一项措施，必须按照食品低温保藏的卫生要求储藏食品。

3）彻底杀死沙门氏菌。对沙门氏菌污染的食品进行彻底加热灭菌，是预防沙门氏菌食物中毒的关键。各种的肉类、蛋类食用前应煮沸10 min，剩饭菜等必须充分加热后再食用。为彻底杀灭肉类中可能存在的沙门氏菌、消灭活毒素，畜肉类应蒸煮至肉深部中心呈灰白硬固的熟肉状态。如果有残存的活菌，在适宜的条件下繁殖，仍可以引起食物中毒。

3. 大肠埃希氏菌

（1）病原菌

大肠埃希氏菌属（*Escerichia*），也叫大肠杆菌属。大肠杆菌是人和动物肠道的正常寄生菌，一般不致病。但有些菌株可以引起人的食物中毒，是一类条件性致病菌，如肠道致病性大肠埃希氏菌（EPEC）、肠道毒素性大肠埃希氏菌（ETEC）、肠道侵袭性大肠埃希氏菌（EIEC）和肠道出血性大肠埃希氏菌（EHEC）等。大肠杆菌的抗原构造很复杂，一般分为菌体抗原（O抗原）、鞭毛抗原（H抗原）和荚膜抗原（K抗原）。致病性大肠杆菌除血清分型外，在形态、生化反应等方面与一般大肠杆菌相似，难以鉴别。大肠杆菌 O157：H7 是出血型结肠炎的病原菌，1982 年在美国发生两起出血型结肠炎，1996—1997 年在日本受感染 6 000 余人，大多为 6～12 岁儿童，是由于牛奶消毒不彻底造成的。

大肠杆菌均为革兰氏阴性菌，两端钝圆的短杆菌，大多数菌株有周生鞭毛，能运动，有菌毛，无芽孢。某些菌株有荚膜，大多为需氧或兼性厌菌。生长温度范围为 10～50℃，最适生长温度为 40℃，最适 pH 值为 6.0～8.0。在普通琼脂平板培养基培养 24 h 后呈圆形、光滑、湿润、半透明近无色的中等大菌落，其菌落与沙门氏菌的菌落很相似。但大肠杆菌菌落对光观察可见荧光，部分菌落可溶血（β 型）。

大肠杆菌有中等强度的抵抗力，且各菌型之间有差异。巴氏消毒法可杀死大多数的菌，但耐热菌株可存活，煮沸数分钟即被杀灭，对一般消毒药水较敏感。

EPEC：病名为胃肠炎或婴儿腹泻，可致幼儿腹泻（水样）、腹痛。

ETEC：病名为旅游者腹泻，能产生引起强烈腹泻的肠毒素，致病物质是耐热性肠毒素或不耐热性肠毒素。

EIEC：病名为杆菌性痢疾，较少见，致病性与细菌性痢疾相似，无产生肠毒素能力。

EHEC：病名为出血性结肠炎，产生细胞毒素，有极强的致病性，对热抵抗力弱。

（2）食物中毒原因及症状

致病性大肠埃希氏菌的食物中毒与人体摄入的菌量有关，潜伏期较短，通常在进食后 4～10 h 突然发病。当一定量的致病性大肠埃希氏菌进入人体消化道后，可在小肠内继续繁殖并产生肠毒素。肠毒素吸附在小肠上皮细胞膜上，激活上皮细胞内腺分泌，导致肠液分泌增加，超过小肠管的再吸收能力，出现腹泻。其症状表现为腹痛、腹泻、呕吐、发热、大便呈水样或呈米泔水样，有的伴有脓血样或黏液等。一般轻者可在短时间内治愈，不会危及生命。最为严重的是出血性大肠埃希氏菌（EHEC）引起的食物中毒，其症状不仅表现为腹痛、腹泻、呕吐、发热、大便呈水样，严重脱水，而且大便大量出血，还极易引发出血性尿毒症、肾衰竭等并发症，患者死亡率达 3%～5%。

（3）病菌来源与预防措施

致病性大肠埃希氏菌存在于人和动物的肠道中，随粪便排出而污染水源、土壤。受污染的水、土壤及带菌者的手均可污染食品，或被污染的器具等再污染食品，如肉及肉制品、奶及奶制品、水产品、生蔬菜及水果等。这些食品经过加热烹调，污染的致病性大肠杆菌一般都能被杀死，但在存放过程中仍有可能被再度污染。因此要注意熟食的存放卫生，尤其要避免熟食直接或间接地与生食接触。对于凉拌食品要充分洗净，并且最好不要大量食用，以免摄入过量的活菌引起中毒。健康人肠道致病性大肠埃希氏菌带菌率为 2%～8%，成人肠炎和婴儿腹泻患者的致病性大肠埃希氏菌带菌率为 29%～52%。器具、餐具污染的带菌率高达 50%左右，其中致病性大肠埃希氏菌检出率为 0.5%～1.6%。

预防措施和沙门氏菌食物中毒基本相同。

1）预防第二次污染。防止动植物性食品被人类带菌者、带菌动物以及污染的水、用具等的第二次污染。

2）预防交叉污染。熟食品低温保藏，防止生熟食品交叉感染。

3）控制食源性感染。在屠宰和加工动物时，避免粪便污染，动物性食品必须充分加热以杀死致病性大肠埃希氏菌。避免吃生或半生的肉、禽类，不喝未经巴氏消毒的牛奶或果汁等。

4. 肉毒梭菌

（1）病原菌

肉毒梭菌（*C. botulinum*），又叫肉毒杆菌和肉毒梭状芽孢杆菌，为革兰氏阳性粗大杆菌，两端钝圆，无荚膜，周生鞭毛，能运动。严格的厌氧菌，对营养要求不高，最适生长温度为 28～37℃，生长最适 pH 值为 7.8～8.2，在 20～25℃在菌体次末端形成芽孢。当环境温度低于 15℃或高于 55℃时，肉毒梭菌芽孢不能生长繁殖，也不产生毒素。肉毒梭菌加热至 80℃时 30 min 或 100℃时 10 min 即可杀死，但芽孢耐热能力强，需经高压蒸汽 121℃时 30 min 才能将其杀死。该菌在厌氧环境中可产生外毒素，即肉毒梭菌毒素（简称肉毒毒素）。根据产生毒素的抗原特性，现已发现肉毒梭菌有 A、B、C、D、E、F 和 G 七型。人类肉毒中毒主要由 A、B 和 E 型所引起，少数由 F 型引起。肉毒梭菌在生化反应上也可分为两型：一种能水解凝固蛋白质，称为水解蛋白菌；另一种不能水解凝固蛋白质，称为非解蛋白菌。肉毒毒素对热很不稳定，各型毒素在 80℃下经 30 min、在 100℃下经 10～20 min 可完全破坏。肉毒杆菌芽孢能耐高温，其中 A 型和 B 型的抗热力最强，杀死 A 型肉毒梭菌芽孢湿热 100℃下需 6 h，120℃下需 4 min。肉毒梭菌对酸较为敏感，在 pH 值为 4.5 以下和 9.0 以上时，所有菌株都受到抑制。肉毒梭菌在食盐浓度为 10%时不能生长，食盐浓度为 2.5%～3%时所产生的毒素可减少 98%。

（2）食物中毒原因及症状

肉毒梭菌食物中毒是由肉毒梭菌产生的外毒素即肉毒素引起的，它属于毒素型食物中毒。毒素是一种强烈的神经毒素，经肠道吸收后进入血液，然后作用于人体的中枢神经系统，主要作用于神经和肌肉的连接处及植物神经末梢，阻碍神经末梢的乙酰基胆碱的释放，导致肌肉收缩和神经功能的不全或丧失。肉毒梭菌食物中毒的潜伏期比其他细菌性食物中毒潜伏期长。潜伏期的长短与摄入毒素量的多少而不同。潜伏期越短，病死率越高。肉毒中毒的病死率较高，是细菌性食物中毒中最严重的一种。

早期的症状为头痛、头晕，然后出现视力模糊、张目困难等症状，还有的出现声音嘶哑、语言障碍、吞咽困难等，严重的可引起呼吸和心脏功能的衰竭而死亡。由于肉毒素对知觉神经和交感神经无影响，因而病人从开始发病到死亡，始终保持神志清楚、知觉正常状态。

（3）病菌来源与预防措施

引起肉毒中毒的食品，因饮食习惯、膳食组成和制作工艺的不同而有差别。我国引起中毒的食品大多是家庭自制的发酵食品，如豆瓣酱、豆酱、豆豉、臭豆腐等，有少数发生于各种不新鲜肉、蛋、鱼类食品。日本以鱼制品引起中毒者较多，美国以家庭自制罐头、肉和乳制品引起中毒者为多，欧洲多见于腊肠、火腿和保藏的肉类。

肉毒梭菌存在于土壤、江河湖海的淤泥沉积物、尘土和动物粪便中，其中土壤是重要污染源。土壤表层的肉毒梭菌附着于农作物上，家畜、家禽、鸟类、昆虫也能传播肉毒梭菌。食品在加工、储藏过程中被肉毒梭菌污染，并产生毒素，食前对带有毒素的食品若未加热或未充分加热，则易引起中毒。

为了预防肉毒梭菌中毒的发生，除加强食品卫生措施外，还应注意以下几个方面。

1）在食品加工过程中，应使用新鲜的原料，避免泥土的污染。

2）生产罐头食品及真空食品必须严格无菌操作，装罐后要彻底灭菌。

3）加工后的食品应避免再次污染和较高温度或缺氧条件下存放。

5. 变形杆菌

（1）病原菌

变形杆菌（*Proteusbacillus vulgaris*）是革兰氏阴性无芽孢杆菌，根据生化反应可分为普通变形杆菌、奇异变形杆菌、莫根氏变形杆菌、雷极氏变形杆菌、无恒变形杆菌五种。普通变形杆菌、奇异变形杆菌和莫根氏变形杆菌都能引起食物中毒，无恒变形杆菌能引起婴儿夏季腹泻。此外，莫根氏变形杆菌还与组胺中毒有关。

（2）中毒症状及发生原因

变形杆菌食物中毒的临床症状可分为三种类型，即急性胃肠炎型、过敏型和同时具有上述两种类型临床表现的混合型。

急性胃肠炎型有两种发病机理，即由大量活菌引起的感染型急性胃肠炎和由变形杆菌产生的肠毒素引起的毒素型急性胃肠炎。过敏性组胺中毒是由于莫根氏变形杆菌具有脱羧酶，可使组氨酸脱羧形成组胺而引起组胺中毒。

（3）引起中毒的食品与污染途径

引起中毒的食品主要是动物性食品，如熟肉类、熟内脏、熟蛋品、水产品等，豆制品、凉拌菜、剩饭和病死的家畜肉也引起过中毒。

食物中的变形杆菌主要来自外界的污染。变形杆菌属于腐败菌，在自然界分布广泛，土壤、污水和动植物中都可检出。在人和动物的肠道中也常有存在，食品受污染的机会很多。生的肉类和内脏带菌率较高，往往是污染源，在烹调过程中，生熟交叉污染，处理生熟食品的工具容器未严格分开使用，使熟食品受到重复污染（熟后污染），或者操作人员不讲卫生，通过手污染食品。被污染的食品，在20℃以上放置较长时间，使变形杆菌大量繁殖，食用前又未经再次加热，则极易引起食物中毒。

变形杆菌和沙门氏菌一样不分解蛋白质，但可分解多肽，所以当熟肉只带有大量变形杆菌时，其感官性状可能没有腐败的迹象，但食用后可引起食物中毒，在进行食品卫生鉴定时，对此应予注意。

第 4 节　培养基

培养基（medium）是供微生物、植物和动物组织生长和维持用的人工配制的养料，一般都有碳水化合物、含氮物质、无机盐（包括微量元素）以及生长素和水等。有的培养基还含有抗菌素、色素、激素和血清。

培养基由于配制的原料不同，使用要求不同，所以储存保管方面也稍有不同。一般培养基在受热、吸潮后，易被细菌污染或分解变质，因此一般培养基必须防潮、避光、阴凉处保存。对一些需严格灭菌的培养基（如组织培养基），较长时间的储存，必须放在3～6℃的冰箱内。由于液体培养基不易长期保管，均改制成粉末。

一、培养基的分类

1. 按照培养基的成分划分

培养基按其所含成分，可分为合成培养基、天然培养基和半合成培养基三类。

（1）合成培养基

合成培养基的各种成分完全是已知的各种化学物质。这种培养基的化学成分清楚，组成成分精确，重复性强，但价格较贵，配制烦琐，而且微生物在这类培养基中生长较慢。这类培养基有高氏一号合成培养基、察氏（Czapek）培养基等。合成培养基主要用于微生物的分类、鉴定、研究工作。

（2）天然培养基

天然培养基是由天然物质制成，如蒸熟的马铃薯和普通牛肉汤，前者用于培养霉菌，后者用于培养细菌。这类培养基的化学成分很不恒定，也难以确定，但配制方便，营养丰富，培养效果好，所以常被采用。缺点是实验重复性差，一般用于工业生产。

（3）半合成培养基

在天然有机物的基础上适当加入已知成分的无机盐类，或在合成培养基的基础上添加某些天然成分，如培养霉菌用的马铃薯葡萄糖琼脂培养基。这类培养基能更有效地满足微生物对营养物质的需要。

2. 按照培养基的物理状态划分

培养基按其物理状态，可分为固体培养基、半固体培养基和液体培养基三类。

（1）固体培养基

是在培养基中加入凝固剂，有琼脂、明胶、硅胶等。固体培养基常用于微生物分离、鉴定、计数和菌种保存等方面。

（2）半固体培养基

是在液体培养基中加入少量凝固剂而呈半固体状态。半固体培养基可用于观察细菌的运动、鉴定菌种和测定噬菌体的效价等方面。

（3）液体培养基

液体培养基中不加任何凝固剂。这种培养基的成分均匀，微生物能充分接触和利用培养基中的养料，适于做生理等研究。由于发酵率高，操作方便，也常用于发酵工业。

3. 按照微生物的种类划分

培养基按微生物的种类，可分为细菌培养基、放线菌培养基、酵母菌培养基和霉菌培养基四类。

（1）常用的细菌培养基有营养肉汤和营养琼脂培养基。

（2）常用的放线菌培养基为高氏1号培养基。

（3）常用的酵母菌培养基有马铃薯蔗糖培养基和麦芽汁培养基。

（4）常用的霉菌培养基有马铃薯蔗糖培养基、豆芽汁蔗糖（或葡萄糖，但葡萄糖比较昂贵）琼脂培养基和察氏培养基等。

4. 按照培养基用途划分

培养基按其特殊用途，可分为基础培养基、加富培养基、选择性培养基和鉴别培养基。

（1）基础培养基

基础培养基是含有一般微生物生长繁殖所需基本营养物质的培养基。牛肉膏蛋白胨培养基是最常用的基础培养基。

（2）加富培养基

加富培养基是在基础培养基中加入血、血清、动植物组织提取液制成的培养基，用于培养要求比较苛刻的某些微生物。

（3）选择培养基

选择性培养基是在普通培养基中加入特殊营养物质或化学物质，以抑制不需要的微生物的生长，有利于所需微生物的生长。选择培养基用于将某种或某类微生物从混杂的微生物群体中分离出来。例如在培养基中加入青霉素，青霉素仅作用于细菌，对真菌无作用，可用于分离酵母菌、霉菌等真菌。在培养基中加入高浓度食盐，金黄色葡萄球菌细胞壁结构致密，且能分泌血浆凝固酶，分解纤维蛋白原为纤维蛋白，沉积在细胞壁表面形成很厚的一层不透水的膜，不易失水，可以分离金黄色葡萄球菌。

（4）鉴别培养基

鉴别培养基是在培养基中加入某种试剂或化学药品，使培养后会发生某种变化，从而区别不同类型的微生物。如鉴别大肠杆菌的伊红美蓝培养基、鉴别纤维素分解菌的刚果红培养基。

二、培养基的储存方法

1. 灭菌后培养基的储存

已经灭菌完毕的培养基从高压灭菌锅中取出后，应立即放在平整的台面上，若大批量生产可用果箱装好并标记好其用途后，送到接种室，让其自然冷却凝固。灭好菌的培养基最好经过 3 天的预培养，以便观察培养基是否彻底灭菌，这样能够使某些因为没有彻底灭菌的培养基在接种前被检出，可避免杂菌污染而造成不必要的损失，这点对少而重要的材料尤其值得注意。但是在同等条件下经多次使用无污染后，就没必要再摆 3 天后才使用，而是冷却凝固后就可使用。灭菌后培养基的储存还要注意防尘、避光、恒温保存，特别注意应该定期更新。

（1）防尘

已经灭好菌的培养基要注意防尘。如果培养基在卫生条件差的地方储存，依附在尘埃中的细菌、真菌等会落在培养瓶表面，使用前若不进行表面灭菌处理，在接种时就容易随着气流进入容器，使其受到污染，影响组织培养工作的顺利进行，因此培养基必须放在干净、卫生的接种室内。

（2）避光

备用培养基应储存于光线较暗的房子里面，因为吲哚乙酸等某些物质易见光分解。在光照下，一些培养基添加物的成分也会发生变化。在接种室里挂上较厚的窗帘或在培养基的箱子上加盖厚的黑布，这样可以使培养基免受光线的影响。

（3）恒温

培养基冷却后，可以将其放在 10℃ 左右的冰箱中储藏 3～5 周；在大批量生产中可以放在装有空调的接种室内，放置 2 周左右，温度控制在 20℃ 以内；若摆放时间为 2～5 天，温度不超过 28℃ 即可。但是在培养基摆放过程中温度不应过高，同时还应避免温度有较大幅度的变化，随着储藏室气温的升高或降低，装有培养基容器内的空气会随着膨胀或缩小，带来菌类进入培养基，造成储藏期间培养基的大量污染。

2. 培养基定期更新

培养基不宜长期储存，特别是固体培养基。随着时间的推移，培养基里的水分以气态逸出，培养基的含水量便逐渐降低，使培养基的浓度和理化性状发生改变，对以后的外植体培养或植株的继代转接及生根培养均不利；培养基储存过长，空气中夹杂的细菌、真菌也可能降落到培养基表面引起污染；当储藏含有吲哚乙酸、椰乳等物质的培养基时，环境中的光线会使吲哚乙酸发生光解，也会使椰乳所含的一些成分发生变化。因此结合生产任务做好培养基的配制和使用计划十分必要，一般情况下培养基储存时间不应超过 1 周。

三、培养基的实验室制备方法

1. 培养基制备要求

培养基制备的质量将直接影响微生物的生长，因为各种微生物对其营养要求不完全相同，培养的目的也不同。各种培养基制备要求如下。

（1）根据培养基配方的成分按量称取，然后溶于蒸馏水中，在使用前对应用的试剂药品应进行质量检验。

（2）pH 值测定及调节：pH 值测定要在培养基冷至室温时进行，因在热或冷的情况下，其 pH 值有一定差异，当测定好时，按计算量加入碱或酸混匀后，应再测试一次。培养基 pH 值一定要准确，否则会影响微生物的生长或结果的观察。但需注意因高压灭菌可导致一些培养基的 pH 值降低或升高，故不宜灭菌压力过高或次数太多，以免影响培养基的质量，指示剂、去氧胆酸钠、琼脂等一般在调完 pH 值后再加入。

（3）培养基需保持澄清，以便于观察细菌的生长情况，培养基加热煮沸后，可用脱脂棉花或绒布过滤，以除去沉淀物，必要时可用鸡蛋白澄清处理，所用琼脂条要预先洗净晾干后使用，避免因琼脂含杂质而影响透明度。

（4）盛装培养基不宜用铁、铜等容器，以使用洗净的中性硬质玻璃容器为好。

（5）培养基的灭菌既要达到完全灭菌目的，又要注意不因加热而降低其营养价值，一般 121℃ 下 15 min 即可。如为含有不耐高热物质的培养基，如糖类、血清、明胶等，则应采用低温灭菌或间歇法灭菌；一些不能加热的试剂，如亚碲酸钾、卵黄、TTC、抗菌素等，待基础琼脂高压灭菌后凉至 50℃ 左右再加入。

（6）每批培养基制备好后，应做无菌生长试验及所检菌株生长试验。如果是生化培养基，使用标准菌株接种培养，观察生化反应结果，应呈正常反应，培养基不应储存过久，必要时可置 4℃ 冰箱存放。

（7）目前各种干燥培养基较多，每批需用标准菌株进行生长试验或生化反应观察，各种培养基用相应菌株生长试验良好后方可应用，新购进的或存放过久的干燥培养基，在配制时也应测 pH 值，使用时需根据产品说明书用量和方法进行。

（8）每批制备的培养基所用化学试剂、灭菌情况及菌株生长试验结果、制作人员等应做好记录，以备查询。

2. 培养基的制备方法

正确掌握培养基的配制方法是从事微生物学实验工作的重要基础，由于微生物种类及代谢类型的多样性，因而用于培养微生物培养基的种类也很多。它们的配方及配制方法虽各有差异，但一般培养基的配制程序却大致相同，例如器皿的准备、培养基的配制与分装、棉塞的制作、培养基的灭菌、斜面与平板的制作以及培养基的无菌检查等基本环节大致相同。

（1）玻璃器皿的洗涤和包装

1）玻璃器皿的洗涤。玻璃器皿在使用前必须洗刷干净。将锥形瓶、试管、培养皿、量筒等浸入含有洗涤剂的水中，用毛刷刷洗，然后用自来水及蒸馏水冲净。移液管先用含有洗涤剂的水浸泡，再用自来水及蒸馏水冲洗，洗刷干净的玻璃器皿置于烘箱中烘干后备用。

2）灭菌前玻璃器皿的包装

①培养皿的包装。培养皿由一盖一底组成一套。可用报纸将几套培养皿包成一包，或者将几套培养皿直接置于特制的铁皮圆筒内，加盖灭菌。包装后的培养皿须经灭菌之后才能使用。

②移液管的包装。在移液管的上端塞入一小段棉花（勿用脱脂棉）。它的作用是避免外界及口中杂菌吹入管内，并防止菌液等吸入口中。塞入此小段棉花应距管口约 0.5 cm。棉花自身长度 1～1.5 cm。塞棉花时，可用一外圈拉直的曲别针，将少许棉花塞入管口内。棉花要塞得松紧适宜，吹时以能通气而又不使棉花滑下为准。

先将报纸裁成宽 5 cm 左右的长纸条，然后将已塞好棉花的移液管尖端放在长条报纸的一端，约成 45°角，折叠纸条包住尖端，用左手握住移液管身，右手将移液管压紧，在桌面上向前搓转，以螺旋式包扎起来。上端剩余纸条，折叠打结，准备灭菌。

（2）液体及固体培养基的配制过程

1）液体培养基配制

①称量。一般可用 1/100 粗天平称量配制培养基所需的各种药品。先按培养基配方计算各成分的用量，然后进行准确称量于烧杯中。

②溶化。向上述烧杯中加入所需要的水量，搅动，然后加热使其溶解。用马铃薯、豆芽等配制的培养基，须先将马铃薯或豆芽按其配方的浓度加热煮沸 0.5 h（马铃薯须先削皮）并用纱布过滤，然后加入其他成分继续加热至其溶化，补足水量。如果配方中含有淀粉，则需先将淀粉加热煮融，再加入其他药品，并补足水量。

③定容。待全部药品溶解后，倒入一量筒中，加水至所需体积。如某种药品用量太少时，可预先配成较浓溶液，然后按比例吸取一定体积溶液，加入至培养

基中。

④调节 pH 值。初制备好的培养基往往不能符合所要求的 pH 值，故需用酸度计、pH 试纸或氢离子浓度比色计来校正，用 0.1 mol/L 的 NaOH 或 1 mol/L 的 HCl 调至合适的范围。一般用 pH 试纸测定培养基的 pH 值。用剪刀剪出一小段 pH 试纸，然后用镊子夹取此段 pH 试纸，在培养基中蘸一下，观看其 pH 值范围，如培养基偏酸或偏碱时，可用 1 mol/L 的 NaOH 或 1 mol/L 的 HCl 溶液进行调节。调节 pH 值时，应逐滴加入 NaOH 或 HCl 溶液，防止局部过酸或过碱，破坏培养基中成分。边加边搅拌，并不时用 pH 试纸测试，直至达到所需 pH 值为止。

⑤过滤。用滤纸或双层纱布（中间夹一层脱脂棉）趁热过滤。一般无特殊要求时，此步可省去。

2）固体培养基的配制。配制固体培养基时，应将已配好的液体培养基加热煮沸，再将称好的琼脂 1.5%～2% 加入，并用玻璃棒不断搅拌，以免烟底烧焦。继续加热至琼脂全部融化，最后补足因蒸发而失去的水分。

3. 培养基的分装

根据不同需要，可将已配好培养基分装入试管或锥形瓶内，分装时注意不要使培养基沾污管口或瓶口，造成污染。如操作不小心，培养基沾污管口或瓶口时，可用镊子夹一小块脱脂棉，擦去管口或瓶口的培养基，并将脱脂棉弃去。

（1）试管的分装

取一个玻璃漏斗，装在铁架上，漏斗下连一根橡皮管，橡皮管下端再与另一玻璃管相接，橡皮管的中部加一弹簧夹。分装时，用左手拿住空试管中部，并将漏斗下的玻璃管嘴插入试管内，以右手拇指及食指开放弹簧夹，中指及无名指夹住玻璃管嘴，使培养基直接流入试管内。

1）液体。分装高度以试管高度的 1/4 左右为宜。

2）固体。分装试管，每管装液量为管高的 1/5，灭菌后制成斜面。分装三角烧瓶的量以不超过 1/2 为宜，倒平板的培养基每管装 15～20 mL。

3）半固体。分装试管一般以试管高度 1/3 为宜，灭菌后制成斜面或垂直待凝成半固体深层琼脂。

（2）锥形瓶的分装

用于振荡培养微生物用时，可在 250 mL 锥形瓶中加入 50 mL 的液体培养基，若用于制作平板培养基用时，可在 250 mL 锥形瓶中加入 150 mL 培养基，然后再加入 3 g 琼脂粉（按 2% 计算），灭菌时瓶中琼脂粉同时被融化。

4. 棉塞的制作及试管、锥形瓶的包扎

为了培养好气性微生物，需提供优良的通气条件，同时为防止杂菌污染，必须对通入试管或锥形瓶内空气预先进行过滤除菌。通常方法是在试管及锥形瓶口加上棉花塞等。

（1）试管棉塞的制作

制作棉塞时，应选用大小、厚薄适中的普通棉花一块，铺展于左手拇指和食指扣成的圆孔上，用右手食指将棉花从中央压入团孔中制成棉塞，然后直接压入试管或锥形瓶口。也可借用玻璃棒塞入，或用折叠卷塞法制作棉塞。

制作的棉塞应紧贴管壁，不留缝隙，以防外界微生物沿缝隙侵入。棉塞不宜过紧或过松，塞好后以手提棉塞，试管不下落为准。棉塞的 2/3 在试管内，1/3 在试管外。

目前也有采用金属或塑料试管帽代替棉塞，直接盖在试管口上，灭菌待用。将装好培养基并塞好棉塞或盖好管帽的试管拥成一捆，外面包上一层牛皮纸。用铅笔注明培养基名称及配制日期，灭菌待用。

（2）锥形瓶棉塞制作

通常在棉塞外包上一层纱布，再塞在瓶口上。有时为了进行液体振荡培养加大通气量，可用八层纱布代替棉塞包在瓶口上。目前也有采用无菌培养容器封口膜直接盖在瓶口的，既保证良好通气，过滤除菌又操作简便，故极受欢迎。

在装好培养基并塞好棉塞或包上八层纱布或盖好培养容器封口膜的锥形瓶口上，再包上一层牛皮纸并用线绳捆好，灭菌待用。

5. 培养基的灭菌

培养基经分装包扎之后，应立即进行灭菌，如因特殊情况不能及时灭菌，则应暂存于冰箱中。

（1）培养基的高压蒸汽灭菌

1）需灭菌的物品（分装在试管、三角烧瓶中的固、液体培养基），加上棉塞、硅胶泡沫塞等用防潮纸包好（防止锅内水汽把棉塞淋湿），放入灭菌锅内的套筒中。摆放要疏松，不可太挤，否则阻碍蒸汽流通，影响灭菌效果。

2）关闭灭菌锅盖，旋紧螺栓，切勿漏气。

3）打开放气阀，加热，热蒸汽上升，以排除锅内冷空气。灭菌锅内水沸腾，排气 5～10 min，关闭放气阀。

4）关闭放气阀后，灭菌锅处于密闭状态，随着加热，锅内蒸汽不断增多，这时压力和温度都上升，当温度升至 121℃，压力达 0.1 MPa 时，保持 20～30 min

（灭菌条件根据培养基不同有所差异，含糖培养基为 105℃下 30 min）即达到灭菌目的。

5）灭菌完毕，待压力表上压力读数自然降至"0"时，打开放气阀。注意不能打开过早，否则突然降压致使培养基冲腾，使棉塞、硅胶泡沫塞沾污，甚至冲出容器以外。

6）打开灭菌锅盖，取出已灭菌的器皿及培养基。

（2）干热灭菌法

常用于空玻璃器皿的灭菌。凡带有橡胶或塑料的物品、液体及固体培养基等，都不能用干热法灭菌。进行灭菌时，先将要灭菌器皿（培养皿、吸管）包好，放入电热烘箱内，调节温度至 160～170℃，维持 1～2 h（当温度升至 80℃以上时切勿打开烘箱，以免引起玻璃器皿破裂和火灾）。灭菌后，当温度降至 30～40℃时，打开箱门，取出灭菌器皿。

6. 斜面和平板的制作

（1）斜面的制作

将已灭菌装有琼脂培养基的试管，趁热置于木棒上，使其呈适当斜度，凝固后即成斜面。斜面长度以不超过试管长度 1/2 为宜。如制作半固体或固体深层培养基时，灭菌后则应垂直放置至冷凝。

（2）平板的制作

将装在锥形瓶或试管中已灭菌的琼脂培养基融化后，待冷至 50℃左右倾入无菌培养皿中。温度过高时，皿盖上的冷凝水太多；温度低于 50℃时，培养基易于凝固而无法制作平板。

平板的制作应采用无菌操作，左手拿培养皿，右手拿锥形瓶的底部或试管，左手同时用小指和手掌将棉塞打开，灼烧瓶口，用左手拇指将培养皿盖打开一缝，至瓶口正好伸入，倾入 10～12 mL 的培养基，迅速盖好皿盖，置于桌上，轻轻旋转平皿使培养基均匀分布于整个平皿中，冷凝后即成平板。

7. 培养基的无菌检查

灭菌后的培养基，一般需进行无菌检查。最好从中取出 1～2 管（瓶），置于37℃恒温箱中培养 1～2 天，确定无菌后方可使用。

8. 无菌水的制备

在每个 250 mL 的锥形瓶内装 99 mL 的蒸馏水并塞上棉塞。在每支试管内装4.5 mL 蒸馏水，塞上棉塞或盖上塑料试管盖，再在棉塞上包上一张牛皮纸。高压蒸汽灭菌，0.1 MPa 下灭菌 20 min。

四、培养基的使用和质量控制

1. 使用程序

（1）培养基的储存

标准规定，通常情况下基础培养基（如营养琼脂培养基）应在 4℃ 冰箱中保存不超过 3 个月，或在室温（20℃）下保存不超过 1 个月。灭菌后的培养基应置适当条件下保存至规定的有效期，并对保存条件进行确认。

（2）琼脂培养基的融化

1）将培养基放到沸水浴中或采用有相同效果的方法（如高压锅中的蒸汽，如 105℃）使之融化。经过高压的培养基应尽量减少重加热时间，以避免过度加热。

2）培养基融化后放入（47±2)℃ 的恒温水浴锅或恒温培养箱中保温，直至使用。

3）融化后的培养基应尽快使用，放置时间一般不应超过 4 h，不可二次融化。

（3）培养基的脱气

必要时，将培养基在使用前放到沸水浴或蒸汽浴中加热 15 min，加热时松开容器的盖子；加热后盖紧，迅速冷却至使用温度。

（4）添加成分的加入

对热不稳定的添加成分应在培养基冷却至（47±2)℃ 时再加入。灭菌的添加成分在加入之前，应先放置到室温，避免冷的液体造成琼脂凝结或形成片状物。将加入添加成分的培养基缓慢充分混匀，尽快分装到待用的容器中。

（5）平板的制备和储存

1）倾注融化的培养基到平皿中，使之在平皿中形成一个至少 2 mm 厚的琼脂层（直径 90 mm 的平皿通常要加入 15 mL 琼脂培养基）。将平皿盖好皿盖后放到水平平面使琼脂冷却凝固。

2）为了避免产生冷凝水，平板应冷却后再装入袋中。储存前不要对培养基表面进行干燥处理。

3）凝固后的培养基应立即使用或放于暗处和/或 4~12℃ 冰箱中储存。并在外包装上贴好相应的标签，标明名称、编号、制备日期和有效期等内容。

4）对于采用表面接种形式培养的固体培养基，应先对琼脂表面进行干燥：揭开平皿盖，将平板倒扣于烘箱/培养箱中（温度设为 25~50℃）；或放在有对流风的无菌净化台中，直到培养基表面的水滴消失为止。注意不要过度干燥。商业化的平板琼脂培养基应按照厂商提供的说明使用。

（6）培养

1）培养时每垛最多堆放六个平板，平板间要留有空隙以保证空气流通，使培养物的温度尽快与培养箱温度达到一致。

2）在培养过程中，培养基会损失水分。当水分损失的量大于培养基总量的15％时，就会影响微生物的生长。造成培养基水分损失的因素较多，如培养基成分、平皿中培养基总量和培养箱的类型等（如使用带风扇的培养箱，培养箱中的湿度偏低，平板在培养箱中位置靠近培养箱内壁等），操作时应注意避免。

（7）培养基的弃置

培养基废弃前，实验室采用121℃下15 min 蒸汽灭菌，或煮沸消毒30 min。

2. 培养基的质量控制

每批培养基制备好以后，应仔细检查一遍，如发现破裂、水分浸入、色泽异常、棉塞被培养基沾染等均应挑出弃去，并测定其最终 pH 值。将全部培养基放入（36±1）℃恒温箱培养过夜，如发现有菌生长，即弃去。用有关的标准菌株接种1～2管或瓶培养基，培养24～48 h 如无菌生长或生长不好，应追查原因并重复接种一次，如结果仍同前，则该批培养基即应弃去，不能使用。

测试菌株：测试菌株是具有其代表种的稳定特性并能有效证明实验室特定培养基最佳性能的一套菌株。测试菌株主要购置于标准菌种保藏中心，也可以是实验室自己分离的具有良好特性的菌株。每种培养基的测试菌株应包括具有典型反应特性的强阳性菌株、微弱生长的阳性菌株（对培养基中选择剂等试剂敏感性强的菌株）、非特异性菌株（如产生不同发酵反应和荧光反应的菌株）、阴性菌株。

常用10种培养基的配制和质控标准如下：

（1）基础肉汤培养基：2～8℃保存1个月。

（2）普通营养琼脂培养基：2～8℃保存0.5个月。

（3）葡萄糖肉汤培养基：2～8℃保存1个月。

（4）血液琼脂平板培养基（法国生物梅里埃成品培养基）：2～8℃保存0.5个月。

（5）血液琼脂平板培养基（国产）：2～8℃保存0.5个月。

（6）巧克力平板培养基：2～8℃保存0.5个月。

（7）双糖培养基：2～8℃保存0.5个月。

（8）MH 培养基：2～8℃保存0.5个月。

（9）沙保弱培养基：2～8℃保存0.5个月。

（10）念珠菌显色培养基：2～8℃保存0.5个月。

第 5 节　无 菌 操 作

一、无菌操作人员的工作要求

食品微生物实验室工作人员，必须有严格的无菌观念。许多实验要求在无菌条件下进行，主要原因：一是防止试验操作中人为污染样品；二是保证工作人员安全，防止检出的致病菌由于操作不当造成个人污染。

1. 无菌操作要求

（1）接种细菌时必须穿工作服、戴工作帽。

（2）接种食品样品时，必须穿专用的工作服、帽及拖鞋，应放在无菌室缓冲间，工作前经紫外线消毒后使用。

（3）接种食品样品时，应在进无菌室前用肥皂洗手，然后用 75% 酒精棉球将手擦干净。

（4）接种所用的吸管、平皿及培养基等必须经消毒灭菌，打开包装未使用完的器皿，不能放置后再使用。

（5）从包装中取出吸管时，吸管尖部不能触及外露部位，使用吸管接种于试管或平皿时，吸管尖不得触及试管或平皿边。

（6）接种样品、转种细菌必须在酒精灯前操作，接种细菌或样品时，吸管从包装中取出后及打开试管塞都要通过火焰消毒。

（7）接种环和针在接种细菌前应经火焰烧灼全部金属丝，必要时还要烧到环和针与杆的连接处。

（8）吸管吸取菌液或样品时，应用相应的橡皮头吸取，不得直接用口吸。

2. 对于生物安全柜及垂直层流台内的无菌技术要求

（1）操作人员应严格遵守 SOP 有关着装、洗手和正确使用安全柜的规定。

（2）准备好调配所需的物料。

（3）在应用前检查所有的物品包装、容器和器械设备，确认其完好无损。

（4）在物料放入洁净室前，必须先用浸有 75% 酒精的无菌纱布擦拭整个操作台，物料进出安全柜的次数应最小化。

（5）所有物品的安放应便于调配。合理划分工作区域，明确留下中央区域用来操作。如果一次要配一袋以上，其摆放必须合理，防止混淆。

（6）在安全柜内侧至少 15 cm 处做所有的无菌操作，这一距离可防止来自于工作人员身体的反射性污染，以及来自于层流室内两个气流相互作用产生的干扰气流的回流污染。

（7）制订良好的工作计划，尽可能靠近滤器端做最重要的工作。

（8）所有的操作中，手指和手都必须刻意地放在关键位置的气流下方，也就是它的后面，否则将会干扰气流并可能使手指上的污染直接进入关键部位。

（9）在插入针头前，西林瓶和输液袋的胶塞表面、加药口、安瓿的颈部必须用75％酒精消毒。

（10）当持有连接器做接通操作时，应与气流成直角进行，同样也需要保持手在关键部位的后面。

（11）调配要尽可能快，必须保持无菌状况，进出安全柜的次数应达到最小化。

（12）避免任何物质喷射入高效过滤器内。打开安瓿的方向应远离高效过滤器，调整注射器容量和传递导管时也要小心。

（13）最后对配好的产品应检查是否缺损、有无任何不相容的物理性变化或降解。

3. 检验员手册

检验的对象可能有病原微生物，如果不慎发生意外，不仅自身招致污染，而且可能造成病原微生物的传播。

（1）随身物品勿带入检验室，必需的文具、实验数据、笔记本等带入后要远离操作部位。

（2）进入检验室应穿工作服，自检验室进入无菌室时要戴口罩、工作帽，换专用鞋。

（3）不在检验室内接待客人，不抽烟、不饮食，不用手抚摸头部、面部。

（4）样品检验前应登记生产日期、批号，详细记录样品检验序号、检验日期、检验程序和结果。

（5）室内应保持整洁，样品检验完毕后及时清理桌面。凡是要丢弃的培养物应经高压灭菌后处理，污染的玻璃仪器高压灭菌后再洗刷干净。

（6）接种环用前用后均需火焰灭菌，吸过菌液的吸管、沾过菌液的玻片等用后，要浸泡在盛有 3％来苏水或 5％石炭酸溶液的玻璃筒内。其他污染的试管、玻皿等必须盛于指定的容器内，经灭菌后再洗涤晾干。

（7）如有病原微生物污染桌面或地面，要立即用 3％来苏水或 5％石炭酸溶液，倾覆其上，30 min 后才能抹去。

（8）如有病原微生物污染了手，应立即将手浸泡于 3％来苏水或 5％石炭酸溶液中 10～20 min，再用肥皂及水洗刷。

（9）易燃药品（如酒精、二甲苯、醚、丙酮等）应远离火源，妥为保存。易挥发的药品（如醚、氯仿、氨水等）应放在冰箱内保存。

（10）贵重仪器，在使用前应加以检查。使用后要登记使用日期、使用人员、使用时间等。

（11）工作完毕，要仔细检查烘箱、电炉是否切断电源，自来水开关是否拧紧，培养箱、电冰箱的温度是否正常、门是否关严，所用器皿、试剂是否放回原处，工作台是否用消毒液抹拭等。

（12）离开检验室前一定要用肥皂把手洗净，脱去工作衣、帽、专用鞋。关闭门窗以及水、电、天然气等开关，以确保安全。

二、无菌操作的常用设备和使用注意事项

1. 玻璃器皿的消毒和清洁

（1）新购玻璃器皿的处理

新购玻璃器皿应用热肥皂水洗刷，流水冲洗，再用 1％～2％碱溶液浸泡，以除去游离碱，再用水冲洗。对容量较大的器皿，如试剂瓶、烧瓶或量具等，经清水洗净后应注入浓盐酸少许，慢慢转动，使盐酸布满容器内壁数分钟后倾出，再用水冲洗。

（2）污染玻璃器皿的处理

1）一般试管或容器可用 3％煤酚皂溶液或 5％石炭酸浸泡，再煮沸 30 min，或在 3％～5％漂白粉澄清液内浸泡 4 h，有的也可用肥皂或合成洗涤剂洗刷，并使之尽量产生泡沫，然后用清水冲洗至无肥皂为止。最后用少量蒸馏水冲洗。

2）细菌培养用的试管和培养皿可先行集中，用 0.1 MPa 高压灭菌 15～30 min，再用热水洗涤后，用肥皂洗刷，流水冲洗。

3）吸管使用后应集中于 3％煤酚皂溶液中浸泡 24 h，逐支用流水反复冲洗，再用蒸馏水冲洗。

4）油蜡沾污的器皿，应单独灭菌洗涤，先将沾有油污的物质弃去，倒置于吸水纸上，100℃烘干 0.5 h，再用碱水煮沸，肥皂洗涤，流水冲洗。必要时可用二甲苯或汽油去油污。

5）染料沾污的器皿，可先用水冲洗，然后用清洁或稀盐酸洗脱染料，再用清

水冲洗。一般染色剂呈碱性，所以不宜用肥皂的碱水洗涤。

6）玻片可置于3%煤酚皂溶液中浸泡，取出后流水冲洗，再用肥皂或弱碱性煮沸，自然冷却后，流水冲洗。被结核杆菌污染或不易洗净的玻片，可置于清洁液内浸泡后再冲洗。

2. 无菌器材和液体的准备

将玻璃器具中的培养皿、培养瓶、试管、吸管等按上述方法洗净烘干后，用一洁净纸包好瓶口并把吸管尾端塞上棉花，装入干净的铝盒或铁盒中，于160℃的干燥箱中干燥灭菌2 h，取出备用。对于手术器械、瓶塞、工作服则采用高压蒸汽灭菌法，即在0.1 MPa的条件下加热20 min。而对于MEM培养液、小牛血清和消化液等需用负压抽滤后使用。

3. 无菌室

（1）无菌室的结构

无菌室通常包括缓冲间和工作间两大部分。无菌室的面积和容积不宜过大，以适宜操作为准，一般可为9～12 m²（应按每个操作人员占用面积不少于3 m²设置）。缓冲间与工作间的比例可为1∶2，高度2.5 m左右为宜。工作间内设有固定的工作台、紫外线灯、空气过滤装置及通风装置；应有空调设备、空气净化装置，以便在进行操作时切实达到无尘无菌。工作间的内门与缓冲间的门尽量迂回，避免直接相通，以减少无菌室内的空气对流，保持工作间的无菌条件。窗户应装有两层玻璃以防外界的微生物进入。

（2）无菌室的要求

1）无菌室内墙壁应光滑，尽量避免死角，以便于洗刷消毒。

2）应保持密封、防尘、清洁、干燥。操作时尽量避免走动。

3）室内设备简单，禁止放置杂物。

4）工作台、地面和墙壁应用新洁尔灭或过氧乙酸溶液擦洗消毒。

5）无菌室内应备有专用开瓶器、金属勺、镊子、剪刀、接种针环，每次使用前、后应在酒精灯火焰上烧灼灭菌。接种灯照射30 min后方可进入室内工作。

6）无菌室内应备有盛放3%来苏水或5%石炭酸溶液的玻璃缸，内浸纱布数块；备有75%酒精棉球，用于样品表面消毒及意外污染消毒；无菌室每次使用前、后，用紫外线灯照射。

7）根据无菌室的净化情况和空气中含有的杂菌种类，可采用不同的化学消毒剂。如果霉菌较多，先用5%石炭酸全面喷洒室内，再用甲醛熏蒸；如果细菌较多，可采用甲醛与乳酸交替熏蒸。一般情况下，也可酌情间隔一定时间用2 mL/m³

甲醛溶液或 20 mL/m³ 丙二醇溶液熏蒸消毒。

4. 高压蒸汽灭菌器

应用最广、效果最好的灭菌器是高压蒸汽灭菌锅。高压蒸汽灭菌锅可用于培养基、生理盐水、废弃的培养物以及耐高热药品、纱布、玻璃等灭菌，其种类有手提式、直立式、横卧式等，它们的构造及灭菌原理基本相同。

（1）主要构造

高压蒸汽灭菌锅为一双层金属圆筒，两层之间盛水，外壁坚厚，上方或前方有金属厚盖，盖上装有螺旋，借以紧闭盖门，使蒸汽不能外溢，因而锅内蒸汽压力升高，其温度也相应增高。高压蒸汽灭菌锅上还装有排气阀、安全阀，用来调节灭菌锅内蒸汽压力与温度，并保障安全；高压蒸汽灭菌锅上还装有温度压力表，指示内部的温度与压力。

（2）操作方法与注意事项

1）手提式与直立式高压蒸汽灭菌锅使用前，先打开灭菌锅盖，向锅内加水到水位线。水要加够，防止灭菌过程中干锅。

2）将待灭菌的物品放入锅内，一般不能放得太多、太挤，包裹也不要过大，以免影响蒸汽的流通，降低灭菌效果。然后将锅盖盖上并将螺旋对角式均匀拧紧，保证不漏气。

3）打开排气阀，加热，当有大量蒸汽排出时，维持 5 min，使锅内冷空气完全排净。关紧排气阀门，则温度随蒸汽压力向上升；否则，压力表上所示压力并非全部是蒸汽压，灭菌将不完全。待锅内蒸汽压力上升至所需压力和规定温度时（一般为 115℃或 121℃）控制热源，维持压力、温度，开始计时，持续 15 min，即可达到完全灭菌的目的。

4）灭菌完毕，必须关闭电（热）源或蒸汽来源，并待其压力自然下降至零时，方可开盖，否则容易发生危险。也不可突然开大排气阀进行排气减压，以免因锅内压力骤然下降使瓶内液体沸腾，冲出瓶外。

5）灭菌结束，打开水阀门排尽锅内剩水。

三、无菌操作的过程

1. 无菌操作前的准备工作

培养材料接种时的无菌操作过程除上述各项消毒灭菌操作外，还需完成以下无菌操作步骤，从而获得接种的无菌培养材料。

（1）工作人员无菌操作前需用肥皂清洗双手及手臂，并用流动水冲净，然后穿戴好灭菌工作服、工作帽和口罩，更换拖鞋，才能进入无菌操作区。如进入层流操作室进行实验操作，应完成缓冲准备区内的淋浴、一次更换灭菌衣帽、拖鞋，手臂消毒、二次更换灭菌防护衣帽、手套、拖鞋等，再在风淋区进行无菌风淋后方可进入层流操作室。进入无菌操作区后，再用 70%～75% 酒精擦拭双手和前臂，完成无菌操作准备工作。

（2）检验工作中样品及无菌物打开后，操作者在操作时应与样品及无菌物保持一定距离；未经消毒的物品及手绝对不可直接接触样品及无菌物品；样品及无菌物不可在空气中暴露过久，操作要正确；取样时必须用无菌工具（如镊子、勺子等），手臂不可从样品及无菌物面上横过；从无菌容器中或样品中取出之物虽未被污染，也不可放回原处。

（3）打开无菌工作台及净化室的紫外灯，消毒 30 min 以上。进入净化室前先关闭紫外灯，打开超净台风机，等待 30 min 以上，以排尽臭氧。

用 70%～75% 酒精擦洗工作台面后，将已消毒灭菌的实验用品取出，并将操作器械放置在无菌器械支架上，然后开始实验操作。在实验操作过程中，对所有操作器械每次使用后都要进行灭菌，常采用酒精灯火焰灼烧灭菌。

2. 无菌操作步骤

准备工作完成后，对来自自然生长条件下的外植体，按上述培养材料消毒方法灭菌后取出，放入已灭菌的培养皿中，然后置于超净工作台酒精灯火焰下方，用灭菌剪刀等器械进行适当分离、切割或其他处理后备用。

（1）在酒精灯火焰处将培养容器的瓶塞（盖）轻轻打开，瓶口在酒精灯火焰处旋转灼烧，用镊子将培养材料置入培养液上，将镊子在酒精瓶中浸蘸酒精，置酒精灯上灼烧后放回支架，然后迅速灼烧瓶塞（盖）数秒后塞回瓶口。

（2）点燃酒精灯，超净台内应避免放入过多的物品。使用的吸管、滴管、试管、培养瓶等均事先灭菌。打开各类瓶盖前先过火，以固定灰尘；打开的瓶口、试管口过火焰，镊子使用前应经火焰烧灼。

（3）水平式风机的超净台，应使瓶口斜置，应尽量避免瓶口敞开直立。

（4）同一根吸管或滴管不应连续用于几个不同的细胞系；吸取培养基的吸管应离开培养瓶或试管口 0.5 cm，避免伸入培养瓶口或试管口，以防止细胞系的互相混杂污染。

（5）漏在培养瓶上或台上的液体，立即用酒精棉球擦净。

（6）操作完毕后恢复工作台面。

四、常用的灭菌方法

常用的灭菌方法包括物理、化学的灭菌方法。可根据被灭菌物品的特性采用一种或多种方法的组合灭菌。

1. 蒸汽湿热灭菌法

湿热灭菌法是指用饱和水蒸气、沸水或流通蒸汽进行灭菌的方法，以高温高压水蒸气为介质，由于蒸汽潜热大，穿透力强，容易使蛋白质变性或凝固，最终导致微生物的死亡，所以该法的灭菌效率比干热灭菌法高，是药物制剂生产过程中最常用的灭菌方法。湿热灭菌法可分为煮沸灭菌法、巴氏消毒法、高压蒸汽灭菌法、流通蒸汽灭菌法、间歇蒸汽灭菌法。影响湿热灭菌的主要因素有微生物的种类与数量、蒸汽的性质、药品性质和灭菌时间等。

（1）湿热灭菌的原理

湿热灭菌的原理是使微生物的蛋白质及核酸变性导致其死亡。这种变性首先是分子中的氢键分裂，当氢键断裂时，蛋白质及核酸内部结构被破坏，进而丧失了原有功能。蛋白质及核酸的这种变性可以是可逆的，也可以是不可逆的。微生物的灭活符合一级动力学方程，微生物死亡速率是微生物耐热参数 D 和杀灭时间的函数，即在给定的时间下被灭活的微生物与仍然存活数成正比：

$$\lg N_t = \lg N_0 - F(T, Z)/D_T$$

式中　N_t——t min 后微生物计数值；

　　　N_0——初始微生物计数值；

　　　D_T——在 T 温度下的微生物降低一个对数单位所需要的时间，min；

　　　$F(T, Z)$——灭菌程序在确定温度系数 Z 的 T 温度的等效灭菌时间。

（2）湿热灭菌的方法

1）流通蒸汽灭菌法。流通蒸汽灭菌法是指在常压条件下，采用 100℃流通蒸汽加热杀灭微生物的方法，灭菌时间通常为 30～60 min。该法适用于消毒以及不耐高热制剂的灭菌，但不能保证杀灭所有芽孢，是不可靠的灭菌方法。

2）间歇蒸汽灭菌法。间歇蒸汽灭菌法是指利用反复多次的流通蒸汽加热，杀灭所有微生物，包括芽孢。方法同流通蒸汽灭菌法，但要重复 3 次以上，每次间歇是将要灭菌的物体放到 37℃培养箱过夜，目的是使芽孢发育成繁殖体。若被灭菌物不耐 100℃高温，可将温度降至 75～80℃，加热延长为 30～60 min，并增加次数。该法适用于不耐高热的含糖或牛奶的培养基。

3）高压蒸汽灭菌法。高压蒸汽灭菌法是指 0.1 MPa 蒸汽压温度达 121.3℃，维持 15～20 min。高压蒸汽灭菌法灭菌能力强，为热力学灭菌中最有效、应用最广泛的灭菌方法。药品、容器、培养基、无菌衣、胶塞以及其他遇高温和潮湿不发生变化或损坏的物品，均可用本法灭菌。

2. 干热灭菌法

可适用于耐高温但不宜用蒸汽湿热灭菌法灭菌的物品的灭菌，也是最为有效的除热原方法之一，如玻璃器具、金属制容器、纤维制品、固体试药、液状石蜡等均可采用本法灭菌。

干热灭菌条件一般为 160～170℃下 120 min 以上，或者 170～180℃下 60 min 以上或 250℃下 45 min 以上，也可采用其他温度和时间参数。采用干热灭菌时，被灭菌物品应有适当的包装和装载方式，保证灭菌的有效性和均一性。用本法灭菌的物品表面必须洁净，不得污染有机物质，必要时外面应用适宜的包皮宽松包裹。配有塞子的烧瓶、试管等容器口应有金属箔或纱布等包皮包裹，并用适宜的方式捆扎，防止脱落。干热灭菌箱内物品排列不可过密，以保证热能均匀穿透全部物品。

3. 过滤灭菌法

（1）垂熔玻璃滤器

滤过粒子 P250～P2 由大到小，P2 可滤除大肠杆菌及葡萄球菌。

（2）微孔滤膜

主要为乙酸纤维素酯滤膜，或硝酸纤维素酯与乙酸纤维素酯的混合纤维素酯滤膜。特性：耐 120℃下 30 min 灭菌；无脱屑；不耐碱；不耐有机溶剂；易燃。孔径 5.0 μm 用于注射液初滤，0.8 μm 用于精滤，0.45 μm 可滤去大多数细菌，0.15 μm 可滤去热原。

4. 紫外线灭菌法

紫外线波长 200～300 nm，易穿透洁净的水和空气，用于空气和物体表面灭菌。紫外线灯有效使用期一般为 3 000 h。

5. 微波灭菌法

微波为 300～3 000 MHz 的电磁波。水可强烈吸收微波，使极性分子转动摩擦而产热。能穿透物质较深部，灭菌效果好。有望用于注射液的灭菌。

6. 辐射灭菌法

又称电离辐射，是用 γ 射线或 β 射线照射杀菌。前者由钴－60 或铯－137 发出，穿透力强；后者由电子加速器产生，带电荷，穿透力弱，灭菌效果差。对于辐射，无芽孢菌比有芽孢菌敏感得多，无芽孢菌中革兰氏阴性菌比阳性菌敏感，而病毒敏感性很差。

7. 化学灭菌法

一般以喷洒（雾）、蒸发等方法进行灭菌。

（1）环氧乙烷

无色醚样臭味气体，沸点 10.8℃，沸点以下为无色透明液体，密度为 0.882 g/cm³，溶于水。扩散穿透能力强，属广谱杀菌剂。用于对热敏感的药物、塑料、橡胶、皮革制品、皮料、纸张以及小型玻璃器皿等的灭菌。

（2）过氧乙酸

无色透明液体，有刺激性醋酸臭味，易挥发，有腐蚀性。易溶于水、乙醇、乙醚、醋酸。可缓慢分解，急剧分解时会爆炸，但 40％以下的溶液则不会。本品广谱、高效、速效，毒性低，0.5％溶液用于空气（喷雾 30 mL/m³）、器械和皮肤消毒，临用前配制。

（3）其他化学灭菌法

1）苯酚（石炭酸）：3％～5％地面、墙壁喷洒。

2）甲酚皂溶液（来苏尔）：5％～100％地面、墙壁喷洒。

3）甲醛溶液（福尔马林）：20 mL/m³ 加热蒸发 6～12 h。

4）乳酸：1 mL/m³ 加热蒸发 0.5～1 h。

5）苯扎溴铵：1/1 000～1/2 000 溶液喷洒地面、墙壁。

6）丙二醇：1 mL/m³ 加热蒸发。

8. 有毒有菌污物处理要求

微生物实验所用实验器材、培养物等未经消毒处理，一律不得带出实验室。

（1）经培养的污染材料及废弃物应放在严密的容器或铁丝筐内，并集中存放在指定地点，待统一进行高压灭菌。

（2）经微生物污染的培养物，必须经 121℃下 30 min 高压灭菌。

（3）染菌后的吸管，使用后放入 5％煤酚皂溶液或石炭酸液中，最少浸泡 24 h（消毒液体不得低于浸泡的高度）再经 121℃下 30 min 高压灭菌。

（4）涂片染色冲洗片的液体，一般可直接冲入下水道，烈性菌的冲洗液必须冲在烧杯中，经高压灭菌后方可倒入下水道，染色的玻片放入 5％煤酚皂溶液中浸泡 24 h 后，煮沸洗涤。做凝集试验用的玻片或平皿，必须高压灭菌后洗涤。

（5）打碎的培养物，立即用 5％煤酚皂溶液或石炭酸液喷洒和浸泡被污染部位，浸泡 30 min 后再擦拭干净。

污染的工作服或进行烈性试验所穿的工作服、工作帽、口罩等，应放入专用消毒袋内，经高压灭菌后方能洗涤。

五、常用消毒剂的配制方法

1. 过氧乙酸

该消毒剂为甲、乙两组的二元包装消毒剂，使用前需将甲 2 份、乙 1 份混合，经 12～24 h 混合反应后成为浓度大于或等于 18％原液，将此原液按照实际应用的需要（如空气消毒、物体表面消毒）可配制成不同使用浓度的应用液。

（1）空气消毒

1）熏蒸消毒法。使用浓度为 7 mL/m³，作用时间为 1 h（密闭环境）。举例：若面积为 25 m²、高为 3 m 的房间，其容积为 75 m³，应取过氧乙酸原液 525 mL、等量加水置于搪瓷碗（或耐热、耐腐蚀的容器）中，用酒精或煤油炉进行加热熏蒸。

2）气溶胶喷雾消毒法。将过氧乙酸原液浓度当成 20％，按 1∶10 的比例稀释成为 2％的溶液，再将此液按 8 mL/m³ 的量应用，并盛装于超低容量喷雾器中进行喷雾，作用时间为 30～60 min（密闭环境）。举例：若面积为 25 m²、高为 3 m 的房间，其容积为 75 m³，应取 2％过氧乙酸稀释液 600 mL，采用超低容量喷雾器直接喷雾，直至药液全部喷完。

（2）物体表面消毒可采取浸泡、喷雾、擦拭方法进行消毒

一般使用浓度为 0.2％～0.5％，作用时间 30 min 以上。举例：如过氧乙酸原液浓度为 20％，若需配制使用浓度为 0.5％消毒溶液，应取 25 mL 原液加水至 1 000 mL 即得；或大半脸盆水约 4 000 mL，加原液 40 mL 即为 0.2％的消毒溶液。

2. 84 消毒液

该消毒剂可采取浸泡、喷雾、擦拭的方法，用于物体表面消毒，有一定的除污作用。一般使用浓度为 0.2％～0.5％，作用时间 30 min 以上。举例：84 消毒液原液有效氯含量大于等于 5％，相当于 50 000 mg/L，若需配制使用浓度为 0.5％的消毒溶液，应取 100 mL 原液加水至 1 000 mL 即得；或大半脸盆水约 4 000 mL，加原液 160 mL 即为 0.2％消毒溶液。

3. 有机含氯消毒粉剂

首先辨明要使用消毒剂的有效氯含量，然后按下述公式计算：

稀释倍数＝产品的有效氯含量/预配的消毒液浓度－1。如用有效氯含量为 2.5％消毒粉对餐具进行消毒，需药液浓度为 500 mg/L，即有效氯含量应是 5/万。稀释倍数＝0.025/0.000 5－1＝49，即 1 份药加 49 份水，将餐具浸泡在配好的消毒液中，作用 30 min 后即可。

如有已知喷雾器容量，按下述公式计算喷雾器中所需加的药量：所需加的药量＝喷雾器的容积×配制药液的浓度/产品的有效氯含量。如现要将 13％消毒粉配制成 1 500 mg/L 的药液，已知喷雾器容量是 8 L，那么该喷雾器应加 13％消毒粉＝8 L×0.001 5/0.13＝0.092 3 kg＝92.3 g，即将 13％消毒粉称取 92.3 g 放在喷雾器中，将水加至 8 L 即可；用此浓度可按 200 mL/m² 进行喷洒消毒。值得注意的是，单位为升的算出来为千克，单位为毫升的算出来为克。上述计算公式适用于各种消毒剂的配制。

4. 漂白粉精

该消毒剂为粉剂，配制成溶液后可采取浸泡、喷雾、擦拭方法，用于物体表面、排泄物和分泌物的消毒。一般使用浓度为 0.1％～0.5％，作用时间 30 min 以上。举例：漂白粉精原粉有效氯含量大于等于 50％，相当于 500 000 mg/L，若需配制使用浓度为 0.5％消毒溶液，应取 10 g 原粉加于 1 000 mL 水即得；或大半脸盆水约 4 000 mL，加原粉 16 g 即为 0.2％消毒溶液。干稠的排泄物一般用 10％漂白粉精乳液按 1∶2（粪∶药）的比例混合搅拌，作用 2～4 h 废弃；稀的分泌物和排泄物（如痰液、唾液、尿液等）一般用 10％漂白粉精乳液按 1∶5（药∶尿）的比例混合搅拌，作用 2 h 后废弃。

5. 三氯异腈脲酸片剂（有效含氯消毒片剂）

成品一般为氯味的白色片剂或粉沫。片剂有 250 mg/片有效氯、500 mg/片有效氯两种规格。

（1）使用方法

1）用于空气消毒。剂量 250 mg/片有效氯，6 片/L 水；500 mg/片有效氯，3 片/L。水处理剂量：20 mL/m³，必须使用超低容量喷雾器喷雾。

2）擦拭物体表面消毒（两遍）。250 mg/片有效氯，4 片/L 水；500 mg/片有效氯，2 片/L 水。

3）地面消毒。用墩布拖地 250 mg/片有效氯，4～8 片/L 水；500 mg/片有效氯，2～4 片/L 水。

（2）配制方法

500 mg/L 有效氯消毒剂：使用 2 片（250 mg/片）加入 1 kg 水中，溶解后使用；或使用 1 片（500 mg/片）加入 1 kg 水中，溶解后使用。

注意事项：成品消毒剂避光保存，严禁暴晒；应用浓度消毒剂，现用现配；避免用金属制容器装盛消毒剂。

6. 二氧化氯

该消毒剂采用二元包装，使用前需将活化剂与消毒剂按 1：10 的比例混合，经 3～5 min 混合反应后成为浓度大于等于 2% 的原液，将此原液按照实际应用的需要（如空气消毒、物体表面消毒）可配制成不同使用浓度的应用液。

（1）空气消毒

采用气溶胶喷雾消毒法，将 2% 二氧化氯原液按 1：10 的比例稀释，用量为 20 mL/m³，作用时间为 60 min（密闭环境）。举例：若面积为 25 m²、高为 3 m 的房间，其容积为 75 mL/m³，应取 1：10 的二氧化氯稀释液 1 500 mL，采用超低容量喷雾器直接喷雾，直至药液全部喷完。

（2）物体表面消毒

将 2% 二氧化氯原液（相当于 20 000 mg/L）按 1：20～1：40 的比例稀释，即为 500～1 000 mg/L 的消毒溶液。举例：若需配制使用浓度为 1 000 mg/L 的消毒溶液，应取 50 mL 原液加水至 1 000 mL 即得；或大半脸盆水约 4 000 mL，加原液 100 mL 即为 500 mg/L 消毒溶液。

7. 过氧化氢（双氧水）

成品为强腐蚀性液体，市售成品含量一般为 27% 或 35%。疫区室内消毒一般用 50 mg/m³（纯量），使用气溶胶喷雾的方法消毒 0.5～1 h，消毒后进行通风。

配制方法：有效含量为 2.7% 的过氧化氢消毒剂，将 1 份原药（有效含量为 27%）加入 9 份水中，混合后使用，按 50 mg/m³ 的施药量计，即应用约 2 mL（2.7% 的过氧化氢）/m³。

注意事项：成品消毒剂避光保存，严禁暴晒；须现用现配；过氧化氢有强腐蚀性，配制、使用时应戴防护手套、防护镜；避免用金属制容器装盛消毒剂；儿童避免接触；室内空气消毒时，室内湿度越大消毒效果越好。

8. 重铬酸钾清洁液

将重铬酸钾溶于水中，再慢慢加入浓硫酸。注意，此时可产生高热，应防止容器破裂。重铬酸钾清洁液除污力强，腐蚀性大，应避免接触皮肤和衣服。为防止吸收空气的水分而变质，此液应储存于带盖的容器中。如清洁效力较差，可再加入少量重铬酸钾及浓硫酸，还可继续使用。直到液体变蓝绿色，即不能再用。配制重铬酸钾清洁液时，宜用耐高温的陶瓷缸或耐酸搪瓷或塑料容器。使用玻璃器皿时，应特别注意防止产生高热而破裂，切忌用量筒来配制。

思　考　题

1. 食品中微生物的特点是什么？

2. 什么是食物中毒？有什么特点？食物中毒的类型有哪些？

3. 常见的细菌性食物中毒有哪些？

4. 食品微生物检验的意义是什么？

5. 食品微生物检验范围包括哪些方面？检验的基本方法和指标有哪些？

6. 食品中细菌总数和大肠菌群数量的表示方法是怎样的？有什么卫生学意义？

7. 食品中检出的菌落数是否代表该食品被污染的所有细菌数？为什么？

8. 简述平板菌落计数法测定细菌菌落总数的检验程序以及其操作步骤。

9. 简述食品中大肠菌群MPN计数的检验程序以及其操作步骤。

10. 测定霉菌和酵母菌数时，常用的培养基有哪些？如何根据具体情况选择采用哪种培养基？

11. 培养基概念是什么？培养基的设计原则和设计思路是什么？常用培养的基本要求是什么？

12. 培养基是由哪些成分组成？这些成分的来源是什么（尤其是碳源和氮源）？各成分的作用是什么？在应用天然碳源和氮源时应注意什么问题？

13. 什么是无菌技术？试举例无菌技术范围的具体实验操作环节及注意事项。

第7章

检验样品的采集

第 1 节　　抽 样 检 验 基 础 知 识

一、概述

抽样检验,是从一批产品或一个过程中抽取一部分单位产品进行检验,进而判断产品批或过程是否接收的活动。

1. 抽样检验的特点与适用场合

抽样检验具有检验的单位产品数量少,时间省,成本低;检验对象是一批产品;接收批中可能包含不合格品,拒收批中也包含有合格品;抽样检验存在两类风险,即将合格批误判为拒收或将不合格批误判为接收等特点。

抽样检验主要适用于破坏性检验,数量多、难以全数检验的产品的检验,检验对象是连续体的检验,检验费用比较高的检验等。

2. 抽样检验的分类

(1) 按检验特性值的属性,抽样检验可分为计数型和计量型抽样检验

计数抽样检验包括计件检验和计点检验。计件检验是根据被检样本中的不合格品数推断整批产品是否接收。计点检验是根据被检样本所包含不合格数的多少来推断整批产品是否接收。计量抽样检验是通过测量被检样本质量特性的具体数值并与标准进行比较,进而推断整批产品是否接收。

(2) 按抽取样本个数,抽样检验可分为一次、二次、多次和序贯抽样检验

一次抽样检验是从检验批中只抽取一个样本就应对批做出是否接收的判断；二次抽样检验要求对一批产品抽取一个或两个样本后做出批接收与否的结论；多次抽样是可以抽取两个以上样本对批做出接收与否的判断；序贯抽样检验每次抽取一个单位产品进行检验，直至按规则做出批接收与否的判断为止。

（3）按组批后批与批之间的关系，可分为连续批和孤立批抽样检验

连续批抽样检验是一种对所提交的一系列产品批的检验。孤立批抽样检验是针对一个孤立批进行的检验，包括少数的孤立批或生产完成后暂时储存的批。

（4）按检验过程中能否根据产品质量变化情况，适时调整抽样方案的严格程度，可分为调整型与非调整型抽样检验

调整型抽样检验由一组与批的质量紧密联系的转移规则和严格程度不同的抽样方案组成，根据质量变化情况适时改变方案的严格程度，《计数抽样检验程序　第 1 部分：按接收质量限（AQL）检索的逐批检验抽样计划》（GB/T 2828. 1—2012）提供了这种类型的抽样方案；非调整型抽样检验，不能根据产品质量变化情况调整抽样方案的严格程度，《不合格品百分数的计数标准型一次抽样检验程序及抽样表》（GB/T 13262—2008）就属于非调整型抽样检验标准。

二、抽样检验常用的基本术语

1. 单位产品

单位产品是指为实施抽样检验而划分的基本产品单位。有的单位产品是可以自然划分的，如电视机；而有的单位产品是不可自然划分的，如布匹。

2. 检验批

检验批是指为实施抽样检验而汇集起来的一定数量的单位产品。检验批的形式有"稳定批"和"流动批"两种。前者是将整批产品存放在一起同时提交检验，而后者的各个单位产品是一个一个地从检验点通过的。构成检验批的所有产品应当是同一生产条件下所生产的同一规格、具有相同特性的产品。

3. 批量

批量是指检验批中单位产品的数量，常用 N 表示。

4. 抽样方案

抽样方案是所使用的样本量和有关接收准则的组合，一般用（n；A_c，R_e）表示。A_c 是对批做出接收判定时，样本中的不合格品（或不合格）数的上限值，称为接收数；R_e 是对批做出不接收判定时，样本中的不合格品（或不合格）数的下限值，称为拒收数。

5. 批不合格品率 p

批中不合格的单位产品所占的比例，称为批不合格品率。即

$$p = \frac{D}{N}$$

式中　N——批量；

　　　D——批中的不合格品数。

6. 批不合格品百分数

批中不合格品数除以批量，再乘以 100，称为批不合格品百分数。即

$$100p = \frac{D}{N} \times 100$$

7. 批每百单位产品不合格数

批中每百个单位产品平均包含的不合格数，称为批每百单位产品不合格数（用于计点检验）。即

$$100p = \frac{C}{N} \times 100$$

式中　C——批中的不合格数。

8. 过程平均

一定时期或一定量产品范围内的过程水平的平均值，称为过程平均。过程平均用稳定生产状态下的过程平均不合格品率来表示。假设从 k 批产品中顺序抽取大小为 n_1，n_2，$\cdots$，n_k 的数个样本，其中出现的不合格品数分别为 d_1，d_2，$\cdots$，d_k，如果 d_1/n_1，d_2/n_2，$\cdots$，d_k/n_k 之间没有显著差异，则过程平均为：

$$\bar{p} = \frac{d_1 + d_2 + \cdots + d_k}{n_1 + n_2 + \cdots + n_k} \times 100\%$$

9. 接收质量限 AQL

接收质量限是连续系列批被提交验收时，所允许的最差过程平均质量水平。

10. 极限质量 LQ

对于孤立批，为了抽样检验，必须限制在低接收概率的质量水平。它是在抽样检验中对孤立批规定的不应接收的批质量水平（不合格品率）的最小值。

三、抽样检验的特性

1. 批质量的判断过程

抽样检验对批质量的判断过程是：根据事先确定的抽样方案（n；A_c，R_e），首先从批量 N 中随机抽取 n 个单位产品，然后逐一检验，记录其中的不合格品数

d。如 d 小于等于 A_c，则认为该批产品可以接收；如 d 大于等于 R_e（$R_e = A_c +$ 1），则认为该批产品不可接收。一次、二次抽样检验的程序分别如图 7—1、图 7—2 所示。图中，N 为批量，n 为样本量，d 为样本中的不合格品数，A_c 为接收数，R_e 为拒收数。

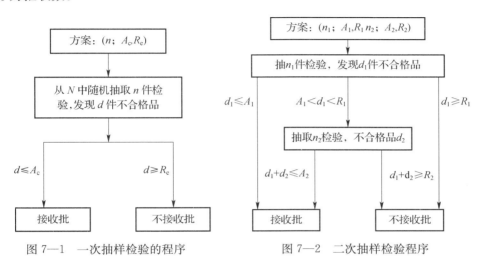

图 7—1　一次抽样检验的程序　　　图 7—2　二次抽样检验程序

2. 抽样方案的接收概率

使用抽样方案（n；A_c，R_e）对产品批验收，当批质量好于质量标准要求时，应接收该批产品；当批质量劣于标准要求时，应拒收该批产品。因此抽样检验时，抽样方案对优质批和劣质批判断能力的好坏就显得极为关键，方案的判别能力可以用接收概率、操作特性曲线和两类风险来衡量。

（1）抽样方案接收概率的定义

抽样方案的接收概率是指抽样方案把具有给定质量水平的检验批判为接收的概率。即用给定的抽样方案（n；A_c，R_e）去验收批量 N 和批质量 p 已知的检验批时，把该检验批判为接收的概率，常记为 p_a，它是批不合格品率 p 的函数。

（2）抽样方案（n；A_c，R_e）接收概率的计算

1）超几何分布计算法。从不合格品率为 p 的批量 N 中，随机抽取 n 个单位产品组成样本，则样本中出现 d 件不合格品的概率按超几何分布公式计算为：

$$p_a = \sum_{d=0}^{A_c} \frac{C_{Np}^d C_{N-Np}^{n-d}}{C_N^n}$$

式中　C_{Np}^d——从 Np 件不合格品中抽取 d 件不合格品的全部组合；

C_{N-Np}^{n-d}——从 $N-Np$ 件合格品中抽取 $n-d$ 件合格品的全部组合；

C_N^n——从 N 件产品中抽取 n 件产品的全部组合。

2）二项分布计算法。当批量为无穷大或近似无穷大（$n/N \leqslant 0.1$）时，可以用二项分布去近似超几何分布，利用二项分布计算接收概率的公式为：

$$p_a = \sum_{d=0}^{A_c} C_n^d p^d (1-p)^{n-d}$$

3）泊松分布计算法。当批量 N 为有限，$n/N \leqslant 0.1$ 并且 $p \leqslant 0.1$ 时，或以不合格数作为质量指标（计点检验）的情形，用泊松分布计算：

$$p_a = \sum_{d=0}^{A_c} \frac{\lambda^d}{d!} e^{-\lambda}$$

式中　$\lambda = np$。

3. 抽样方案的操作特性曲线—— OC 曲线

（1）OC 曲线的概念

根据接收概率 p_a 的计算公式，当检验批不合格品率 p 已知时，抽样方案（n；A_c，R_e）的接收概率是可以计算出来的。但实际中检验批的不合格品率 p 往往未知，且也不是一个固定值。当 p 值不同时抽样方案的接收概率也不同，抽样方案的接收概率是批不合格品率的函数，即 $p_a = f(p)$。如果用横坐标表示 p 值，纵坐标表示相应的接收概率 p_a，则 p 和 p_a 构成的一系列点子连成的曲线就是抽样方

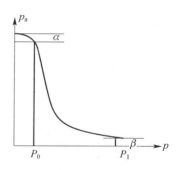

图 7—3　抽样方案的 OC 曲线

案操作特性曲线，简称 OC 曲线，如图 7—3 所示。OC 曲线反映了抽检方案的特性。OC 曲线可以定量显示产品质量状况和被接收概率的关系，也可以告诉人们采用该抽检方案时，具有某种不合格品率 p 的检验批，被判接收的可能性有多大。同时，人们可以通过比较不同抽样方案的 OC 曲线，比较它们对产品质量的辨别能力，以便于选择合适的抽检方案。

（2）抽样检验的两类风险

供需双方协商确定一个优质批的质量水平 p_0 和劣质批的质量水平 p_1，一个好的抽样方案应该是：当批质量 $p \leqslant p_0$ 时，能以高概率判接收；而当批质量 $p \geqslant p_1$ 时，能以高概率判拒收；而当 $p_0 < p < p_1$ 时，随 p 的增加接收概率迅速减小。

由图 7—3 可见，当检验批质量 $p \leqslant p_0$ 时，不可能 100% 地接收交验批（除非 $p = 0$），只能以高概率接收，而以概率 α 拒收这批产品。这种把合格批判为拒收的错判称为"第一类错判"，它给生产者带来损失，α 称为第一类错判概率，又称为生产方风险。它反映了把质量较好的批错判为不接收的可能性大小。同样，当不合

格品率 $p \geqslant p_1$ 时，也不能 100% 地拒收（除非 $p=1$）这批产品，而是以概率 β 接收批。这种把不合格批判为接收的错误称为"第二类错判"，它使用户蒙受损失，这个接收的概率 β 称为第二类错判概率，又称为使用方风险。它反映了把质量差的批错判为接收的可能性大小。一个好的抽检方案应该由供需双方共同协商，对 p_0 和 p_1 通盘考虑，使双方的利益都得到妥善保护。

四、常用的随机抽样方法

因为抽样检验批接收与否取决于样本的质量，所以样本必须能代表批，这就需要样本的抽取必须是随机的，不能带有主观意向。随机抽样就是保证批中的每个单位产品都有同等机会被抽取的一种抽样方法。常用的随机抽样方法有以下几种。

1. 简单随机抽样

按样本量 n 从批中抽取样本时，使批中含有 n 个单位产品所有可能的组合都有同等被抽取机会的一种抽样方法。简单随机抽样需要事先对产品编号，然后采用丢骰子、抓阄、随机数表及电子随机数抽样器等办法，确定要抽取的样品。

2. 系统随机抽样（等距随机抽样）

将总体中要抽取的产品按一定顺序排列，在规定范围内随机抽取一个或一组产品，然后按规则确定其他样本单位的抽样方法。抽样周期，可用批量除以样本量确定，即抽样周期 $T=N/n$（取整数）。在第一个周期内随机抽取第一个样品之后，其余样品顺次按同一周期抽取。

3. 分层随机抽样

分层随机抽样是将总体划分成若干个互不重叠的层，从每一个层中独立抽取一定数量的样品组成样本。如不同车间生产的同种产品组成一批时，可从不同车间生产的产品中随机抽取一定量样品，所有车间的样品组成样本。各车间所抽取样品的数量可按比例确定。

4. 集团随机抽样

将总体分成若干互不重叠的群，每群由若干个体组成，从总体中抽取若干个群，抽出的群中所有的个体组成样本。这种方法在样品集处于大量分散状态时，可以降低时间和成本的消耗，缺点是有可能不代表整群的质量状况。

第2节 食品检验样品的采集

一、食品检验样品采集的原则

所谓样品的采集（又称采样），就是从确定的一批产品中抽取一定量具有代表性的样品的过程。采样是食品检验的重要环节，应当遵守以下原则。

1. 代表性原则

采集的样品能真正反映被检批的总体水平，也就是通过对有代表性样本的检测，能客观推测食品的整体质量状况。

2. 典型性原则

采集能充分证明达到检测目的的典型样本，包括污染或怀疑污染的食品、掺假或怀疑掺假的食品、中毒或怀疑中毒的食品等。

3. 适时性原则

因被检物质总是随时间发生变化，所以为保证得到正确结论应及时抽样检测。

4. 适量性原则

样品采集数量应满足检验要求，同时不应造成浪费。

5. 不污染原则

所采集样品应尽可能保持食品原有的品质及包装型态，不得掺入防腐剂，不得被其他物质或致病因素所污染。

6. 无菌原则

微生物检测的采样过程遵循无菌操作程序，防止一切可能的外来污染。

7. 程序原则

采样应按规定的程序进行。

8. 同一原则

检测、留样、复检应为同一样品，即同一生产者、同一品牌、同一原材料、同一规格、同一生产日期、同一批号的产品。

二、检验组批的要求与抽样依据

1. 检验批的组成

组批就是根据检验分析的需要，将食品按一定的要求组成一个检验的总体。批量大小要根据实际需要由相关方协商确定或由负责部门指定，组成一批的食品应该是由相同原材料、相同生产工艺、相同的加工设备（生产线）和方法、相同的生产者、同一个生产班次生产的同一品种、相同规格的产品。

2. 抽样依据

食品抽样的依据包括：食品安全法律、法规和规章；食品安全监督管理的办法；食品生产经营的有关合同、协议；相关的标准（包括抽样检验的标准、食品安全标准）等，例如《食品卫生检验方法　理化部分　总则》（GB/T 5009.1—2003）、《食品安全国家标准　食品微生物学检验　总则》（GB 4789.1—2010）、《随机数产生及其在产品质量抽样检验中的应用程序》（GB/T 10111—2008）、相关产品质量安全标准中的采样部分等。

三、样品的采集

1. 采样的准备

（1）采样工具、用具准备

采样前要根据采样工作的需要准备好以下工具、用具。

1）样品采集记录表、标签、笔、照相机等记录用具。

2）工作服、工作帽、口罩、一次性（乳胶）手套等防护用具。

3）勺子、镊子、剪子、刀子、铲子、开罐器、尖嘴钳、吸管、吸球、量筒（杯）、电钻、小斧、凿子、消毒棉签、无菌棉拭子、注射器、无菌采样容器、酒精灯、75%酒精棉球、灭菌生理盐水、消毒纱布、火柴、手电筒及采样箱、样品瓶、样品袋、样品冷藏运输设备等样品采集及运输工具。

（2）制定采样方案

采样人员应了解检验目的，抽样检验的有关标准和要求，然后制定采样方案。采样方案应包括抽样的对象、品种和数量、范围和检验项目、采样方法及储运规定、人员安排、工作日程等。

2. 样品采集

（1）采样

采样应至少 2 人进行，采样人员应穿戴整洁，不得佩戴戒指、手表、手链等饰物，不留长指甲或染色等，采样前应洗净双手或戴一次性乳胶手套。采样人员应尽可能亲自采样，所抽样品应遵循同一原则。微生物采样要注意无菌操作。

（2）记录

要及时准确地做好采样记录，记录应使用钢笔或签字笔填写，字迹工整、清晰，不得随意涂改，确需更改的应由更改者签字确认。采样记录应包含被抽样单位的名称、地址、类型，样品的名称及商标，生产单位、供应商名称及地址，生产日期/批号，样品规格、数量，采样时间、地点、方法，样品保存条件，抽样人员和被检验单位的签字等信息。

（3）封样

样品采集后要及时封装，采取防拆封措施，以保证样品的真实性；封签纸上应填写抽样日期并由抽样人员及被抽样单位代表签字；检验用样品、备用样品要分别封装，封条应加封在每一个可能拆开的包装处，必要时对抽样、封样现场拍照留底；样品封存留样地点按抽样方案执行。

现场采样结束，要及时清理采样现场，核对采样的数量、名称等信息。

3. 样品采集的方法

根据食品检验目的的不同，分为两种取样方法：一是选择性取样，是有针对性地选择有缺陷的产品进行抽样，如食品安全事件发生后的抽样。二是客观性取样，是为反映一批特定的非均质样品的真实质量特点而进行的取样。企业日常的生产检验、交易双方的验收检验及监督管理的抽样检验均采用客观性取样。尽管食品种类、包装形式繁多，有的是成品样，有的是半成品样，有的是原料类型的样品，但是采取的样品一定要能代表整个批次的产品状况。可以视情况选用简单随机抽样、分层随机抽样、等距随机抽样、集团随机抽样等方法。

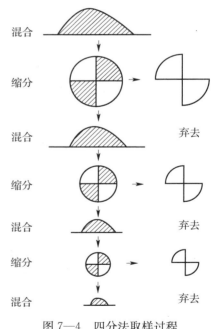

图7—4 四分法取样过程

（1）固体（散粒状）样品的采取

1）有完整包装的物料。用双套回转取样管插入包装中，回转180°取出样品，每一包装须由上、中、下三层取出三份检样混合成原始样品，用四分法做成平均样品。四分法取样过程如图7—4所示，它是将原始样品混合均匀后放在清洁的玻璃板上，压平成3 cm厚的圆台形料堆，将料堆对角分成四等份，取对角的两份混合，重复若干次，直至取得所需要数量的样品为止。

2）无包装的散料堆物料。先将散堆物料划分成若干等体积层，再在每层的中心和四角用取样器取样，然后用四分法获得均样。

（2）液体样品的采取

取样前须先进行充分混合，可采用混合器混合或用一容器转移到另一容器的方法混合或摇动包装，混合后用长形管或特制采样器，采用虹吸法分层采样，每层取 500 mL 左右，充分混匀后分取缩减到所需量。

（3）不均匀固体样品的采取

像鱼、肉、果蔬等食品，由于其各部位极不均匀，个体大小及成熟程度差异较大，取样可按下述方法进行。

1）肉类可从不同部位取样，然后混合成样品代表该只动物的情况；或从一只或多只动物的同一部位取样，混合后代表动物某一部位的情况。

2）水产品类若个体较小，可随机取多个样品，捣碎混匀后分取缩减到所需量；个体较大的，可从多个个体上切割下少量可食部分混匀后分取缩减到所需量。

3）果蔬类个体较小的，随机取若干整体粉碎混匀后缩分到所需数量；个体较大的，可按个体大小的组成比例及成熟度，选取若干个体，对每个个体按生长轴纵剖成四份或八份，取对角线两份捣碎混匀后缩分到所需数量。

（4）小包样品的采取

按生产批号或班次随机连同包装一起取样，同一批号取样件数，250 g 以上的包装不得少于 6 件，250 g 以下的包装不得少于 10 件；同一班次取样数为 1/3 000，尾数超过 1 000 的增取 1 件，但每天每个品种取样数量不得少于 3 件。

（5）无菌取样

对于需要进行微生物检验的食品，应采取无菌取样，以保证所取样品微生物状态不发生改变。无菌取样应注意以下几个方面。

1）采样应遵循无菌操作程序，采样工具和容器应无菌、干燥、防漏，形状及大小适宜。

2）即食类预包装食品，取相同批次的最小零售原包装，要保持包装的完整。

3）非即食类预包装食品，原包装小于 500 g 的固态食品或小于 500 mL 的液态食品，取相同批次的最小零售原包装；大于 500 mL 的液态食品，应在采样前摇动或用无菌棒搅拌液体，使其达到均质后分别从相同批次的 n 个容器中采集 5 倍或以上检验单位的样品；大于 500 g 的固态食品，应用无菌采样器从同一包装的几个不同部位分别采取适量样品，放入同一个无菌采样容器内，采样总量应满足微生物指标检验的要求。

4）散装食品或现场制作食品，根据不同食品的种类和状态及相应检验方法中规定的检验单位，用无菌采样器现场采集 5 倍或以上检验单位的样品，放入无菌采样容器内，采样总量应满足微生物指标检验的要求。

4. 样品采集的要求

（1）盛装样品的容器应选用玻璃或聚乙烯制品，凡是接触样品的工具、容器必须清洁，以免污染样品。

（2）样品包装应严密，以免样品中水分和易挥发性成分发生变化。

（3）采样的数量应能反映食品的质量和满足检验项目对样品量的要求，样品应一式三份，分别供检验、复检和备查使用，每份样品的质量一般不少于 0.5 kg。

（4）性质不同的样品不得混放，应分别包装，并分别注明性质，分开保存。

（5）采样必须注意样品的生产日期、批号、代表性和均匀性。

四、样品的保存

1. 样品的标识

样品要有唯一性标识，要载明样品名称、来源、编号、抽样日期、抽样人员、取样地点、规格、数量、状态、检验目的、检验日期等信息。所有盛样容器必须有和样品一致的标记。标记应牢固，具有防水性，字迹不会被擦掉或脱色。当样品需要托运或由非专职抽样人员运送时，必须封识样品容器。

样品标识的主要目的是便于区分不同名称、单位、规格、检验目的以及不同状态的试样，有序管理样品和保护样品的安全，保证样品在接收、传递、检验和储存过程中不被混淆，防止漏检、错检、重检、变质、丢失、损坏等。

样品标识的形式没有统一要求，检验机构可自行确定，大多采用编码（编号）形式，一般分为标贴式、吊牌式和卡片式。随着科技的发展，标识也由传统的纸质、不干胶式字符编码，逐步向条码、二维码、RFID电子标签等方式过渡。

2. 样品的制备

为了保证分析结果的正确性，对分析的样品必须加以适当的制备，保证样品的均匀性，从而能代表全部样品的成分。样品的制备就是对采集的样品进行分取、粉碎及混匀等过程。被测物的性质和检验要求不同，制备方法也不同。

（1）固体样品

取样后混匀用四分法取得所需量样品，然后用微型粉碎机、匀浆机、组织捣碎机或研钵等工具将样品切细、粉碎、捣碎、研磨等，制成均匀状态，再用四分法获取均匀适量样品。

（2）互不相溶的液体

应首先将互不相溶的成分分开，再分别进行采样，如油液和水的混合物。

（3）液体、浆体或悬浮液体

每单个包装都打开混匀，用吸取法分层取样，样品一般可用玻璃棒、电动搅拌器、电磁搅拌器等搅拌使其均匀或直接摇匀，采取所需要的数量。

（4）小包装固体样品（如糕点、肉肠、罐头等）

用四分法取 2～4 个小包装样品，再从每个个体的不同部位采集样品进行均质，对带核、带骨头及葱、姜、辣椒等调料的水果罐头、肉罐头等，制备前应先去核、去骨、去皮，除去调味品，用组织捣碎机等设备进行捣碎，取得平均样品。

（5）肉蛋果蔬水产品等组成不均的样品

可对各个部分（如肉类包括脂肪、肌肉部分，蔬菜包括根茎叶等）分别采样混合成原始样，再分取缩减，经过均质捣碎混合成为平均样品。

在样品的制备过程中，要注意防止易挥发成分的散逸及有可能造成的样品理化性质的改变，尤其是微生物检验的样品，必须根据微生物学的要求，严格按照无菌操作规程制备。

3. 样品的运送与保存

（1）样品的运送

1）抽样结束后应尽快将样品送往实验室检验。不能及时运送的，冷冻样品应存放入 −20℃冰箱或冷藏库内，易腐食品存放在 0～4℃冰箱或冷却库内。

2）运送冷冻和易腐食品应置冰箱或在包装容器内加适量的冷却剂或冷冻剂。保证途中样品不升温、不融化。

3）盛样品的容器应消毒处理，但不得用消毒剂处理容器。不能在样品中加入任何防腐剂。

4）标签标明存放、运输条件的食品，样品存放、运输条件要与之相符。

5）样品最好由专人送检。如需要托运的必须将样品包装好，应能防破损、防冻结、防腐蚀、防形态变化。

6）做好样品运送记录，写明运送的条件、日期、到达地点及其他需要说明的情况，并由运送人签字。

7）微生物检测的样品运送要保证样品中微生物状态不发生变化。

（2）样品的保存

制备好的样品应尽快进行检测分析，不能马上检测的需要妥善保存。目的是防止样品受潮、挥发、风干、变质等。

1）样品保存的原则

①防止污染，凡是接触样品的器具必须干净清洁，不应带入新的污染物。

②防止丢失，某些待测成分易挥发、降解或不稳定，可根据这些物质的特性与检验方法加入某些溶剂与试剂，使待检成分处于稳定状态。

③防止样品中水分蒸发或干燥的样品吸潮。

④防止腐败变质。

2）保存方法。不同性质的样品应采取不同的保存方法。

①制备好的样品装入磨口塞的玻璃瓶中置于暗处保存。

②易腐败变质的样品应在低温冰箱中保存。

③放入无菌密闭容器中保存。

④在容器中充入惰性气体置换出容器中的空气保存。

⑤特殊样本要在现场进行处理，如做霉菌检验的样本，要保持湿润，可放在1‰甲醛溶液中保存，也可储存在5‰酒精溶液或稀乙酸溶液里。

4. 样品的留样

样品通常一式三份，一份检验，一份复验，一份保留以备复查或仲裁使用。保留期限从签发报告算起，一般为1个月，易变质食品不宜保留。应有专用的样品室或样品柜，存放的样品应按日期、批号、编号摆放，以便查找。样品应在保质期内。留样和需要确认的样品，按产品说明书要求存放。微生物检测用的样本及不能冷藏保存的样本原则上不复检、不留样。采用快速检测方法检测出的超标样品，应随即采用国标方法进行确认。检测不合格的样品，要及时通知被采样单位和生产企业。

思 考 题

1. 抽样检验有何特点？主要适用什么场合？

2. 什么是抽样方案的接收概率？接收概率如何计算？

3. 抽样检验的两类风险是什么？其含义是什么？

4. 随机抽样的方法有哪些？如何操作？

5. 简述食品检验样品采集的原则，检验组批的要求与抽样依据。

6. 常用的采样方法有哪些？如何操作？简述样品四分法的基本程序。

7. 简述对样品采集的要求、样品标识的目的与内容。

8. 简述样品运输和保存的原则与方法。

第 8 章

分析检验误差与数据处理

第 1 节　分析检验误差

　　在产品检验活动中，经常要对产品性能参数进行测量以获得定量信息。

　　所谓测量，就是通过实验获得并可合理赋予某量一个或多个量值的过程。测量都是测量者在一定的环境条件下，使用一定的测量仪器，运用一定的测量方法进行的。由于测量仪器的性能不可能完美无缺；测量的方法并非一定科学合理；测量者的操作、仪器的调整及读数也不可能完全准确；环境条件不会一成不变，诸多因素的变化将不可避免地造成各种干扰，从而产生测量误差。

一、误差的概念

1. 测量误差

所谓测量误差是指测得的量值减去参考量值。

测得的量值是代表测量结果的值，有时直接称测量结果。用公式表示：

$$\Delta = x - x_0$$

式中　Δ——测量误差（绝对误差）；

　　　x——测得的量值（测量结果）；

　　　x_0——参考量值（真值）。

　　参考量值是指与被测量真值接近的值。真值是一个理想的概念，一般不可能准确地知道。但从相对意义而言，真值还是可知的，如理论真值、约定真值和相对真值等。约定真值是对于给定目的具有适当不确定度的、赋予特定量的值。约定真值有时称指定值、最佳估计值或参考值。

测量误差不仅有大小，还有正负，也有计量单位。当有必要与相对误差相区别时，测量误差又称为绝对误差。

2. 相对误差

测量误差除以被测量的真值所得的商称为相对误差。由于真值不能确定，实际上用参考量值（约定真值）。相对误差表示绝对误差占参考量值的百分比。

$$r = \frac{\Delta}{x_0} \times 100\%$$

式中　r——相对误差；

　　　Δ——绝对误差；

　　　x_0——参考量值。

当被测量的大小相近时，通常用绝对误差进行测量水平的比较；而当被测量相差较大时，用相对误差才能进行有效的比较。

3. 引用误差

测量仪器的引用误差就是测量仪器或测量系统的误差除以测量仪器的特定值，该特定值称为引用值，如测量仪器的量程或标称范围的上限。测量仪器的引用误差简称引用误差。

【例8—1】　一只标称范围为 0～150 V 的电压表，当在示值为 100.0 V 处，用标准电压表检定所得到的实际值（约定真值）为 99.4 V，则该处的引用误差：

$$\frac{100.0 - 99.4}{150} \times 100\% = 0.4\%$$

式中　100.0—99.4＝0.6 V 为 100.0 V 处的示值误差；

　　　150 V——为该测量仪器的标称范围的上限。

引用误差必须与相对误差相区别，该例中在 100.0 V 处的相对误差：

$$\frac{100.0 - 99.4}{99.4} \times 100\% = 0.6\%$$

可见相对误差是相对于被检定点的示值而言，相对误差随示值而变化。

当用测量仪器的测量范围上限值作为引用误差时，该引用误差称为该测量仪器的满量程误差，通常在误差数字后附 FS 表示。例如某测量仪表的满量程误差为 0.5％FS。

采用引用误差可以十分方便地表述测量仪器的准确度等级，如准确度等级为 1.0 级的测量仪表就是该测量仪表的满量程最大允许的示值误差为 ±1.0％FS。

4. 与测量质量有关的术语

（1）测量准确度

测量准确度是指被测量的测得值与其真值之间的一致程度。就误差分析而言，准确度是测量结果中系统误差和随机误差的综合。误差大，则准确度低；误差小，则准确度高。准确度是一个定性概念，不能定量表示。可以说准确度高或低，也可以说准确度为 0.5 级，但不能说准确度为 0.5%。

（2）测量正确度

测量正确度是指无穷多次重复测量所得量值的平均值与一个参考量值的一致程度。正确度表示了测得值与真值的接近程度，它反映测量结果中系统误差的影响程度。

（3）测量精密度

测量精密度是在规定条件下对同一或类似被测对象重复测量所得示值或测得值之间的一致程度。它反映了测得值中随机误差的影响程度。

（4）测量重复性

测量重复性指在一组重复性测量条件下的测量精密度。换言之，在重复性条件下，对同一被测量进行连续多次测量所得值之间的一致性。这里重复性条件是指相同的测量程序、相同的操作者、相同的测量系统、相同的测量条件和相同地点，在短时间内对同一或类似被测对象重复测量的一组测量条件。

（5）测量复现性

测量复现性是指在复现性测量条件下的测量精密度。或者说是在复现性测量条件下，同一被测量的测得值之间的一致性。复现性测量条件是指不同地点、不同测量操作者、不同测量系统对同一或类似被测对象重复测量的一组测量条件。因此，在复现性的有效表述中，应说明变化的条件。

二、检测误差的主要来源

理论上讲，测量自始至终存在误差，检测过程的每个环节都可能产生误差。误差的来源很多，但无外乎下列几个方面：

1. 测量仪器和设备误差

测量仪器和设备误差是指因测量时所使用的量具、仪器、装置、标准溶液、标准物质等不完善，如未经校准，稳定性、准确度、灵敏度不够，标准溶液误差过大，检测用水或其他溶剂杂质含量过多等而产生的误差。

271

国家职业资格培训教程

2. 环境条件误差

环境条件误差是指因测量环境条件的影响所产生的误差，如环境温度、湿度、气压、照明、振动、噪声、电磁场等，也包括测量电路的干扰影响。

3. 检测方法误差

检测方法误差是指因测量原理和方法的不完备所产生的误差。例如不正确地放置被测样品而引起测量误差；采用近似公式进行计算引起的误差；质量分析中沉淀的溶解损失、灼烧时沉淀的分解或挥发等；在滴定分析中，反应不完全、有副反应发生、干扰离子的影响、滴定终点与化学计量点不一致等，都会引起误差。

4. 检测人员误差

检测人员误差是因测量者本身所造成的误差，如估读误差、观测误差等。人的生理、心理因素影响也会产生误差。

5. 检测试样误差

检测试样误差是指因被测样品的均匀性、稳定性不理想，在测量过程中被测对象（样品）处于不断变化之中，从而造成测量误差。

三、误差的分类

检测误差按其特性可分为随机误差与系统误差两大类。

1. 随机误差

随机误差是指在重复测量中，按不可预见方式变化的测量误差分量。它表示的是测得值与在重复性条件下对同一被测量进行无限多次重复测量所得值的平均值之差。随机误差也称为偶然误差。

在重复性条件下测量，任何一次测量都会产生随机误差。随机误差是众多因素同时作用的结果。这些因素包括测量仪器、测量环境、测量方法、观测人员、被测对象等，它们互不相关，没有规律性。所以随机误差的特点是无规律变化，误差值的大小和符号以不可预知的方式变化，事先无法确定，所以不能修正。

虽然单次测量的随机误差表现为随机性，但随着测量次数的增加，随机误差呈现一定的统计规律，服从某种分布。绝大多数情况下，随机误差整体服从正态分布规律。由于随机误差服从一定的统计规律，故可用统计分析的方法估计其界限或它对测量结果的影响。

2. 系统误差

（1）概念

系统误差是指在重复测量中保持不变或按可预见方式变化的误差分量。它是指在重复性条件下，对同一被测量进行无限多次测量所得结果的平均值与被测量的真值之差。

（2）系统误差的特点

1）系统误差具有规律性。在多次重复测量过程中它保持恒定或以预知方式变化，比如按固定规律、线性规律、周期变化规律等变化；

2）系统误差产生于测量之前；

3）系统误差不具有抵偿性，不可能通过增加测量次数来减小或消除。

（3）系统误差的减小或消除方法

系统误差减小或消除的方法很多，下面是几种常用的方法。

1）替代法。替代法是测量中用以消除恒定系统误差最常用的方法之一。测量完被测量之后，在保持测量条件不变的情况下，立即用一个标准量代替被测量，再做一次测量，从而达到消除系统误差的目的。

【例 8—2】　在等臂天平上测量物体质量，被测物体的质量 X 与媒介物的质量 T 平衡，设天平的两臂长为 l_1 和 l_2。因臂长存在误差，即 $l_1 \neq l_2$，则：

$$X = \frac{l_2}{l_1} T$$

式中　X——被测物体的质量；

　　　l_1——被测物体一侧天平的臂长；

　　　l_2——砝码一侧天平的臂长；

　　　T——媒介物的质量。

由于不知道 l_2 和 l_1 的实际值，无法由上式求得 X 值。为此，可移去 X，代以标准砝码 P，使天平重新平衡，有：

$$P = \frac{l_2}{l_1} T$$

式中　P——标准砝码的质量。

由此可得，$X = P$。这样就消除了由于天平两臂不等长而引起的系统误差。

2）交换法。交换法就是将被测量与标准量的位置互换，在互换前后各进行一次测量，使产生恒定系统误差的因素对测量结果起相反的作用，从而消除恒定系统误差。

【例 8—3】　用天平测量物体质量。被测物放在左盘，质量为 X，天平左臂长 l_1；标准砝码放在右盘，天平右臂长 l_2，砝码质量为 P 时天平平衡。则：

$$X = \frac{l_2}{l_1} P$$

式中　　X——被测物体的质量；

　　　　l_1——被测物体一侧天平臂长；

　　　　l_2——砝码一侧天平臂长；

　　　　P——砝码质量。

然后将被测物和标准砝码互换位置，由于 $l_1 \neq l_2$，故天平不会平衡。我们可以调整标准砝码质量使天平重新平衡，设标准砝码质量为 P' 时天平重新平衡，则：

$$X = \frac{l_1}{l_2} P'$$

式中　　P'——标准砝码的质量。

将上述两式相乘再开平方可得：

$$X = \sqrt{P \cdot P'}$$

这样即消除天平不等臂而产生的系统误差。

3）补偿法。补偿法是通过两次不同的测量，使测量值中的误差具有相反的符号和相互抵消的原理，取两次测量值的平均值作为测量结果，达到消除系统误差的目的。例如用电测仪器进行测量时，为消除热电势导致的误差常用这种方法。

4）空白实验、对照实验。化学分析中，通过做空白实验、对照实验，是检验并消除系统误差的有效方法。不加试样，但用与有试样时同样的操作方法进行的实验叫空白实验，所得结果称为空白值。从试样的测定值中减去空白值，就能得到更准确的结果。对照实验则是将已知准确含量的标准样，按照待测试样同样的方法进行分析，所得测定值与标准值比较，得一分析误差。用此误差修正待测试样的测定值，就可以使测定结果更接近真值。

5）加修正值。对于误差大小和符号固定不变的恒定系统误差，可以通过加修正值的方法加以消除。修正值与恒定系统误差大小相等而符号相反，即修正值＝－恒定系统误差。修正值、误差、测量结果和实际值之间的关系：

修正值＝－误差；实际值＝测量结果＋修正值；或实际值＝测量结果－误差。

四、随机误差的处理

1. 随机误差的正态分布规律

对某一被测量在重复性条件下进行多次重复测量，由于随机误差的存在，测量结果 x_1，x_2，x_3，$\cdots$，x_n 一般都存在着一定的差异。如果该被测量的真值为 x_0，在系统误差已消除的情况下，各次测量的误差 $\delta_i = x_i - x_0$（$i = 1, 2, \cdots, n$）就是随机误差。实践证明，随机误差 δ_i 服从正态分布规律，其分布曲线如图 8—1

所示。

根据统计理论可以证明，随机误差的概率密度
分布函数为：

$$f(\delta_x) = \frac{1}{\sigma\sqrt{2\pi}} e^{-\frac{\delta_x^2}{2\sigma^2}}$$

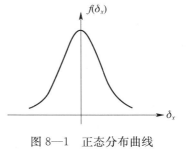

图 8—1　正态分布曲线

式中　$f(\delta_x)$——随机误差的概率分布密度函数；

　　　e——自然对数的底；

　　　δ_x——随机误差；

　　　σ——总体标准差。

由图 8—1 可见，随机误差 δ_i 具有以下性质：

（1）单峰性。绝对值小的误差出现的概率大，绝对值大的出现的概率小。

（2）对称性。大小相等、符号相反的误差出现的概率相等。

（3）有界性。绝对值非常大的正、负误差出现的概率趋近于零。

（4）抵偿性。测量次数趋于无限多时，因正负误差互相抵消，误差的代数和趋
近于零。

2. 标准差 σ 的统计意义

（1）标准差 σ 的计算

可以证明，当测量次数 $n \rightarrow \infty$ 时，标准差 σ 可由下式计算：

$$\sigma = \sqrt{\frac{1}{n}\sum_{i=1}^{n}(x_i - x_0)^2}$$

式中　σ——总体标准差（标准差）；

　　　n——测量次数；

　　　x_i——第 i 次测量值；

　　　x_0——被测量的真值。

（2）标准差 σ 的统计意义

由式 $f(\delta_x) = \frac{1}{\sigma\sqrt{2\pi}} e^{-\frac{\delta_x^2}{2\sigma^2}}$ 可见，对于一定的随机误差 δ_i，当 σ 确定后，$f(\delta_x)$

就唯一确定；反之 $f(\delta_x)$ 确定，σ 的大小也就唯一确定了。由误差的正态分布规律

可证明，$\delta_x = \pm\sigma$ 是曲线的两个拐点处的横坐标值。当 $\delta_x = 0$ 时，由式：

$$f(\delta_x) = \frac{1}{\sigma\sqrt{2\pi}} e^{-\frac{\delta_x^2}{2\sigma^2}}$$

得：

$$f(0) = \frac{1}{\sqrt{2\pi}\,\sigma}$$

某测量若标准差 σ 较小，则 f（0）
较大，误差分布曲线中部将较高，两边下
降就较快。分布曲线瘦高，表示测量的离
散性小，精密度高。相反，如果 σ 较大，
则 f（0）就较小，分布曲线胖矮，说明
测量的离散性大，精密度低，如图 8—2
所示。标准差 σ 是反映测量结果离散程度
的一个特征量。σ 越大表示随机误差较分

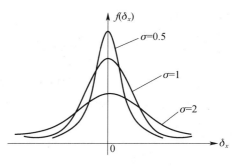

图 8—2　σ 对曲线形状的影响

散，测量结果的离散程度越大；σ 越小表示随机误差较集中，测量结果的离散程
度小。

（3）正态分布概率的计算

随机误差服从正态分布，则对任意区间 ［$-\Delta$，$+\Delta$］，误差落在该区间内的概
率，由概率密度分布函数的定义 $f(\delta_x) = \frac{1}{\sigma\sqrt{2\pi}}\mathrm{e}^{-\frac{\delta_x^2}{2\sigma^2}}$，可计算出某次测量随机误差
出现在 ［$-\sigma$，$+\sigma$］ 区间的概率为 68.3％，出现在 ［-2σ，$+2\sigma$］ 区间的概率为
95.5％，而出现在 ［-3σ，$+3\sigma$］ 区间的概率为 99.7％。由于标准差 σ 具有这样
明确的概率含义。因此，采用标准差作为评价测量质量优劣的指标。正态分布不同
区间概率如图 8—3 所示。但实际测量的次数 n 不可能无穷多，而且真值 x_0 也是未
知的，因此，计算标准差的公式 $\sigma = \sqrt{\frac{1}{n}\sum_{i=1}^{n}(x_i - x_0)^2}$ 只具有理论上的意义而无
实际应用价值。

3. 测量列的算术平均值

（1）算术平均值的计算

对物理量 x 进行有限次测量，真值 x_0 未知的情况下，如何确定 σ 呢？为此先
介绍测量列的算术平均值 $\bar{x}$。由于随机误差的抵偿性，在相同的测量条件下对同一
量进行多次重复测量，虽然每一次测量的误差大小、正负不定，但误差的代数和随
着测量次数的增加而逐渐趋于零。用测量列 x_1，x_2，x_3，…，x_n 表示对物理量进
行 n 次测量所得的测量值，那么每次测量的误差：

$$\delta_1 = x_1 - x_0$$

$$\delta_2 = x_2 - x_0$$

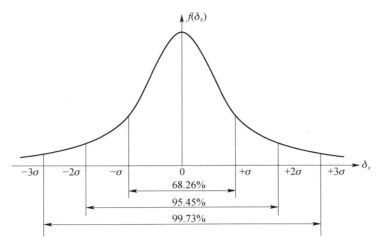

图 8—3   正态分布不同区间概率

$$\cdots\cdots$$

$$\delta_n = x_n - x_0$$

将上述各式相加得：

$$\sum_{i=1}^{n}\delta_i = \sum_{i=1}^{n}x_i - nx_0$$

则，

$$x_0 = \frac{1}{n}\sum_{i=1}^{n}x_i - \frac{1}{n}\sum_{i=1}^{n}\delta_i$$

由于，

$$\lim_{n\to\infty}\sum_{i=1}^{n}\delta_i = 0$$

因此，

$$x_0 = \lim_{n\to\infty}\left[\frac{1}{n}\sum_{i=1}^{n}x_i - \frac{1}{n}\sum_{i=1}^{n}\delta_i\right] = \lim_{n\to\infty}\left(\frac{1}{n}\sum_{i=1}^{n}x_i\right)$$

$$\frac{1}{n}\sum_{i=1}^{n}x_i = \bar{x}$$

所以，

$$\lim_{n\to\infty}\bar{x} = x_0$$

可见，测量次数越多，算术平均值 $\bar{x}$ 越接近真值 x_0。因此，可以用有限次重复测量的算术平均值 $\bar{x}$ 作为真值 x_0 的最佳估计值。

（2）偏差的概念及计算

测量列的算术平均值只是最接近真值，但不是真值，因此，误差 $\delta_i = x_i - x_0$ 也不是纯随机误差。实际数据处理时，有时用偏差来估算测得值对真值的偏离。

偏差的定义为测得值减去算术平均值，即

$$v_i = x_i - \bar{x}$$

式中　　v_i——第 i 次测量的偏差；

　　　　x_i——第 i 次测得值；

　　　　$\bar{x}$——测量的平均值。

偏差有时又称绝对偏差（也称残差）。绝对偏差的绝对值占算术平均值的百分率称相对偏差。即

$$\frac{|v_i|}{\bar{x}} \times 100\%$$

对于一个测量列 x_1，x_2，x_3，$\cdots$，x_n，由于偏差有正有负，故当测量次数无限多时，偏差的代数和等于 0，即

$$\lim_{n \to \infty} \sum_{i=1}^{n} v_i = 0$$

单次测量偏差的绝对值的平均值称为单次测量结果的平均偏差。即

$$\bar{v} = \frac{1}{n} \sum_{i=1}^{n} |v_i|$$

式中　　v——平均偏差；

　　　　n——测量次数；

　　　　v_i——第 i 次测量的偏差。

平均偏差代表了一组测量值中任何一个数据的偏差，没有正负号，可以表示一组数据的重复性，当平行测量次数不多时，可用来表示测量结果的精密度。

4. 测量的实验标准差

（1）单次测量的实验标准差

由于被测量的真值不可知，故由式 $\sigma = \sqrt{\dfrac{1}{n} \sum_{i=1}^{n} (x_i - x_0)^2}$ 定义的标准差 σ 也是无法计算的。但可以证明，当测量次数为有限时，可以用实验标准差 s 作为标准差 σ 的最佳估计值。实验标准差 s 的计算公式：

$$s = \sqrt{\frac{1}{n-1} \sum_{i=1}^{n} (x_i - \bar{x})^2}$$

式中　　s——实验标准差；

　　　　n——测量次数；

x_i——第 i 次测得值；

$\bar{x}$——测量平均值。

有时也简称 s 为标准差，它具有与标准差 σ 相同的概率含义。s 的计算公式在实际测量中非常有用，称为贝塞尔（Bessel）公式。

（2）算术平均值的实验标准差

对 x 有限次测量的算术平均值 $\bar{x}$ 也是一个随机变量。当对 x 进行多组的有限次测量时，各个测量列的算术平均值彼此总会有所差异。因此，也存在实验标准差，这个实验标准差用 $s_{\bar{x}}$ 表示。为了将测量列的实验标准差 s 与平均值的实验标准差 $s_{\bar{x}}$ 加以区别，用 s_x 来表示式 $s = \sqrt{\dfrac{1}{n-1}\sum\limits_{i=1}^{n}(x_i-\bar{x})^2}$ 定义的 s，即特指测量列的实验标准差。可以证明，$s_{\bar{x}}$ 与 s_x 具有下列关系：

$$s_{\bar{x}} = \frac{s_x}{\sqrt{n}}$$

式中　$s_{\bar{x}}$——算术平均值的实验标准差；

s_x——单次测量的实验标准差；

n——测量次数。

$s_{\bar{x}}$ 的统计意义也是很清楚的。可以说被测量的真值 x_0 落在 $\bar{x}-s_{\bar{x}}$ 到 $\bar{x}+s_{\bar{x}}$ 范围内的可能性为 68.3%，落在 $\bar{x}-2s_{\bar{x}}$ 到 $\bar{x}+2s_{\bar{x}}$ 范围内的可能性为 95.5%，而落在 $\bar{x}-3s_{\bar{x}}$ 到 $\bar{x}+3s_{\bar{x}}$ 范围内的可能性为 99.7%。另外，在实际测量中，测量次数 n 不应太少，也没必要太多，一般取 5~10 次即可。

5. 包含概率与包含区间

（1）包含概率（置信概率）

包含概率是指在规定的包含区间内包含被测量的一组值的概率，以前称置信概率。它是指与包含区间有关的概率值 $1-\alpha$，α 为显著性水平。当测量值服从某分布时，落于某区间的概率 p 即为包含概率。包含概率是介于（0，1）之间的数，常用百分数表示，包含概率也称置信度。

（2）包含区间（置信区间）

包含区间是指基于可获得的信息确定的包含被测量一组值的区间，被测量值以一定概率落在该区间内。它是在一定包含概率下，以测量结果平均值为中心，包括总体平均值在内的可靠性范围。假设某量的真值为 μ，测量的算术平均值为 $\bar{x}$，算术平均值的标准差为 $s_{\bar{x}}$，则总体平均值的包含区间为 $\mu = \bar{x} \pm k s_{\bar{x}}$，或为 $[-k s_{\bar{x}}, k s_{\bar{x}}]$，$k$ 为包含因子，因分布不同而异。

第2节 测量不确定度评定与表示

一、基本概念

1. 测量不确定度

测量不确定度（简称不确定度）是根据所用到的信息，表征赋予被测量值分散性的非负参数。

首先，不确定度是个非负的参数，它没有正负号。其次，它是用来表征被测量值分散性的。再次，是根据所用到的信息评定出来的。最后，它反映了被测量值的可靠程度，但不说明是否接近真值。在测量结果的完整表述中，应包括测量不确定度。通俗地讲，测量不确定度是指测量结果变化不能肯定的程度，表示测量结果在某个量值范围的一个估计，是测量结果含有的一个参数。测量不确定度可用标准差或其倍数，或者说明了包含概率的区间半宽来表示。

2. 标准不确定度

用标准差表示的测量不确定度称为标准不确定度，用符号 u 表示。

标准不确定度有两类评定方法，即 A 类评定方法和 B 类评定方法。

（1）A 类评定方法

在规定测量条件下测得的量值，用统计分析方法来评定标准不确定度，有时称 A 类评定，用 u_A 表示。

（2）B 类评定方法

用不同于测量不确定度 A 类评定方法以外的方法对测量不确定度分量进行的评定，有时称 B 类评定，用 u_B 表示。

（3）合成不确定度

由在一个测量模型中各输入量的标准测量不确定度获得的输出量的标准测量不确定度。

当测量结果是由若干个其他量的值求得时，按其他各量的方差和协方差的平方根计算得到的标准不确定度，称为合成标准不确定度，用符号 u_c 表示。

3. 扩展不确定度

扩展不确定度是合成标准不确定度与一个大于 1 的数字因子的乘积。它是用标准差的倍数或者说明了包含概率的区间半宽表示的测量不确定度，用 U 表示。一般 $U = k \cdot u_c(y)$，k 称为包含因子。

二、测量不确定度的来源

根据 JJF 1059.1—2012《测量不确定度评定与表示》有关规定，测量不确定度的来源主要有：

1. 对被测量的定义不完整或不完善。

2. 被测量的定义复现不理想。

3. 取样的代表性不够，即被测量的样本不能完全代表所定义的被测量。

4. 对测量受环境条件的影响认识不足，或对环境条件的测量与控制不完善。

5. 模拟式仪器的人员读数存在偏差（偏移）。

6. 测量仪器计量性能（如最大允许误差、灵敏度、鉴别力阈、分辨力、死区、稳定性等）的局限性，即导致仪器的不确定度。

7. 测量标准或标准物质提供的标准值的不准确。

8. 引用的常数或其他参考值的不准确。

9. 测量方法和测量程序的近似和假设。

10. 在相同条件下被测量在重复观测中的变化（这可能与测量次数有关）。

测量不确定度的来源应根据实际具体分析。分析时除了定义的不确定度外，可从测量仪器、人员、环境、方法以及被测量本身等方面全面考虑，特别要注意对测量结果影响大的测量不确定度来源，尽量做到不遗漏、不重复。

三、测量不确定度的评定

1. 测量不确定度的评定步骤

根据《测量不确定度评定与表示》（JJF 1059.1—2012）的规定，评定测量不确定度的一般步骤如下：

（1）概述

简要说明测量依据（如计量检定规程、检测规范、检测标准等）、测量方法、测量环境、测量仪器等。

（2）建立数学模型

数学模型要根据检定、校准、检测的工作原理和程序建立，即确定被测量 y（输出量）与影响量（输入量）x_1，x_2，$\cdots$，x_n 间的函数关系，$y = f(x_1, x_2, \cdots, x_n)$。如测量某物质的质量和体积，计算其质量密度：$\rho = m/V$。

计算灵敏系数：偏导数 $\dfrac{\partial f}{\partial x_i} = c_i$ 称为灵敏系数。对于间接测量，为了确定被测量的不确定度，需要在评定直接测量的不确定度基础上，计算灵敏系数，然后确定被测量的不确定度。

（3）不确定度来源分析

以数学模型为依据，按数学模型中输入量的先后顺序依次进行分析。不要遗漏数学模型中反映不出来的不确定度来源，如检测人员对模拟式仪器的读数误差的影响、温度变化影响、电磁干扰影响、电压波动影响等。

评定输出量 y 的不确定度之前，为确定 y 的最佳值，应将所有修正量加入测量值，并将所有测量异常值剔除。

（4）标准不确定度分量评定

输出量 y 的不确定度取决于输入量 x_i 的不确定度，所以评定输出量 y 的不确定度之前，首先应评定输入量 x_i 的标准不确定度 $u(x_i)$。

（5）计算合成标准不确定度 u_c

当全部输入量是彼此独立或不相关时，合成标准不确定度可用平方和法合成；当输入量彼此相关时，要用协方差合成。

（6）确定扩展不确定度 U 或 U_P

（7）报告测量结果

2. 标准不确定度的 A 类评定

（1）贝塞尔公式计算法

标准不确定度 A 类评定的基本方法，是用贝塞尔公式计算实验标准差 s。

n 次测量的算术平均值：

$$\bar{x} = \frac{1}{n} \sum_{i=1}^{n} x_i$$

单次测量的实验标准差 s：

$$s = \sqrt{\frac{1}{n-1} \sum_{i=1}^{n} (x_i - \bar{x})^2}$$

观测列的 n 次测量算术平均值的实验标准差：

$$s_{\bar{x}} = \frac{s_x}{\sqrt{n}}$$

如果测量结果使用单次测量值，则不确定度的 A 类评定结果为单次测量的实验标准差 s，即 $u(x) = s$；如果测量结果使用 n 次测量的算术平均值 $\bar{x}$，则 A 类不确定度为算术平均值的实验标准差，即 $u(x) = s(\bar{x})$。自由度均为 $\gamma = n-1$。

（2）极差法（适用于 $n = 4 \sim 9$）

在重复性条件或复现性条件下，对 x 进行 n 次独立测量，计算测量列中最大值与最小值之差 R，称为极差。

$$R = x_{\max} - x_{\min}$$

式中　R——极差；

　　　$x_{\max}$——测量列中的最大值；

　　　$x_{\min}$——测量列中的最小值。

在 x 接近正态分布时，单次测量的实验标准差近似为：

$$s(x_i) = \frac{R}{d} = u(x_i)$$

式中　$s(x_i)$——单次测量的实验标准差；

　　　R——极差；

　　　d——极差系数。

极差系数 d 和自由度 γ 见表 8—1。

表 8—1　　　　　　　　　　极差系数 d 与自由度 γ

n	2	3	4	5	6	7	8	9	10	15
d	1.13	1.69	2.06	2.33	2.53	2.70	2.85	2.97	3.08	3.17
γ	0.9	1.8	2.7	3.6	4.5	5.3	6.0	6.8	7.5	10.5

3. 标准不确定度的 B 类评定

（1）不确定度 B 类评定方法的信息来源

B 类评定方法的信息来源主要有：

1）以往的观测数据；

2）对有关技术资料和测量仪器特性的了解和经验；

3）生产部门的技术说明书；

4）校准证书、检定证书或其他文件提供的数据、准确度等级；

5）手册或有关资料给出的数据及其不确定度。

（2）B 类评定的基本方法

1）已知包含区间和包含因子。根据所提供的信息，先确定输入量 x 的不确定度区间或误差的范围 $[-a, a]$，再按置信水平 p 估计包含因子 k_p。按下式计算 B 类标准不确定度：

$$u(x) = \frac{a}{k_p}$$

式中　$u(x)$——标准不确定度；

　　　a——区间半宽；

　　　k_p——包含因子（可从相关资料中查得）。

2）已知扩展不确定度 U 和包含因子 k。如果估计值来源于制造商的说明书、校准证书、手册或其他资料，其中明确给出了扩展不确定度 U 和包含因子 k 的大小，则 B 类标准不确定度：

$$u(x) = \frac{U}{k}$$

式中　$u(x)$——标准不确定度；

　　　U——扩展不确定度；

　　　k——包含因子。

如果不仅给出了扩展不确定度 U_p 以及置信水平 p，还给出了有效自由度，则按 t 分布处理，查表求得 $t_p(\gamma_{\text{eff}})$，则标准不确定度：

$$u(x) = \frac{U_p}{t_p(\gamma_{\text{eff}})}$$

式中　$u(x)$——标准不确定度；

　　　U_p——置信水平为 p 的扩展不确定度；

　　　$t_p(\gamma_{\text{eff}})$——有效自由度为 γ_{eff} 时的 t 分布系数。

3）其他几种常见的分布。除了正态分布和 t 分布外，其他常见的分布有均匀分布、反正弦分布、三角分布、梯形分布、两点分布等。

根据输入量 x 的不确定度区间 $[-a，a]$ 内的概率分布情况，确定包含因子 k，则 B 类标准不确定度为：

$$u(x) = \frac{a}{k}$$

式中　$u(x)$——标准不确定度；

　　　a——区间半宽；

　　　k——包含因子。

包含因子 k 与分布有关，如均匀分布 $k = \sqrt{3}$，三角分布 $k = \sqrt{6}$。

4）仪器显示装置的分辨率为 δ_x，由此带来的标准不确定度：

$$u(x) = \frac{\delta_x}{2\sqrt{3}} = 0.29\delta_x$$

式中　$u(x)$——标准不确定度；

　　　δ_x——分辨率。

（3）标准不确定度分量评定

对于间接测量的量，其标准不确定度分量可按下式计算：

$$u_i(y)=|c_i|\cdot u(x_i)$$

式中　$u_i(y)$——对应于输入量 x_i 输出量 y 的标准不确定度；

　　　c_i——对应于输入量 x_i 的灵敏系数，$c_i=\dfrac{\partial f}{\partial x_i}$；

　　　$u(x_i)$——输入量 x_i 的标准不确定度。

4. 合成标准不确定度评定

当全部输入量是彼此独立或不相关时，合成标准不确定度由下式计算：

$$u_c(y)=\sqrt{\sum_{i=1}^{n}u_i^2(y)}$$

式中　$u_c(y)$——输出量 y 的合成标准不确定度；

　　　$u_i(y)$——对应于输入量 x_i 输出量 y 的标准不确定度。

如果各输入量存在相关关系，还需要考虑相关系数，合成标准不确定度按下式计算：

$$u_c(y)=\sqrt{\sum u_i^2(y)+2\sum \rho_{ij}u_iu_j}$$

式中　$u_c(y)$——输出量 y 的合成标准不确定度；

　　　$u_i(y)$——对应于输入量 x_i 输出量 y 的标准不确定度；

　　　ρ_{ij}——输入量 x_i 与 x_j 之间的相关系数；

　　　u_j——对应输入量 u_j 输出量 y 的标准不确定度。

5. 扩展不确定度的评定

扩展不确定度分为两种：U 和 U_p。

（1）扩展不确定度 U：

$$U=k\cdot u_c(y)$$

式中　k——包含因子，正态分布时 k 值一般取 2 或 3。

（2）扩展不确定度 U_p：

$$U_p=k_p\cdot u_c(y)$$

k_p 与 y 的分布有关，当 y 接近正态分布时，k_p 可采用 t 值。$k_p=t_p(\gamma_{eff})$ 可按置信水平 p 及有效自由度 γ_{eff} 查表得到。

6. 测量不确定度报告

（1）当用 U 报告测量不确定度时，要给出扩展不确定度 U 及其单位，并给出包含因子 k 值。例如，××××的扩展不确定度：

$$U = \cdots\cdots, \quad k = \cdots\cdots。$$

（2）当用 U_p 报告测量不确定度时，要给出扩展不确定度 U_p 及其单位，应明确 p 值，并给出包含因子 k_p 或有效自由度 γ_{eff}，JJF1059.1—2012 推荐给出 γ_{eff}。例如，××××的扩展不确定度：

$$U_{95}（或 U_{99}） = \cdots\cdots, \quad k_p 或（\gamma_{eff}） = \cdots\cdots。$$

（3）报告不确定度的有效数字最多为 2 位，中间计算过程为避免修约误差可多保留 1 位。

四、测量结果的表示

一个完整的测量结果一般应包括两部分内容。一部分是被测量的最佳估计值，一般用算术平均值给出；另一部分是有关测量不确定度的信息。

测量不确定度评定完毕后，应给出测量不确定度报告。报告应尽可能详细，以便使用者可以正确地利用测量结果。表示测量结果时，测量结果的位数要与修约后的不确定度数值的位数对齐。

第 3 节　检验数据的处理

一、如何提高检验结果的准确度

提高检验结果准确度的方法就是尽可能减小误差。随机误差由于产生的随机性，很难采取技术措施加以减小，但可以利用其抵偿性，适当增加检测次数，取多次检测结果的算术平均值作为检测结果的最佳估计值，来减小随机误差的影响。提高检测结果准确度的关键是如何减小系统误差的影响。除了前面介绍的替代法、交换法、补偿法、加修正值等方法外，食品检验中还可利用以下方法。

1. 选择合适的分析方法

样品中待测成分的分析方法很多，怎样选择最恰当的分析方法是需要周密考虑的，一般来说在选择分析方法时，应该综合考虑以下因素：

（1）分析要求的准确度

不同的分析方法其灵敏度、选择性、准确度等各不相同，要根据检测工作对分析结果准确度的要求来选择适当的分析方法。

（2）分析方法的繁简和速度

不同的分析方法操作步骤的繁简程度、所需要的时间以及人员各不相同，每样次的分析费用也不同，要根据待测样品的数目和要求取得分析结果的时间等来选择适当的分析方法。同一样品需要测定几种成分时，应尽可能选用能用同一份样品处理液同时测定该几种成分的方法，以达到简便、快速的目的。

（3）样品的特性

各类样品中待测成分的形态和含量不同，可能存在的干扰物质及其含量不同，样品的溶解和待测成分提取的难易程度也不相同。要根据样品的这些特征来选择制备待测液、定量某成分和消除干扰的适宜方法。

（4）现有条件

分析测试工作一般在实验室中进行，实验室的设备和技术条件不尽相同，应根据具体条件来选择适当的分析方法。实际工作中具体选择哪一种分析方法，必须综合考虑上述各项因素，但重点考虑的应该是各方法的准确度、灵敏度等。

2. 选择合适的分析测试用水

食品检验分析过程离不开蒸馏水或特殊制备的纯水，但是一般的测定项目中，可用普通的蒸馏水。由于普通蒸馏水含有 CO_2、挥发性酸、氨和微量金属离子，所以进行灵敏度高的微量元素的测定时往往将蒸馏水做特殊处理，一般采用硬质玻璃重蒸一次，或用离子交换纯水器处理，就可得到高纯度的特殊用水。

3. 对各种试剂、仪器进行校准

各种计量器具（如天平、滴定管、分光光度计、色谱仪等）应按周期检定、校准，并经计量确认符合使用要求，以保证各种计量器具的灵敏度和准确度。各种标准试剂应按规定定期进行标定，以保证试剂的浓度和质量。

4. 合理选取样品的量

正确选取样品的量对于分析结果的准确度十分重要。如常规分析，滴定量或质量过多过少都不合适。

5. 标准曲线的回归

标准曲线常用于确定未知浓度，其基本原理是测量值与标准浓度成比例。在用比色、荧光、分光光度计时，常需要制备一套标准物质系列，如在 721 型分光光度计上测出吸光度 A，根据标准系列的浓度和吸光度绘出标准曲线，但在绘制标准曲线时，点往往不在一条直线上，对这种情况可用回归法求出该线的方程，就能最合适地代表标准曲线。

二、数值修约与运算规则

1. 有效数字的概念及规定

（1）有效数字的概念

日常生活中接触到的数有准确数和近似数。对于任何数，截取一定位数后所得的即是近似数。因为测量总是存在不确定度，测量结果只能是一个接近真值的估计值，其数字也是近似数。

有效数字是根据显示装置的分辨力、数据处理的需要对一个近似数所保留的位数。《数值修约规定与极限数值的表示和判定》（GB/T 8170—2008）对有效位数的定义：对没有小数位且以若干个零结尾的数值，从非零数字最左一位向右数得到的位数减去无效零的个数；对其他十进位数，从非零数字最左一位向右数而得到的位数，就是有效位数。

（2）直接测量的有效数字记录

测量中通常仪器上显示的数字均为有效数字（包括最后一位估读数）。仪器上显示的最后一位数字是0时，也要读出并记录。对于有分度式的仪表，读数要根据人眼的分辨能力读到最小分度的十分之几。

根据有效数字的规定，测量值的最末一位一定是可疑数字，这一位应与仪器误差的位数对齐，仪器误差在哪一位发生，测量数据的可疑位就记录到哪一位，即使估计数字是0，也必须记录上。凡是仪器上读出的数值，有效数字中间与末尾的0均应算作有效位数。例如，6.003 cm、4.100 cm 均是四位有效数字。

2. 数值修约规则

（1）修约间隔的概念

1）数值修约。通过省略原数值的最后若干位数字，调整所保留的末位数字，使最后所得到的值最接近原数值的过程称为数值修约。

2）修约间隔。修约间隔是修约值的最小数值单位。修约间隔是确定修约保留位数的一种方式。修约间隔的数值一经确定，修约值即应为该数值的整数倍。

例如指定修约间隔为0.1，修约值即应在0.1的整数倍中选取，相当于将数值修约到一位小数；若指定修约间隔为100，修约值即应在100的整数倍中选取，相当于将数值修约到百数位。

（2）修约间隔的确定

1）指定修约间隔为 10^{-n}（n 为正整数），或指明将数值修约到 n 位小数。

2）指定修约间隔为 1，或指明将数值修约到个数位。

3）指定修约间隔为 10^n，或指明将数值修约到十、百、千…数位。

（3）数字取舍规则

1）若拟舍弃数字的最左一位数字小于 5，则舍去，保留其余各位数字不变。

【例 8—4】　将 15.149 8 修约到一位小数，得 15.1。

2）若拟舍弃数字的最左一位数字大于 5，则进 1，保留数字的末位数字加 1。

【例 8—5】　将 1 468 修约到"百"数位，得 15×10^2（特定时可写为 1 500）。

3）若拟舍弃数字的最左一位数字为 5，且其后有非 0 数字时进 1，即保留数字的末位数字加 1。

【例 8—6】　将 13.502 修约到个数位，得 14。

4）拟舍弃数字的最左一位数字为 5，且其后无数字或皆为 0 时，若所保留的末位数字为奇数（1，3，5，7，9）则进 1，即保留数字的末位数字加 1；若所保留的末位数字为偶数（2，4，6，8，0）则舍弃。

【例 8—7】　按修约间隔为 0.1（或 10^{-1}），对下列数字进行修约。

2.050→2.0；　0.650→0.6；　5.350→5.4

5）负数修约时，先将它的绝对值按上述规定进行修约，然后在修约值前面加上负号。

6）不允许连续修约。拟修约数字应在确定修约位数后一次修约到位，而不得连续修约。

【例 8—8】　按修约间隔为 1，修约 15.454 6。

正确的做法：15.454 6→15；

不正确的做法：15.454 6→15.455→15.46→15.5→16。

3. 有效数字的运算规则

在进行有效数字计算时，参加运算的分量可能很多。各分量数值的大小及有效数字的位数也不相同，而且在运算过程中，有效数字的位数会越乘越多，除不尽时有效数字的位数也无止境。测量结果的有效数字，一般只允许保留一位可疑数字。为了达到既不因计算引进误差而影响结果，又尽量简捷不做徒劳运算，有效数字运算取舍的原则是，最终结果一般保留 1 位可疑数字。

（1）加减运算

几个数相加减时，最终结果的可疑数字与各数中最先出现的可疑数字对齐。

【例 8—9】　有效数字的加、减运算（数字下面加下划线的代表可疑数字）。

$$\begin{array}{r} 97.\underline{4} \\ +\quad 6.23\underline{8} \\ \hline 103.\underline{6}38 \end{array} \qquad \begin{array}{r} 21\underline{7} \\ -\quad 14.\underline{8} \\ \hline 20\underline{2}.2 \end{array}$$

结果应写为 103.6 　　　结果应写为 202

【例 8—10】 已知 $Y = A + B - C$，式中 $A = 103.3 \pm 0.5 \text{ cm}$，$B = 13.561 \pm 0.012 \text{ cm}$，$C = 1.652 \pm 0.005 \text{ cm}$。试问计算结果应保留几位数字？

解： 先观察一下具体的运算过程：

$$\begin{array}{r} 103.\underline{3} \\ +\quad 13.561 \\ \hline 116.\underline{8}61 \end{array} \quad \text{可简化为} \quad \begin{array}{r} 103.\underline{3} \\ +\quad 13.\underline{6} \\ \hline 116.\underline{9} \end{array}$$

$$\begin{array}{r} -\quad 1.652 \\ \hline 115.\underline{2}48 \end{array} \quad \text{可简化为} \quad \begin{array}{r} -\quad 1.\underline{7} \\ \hline 115.\underline{2} \end{array}$$

实践证明：若干个数进行加法或减法运算，其和或者差的可疑数字位置与参与运算的各个量中可疑数字的位置最高者相同。

由此得出结论：几个数进行加、减运算时，可先将多余数修约，将应保留的可疑数字多保留一位进行运算，最后结果按保留一位可疑数字进行取舍。

（2）乘除运算

在进行近似数的乘除运算时，以有效数字位数最少的那个数为准，其余数的有效数字均比它多保留一位。计算结果（积或商）的有效数字位数，应与参与运算的近似数中有效数字位数最少的那个数相同。

【例 8—11】 $834.\underline{5} \times 23.\underline{9} = 19\,944.\underline{55} = 1.99 \times 10^4$

$2\,569.\underline{4} \div 19.\underline{5} = 131.\underline{7}641\cdots = 132$

（3）乘方开方运算

近似数乘方或开方运算，结果的有效数字位数应与底数有效数字位数相同。

【例 8—12】 $0.19^2 = 0.036\,1 \approx 0.036$，$(7.32\underline{5})^2 = 53.6\underline{6}$，$\sqrt{32.\underline{8}} = 5.7\underline{3}$。

4. 测量不确定度有效数位

（1）测量不确定度的有效位数

根据 JJF1059.1—2012《测量不确定度评定与表示》的规定，估计值 y 的数值及其标准不确定度 $u_c(y)$ 或扩展不确定度 U 的数值都不应该给出过多的位数。通常 $u_c(y)$ 和 U 以及输入估计值 x_i 的标准不确定度 $u(x_i)$ 最多为两位有效数字。在计算的过程中，中间结果的有效位数可保留多位。

（2）测量结果不确定度的修约

测量不确定度应按国家标准《有关量、单位和符号的一般原则》（GB 3101—1993）的规定进行修约，使测量不确定度有效数字的位数为一位或两位。

5. 检测结果的有效位数

（1）《测量不确定度评定与表示》（JJF 1059.1—2012）的规定

输入和输出的估计值应修约到与不确定度的位数一致，即经计算得到测量不确定度以后，要按测量不确定度的有效位数来修约测量结果，确定测量结果的有效位数，使采用同一测量单位的测量结果及其不确定度的末位对齐。

（2）测量结果的修约

测量结果应按国家标准《有关量、单位和符号的一般原则》（GB 3101—1993）的规定进行修约，使测量结果与测量不确定度的末位对齐。

【例 8—13】　对一电阻器的电阻值进行测量，其测量结果为 $y = 10.057\ 62\ \Omega$，合成标准不确定度 $u_c(y) = 27\ \text{m}\Omega$，据此对测量结果进行修约得 $y = 10.058\ \Omega$。

（3）测量结果的补位

若出现测量结果的实际位数不够而无法与测量不确定度的末位对齐时，应在测量结果中补零，与测量不确定度的末位对齐，而不应对测量不确定度进行修约。

【例 8—14】　一砝码质量的测量结果为 $m = 100.021\ 4\ \text{g}$，扩展不确定度为 $U_{95} = 0.36\ \text{mg}$，则测量结果及其不确定度：

$$m = 100.021\ 40\ \text{g},\quad U_{95} = 0.36\ \text{mg}(U_{95} = 0.000\ 36\ \text{g})。$$

三、离群值的判断与剔除

1. 概念

（1）粗大误差

测量过程中出现的明显超出在规定条件下预期值的误差，即明显超出统计规律预期值的误差，称为粗大误差，又称为疏忽误差、过失误差或简称粗差。

（2）离群值

离群值是指样本中的一个或几个观测值，它们离开其他观测值较远，暗示它们可能来自不同的总体。或者可以理解为：在重复性条件或复现性条件下，对同一量所进行的重复测量结果中，那些明显偏离其他测量值，而造成偏离的原因又不明的测量值称为离群值。或者说含有粗大误差的测量值称为离群值。

2. 离群值产生原因

离群值按产生原因分为两类：

第一类离群值是总体固有变异性的极端表现，这类离群值与样本中其余观测值属于同一总体。

第二类离群值是由于实验条件和实验方法的偶然偏离所产生的结果，或产生于观测、记录、计算中的失误，这类离群值与样本中其余观测值不属于同一总体。例如：测量者工作责任心不强，工作过于疲劳，对仪器熟悉与掌握程度不够等原因，引起操作不当，或在测量过程中不小心、不耐心、不仔细等，从而造成错误的读数或错误的记录；由于测量条件的意外变化，引起仪器示值或被测对象位置的改变而产生粗大误差，如机械冲击、振动、电网电压突变、电磁干扰等环境条件意外改变等，引起仪器示值或被测对象位置的改变而产生粗大误差；测量仪器内部的机械部件突然破损、电子元器件突然失效等。

3. 离群值的判断

对离群值的判断通常可根据技术上或物理上的理由直接进行，例如当实验者已经知道实验偏离了规定的实验方法，或测量仪器发生问题等。当这些理由不明确时，可利用规定的方法判定。

由于数据的分布形式不同，判断离群值的方法也有差异，对于正态样本离群值的判断和处理，《数据的统计处理和解释　正态样本离群值的判断和处理》（GB/T 4883—2008）规定可使用奈尔检验法、格拉布斯检验法、狄克逊检验法、偏度—峰度检验法等；对于指数分布样本离群值的判断和处理方法，《数据的统计处理和解释　指数分布样本离群值的判断和处理》（GB/T 8056—2008）作了规定；对于 Ⅰ 型极值分布样本离群值的判断和处理，《数据的统计处理和解释　Ⅰ 型极值分布样本离群值的判断和处理》（GB/T 6380—2008）规定了可采用狄克逊检验法、欧文检验法等。本教材仅介绍几种较简单、实用的判断准则。

（1）3σ 准则（莱依达准则）

3σ 准则又称莱依达准则，适用于测量次数很多的情况。实际测量中，常以贝塞尔公式计算的实验标准差 s 代替总体标准差 σ，以平均值 $\bar{x}$ 代替真值。对一个测量列 x_1，x_2，x_3，$\cdots$，x_n，若怀疑其中的数据 x_d 有异常，则计算残差 $v_d = |x_d - \bar{x}|$。若满足 $|v_d| \geqslant 3\sigma$（$3s$），则可以判断 x_d 为异常值，应予以剔除。3σ 准则只适用于测量次数较多的情形，一般要求 $n > 50$，当 $n < 10$ 时不能使用此准则。

（2）Q 检验法

Q 检验法又称狄克逊检验法。测量列 x_1，x_2，$\cdots$，x_n，各测量值中不含系统误差，且测量值服从正态分布，按从小到大的顺序重新进行排列 $x_{(1)}$，$x_{(2)}$，$x_{(3)}$，$\cdots$，$x_{(n)}$。可疑值肯定出自 $x_{(1)}$，$x_{(n)}$，求出可疑值与邻近值之差 $x_{(n)} -$

$x_{(n-1)}$ 或 $x_{(2)}-x_{(1)}$，然后计算极差 $x_{(n)}-x_{(1)}$。计算统计量：

$$Q=\frac{x_{(n)}-x_{(n-1)}}{x_{(n)}-x_{(1)}} \text{ 或 } Q=\frac{x_{(2)}-x_{(1)}}{x_{(n)}-x_{(1)}}$$

根据测量次数和所要求的置信水平，查表 8—2 查出狄克逊系数 $r_0(n，\alpha)$，若 $Q>r_0(n，\alpha)$，则相对于 Q 的 $x_{(n)}$ 或 $x_{(1)}$ 即为离群值。

表 8—2　　　　　　　　　　　　　　　　狄克逊系数

n	3	4	5	6	7	8	9	10	15
r ($\alpha=0.01$)	0.941	0.765	0.642	0.560	0.507	0.554	0.512	0.477	0.525
r ($\alpha=0.05$)	0.988	0.889	0.780	0.698	0.637	0.683	0.635	0.597	0.616

（3）t 检验法

t 检验法是首先剔除一个可疑的测量值，然后按 t 分布检验被剔除的测量值是否含有粗大误差。对于一个测量列 x_1，x_2，…，x_n，若怀疑其中的测量值 x_j 异常，先剔除它，然后计算剩余数据的算术平均值 $\bar{x}$ 和实验标准差 s。根据测量次数 n 和选取的显著性水平 α，查表 8—3 的 t 分布检验系数 $k(n，\alpha)$。

若 $|x_j-\bar{x}|>ks$；则认为该测量值 x_j 含有粗大误差，应予剔除。

表 8—3　　　　　　　　　　　　　　　　t 检验系数

k＼α / n	0.05	0.01	k＼α / n	0.05	0.01	k＼α / n	0.05	0.01
4	4.97	11.46	13	2.29	3.23	22	2.14	2.91
5	3.56	6.53	14	2.26	3.17	23	2.13	2.90
6	3.04	5.04	15	2.24	3.12	24	2.12	2.88
7	2.78	4.36	16	2.22	3.08	25	2.11	2.86
8	2.62	3.96	17	2.20	3.04	26	2.10	2.85
9	2.51	3.71	18	2.18	3.01	27	2.10	2.84
10	2.43	3.54	19	2.17	3.00	28	2.09	2.83
11	2.37	3.41	20	2.16	2.95	29	2.09	2.82
12	2.33	3.31	21	2.15	2.93	30	2.08	2.81

4. 离群值的处理原则

当发现检测数据中有明显偏离的观测值时，一般有以下处理原则：

（1）重复观测过程中，还没有得出最后结果之前，如已发现测量仪器不正常或操作上出现失误，一般应停止继续观测，直到仪器故障排除或操作纠正后才可继续进行。不应对所得到的观测值随意修正而使其接近于其他大多数观测值。

（2）当已结束观测，在对观测结果进行不确定度评定中，发现可疑观测值，此时，应尽量找出产生该观测值偏离的原因。如找不到确切原因，则应剔除。

（3）当观测次数较少，例如 4～6 次，其中出现了一个偏离较大的可疑观测值。这时必须在相同条件下，再重复测量若干次，例如再测 4～6 次，通过较多的重复测量结果，例如 10 次以上的观测值，再进行统计判断，看是否属于应剔除的异常值。

（4）对剔除的观测值，应注明剔除原因，保留在原始记录中。判定为离群值而剔除时，应把判断过程也记录清楚，以供日后研究分析。

四、测量数据处理的一般程序

对被测量某特性进行测量，得到一组测量值，这些测量值并非最终测量结果，只是形成测量结果的原始"材料"，必须按有关规定对这些原始"材料"进行"加工处理"，才能最终形成"产品"。对测量数据进行处理的一般程序如下：

1. 判断并剔除离群值，即含有粗大误差的数据。
2. 修正可以修正的系统误差。
3. 计算测量值的算术平均值。
4. 计算实验标准差和算术平均值的标准差。
5. 评定标准不确定度。
6. 评定合成标准不确定度。
7. 评定扩展不确定度。
8. 根据不确定度的数值，按照数值修约规则确定算术平均值的有效数位。
9. 形成测量结果报告。

【例 8—15】 用千分尺测量某轴直径（mm），测量数据：7.970、7.974、7.967、7.975、7.960。试给出测量结果。

1. 离群值判断与剔除。

对测量数据按从小到大顺序重新排列：7.960、7.967、7.970、7.974、7.975。因为中位数是 7.970，与它相差最大的是 7.960。现在怀疑 7.960 是离群值，用格拉布斯准则判定，计算统计量：

$$G'_5 = \frac{\bar{x} - x_{(1)}}{s} = \frac{7.969 - 7.960}{0.006} = 1.50$$

取检显著性水平 $\alpha = 0.05$，查得格拉布斯系数 $G_{0.95}(5) = 1.672$。

因为 $G'_5 = 1.50 < G_{0.95}(5) = 1.672$，所以该值不是离群值，应予保留。

2. 求算术平均值。

$$\bar{x} = \frac{1}{n} \sum_{i=1}^{n} x_i = \frac{1}{5}(7.960 + 7.967 + 7.970 + 7.974 + 7.975) = 7.969$$

3. 求单次测量的实验标准差,用极差法计算。

因为 $x_{\max} = 7.975$,$x_{\min} = 7.960$,所以极差 $R = 7.975 - 7.960 = 0.015$,查表得极差系数 $d_5 = 2.33$,所以单次测量的实验标准差为:

$$s = \frac{R}{d_n} = \frac{0.015}{2.33} = 0.006\ 44$$

4. 求算术平均值的实验标准差。

$$s_{\bar{x}} = \frac{s_{xi}}{\sqrt{n}} = \frac{0.006\ 44}{\sqrt{5}} = 0.002\ 88$$

查表得自由度为 $\gamma = 3.6$。

5. 评定标准不确定度。

(1) B 类不确定度:估计该千分尺 B 类不确定度分量为 $u_1 = 0.001$,自由度为 $\gamma_1 = \infty$。

(2) A 类不确定度:前面已经计算出算术平均值的实验标准差,此即为该测量的 A 类标准不确定度。$u_2 = s_{\bar{x}} = 0.002\ 88$;自由度 $\gamma_2 = 3.6$。

6. 求合成标准不确定度。各标准不确定度分量之间相互独立,所以合成标准不确定度:

$$u_{\mathrm{c}} = \sqrt{u_1^2 + u_2^2} = \sqrt{0.001^2 + 0.002\ 88^2} = 0.003\ 04$$

有效自由度:

$$\gamma_{\mathrm{eff}} = \frac{u_{\mathrm{c}}^4}{\sum \dfrac{u_i^4}{\gamma_i}} = \frac{0.003\ 04^4}{\dfrac{0.001^4}{\infty} + \dfrac{0.002\ 88^4}{4}} = 4.9$$

7. 求扩展不确定度。确定包含因子 k_p,取 $p = 95\%$,$\gamma_{\mathrm{eff}} = 5$,查 t 分布表得 $t_{95}(5) = 2.57$。所以,扩展不确定度:

$$U_p = k_p \cdot u_{\mathrm{c}} = 2.57 \times 0.003\ 04 = 0.008\ \mathrm{mm}。$$

8. 报告检验结果。对轴直径测量的结果:

$$7.969 \pm 0.008\ \mathrm{mm};\ U_{95} = 0.008\ \mathrm{mm};\ \gamma_{\mathrm{eff}} = 5$$

第 4 节   分 析 检 测 方 法 的 检 验

分析检测工作中,经常遇到比如对标准试样或纯物质进行测定时,所得到的平均值与标准值的比较问题；不同分析人员、不同实验室和采用不同分析检测方法对同一试样进行分析检测时，两组检测结果的平均值之间的比较问题。采用新的分析检测方法是否可靠的问题等，检测方法是否存在系统误差？能否保证检测结果的可靠？往往需要进行检验，即假设检验。在食品分析检测中常用的显著性检验方法是 t 检验法和 F 检验法。

一、假设检验的基本思想与步骤

1. 假设检验的基本思想

假设检验的基本思想是基于小概率事件原理，小概率事件在一次或少数次观察中几乎不可能发生，如果小概率事件在一次观察中发生了，就否定原假设。

假设检验中不可避免要犯两类错误，第一类错误称弃真（错判），是指原假设本来是真的而被否定了，犯第一类错误的概率称为弃真概率，其数值大小等于显著性水平 α，因此 α 又称为风险度；第二类错误称为取伪（误收），是指原假设本来是假的而被接收了，犯第二类错误的概率称为取伪概率，其数值大小为 β。

2. 假设检验的步骤

（1）建立假设

原假设 H_0：$\mu = \mu_0$，原假设是一个特定的统计假设，假设检验的最终结果是对其作出接收还是否定的结论。

备择假设 H_1：$\mu \neq \mu_0$，当原假设被否定后备择假设就成为可能采用的假设。

（2）选择并计算统计量 Q

根据原假设 H_0 的内容选择适宜的统计量，通过随机抽取的样本，计算用于判断的统计量：

$$Q = \frac{\bar{x} - \mu_0}{\sigma / \sqrt{n}} \sim N(0, 1)$$

式中　Q——统计量；

　　　　$\bar{x}$——算术平均值；

　　　　μ_0——期望值；

　　　　σ——标准差；

　　　　n——测量次数。

（3）设置显著性水平 α

根据被检验对象的重要程度设置适宜的显著性水平 α。

（4）确定否定域

由原假设 H_0 的内容确定否定域的形式（双侧检验还是单侧检验），再由给定的显著性水平查有关表求出判断的临界值，即否定域和接收域的分界点。

（5）作出判断

由实测样本所计算的统计量数值与判断的临界值相比较，若统计量的值落入否定域，则拒绝原假设 H_0，否则就接收原假设 H_0。

（6）结论

作出显著性判断的结论。应注意所给出的结论，一定要说明是在一定的显著性水平下所得到的结论。

二、t 检验法

假设总体服从正态分布，总体标准差 σ 未知的情况下，对分布中心 μ 的假设检验采用 t 检验法。因为总体标准差 σ 未知，用样本的实验标准差 s，如果样本量为 n，则 t 检验法的统计量：

$$t = \frac{\bar{x} - \mu_0}{s / \sqrt{n}}$$

式中　t——检验法统计量；

　　　$\bar{x}$——算术平均值；

　　　μ_0——期望值；

　　　s——实验标准差；

　　　n——测量次数。

根据确定的显著性水平 α 和自由度 $n-1$，查 t 检验表（见表 8—4），求得临界值 t_α。若 $t \leqslant t_\alpha$，判断接收原假设 H_0；若 $t > t_\alpha$，则判断拒绝原假设 H_0，而接收备择假设 H_1。

表 8—4　　　　　　　　　　　　　　$t_{\alpha,f}$ 值

$f = n-1$	置信概率 p，显著性水平 α		
	$p = 0.90$，$\alpha = 0.10$	$p = 0.95$，$\alpha = 0.05$	$p = 0.99$，$\alpha = 0.01$
1	6.31	12.71	63.66
2	2.92	4.30	9.92
3	2.35	3.18	5.84
4	2.13	2.78	4.60
5	2.02	2.57	4.03
6	1.94	2.45	3.71
7	1.90	2.36	3.50

$f=n-1$	置信概率 p，显著性水平 α		
	$p=0.90$，$\alpha=0.10$	$p=0.95$，$\alpha=0.05$	$p=0.99$，$\alpha=0.01$
8	1.86	2.31	3.36
9	1.83	2.26	3.25
10	1.81	2.23	3.17
20	1.72	2.09	2.84
∞	1.64	1.96	2.58

为判断新的检测方法是否可靠，或检查分析数据中是否存在较大的系统误差，可对试样进行若干次检测，用 t 检验法比较测定结果的平均值与标准试样的标准值之间是否存在显著性差异。一般取显著性水平 $\alpha=0.05$，若计算统计量 $t \leqslant t_{0.05}$，说明所采用的检测方法可靠，不存在较大系统误差。

三、F 检验法

当检验两个正态分布总体的标准差是否存在显著性差异时，采用 F 检验法。F 检验法是通过比较两组数据的方差 s^2，以确定它们的精密度是否存在显著性差异的方法。统计量 F 的定义：两组数据的方差的比值，分子为大的方差，分母为小的方差。

$$F = \frac{s_{大}^2}{s_{小}^2}$$

式中　F——F 检验法的统计量；

$\quad\quad s_{大}^2$——较大的方差；

$\quad\quad s_{小}^2$——较小的方差。

F 检验法的步骤与 t 检验法相同，计算出统计量 F 后，确定显著性水平 α，根据显著性水平 α 和自由度 $f=n-1$，查 F 检验表（见表8—5），查得临界值 F_α。当 $F \leqslant F_\alpha$ 时，判定接收原假设 H_0；若 $F > F_\alpha$，则判定拒绝原假设 H_0 而接收备择假设 H_1。

表8—5　　　置信概率为95%（显著性水平 $\alpha=0.05$）时的 F 值（单边）

f_2 \ f_1	2	3	4	5	6	7	8	9	10	∞
2	19.0 0	19.1 6	19.2 5	19.3 0	19.3 3	19.3 6	19.3 7	19.3 8	19.3 9	9.50
3										8.53

续表

f_1 f_2	2	3	4	5	6	7	8	9	10	∞
4	9.55	9.28	9.12	9.01	8.94	8.88	8.84	8.81	8.78	5.63
5	6.94	6.59	6.39	6.26	6.16	6.09	6.04	6.00	5.96	4.36
6	5.79	5.41	5.19	5.05	4.95	4.88	4.82	4.78	4.74	3.67
7	5.14	4.76	4.53	4.39	4.28	4.21	4.15	4.10	4.06	3.23
8	4.74	4.35	4.12	3.97	3.87	3.79	3.73	3.68	3.63	2.93
9	4.46	4.07	3.84	3.69	3.58	3.50	3.44	3.39	3.34	2.71
10	4.26	3.86	3.63	3.48	3.37	3.29	3.23	3.18	3.13	2.54
∞	4.10	3.71	3.48	3.33	3.22	3.14	3.07	3.02	2.97	1.00
	3.00	2.60	2.37	2.21	2.10	2.01	1.94	1.88	1.83	

f_1——大方差数据的自由度 $f_1 = n_1 - 1$；f_2——小方差数据的自由度 $f_2 = n_2 - 1$

第 5 节　原 始 记 录 与 检 验 报 告

一、原始记录

原始记录是在食品分析检测过程中所得数据与信息的积累，从抽样、样品制备到样品检测、数据处理等全过程，各个环节的工作都需要据实记录。尤其是检测的数据，是计算、分析检测结果的依据，必须翔实、准确、客观地记录，并妥善保管，以备查验。

1. 原始记录的要求

（1）原始记录必须真实、齐全，准确反映客观事实，记录方式尽可能简洁、明了。

（2）原始记录应统一编号，用钢笔或圆珠笔填写，不得用铅笔填写。

（3）原始记录要书写清晰，不得随意涂改，修改错误信息时，应在原信息上画一横线表示消除，并有修改人签字或盖章。

（4）确认在操作过程中产生错误的数据，不论结果好坏，都必须舍去，并在备注栏中注明原因。

（5）原始记录要完整，不得随意撕页，应统一管理，归档保存一定期限，以备查验。

（6）原始记录未按规定程序批准，不得随意向外借。

2. 原始记录的分类及内容

（1）原始记录的分类

根据食品检验分析的过程、环节不同，原始记录可分为采样原始记录、样品制备与保存原始记录、样品预处理原始记录、样品检验原始记录等。

（2）原始记录的内容

原始记录的内容可根据实际需求确定，没有统一的规定，不同的企业要求不同，内容也不尽相同。原始记录内容确定的原则是要能保证记录客观、完整、真实地记载和反映当时的实际情况。

1）采样原始记录。记录的内容一般包括产品名称、生产部门（单位）、规格数量、生产日期及批号、包装方式、抽样依据、抽样方案、抽样方法、抽样日期、抽样地点、抽样数量、抽样人员、样品保管方式等。

2）样品制备与保存的原始记录。记录内容一般应包括样品名称、制备方式、制备器具、保存方式、保存器具、保存条件、保存期限、样品编号、制备人、制备日期等。

3）样品预处理的原始记录。记录内容一般应包括样品编号、预处理方法、所用器械、试剂及浓度、样品保存方式及要求、预处理人员、预处理日期等。

4）样品检验原始记录。检验原始记录是最重要的记录，其信息量大，对检验结果的影响大，一般人们所讲的原始记录往往是指检验的原始记录。

检验原始记录内容一般应包括样品名称、生产批号、批量、样品包装、样品来源、样品编号、送检单位（部门）、执行标准、检验依据、检验分析方法、检验分析用仪器设备、试剂名称及浓度、检验环境、检验项目、检验指标、检验数据、计算公式、检验人员、审核人员、检验日期等信息。

检验原始记录根据检验工作的阶段性又包括操作记录、数据记录、数据处理记录等。

操作记录：记录操作要点、条件，试剂名称、纯度、浓度、用量，意外问题及处理等。

数据记录：根据仪器准确度要求所记录的检验分析数据。

数据处理记录：数据列表、曲线绘制、结果计算、误差计算等。

检验记录要注意：第一，填写内容要完全、正确；第二，要求字迹清楚整齐，用钢笔填写，不允许随意涂改，只能修改（更正），但一般不超过 3 处。更正方法是在需更正部分画两条平行线后，在其上方写上正确的数字和文字，并由更改人员签字或盖章。产品检验原始记录实例见表 8—6。

表 8—6　　　　　　　　××产品检验原始记录表

单位地址：　　　　　　　　　　　　编号：

食品名称		规格		生产日期	
生产批号		生产批量		包装方式	
样品来源		抽样方式		样品编号	
采样地点		采样数量		采样人员	
样品包装形式					
产品执行标准					
检验依据标准					
分析方法					
仪器设备					
试剂名称及浓度					
检验环境条件					

序号	检验项目		指标	检验结果	结果判定
1	感官	色　泽			
		味道气味			
		外　观			
2	净含量				
3	水分				
4	氨基酸态氮				
5	食盐				
6	总酸				
7	大肠杆菌				
8	标签				

备注：

检验结论：					
检验人员：		审核人：		负责人：	
检验日期：		审核日期：		批准日期：	

二、检验报告

检验报告是检验工作的"产品"，是产品质量的凭证，也是产品是否合格的技术依据。因此，检验分析人员要实事求是地报告检验分析结果，不得弄虚作假。《食品安全法》规定：食品检验人员应当依照有关法律、法规的规定，并依照食品安全标准和检验规范对食品进行检验，尊重科学，恪守职业道德，保证出具的检验数据和结论客观、公正，不得出具虚假的检验报告。

1. 检验报告的要求

（1）依据的正确性

应按相关技术标准的要求和规定程序制作检验报告。

（2）报告的及时性

要按规定时限出具检验报告。

（3）数据的准确性

报告中数据应当准确、清晰、客观、真实，易于理解。

（4）内容的完整性

检验报告内容要完整，能全面反映检验的实际情况。

（5）使用计量单位正确

应当使用法定计量单位。

检验报告应由具有相应资质的检验技术人员填写。进修、见习或代培人员不得独自出具检验结果，须有相关人员同意和签字，检验结果方可生效。

检验结果必须经第二人复核无误后方能填写检验报告，检验报告必须由检验机构技术负责人或其授权的人员签字后方能生效。检验报告应根据需要一式多份，其中一份留存备查。

2. 检验报告的内容

（1）标题

写明单位、产品的检验报告。

（2）编号

检验报告要有唯一性的统一编号，便于识别和管理。

（3）样品信息

根据需要，检验报告中可以载明所检验样品的名称、生产单位（部门）、生产日期及批号、规格型号、样品数量、代表数量、抽样地点、抽样方式、抽样依据、样品包装、收检日期等信息。

（4）检验信息

主要载明检验项目、检验数据、技术要求、检验目的、检验日期、检验依据、检验方法等内容。

（5）检验结论

主要载明根据检验数据与技术要求的比较所得出的合格判定结论，包括单项判断和综合判断结论。检验结论一定要表述简洁、准确。

（6）签发信息

主要载明检验人员、审核人员、批准人员的签名及日期。

（7）备注信息

有关需要说明的事项（检验报告式样见表8—7）。

表8—7 ××检测分析中心检验报告

编　　号：　　　　　　　　　　　　　　　　　　共　页　第　页

送检单位		样品名称	
生产单位		生产日期	
生产批号		批量	
样品数量		样品包装	
送检日期		检验目的	
检验依据：			
检验项目及检验结果：			
检验结论：			
备　注：			
技术负责人：		复核人	检验人
签字日期：		复核日期	检验日期

附注：（1）×××××

（2）×××××

检验机构盖章　　　年　月　日

3. 检验报告的制发

（1）编制

检验报告由检验人员负责编制，常见为格式化形式，按格式要求填写即可。编制检验报告时要求字迹清晰，语言严谨、规范、简洁、明了，意思表达要完整、准确。专业术语、数字、字母、计量单位符号等使用要规范、准确，手工填写要使用黑色钢笔，不能涂改。

（2）审核

检验人员制作好检验报告后，要由第二人进行全面审核，防止出现错误信息。

（3）签发

检验报告只有在有权签发人员签字后方可发布，未经有权人员签发，不得对外发布。签发人一般为检验机构的负责人或技术（质量）负责人，或者是机构负责人授权的人员，检验人员、审核人员无权签发检验报告。

（4）发放范围

检验报告的发放范围没有固定的模式，企业可以根据实际需要确定。一般情况下，检验报告应发放给企业质量负责人、分管领导、企业质量主管部门、质检科、成品库（随货同行）等。

4. 检验报告的保管

（1）保存

检验原始记录及检验报告备份应按规定妥善保存，规定合理的保存期限，由专人进行保管，存放环境符合档案存放环境的要求，做好防火、防盗、防虫、防潮、防霉变等工作，保存期限不得少于两年。

（2）查阅

检验原始记录和检验报告的查阅要有严格的程序规定，确因工作需要查阅原始记录或检验报告的，需要查阅者提出申请，有关部门或领导批准后方可查阅。

（3）销毁

检验原始记录和检验报告超过保管期限的，应予以销毁，销毁应有程序规定。一般由保管人员提出销毁申请，有关负责人批准后，由保管人员和监督人员一起用碎纸机粉碎或焚烧等方法销毁，不允许随意丢弃或作为一般废纸销售处理。

5. 检验报告的修改

（1）修改程序

已签发的检验报告，发现存在缺陷需要修改的，应以另发文件和收回原检验报告的方式处理，并声明原检验报告作废。收回的错误检验报告应当加盖错误标记后保存，建立错误检验报告登记制度，详细记录错误报告和更换报告的信息。

（2）修改方法

对检验报告的修改应严格按规定进行，应有唯一性标识，并注明所代替的原件。原检验报告收回后应存档保管。不允许在原检验报告上涂改或直接修改。

思 考 题

1. 误差的概念、分类及主要来源是什么？

2. 随机误差的产生原因有哪些？表征随机误差的主要特征参数有哪些？

3. 减少或消除系统误差的主要方法有哪些？

4. 什么是测量不确定度？测量不确定度评定的方法有哪些？

5. 如何提高分析检测结果的准确度？

6. 什么是空白实验？做空白实验的目的是什么？

7. 什么是有效数字？如何确定有效数字？仪器读数的有效数字如何确定？

8. 何为离群值？常用离群值判断的方法有哪些？它们是如何判断的？

9. 检测数据处理的一般程序是什么？

10. 分析测试的检验方法有哪些？如何检验？

11. 对原始记录有何要求？一般检验原始记录应包括哪些内容？

12. 检验报告的编制、签发、保存、修改有什么要求？

第9章
职业安全与防护

第1节　实验室用电常识

一、安全用电常识

1. 电流对人体的伤害

电流对人体的伤害有电击、电伤和电磁场伤害三种。电击是电流通过人体，破坏人体心脏、肺及神经系统的正常功能；电伤是电流的热效应、化学效应和机械效应对人体的伤害；电磁场伤害是在高频磁场的作用下，人会出现头晕、乏力、记忆力减退、失眠、多梦等神经系统的症状。电流通过人体的心脏、肺部和中枢神经系统的危险性比较大，特别是电流通过心脏时，危险性最大。表9—1列出了50 Hz交流电通过人体的反应情况。

表 9—1　　　　　　　　　不同电流强度时的人体反应

电流强度/mA	1～10	10～25	25～100	>100
人体反应	麻木感	肌肉强烈收缩	呼吸困难甚至停止呼吸	心脏心室纤维性颤动，死亡

2. 安全用电要求

（1）电源线不要超负荷使用，绝缘老化的电源线应及时更换；电路保险设施应配置合理并正常工作，不得用铜丝等代替熔丝；电源插座要安全可靠，电源线接头要接触良好且不能裸露；电源线的截面应满足负荷要求。

（2）用电设备需带有漏电保护装置；用电器使用时应有良好的外壳接地，要经常检查电气设备的保护接地、接零装置，保证连接牢固。

（3）移动电气设备时，必须先切断电源，并保护好导线，以免磨损或拉断。

（4）不能用湿手触摸带电的电气设备，不能用湿布擦拭使用中的电器，进行电器维修时必须首先切断电源，使用电热设备需远离燃气。

（5）发现电线断落，无论带电与否，都应与之保持足够的安全距离，并及时采取相应措施。

二、安全电压与安全电流

1. 安全电压

在不同环境条件下，人体接触到一定电压的带电体后，各部分不发生任何损害，该电压值称为安全电压。安全电压是以人体允许通过的电流与人体电阻的乘积来表示的。通常低于 40 V 的对地电压可视为安全电压。我国安全电压限值的规定为：工频有效值的限值为 50 V，直流电压的限值为 120 V。我国规定的安全电压等级及使用场合见表 9—2。

表 9—2　　　　　　　　我国的安全电压等级

安全电压（交流有效值）		应用场合
额定值/V	空载最大值/V	
42	50	
36	43	在有触电危险的场所，如手持式电动工具等；在矿井、多导电粉尘使用行灯等；人体可能触及的带电体
24	29	
12	15	
6	8	

2. 安全电流

为了确保人身安全，一般以人触电后人体未产生有害的生理效应作为安全的基准。通过人体一般无有害生理效应的电流值称为安全电流。安全电流又可分为容许安全电流和持续安全电流。当人体触电，通过人体的电流值不大于摆脱电流的电流值称为容许安全电流，50～60 Hz 交流规定 10 mA（矿业等类的作业则规定 6 mA），直流规定 50 mA 为容许安全电流；当人发生触电，通过人体的电流大于摆脱电流且与相应的持续通电时间对应的电流值称为持续安全电流。

三、触电的常见原因及预防措施

1. 触电的原因

（1）未遵守安全工作规程，人体直接接触或过于靠近电气设备的带电部位。

（2）电气设备安装不符合规程的要求，带电体的对地距离不够。

（3）人体触及绝缘损坏而带电的设备外壳。

（4）电气设备的绝缘损坏或其他带电部分的接地短路。

（5）用湿手拔插头、开关电源、更换灯泡等。

（6）设备不合格，安全距离不够，接地电阻过大。

2. 触电的预防

（1）绝缘、屏护和间距

1）绝缘。为防止人体触及带电体，用绝缘物把带电体封闭起来。如瓷、玻璃、云母、橡胶、木材、胶木、塑料、布、纸和矿物油等都是常用的绝缘材料。

2）屏护。采用遮拦、护罩、护盖、箱闸等把带电体同外界隔绝开来。

3）间距。就是保证必要的安全距离。间距除用于防止触及带电体外，还能起到防止火灾、防止混线等作用。在低压工作中，最小检修距离不应小于 0.1 m。

（2）接地和接零

1）保护接地。为了防止电气设备外露的不带电导体意外带电造成危险，将该电气设备经保护接地线与深埋在地下的接地体连接起来叫保护接地。

2）保护接零。就是把电气设备在正常情况下不带电的金属部分与电网的零线连接起来。但应注意零线回路中不允许装熔断器和开关。

（3）装设漏电保护装置

为了保证在故障情况下人身和设备的安全，应尽量装设漏电保护装置。漏电保护装置可以在设备及线路漏电时自动切断电源，起到保护作用。

（4）采用安全电压

小型电气设备，如手提照明灯、高度不足 2.5 m 的一般照明灯，如无特殊安全结构或安全措施，应采用 42 V 或 36 V 安全电压。金属容器内等工作地点狭窄、行动不便及周围有大面积接地导体的环境，手提照明灯应采用 12 V 安全电压。

（5）其他安全措施

如不用潮湿的手接触电器，不能用试电笔去测试高压电，使用高压电源应有专门的防护措施，工作人员熟悉安全用电以及触电急救常识，严格遵守操作规程，正确选用电气设备和各类安全保险装置。

四、触电急救措施

发现有人触电后，首先要在保证救护者自身安全的前提下，使触电者迅速脱离电源，然后进行现场紧急救护。

1. 使触电者脱离电源

电流对人体的作用时间越长，对生命的威胁越大。触电急救的关键是首先要使触电者迅速脱离电源。

（1）脱离低压电源的方法

脱离低压电源的方法可用"拉""切""挑""拽""垫"来概括。"拉"就是迅速拉断电源开关、拔出插头；"切"就是用带有绝缘柄的利器切断电源线；"挑"就是利用干燥的木棒、竹竿等挑开触电者身上的导线；"拽"就是救护人戴上手套或在手上包缠干燥的衣服、围巾等绝缘物品拖拽触电者，使之脱离电源；"垫"就是用干燥的木板塞进触电者身下使其与地绝缘来隔断电源。

（2）脱离高压电源的方法

一般高压电源开关距离现场较远，不便拉闸。因此，使触电者脱离高压电源的方法与脱离低压电源的方法有所不同。可以立即电话通知供电部门拉闸停电；如电源开关离触电现场不甚远，则可戴上绝缘手套，穿上绝缘靴，拉开高压断路器；往架空线路抛挂裸金属软导线，人为造成线路短路，迫使继电保护装置动作。

（3）使触电者脱离电源时应注意的事项

1）救护人不得采用金属和其他潮湿的物品作为救护工具。

2）未采取绝缘措施前，救护人不得直接触及触电者的皮肤和潮湿的衣服。

3）在拉拽触电者脱离电源的过程中，救护人应用单手操作。

4）当触电者位于高位时，应采取措施预防触电者在脱离电源后坠地摔伤。

2. 现场救护

触电者脱离电源后，应立即就地进行抢救。根据触电者受伤害的轻重程度，现场救护有以下几种抢救措施。

（1）触电者未失去知觉的救护

如果触电者所受的伤害不太严重，神志尚清醒，则应让触电者在通风暖和的地方静卧休息。

（2）触电者已失去知觉（心肺正常）的抢救

如果触电者已失去知觉，但呼吸和心跳尚正常，则应使其舒适地平卧，解开衣服以利呼吸，保持空气流通，冷天应注意保暖。若发现触电者呼吸困难或心跳失常，应立即施行人工呼吸或胸外心脏按压。

（3）触电者呼吸和心跳停止（假死）者的急救

如果触电者呼吸和心跳停止（假死）时，应首先通畅气道，使触电者仰面躺在平硬的地方，迅速解开其领扣、围巾、紧身衣和裤带确保气道通畅；然后对触电者施行人工呼吸，并胸外按压，借助人力使触电者恢复心脏跳动。

（4）现场救护中的注意事项

1）抢救过程中应密切关注触电者呼吸和脉搏情况，在医务人员到达之前，不得放弃现场抢救。

2）心肺复苏应在现场进行，不要随意移动触电者，确需移动时，抢救中断时间不应超过 30 s；移动触电者时应使用担架并在其背部垫以木板，不可让触电者身体蜷曲，移送途中不可中断抢救；应用冰袋敷于触电者头部，露出眼睛，使脑部降温，争取触电者心、肺、脑能得以复苏。

3）慎用药物。人工呼吸和胸外按压是对触电假死者的主要急救措施，任何药物都不可替代。对触电者用药或注射针剂，应由有经验的医生确定，慎重使用。禁止采取冷水浇淋、猛烈摇晃、大声呼唤等办法刺激触电者，因人体触电后，心脏会发生颤动，脉搏微弱，血流混乱，如果在这种险象下用上述办法强烈刺激心脏，会使触电者因急性心力衰竭而死亡。

五、电压及电流的测量常识

1. 电压的测量

测量不同性质的电压要使用不同的电压表，选择电压表要根据所测量电压值的大小、测量精度的要求等，选择合适量程和等级的电压表。测量电压时电压表一定要并联到电路中，不能串联到电路中；直流电压表有正负极性的区别，使用时要注意极性的连接。要正确读取测量数据。

2. 电流的测量

测量不同性质的电流要选用不同的电流表，选择电流表要根据所测量电流的大小及测量精度的要求，选择合适量程和精度的电流表。测量电流时，电流表一定要串联到电路中，而不能并联到电路中；测量直流电流时要注意电源的极性与电流表极性的一致性，不能接错。

六、常用电工仪表的使用常识

1. 电压表的选择和使用

（1）电压表的选择

电压表分直流电压表和交流电压表，首先应根据所测电压的性质选择电压表类型。其次要依据测量的精度要求，选择合适精度等级的电压表。再次要依据所测量电压值的大小确定电压表的量程。一般情况下所测量的电压值应是所选电压表测量范围上限的 2/3 左右。如要测量 4 V 的直流电压，以选择测量范围为 0～5 V 的直流电压表为宜。

（2）电压表的使用

1）使用前首先调整指针零位。

2）电压表使用时必须并联到电路中。

3）直流电压表使用时注意正负极性的连接，不能接错。

4）当被测电压大小不明确时，应先用大量程的测试，以免过载而烧坏仪表。

2. 电流表的选择和使用

（1）电流表的选择

电流表有直流电流表和交流电流表，首先应根据所测电流的性质选择电流表类型。其次要依据测量的精度要求，选择合适精度等级的电流表。再次要依据所测电流的大小选择电流表的量程，一般情况下所测电流值应该是所选电流表测量范围上限的 2/3 左右。如测量 200 mA 的直流电流，以选择量程范围为 0～300 mA 的直流电流表为宜。

（2）电流表的使用

1）使用前首先调整指针零位。

2）电流表使用时必须串联到电路中。

3）直流电流表使用时注意正负极性的连接，不能接错。

4）当被测电流大小不明确时，应先用大量程的测试，以免过载而烧坏仪表。

3. 万用表的使用

使用万用表时，应仔细了解万用表的型号和功能，了解各旋钮、开关的功能。

（1）正确连接测试笔

红色测试笔应插入红色或"＋"号插孔中，黑色测试笔应插入黑色或"－"号的插孔中。

（2）正确选择测量挡位

测量挡位包括测量对象的选择以及量程的选择，测量前应根据测量对象及其大小粗略估计，选择相应的挡位。

（3）正确接线

万用表板面上的插孔都有极性标记，用来测量直流时，要注意正负极性。测量电流时，万用表只能串联到电路中；测量电压时，万用表必须并联到电路中。

（4）注意调零

万用表使用前应注意其指针是否指零。如不指零，可调节机械调零器调零；测量电阻时，还要进行欧姆调零，在每次切换量程后都应进行欧姆调零。

（5）操作要合理

1）严禁在被测电阻带电的情况下进行测量。不允许在带电条件下进行电流和电压量程的切换。如需换挡，应先断开表笔，换挡后再进行测量。

2）万用表使用完毕后，一般要将转换开关转到交流电压的最高挡或"OFF"挡，以防止下次测量时因粗心而烧坏表头。若长期不用，应将表内电池取出，以防电池电解液渗漏而腐蚀内部元器件及电路。

3）使用万用表时要水平放置，以免造成误差。同时，还要注意避免外界磁场对万用表的影响。

4）使用万用表测量时，不能用手直接接触表笔的金属部分，以保证测量的准确，同时也保证人身安全。

七、电路短路的原因和预防

1. 电路发生短路的主要原因

（1）导线规格不符合要求或绝缘失去绝缘能力。

（2）线路年久失修，绝缘老化或受损伤使线芯裸露。

（3）电压超过线路的额定电压，使绝缘被击穿。

（4）接错线路或带电作业造成人为碰线短路。

（5）线路板上有金属物件或小动物跌落导致电线之间的跨接。

（6）电线、电器等被水淋湿或浸在导电液体中。

（7）电线接头连接不牢固，通电后发热烧坏绝缘导致短路。

2. 预防短路的措施

（1）导线绝缘必须符合电压和工作情况的需要，并定期检查绝缘强度。

（2）导线的截面积要满足负荷的需要，防止产生高温。要根据使用环境选用不同类型的导线，选择线型要考虑潮湿、化学腐蚀、高温等情况。

（3）安装线路时，导线与导线之间，导体与墙壁、顶棚、金属部件之间，以及固定导线用的绝缘之间，应有符合规程要求的间距。

（4）在线路板上应按规定安装断路器或熔断器，以便线路发生短路时能及时切断电源。

（5）电线、电器不要被水淋湿或浸在导电液体中；线路接点要牢固，且各接点不能相互接触。

（6）工作中不要将金属物品直接放到导线或仪器设备的带电部位。

第 2 节　实验室安全防护常识

一、实验室安全常识

1. 实验室一般安全守则

（1）易燃易爆化学危险品应随用随领，不得在实验现场大量存放。

（2）有日光照射的房间须安装窗帘，在日光照射到的地方，不应放置怕光或遇热易蒸发、能分解燃烧的物品。

（3）禁止在存有易燃易爆物品的工作位置使用明火及无遮蔽的灯具。禁止使用没有绝缘隔热底垫的电热仪器。

（4）在进行汞、酸及其他有害蒸气产生的作业时，应在通风橱等通风良好处进行，操作人员须穿戴防护用品，以防对人体造成伤害。

（5）禁止将汞、酸、碱、硫化物、易燃液体及含有爆炸物和有毒的液体、擦布、废纸等杂物直接倒入水槽。

（6）化学药品一经放置于容器后，须立即贴上标签，如有异常应检验证明，不得随意丢放。工作台上不应放置无关的化学药品，尤其是浓酸或易燃、易爆物品。

（7）不要在实验室内吸烟、吃东西和利用实验器皿作食用工具。

（8）打开久置未用的浓硝酸、浓盐酸、浓氨水等瓶塞时，应着防护用品，瓶口不要对着人，宜在通风柜中进行。热天打开易挥发溶剂瓶塞时，应先用冷水冷却。瓶塞如难以打开，尤其是磨口塞，不可猛力敲击。

（9）稀释浓硫酸时，稀释用容器应置于塑料盆中，将浓硫酸慢慢分批加入水中，并不时搅拌，待冷至近室温时再转入细口储液瓶。绝不可将水倒入酸中。

（10）蒸馏或加热易燃液体时，绝不可使用明火，一般也不要蒸干。操作过程中人不要离开，以防温度过高或冷却水中断引发事故。

2. 实验室必备用品

（1）实验室必须配置适用的灭火器材，并定期检查，如失效要及时更换。

（2）实验室应配置相应的防护用具和急救药品，如

消毒剂：75%酒精，0.1%碘酒，3%双氧水，酒精棉球。

烫伤药：玉树油，蓝油烃，烫伤药，凡士林。

创伤药：红药水，龙胆汁，消炎粉，创可贴。

化学灼伤药：5%碳酸氢钠溶液，1%硼酸，2%醋酸，氨水。

治疗用品：药棉，纱布，护创胶，绷带，镊子，剪刀等。

防护用品：防护服装、防护眼镜、橡胶手套、防毒口罩。

二、实验室有关物品的安全使用

1. 常用气体的安全使用

实验室使用的气体，大多是储存于钢瓶中的压缩气体，使用时通过减压阀（气压表）有控制地放出。由于钢瓶的内压很大，而且有些气体易燃或有毒，所以在使用时要特别注意。

（1）高压气体的种类

1）压缩气体。如氧、氢、氮、氨、氦等气体。

2）溶解气体。乙炔（溶于丙酮中，加入活性炭）。

3）液化气体。二氧化碳、一氧化氮、石油气等。

4）低温液化气体。液态氧、液态氮等。

（2）实验室常用气体的性质

1）乙炔。无色无味；不纯净时，因混有 H_2S、PH_3 等杂质，具有大蒜臭。密度比空气小，有麻醉作用，极易燃烧、爆炸。乙炔和氯、次氯酸盐等化合物也会发生燃烧和爆炸。

2）氧。无色无味，密度比空气略大，助呼吸。是强烈的助燃烧气体，高温下纯氧十分活泼；温度不变而压力增加时，可以和油类发生急剧的化学反应，并引起自燃，进而产生强烈爆炸。

3）氢。无色无味，密度比空气小，易燃易爆。易泄漏，扩散速度很快，易和其他气体混合。氢气与空气混合极易自燃自爆。

4）一氧化二氮（N_2O）。又称笑气，无色，带芳香甜味，密度比空气大，有助燃作用，具有麻醉兴奋作用，受热时可分解成为氧和氮的混合物，如遇可燃性气体即可与此混合物中的氧化合燃烧。

5）氨。无色，有刺激性气味，密度比空气小，易液化，极易溶于水。

6）氮。无色无味，密度比空气稍小，难溶于水。

（3）实验室常用高压气瓶的色标

标准《气瓶颜色标志》（GB 7144—1999）对各种不同气瓶的颜色标识都作了专门的规定。部分常用气瓶的颜色标识见表 9—3。

表 9—3　　　　　　　　　　　常用气瓶的颜色标识

气体类别	瓶身颜色	标字颜色	字样
氮气	黑	淡黄	氮
氧气	淡蓝	黑	氧
氢气	淡绿	大红	氢
二氧化碳	铝白	黑	液化二氧化碳
氦	银灰	深绿	氦
氨	淡黄	黑	液氨
氯	深绿	白	液氯
乙炔	白	大红	乙炔不可近火
甲烷	棕	白	甲烷
天然气	棕	白	天然气
液化石油气（工业用）	棕	白	液化石油气
液化石油气（民用）	银灰	大红	液化石油气
一氧化二氮	银灰	黑	液化笑气
空气	黑	白	空气

（4）气体钢瓶的使用

1）气体钢瓶搬运、存放与充装的注意事项

①在搬动、存放气体钢瓶时，应装上防振垫圈，旋紧安全帽以保护开关阀，防止其意外转动和减少碰撞。搬运充装有气体的钢瓶时，最好用特制的担架或小推车，不允许用手执开关阀移动。

②运输充满气体的气瓶时应加以固定，避免途中滚动碰撞；装、卸车时应轻缓，避免引起碰撞。充装有互相接触后可引起燃烧、爆炸气体的气瓶（如氢气瓶和氧气瓶），不能同车搬运。

③储存气体钢瓶的仓库必须有良好的通风、散热和防潮措施，电灯、电路等都必须有防爆设施。

④气体钢瓶必须严格分类分处保管，各类不同的气体不得储存在一起（如氧气和氢气不能放置在同一房间内）；直立放置时要固定稳妥；气瓶要远离热源，避免暴晒和强烈振动，实验室内存放的气瓶量不得过多。

⑤存放乙炔气瓶的地方，要求通风良好。氢气瓶应单独存放，最好放置在室外

专用的小屋内，用紫铜管引入实验室，严禁放在实验室内，严禁烟火。

2）气体钢瓶使用注意事项

①在气瓶肩部，应有制造厂、制造日期、气瓶型号、工作压力、气压试验压力、试验日期及下次送验日期、气体容积、气瓶重量等钢印标记。

②为避免各种钢瓶在使用时发生混淆，储存各种常用气体的气瓶应该用不同规定的颜色来标识（见表9—3），特殊气体的气瓶可以用文字来标识以示区别。已确定的气瓶只能装同一品种甚至同一浓度的气体。

③气瓶上的减压器要分类专用，安装要牢固，防止泄漏；开、关减压器和开关阀时，动作要缓慢，使用时应先开开关阀，后开减压器；使用完毕应先关闭开关阀，放尽余气后再关减压器。切不可只关减压器，不关开关阀。

④使用气瓶时，操作人员应站在与气瓶接气口垂直的位置。严禁敲打撞击气瓶。开启总阀门时，不要将头或身体正对阀门，防止阀门或压力表冲出伤人。使用乙炔气瓶时应安装回闪阻止器，防止气体回缩。如发现乙炔气瓶有发热现象，应立即关闭气阀，并用水冷却瓶体，同时将气瓶移至远离人员的安全处妥善处理。

⑤氧气瓶或氢气瓶，应配备专用工具，严禁与油类接触。操作人员不能穿戴沾有各种油脂或易产生静电的服装、手套进行操作，以免引起燃烧、爆炸。氢气瓶要安装防止回火的装置，以确保安全。

⑥可燃性气体和助燃气体的气瓶，与明火的距离应大于 10 m，距离不足时应采取隔离措施。

⑦使用气瓶不可将气体用尽，应按规定留 0.05 MPa 以上的残余压力。可燃性气体应剩余 0.2～0.3 MPa，氢气应保留 2 MPa，以防止重新充气时发生危险。

⑧使用中的气瓶要按规定定期检验，检验不合格的气瓶不可继续使用，严禁使用安全阀超期的气瓶。

2. 设备的安全使用

（1）新购入的仪器设备，使用前务必详细阅读说明书及有关资料，掌握其结构原理、性能指标、操作程序、维护保养及有关注意事项。

（2）应根据仪器设备的性能要求，提供安装使用仪器设备的场所，并根据仪器设备的不同情况，采取防火、防潮、防热、防冻、防尘、防振、防磁、防腐蚀、防辐射等防护措施。

（3）应制定仪器设备安全操作规程，使用仪器设备尤其是大型仪器设备的人员须经过培训。应定期对仪器设备进行维护、校验和标定。

（4）要注意仪器设备，尤其是大型仪器设备的停水停电保护，防止因突然停电、停水造成仪器设备损坏。

3. 化学药品和试剂的安全使用

化学试剂和药品是食品检验中不可缺少的物品，必须正确使用。如果使用不当，不仅会影响检测结果，而且会对相关人员的健康造成威胁。

（1）化学试剂、药品的储存

化学药品储存室应符合有关安全规定，有防火、防爆、防毒等安全措施，室内应干燥、通风良好，温度不宜超过 28℃，照明应是防爆型；装有试液的试剂瓶应放在药品柜内并避光、避热；化学药品应按类存放，特别是危险品要按特性单独存放；易潮解和易挥发的试剂应严密封口，放置在阴凉、干燥处；试液瓶附近勿放置发热设备。

（2）化学药品、试剂的使用

化学药品、试剂的使用必须严格按照规定进行。化学试剂要按需要剂量领取，剧毒试剂拿取时，须戴口罩和手套，手上有伤口时，不能进行该项工作。试液瓶内液面上的内壁凝聚水珠的，使用前要振摇均匀，每次取用试液后要随手盖好瓶塞，切不可长时间让瓶口敞开。吸取试液的吸管应预先清洗干净并晾干。同时取用相同容器盛装的几种试液，要防止瓶塞盖错造成交叉污染。

三、实验室危险物品的安全管理

1. 化学危险品的管理

（1）化学危险品的保管与发放

化学危险品应当存放在条件完备的专用仓库、专用储柜内。存放场所应有通风、防爆、防火、防雷、防潮、报警等安全设施，仓库内严禁烟火。

化学危险品应当分类存放，遇火、遇潮容易燃烧、爆炸或产生有毒气体的化学危险品，不得在露天、潮湿、漏雨和容易积水地点存放；化学性质或灭火方法相互抵触的化学危险品，不得在同一储存地点存放；爆炸、剧毒品必须严格遵守"双人保管""双人双锁""双人收发""双人领退""双人使用"的原则，定期对化学危险品的包装、标签、状态进行检查，务使账物一致。

（2）化学危险品的使用和处置

为减少对环境的污染，实验室应当采用无污染或少污染的新工艺、新设备，尽可能采用无毒无害或低毒低害的实验材料，最大限度地减少危险废物的产生。使用化学危险品过程中的废气、废液、废渣、粉尘应回收综合利用。必须排放的，应经过净化处理，其有害物质浓度不得超过国家规定的排放标准。对无法净化处理的化学危险品的废液、废渣和残液、残渣应严格按照规定进行处理，严禁乱倒、乱放、随意抛弃。销毁处理失效变质的化学危险品，应履行审批手续，采取严密措施，并征得公安、环保等有关部门同意。

2. 易燃易爆物品的管理

易燃易爆物品品种多，性质危险而复杂，必须用科学的态度从严管理。

（1）可燃气体

1）可燃气体与助燃气体混合，遇火源易着火甚至爆炸，应隔离存放。

2）剧毒、可燃、氧化性气体不得与甲类自燃物品同储；与乙类自燃物品、遇水易燃物品应隔离存放；可燃液体、固体与剧毒、氧化性气体不得同储。

3）剧毒气体、可燃气体不得与硝酸、硫酸等强酸同储，与氧化性气体应隔离存放。

（2）易燃液体

易燃液体不仅本身易燃，而且大都具有一定的毒性，如甲醇、苯等，原则上应单独存放。因条件限制不得不与其他危险品同储时，应遵守如下原则。

1）与甲类自燃物品不能同储，与乙类自燃物品应隔离存放。

2）与腐蚀性物品如溴、过氧化氢、硝酸等强酸不可同储，量很少时也应隔离存放，并保持 2 m 以上的间距。

3）含水的易燃液体和需要加水存放或运输的易燃液体，不得与遇湿易燃物品同储。

（3）易燃固体

1）因为甲类自燃物品性质不稳定，可以自行氧化燃烧，会引起易燃固体的燃烧，所以不能同库储存。与乙类自燃物品亦应隔离储存。

2）易燃固体和遇湿易燃物品灭火方法不同，且有的性质相互抵触，因此不能同库储存。

3）易燃固体都有很强的还原性，与氧化剂接触或混合有起火爆炸的危险，所以都不能同库存放。

4）易燃固体与具有氧化性的腐蚀性物品（如溴、过氧化氢、硝酸等）不可同库储存，与其他酸性腐蚀性物品可同库隔离存放。

5）金属氨基化合物类、金属粉末、磷的化合物类等与其他易燃固体不宜同库储存。因为它们的灭火方法和储存保养措施不同。

（4）自燃物品

1）甲类自燃物品，不得与爆炸品、氧化剂、氧化性气体、易燃液体、易燃固体同库存放。

2）自燃物品与溴、硝酸、过氧化氢等具有较强氧化性的物品不能同库存放。与盐酸、甲酸、醋酸和碱性腐蚀品也不能同库存放，条件限制时也要隔离存放。

（5）遇湿易燃物品

1）遇湿易燃物品不得与自燃物品同库存放。

2）遇湿易燃物品与氧化剂不可同库存放。因为遇湿易燃物品是还原剂，遇氧化剂会剧烈反应，发生着火和爆炸。

3）溴、过氧化氢、硝酸、硫酸等强酸，都具有较强的氧化性，与遇水燃烧物品接触会立即着火或爆炸，所以不得同库存放。与盐酸、甲酸、醋酸和含水碱性腐蚀品，亦应隔离存放。

4）遇湿易燃物品与含水的易燃液体和稳定剂是水的易燃液体，如己酸、二硫化碳等，均不得同库存放。

5）电石受潮后产生大量乙炔气，易发生爆炸，应单独存放。磷化钙、硫化钠、硅化镁等受潮后能产生大量易燃的毒气和易自燃的毒气，因此应单独存放。

（6）氧化剂和有机过氧化物

1）甲类无机氧化剂与有机氧化剂特别是有机过氧化物不能同库储存。

2）甲类氧化剂与易燃或剧毒气体不可同库储存，因为甲类氧化剂的氧化能力强，与剧毒气体或易燃气体接触易引起燃烧或爆炸；乙类氧化剂与压缩和液化气体可隔离储存，保持 2 m 以上的间距。

3）无机氧化剂与有毒品应隔离储存，有机氧化剂与有毒品可以同库隔离储存，但与有可燃性的毒害品不可同库储存。

4）有机过氧化物不能与溴、硫酸等氧化性腐蚀品同库储存，无机氧化剂不能与松软的粉状物同库储存。

（7）毒害品

1）无机毒害品与无机氧化剂应隔离存放。

2）无机毒害品与氧化（助燃）气体应隔离存放，与不燃气体可同库存放；有机毒害品与不燃气体应隔离存放。

3）液体的有机毒害品与可燃液体可隔离存放。

4）有机毒害品的固体与液体之间，以及与无机毒害品之间，均应隔离存放。

（8）腐蚀性物品

腐蚀性物品与其他物品之间，腐蚀性物品中的有机与无机腐蚀品之间，酸性与碱性物品之间，可燃体固体之间，都应单独仓房存放，不可混储。

3. 属于危险品的化学药品

（1）易爆和不稳定物质。如浓过氧化氢、有机过氧化物等。

（2）氧化性物质。如氧化性酸、过氧化氢等。

（3）可燃性物质。除易燃的气体、液体、固体外，还包括在潮气中会产生可燃物的物质。如碱金属的氢化物、碳化钙及接触空气自燃的物质（如白磷）等。

（4）有毒物质、腐蚀性物质（如酸、碱等）、放射性物质。

四、实验室的安全防护

1. 实验室安全防护的种类

实验室安全防护的内容很多，主要是防盗、防火、防爆、防水、防触电、防中毒、防创伤等。

2. 防毒常识

（1）检测工作开始之前，应先了解所用药品的毒性及防护措施。

（2）操作有毒气体（如 H_2S、Cl_2、NO_2、浓 HCl 和 HF 等）应在通风橱内进行。

（3）苯、四氯化碳、乙醚、硝基苯等的蒸气会引起中毒。它们虽有特殊气味，但久嗅会使人嗅觉减弱，所以应在通风良好的情况下使用。

（4）有些药品（如苯、汞等）能透过皮肤进入人体，应避免与皮肤接触。

（5）氰化物、高汞盐〔$HgCl_2$、$Hg(NO_3)_2$ 等〕、可溶性钡盐（$BaCl_2$）、重金属盐（如镉、铅盐）、三氧化二砷等剧毒药品，应妥善保管，使用时要特别小心。

3. 防火常识

（1）防止煤气管漏气，使用煤气后一定要把阀门关好。

（2）许多有机溶剂（如乙醚、丙酮、乙醇、苯等）非常容易燃烧，大量使用时室内不能有明火、电火花或静电放电。实验室内不可存放过多这类药品，用后要及时回收处理，不可倒入下水道，以免聚集引起火灾。

（3）有些物质（如磷、钠、钾、电石及金属氢化物等）在空气中易氧化自燃，还有一些金属（如铁、锌、铝等）粉末也易在空气中氧化自燃。这些物质要隔绝空气保存，使用时要特别小心。

（4）实验室如发生火灾，应根据情况进行灭火。常用的灭火剂有水、沙、二氧化碳灭火器、四氯化碳灭火器、泡沫灭火器和干粉灭火器等，可根据起火的原因选择使用。

1）金属钠、钾、镁、铝粉、电石、过氧化钠着火，应用干沙灭火。

2）比水轻的易燃液体，如汽油、苯、丙酮等着火，可用泡沫灭火器。

3）有灼烧的金属或熔融物的地方着火时，应用干沙或干粉灭火器。

4）电气设备或带电系统着火，可用二氧化碳灭火器或四氯化碳灭火器。

4. 防爆常识

可燃气体与空气混合，当两者比例达到爆炸极限时，受到热源（如电火花）的诱发，就会引起爆炸。一些气体与空气混合的爆炸极限见表 9—4。

表 9—4　　　与空气混合的某些气体的爆炸极限（20℃，101.325 kPa）

气体	爆炸高限（体积）/%	爆炸低限（体积）/%	气体	爆炸高限（体积）/%	爆炸低限（体积）/%
氢	74.2	4.0	醋酸	—	4.1
乙烯	28.6	2.8	乙酸乙酯	11.4	2.2
乙炔	80.0	2.5	一氧化碳	74.2	12.5
苯	6.8	1.4	水煤气	72	7.0
乙醇	19.0	3.3	煤气	32	5.3
乙醚	36.5	1.9	氨	27.0	15.5

（1）氢、乙烯、乙炔、苯、乙醇、乙醚、乙酸乙酯、一氧化碳、水煤气和氨气等可燃性气体与空气混合至爆炸极限，一旦有热源诱发，极易发生支链爆炸。

（2）过氧化物、高氯酸盐、乙炔铜、三硝基甲苯等易爆物质，受振或受热可能发生热爆炸。

（3）防止支链爆炸，主要是防止可燃性气体或蒸气散失在空气中，保持室内通风良好。大量使用可燃性气体时，严禁使用明火和可能产生电火花的电器。

（4）强氧化剂和强还原剂必须分开存放，使用时轻拿轻放，远离热源，预防热爆炸。

（5）久藏的乙醚使用前应除去其中可能产生的过氧化物。

（6）进行容易引起爆炸的实验，应有防爆措施。

5. 防灼伤常识

除高温以外，液氮、强酸、强碱、强氧化剂、溴、磷、钠、钾、苯酚、醋酸等物质都会灼伤皮肤，应注意不要让皮肤与之接触，尤其要防止溅入眼中。

6. 防辐射常识

（1）检测实验室的辐射，主要是电磁辐射、X 射线等，长期反复接收电磁辐射、X 射线照射，会导致疲倦、记忆力减退、头痛、白血球降低等。

（2）防护的方法就是避免身体各部位（尤其是头部）直接受到 X 射线照射。

五、实验室意外伤害的急救

1. 创伤的急救

（1）小的创伤可用消毒镊子、消毒纱布把伤口清洗干净，并用 3.5% 碘酒涂在伤口周围，包扎起来。若出血较多时，可用压迫法止血，同时处理好伤口，用止血消炎粉等药，较紧地包扎起来即可。

（2）较大的创伤或者动、静脉出血，甚至骨折时，应立即用急救绷带在伤口出血部上方扎紧止血，用消毒纱布盖住伤口，立即送医院救治。但止血时间长时，应注意每隔 1～2 h 适当放松一次，以免肢体缺血坏死。

2. 烫伤和烧伤的急救

轻度烫伤或烧伤，可以用冷水冲洗 15～30 min 至散热止痛，然后用生理食盐水擦拭（勿以药膏、牙膏、酱油涂抹或以纱布盖住）。可用药棉浸 90%～95% 酒精轻涂伤处，也可用 3%～5% $KMnO_4$ 溶液擦伤处至皮肤变为棕色，再涂凡士林或烫伤膏。较重的烧伤或烫伤，不要弄破水泡，以防止感染。可在伤处涂上玉树油或 75% 酒精后涂蓝油烃。如果伤面较大，深度达真皮，应小心用 75% 酒精处理，并涂上烫伤油膏后包扎伤处紧急送医院治疗。

3. 化学灼伤的急救

发生化学灼伤时，应迅速解脱衣服，首先清除皮肤上的化学药品，然后根据化学药品的性质不同进行相应的处理，必要时送医院治疗。部分化学药品灼伤的急救方法见表 9—5。

表 9—5　　　　　　　　　部分化学药品灼伤的急救方法

灼伤物质	急救和治疗方法
碱类：氢氧化钾、氢氧化钠、氨水、氧化钙、碳酸钙、碳酸钾等	立即用大量水冲洗，然后用 3% 硼酸或 2% 醋酸清洗
酸类：硫酸、浓盐酸、硝酸、磷酸等	先用大量水冲洗，然后用 3%～5% 碳酸氢钠溶液清洗，必要时涂甘油或龙胆汁
溴	用 1 体积氨水（25%）＋1 体积松节油＋10 体积乙醇（95%）的混合溶液处理
氢氟酸	先用大量冷水冲，然后用 50 g/L 的碳酸氢钠溶液洗，再用甘油醚氧化镁（2∶1）的悬浮剂涂抹，用纱布包扎
磷	先用 5% 硫酸铜溶液洗净伤处的鳞屑，或用镊子除去鳞屑；再用 1∶1 000 高锰酸钾湿敷，外涂保护剂，用纱布包扎

如果酸碱溅入眼内，应先用水冲洗，再用 5‰碳酸氢钠溶液或 2‰醋酸清洗。眼睛受到任何伤害时，应立即请眼科医生诊断。但化学灼伤时，应分秒必争，在医生到来前即抓紧时间，立即用蒸馏水冲洗眼睛，冲洗时须用细水流，而且不能直射眼球。

4. 中毒的急救

对中毒者的急救首先是尽快将中毒者从中毒物质区域移开，并尽快弄清致毒物质，以便协助医生排除中毒者体内毒物。如遇中毒者呼吸、心跳停止，应立即施行人工呼吸和心脏按摩。

（1）煤气中毒的现场救护

当发现有人煤气中毒时应立即采取以下措施：

1）迅速打开门窗，将病员抬到空气新鲜流通的地方，解开衣领，放松裤带。

2）如果呼吸停止，立即进行人工呼吸，如果心跳停止，立即进行胸外心脏按压，并尽快联系医院救治。

（2）吸入中毒的应急处理

迅速将中毒者搬离中毒场所至空气新鲜处，保持中毒者安静，松解中毒者衣领和腰带，以维持呼吸道畅通，并注意保暖；严密观察中毒者的状况，尤其是神志、呼吸和循环系统功能等，尽快送医院就医。

（3）经皮肤中毒的应急处理

将中毒者立即移离中毒场所，脱去污染衣服，迅速用清水洗净皮肤，黏稠的毒物则用大量肥皂水冲洗；遇水能发生反应的腐蚀性毒物（如三氯化磷）等，则先用干布或棉花抹去，再用水冲洗；并尽快送医院就医。

（4）消化道中毒的应急处理

消化道中毒应立即洗胃，常用的洗胃液有食盐水、肥皂水、3‰～5‰碳酸氢钠溶液，边洗边催吐，也可用 0.02‰～0.05‰高锰酸钾溶液或 5‰活性炭溶液等催吐，洗到基本没有毒物后服用温开水、稀盐水、生鸡蛋清、牛奶、面汤等解毒剂，以减少毒素的吸收，并尽快送医院就医。

六、剧毒物品的管理

剧毒化学品是指国家有关部门确定的《剧毒化学品目录》中的危险化学品。凡购买、储存、使用、处置剧毒化学品都应按规定进行。剧毒化学品的管理必须严格遵守双人保管、双人双锁、双人收发、双人领退、双人使用的"五双"制度，做到"四无一保"，即无被盗、无事故、无丢失、无违章、保安全。

1. 剧毒化学品的采购

（1）购买剧毒化学品，必须提出书面申请，详细说明品名、用途、用量等情况，经单位负责人审查批准方可采购。要严格控制品种和数量。

（2）剧毒化学品采购要向有剧毒化学品经营许可证或剧毒化学品生产批准书的单位采购。购入后要及时登记，如实记录剧毒化学品的品名、数量等信息，对应的购买许可证件、发票等购买凭证的复印件要妥善保存备查，购买凭证回执需交当地公安部门备案。

2. 剧毒化学品的储存

（1）剧毒化学品专用仓库必须配备储存设备和防盗报警装置，并注意通风、防潮、防热、防冻。库内不得存放其他物品，性质相互抵触或灭火方法不同的剧毒化学品不可存放在一起。不得携带剧毒化学品擅自离开存放地点或使用场所。

（2）剧毒化学品库必须严格实行双人双锁、双人保管、双人收发制度。管理人员要经常核对实际库存情况，做到账物相符。

（3）使用部门当天未能用完或暂时不用的剧毒化学品，要交仓库代为保管。

（4）剧毒化学品库管理人员应具备一定的业务知识，熟悉所保管的剧毒化学品的性质、特点，必须严格执行有关法规和制度。

3. 剧毒化学品的领取和发放

（1）剧毒化学品出库严格执行审批手续。领取剧毒化学品时应填写剧毒化学品领用申请表，由两名领用人签字，经有关负责人签字并加盖单位公章。两名领用人同时将领取的剧毒化学品取回实验室。剧毒化学品只准领取本次或本工作日内的实验用量，严禁超量领取。所领用的剧毒化学品不得与普通化学品混放，应单独放置并双人双锁妥善保管。

（2）剧毒化学品实行双人发放制度，发放必须由两人同时进行。剧毒化学品库管理人员必须如实记录发放日期、品名、数量、领用单位、领用人等信息，登记表应随同领料单等原始资料一起妥善保存备查。

4. 剧毒化学品的使用与保管

（1）剧毒化学品必须严格执行双人使用制度。使用剧毒化学品进行实验必须由两人同时操作，实验人员必须具备相应的知识和技能，严格遵守操作规程。

（2）使用剧毒化学品应当填写剧毒化学品使用记录表，对使用日期、用途、用量、使用人等信息进行登记。剧毒化学品用完后，应在使用记录表上注明"使用完毕"，领用人和实验室主任签字确认。记录表统一保存备查。

（3）当天未能用完且暂时不用或不再使用的剧毒化学品必须交回剧毒化学品库

代为保管。交付代为保管的剧毒化学品的使用记录表应随同剧毒化学品一并交剧毒化学品库，双方双人同时在剧毒化学品库代为保管登记本上签字确认。

（4）防护用具和盛装、研磨、搅拌剧毒物品的专用工具要妥善保管，不得挪作他用，不得乱扔乱放。

（5）剧毒物品的废渣、废液、废包装等不得自行处理和排放，须妥善保管，处理时要通过公安机关到指定的单位处理。

5. 废弃剧毒化学品的处置

（1）废弃剧毒化学品的处置，应依照国家有关规定执行。剧毒化学品使用后所产生的废渣、废液等不得私自乱倒，应严格按环保规定处理。

（2）剧毒化学品的原包装容器必须退回剧毒化学品库，不准随意丢弃和擅自处理。不得将装有剧毒气体的废旧钢瓶作为废钢铁卖给废品回收部门。

（3）需要废弃的剧毒化学品，由剧毒化学品仓库提交清单，由有关部门向当地公安部门报告，由公安部门与有关部门联系集中销毁。

（4）废弃剧毒化学品处理时须完备有关手续，单位要有详细清单，处理部门要有回执，处理清单要一式三份（单位、处理部门和当地公安部门各存一份），并有单位和处理部门的签字、盖章。

思　考　题

1. 实验室一般安全守则的主要内容有哪些？

2. 实验室常备的防护用品及急救药品有哪些？

3. 电流对人体的危害及安全用电常识包括哪些？

4. 简述安全电流、安全电压的概念。

5. 简述常见触电的原因与预防、防止短路的技术措施。

6. 简述实验室安全防护的种类以及防毒、防火、防灼伤、防爆的常识。

7. 实验室设备、气体、化学品的使用应注意哪些事项？

8. 实验室意外伤害的急救应注意哪些事项？

9. 属于危险品的化学药品种类有哪些？

10. 实验室化学品、有毒、易燃易爆物品的管理应注意哪些事项？

第 10 章
相关法律法规与标准

第 1 节　产品质量法

我国现行的《中华人民共和国产品质量法》（以下简称《产品质量法》）于1993 年 2 月 22 日第七届全国人大常委会第三十次会议审议通过，同年 9 月 1 日起施行，2000 年 7 月 8 日第九届全国人大常委会第十六次会议修订。产品质量法调整两种社会关系：一是产品质量监督管理者与产品生产者、销售者之间的监督关系；二是生产者、销售者和相关经营者与消费者之间的民事关系。

一、产品质量责任

产品质量责任是指生产者、销售者以及其他对产品质量负责的人违反产品质量法规定的产品质量义务所应承担的法律责任。产品质量责任是一种综合法律责任，包括产品质量行政责任、刑事责任和民事责任。《产品质量法》规定认定产品质量责任的依据，一是法律法规明确规定的产品质量必须满足的条件；二是明示采用的产品标准；三是产品缺陷。

二、产品质量监督

《产品质量法》规定，我国产品质量监督实行统一监督与分工监督、层次监督与地域监督、政府监督与社会监督相结合的原则。并规定了若干监督制度，这些制度主要包括产品质量标准制度、认证制度、工业产品生产许可证制度、产品质量监督检查制度、产品质量社会监督制度、奖惩制度、产品召回制度、损害赔偿制度等。

三、生产者、销售者的产品质量义务

产品质量义务是指根据法律规定或合同约定，产品质量法律关系主体在产品质量方面必须作为或者不作为的行为。

1. 生产者的产品质量义务

（1）保证产品内在质量符合规定要求

具体地讲：一是产品不得存在缺陷，二是产品具备其应有的使用性能，三是产品质量应当符合明示采用的产品标准。

（2）保证产品标识符合法律规定

生产者应当在其产品或者其包装上真实地标明产品标识，标识内容主要包括：产品质量检验合格证明；中文标明的产品名称、厂名厂址；根据产品特点和使用要求，标明产品的规格、等级、所含主要成分名称和含量；产品执行标准；限期使用的要标明生产日期、安全使用期或失效日期；需要警示消费者的，必须有警示标志或中文警示说明。

（3）产品的包装应当符合法律规定

易碎、易燃、易爆、有毒、有腐蚀性、有放射性等危险物品以及储运中不允许倒置的产品其包装要符合有关要求。

（4）不得生产假冒伪劣产品

不得生产国家明令淘汰的产品；不得伪造产地；不得伪造或冒用他人厂名、厂址；不得伪造或冒用认证标志等质量标志；不得在产品中掺杂掺假；不得以假充真、以次充好；不得以不合格品冒充合格品。

2. 销售者的产品质量义务

（1）建立和执行进货检查验收制度。产品进货检查验收包括产品标识、产品感官检查和必要的产品内在质量的检验等。

（2）保持产品原有质量。销售者应当采取一定措施，使销售产品的质量保持着生产者、供货者将产品交付给销售者时的产品质量状况。

（3）保证销售产品的标识符合法律规定（与生产者的要求相同）。

（4）不得销售假冒伪劣产品。即不得销售国家明令淘汰并停止销售的产品和失效变质的产品；不得伪造产地；不得伪造或冒用他人厂名、厂址；不得伪造或冒用认证标志等质量标志；不得在产品中掺杂掺假；不得以假充真、以次充好；不得以不合格品冒充合格品。

四、产品质量民事责任

包括生产者与销售者的产品瑕疵担保责任和产品缺陷损害赔偿责任，以及相关单位的产品质量民事责任。

产品瑕疵担保责任是指违反产品质量的明示担保条件，担保方应当承担的法律责任。瑕疵担保责任的方式是修理、更换、退货、重做、赔偿损失。产品瑕疵是指产品不具备良好的特征和特性，不符合明示采用的产品标准、实物样品等表明的质量状况。

产品缺陷损害赔偿责任简称产品责任，是指产品存在可能危及人身、财产安全的不合理的危险，造成消费者人身或缺陷产品以外的财产损失后，缺陷产品的生产者、销售者应当承担的特殊的侵权法律责任。产品缺陷是指产品存在危及人身、他人财产安全的不合理危险；产品有保障人体健康、人身财产安全的国家标准、行业标准的，是指不符合该标准。

相关单位的产品质量民事责任是与产品质量有关的单位应承担的民事责任。

第 2 节　计 量 法

现行的《中华人民共和国计量法》（以下简称《计量法》）于 1985 年 9 月 6 日第六届全国人大常委会第十二次会议通过，1986 年 7 月 1 日起实施。主要内容是单位制与法定计量单位、计量基准器具、计量标准器具、计量检定、计量器具管理、计量监督和法律责任。

一、计量制度

计量立法是为了加强计量监督管理，健全国家计量法制；保障计量单位制的统一和量值的准确一致；促进国民经济和科学技术的发展，为社会主义现代化建设提供计量保证，保护国家利益和消费者利益不受侵害。

《计量法》规定我国采用国际单位制，使用法定计量单位。

二、计量基准、计量标准与计量检定

计量基准是用以定义、复现和保存计量单位量值，具有最高计量学特性，经国家鉴定、批准，作为统一全国量值最高依据的计量器具。

计量标准是准确度低于计量基准，用于检定其他计量器具的计量器具。计量标准分为社会公用计量标准、部门计量标准和企事业单位的计量标准。社会公用计量标准是政府计量部门建立，作为统一本地区量值依据，在社会上实施计量监督具有公证作用的计量标准；部门计量标准是省级以上政府有关部门建立，作为统一本部门量值依据的计量标准；企事业单位的计量标准是由企事业单位建立，在本单位内部使用的计量标准。有关计量标准必须经政府计量行政部门考核合格，并颁发计量标准考核证书后，才能开展量值传递工作。

计量检定是指查明和确认计量器具是否符合法定要求的程序，包括检查、加标记和/或出具检定证书。计量检定是进行量值传递或量值溯源的重要途径，是保证全国量值统一和准确可靠的重要手段。按管理的性质不同，计量检定可分为强制检定和非强制检定。强制检定是由政府计量行政部门指定的计量检定机构，对社会公用计量标准、部门和企事业单位的最高计量标准以及用于贸易结算、安全防护、医疗卫生、环境监测四个方面并且列入强制检定计量器具目录的工作计量器具进行的定点定期的检定；非强制检定是计量器具的使用单位对非强制检定的计量器具自己依法进行的检定。

计量检定必须按国家计量检定系统表进行，必须执行计量检定规程。

三、计量器具的管理

计量器具是单独或与一个或多个辅助设备组合，用以进行测量的装置。换言之，计量器具就是用于直接或间接测量被测对象量值的器具、仪器、装置的总称。计量器具按用途可分为计量基准、计量标准和工作计量器具，按结构特点可分为量具（如砝码、量块）、计量仪器（如天平、色谱仪）和计量装置（如电能表检定装置）。

1. 计量器具新产品的管理

计量器具新产品是指本单位从未生产过的计量器具，包括对原有产品在结构、材质等方面作了重大改进导致性能、技术特征发生变更的计量器具。凡制造计量器具新产品，必须申请型式批准。

2. 计量器具制造、修理的管理

由政府计量行政部门对制造、修理计量器具单位的生产（修理）场所及设施、出厂（修后）检定条件、技术人员状况、有关技术文件和有关保证制造（修理）质量的规章制度进行考核，考核合格的颁发计量器具制造（修理）许可证，取得制造（修理）许可证后方可开展制造、修理业务。

3. 计量器具进口的管理

任何单位和个人以及外商或其在中国的代理人，在中国境内销售列入《中华人民共和国进口计量器具型式审查目录》的计量器具的，必须向国务院计量行政部门申请办理型式批准。进口以销售为目的的计量器具，必须向省级以上政府计量行政部门申请检定，未经检定或检定不合格的不得销售。

4. 计量器具销售的管理

要销售合格的计量器具。不得销售非法定计量单位的计量器具、无合格印（证）的计量器具、未取得制造许可证和无许可证标志（CMC 标志或 CCV 标志）的计量器具以及未经省级以上政府计量部门检定合格的进口计量器具。

5. 计量器具使用的管理

计量器具在使用过程中要进行周期检定或校准，任何单位和个人不准在工作岗位上使用无检定合格印、证或超过检定周期以及检定不合格的计量器具。使用计量器具不得破坏其准确度，不得伪造数据损害国家和消费者的利益。

四、计量纠纷与计量认证

计量纠纷是指当事人因计量器具准确度而产生的纠纷。《计量法》规定，处理计量纠纷以国家计量基准或社会公用计量标准检定、测试的数据为准。

为社会提供公证数据的产品质量检验机构必须经省级以上政府计量行政部门对其计量检定、测试能力和可靠性考核合格（即计量认证），方能开展工作。

第 3 节 　 标准化法

现行的《中华人民共和国标准化法》（以下简称《标准化法》）于 1988 年 12 月 29 日第七届全国人大常委会第五次会议通过，1989 年 4 月 1 日起实施，主要规定了标准的制定、标准的实施、标准实施的监督以及标准化法律责任等。

一、标准与标准化概念

1. 标准

标准是为在一定范围内获得最佳秩序，对活动或其结果规定共同的和重复使用的规则、指导原则或特性的文件。该文件经协商一致制定并经一个公认机构批准。

标准应以科学、技术和经验的综合成果为基础，以在一定范围内获得最佳秩序、促进最大社会效益为目的。标准的本质属性是统一，是对重复性事物和概念所做的统一规定，是协商一致的产物。

2. 标准化

标准化就是为在一定的范围内获得最佳秩序，对实际的或潜在的问题制定共同的和重复使用的规则的活动。标准化活动的主要任务是制定标准、组织实施标准及对标准实施的监督。标准化的重要意义是改进产品、过程和服务的适用性，防止贸易壁垒，促进技术合作。

二、标准化管理体制

1. 标准体制

标准体制是指标准体系可分为哪些种类以及各类标准之间相互连接、相互依存、相互制约的内在联系。具体是指标准的分级与标准性质的总称。

按标准制定部门和适用范围的不同，我国标准分为国家标准、行业标准、地方标准和企业标准；根据实施的强制程度不同，标准分为强制性标准、推荐性标准以及指导性技术文件。强制性标准包括条文强制和全文强制两种形式。

强制性标准是指具有法律属性，在一定范围内通过法律、法规等强制手段加以实施的标准。强制性标准是国家技术法规的重要组成部分。为使我国强制性标准与WTO/TBT 规定衔接，我国将强制性标准的内容限制为：有关国家安全的技术要求；保护人体健康和人身财产安全的要求；产品及产品生产、储运和使用中的安全、卫生、环境保护等技术要求；工程建设质量、安全、卫生、环境保护要求及国家需要控制的工程建设的其他要求；污染物排放限值和环境质量要求；保护动植物生命安全和健康的要求；防止欺骗、保护消费者利益的要求；维护国家经济秩序的重要产品的技术要求。

推荐性标准是生产、交换、使用等方面，通过经济手段调节而自愿采用的一类标准。推荐性标准不具有法律约束力，但推荐性标准被强制性标准引用或纳入指令性文件后便具有了约束力。企业明示执行的推荐性标准，在企业内部具有强制性和约束力，并应承担相应的责任。

指导性技术文件是为仍处于技术发展过程中的标准化工作提供指南或信息，供科研、设计、生产、使用和管理等有关人员参考使用而制定的标准文件。

2. 标准化工作管理体制

我国标准化工作采用"统一管理，分工负责"的管理体制。国务院标准化行政部门统一管理全国标准化工作，国务院有关行政部门分工管理本部门、本行业的标准化工作。县级以上各级地方政府标准化行政部门统一管理本行政区域内的标准化工作。

三、标准的制定

1. 制定标准的程序

制定标准是标准化活动的起点，制定标准是指标准制定部门对需要制定标准的项目，编制计划，组织草拟、审批、编号、发布的活动。

2. 标准的编号

（1）国家标准

需要在全国范围内统一的技术要求，由国务院标准化行政部门组织制定的标准（根据法律规定，食品、药品、兽药等国家标准，分别由国务院有关主管部门制定）是国家标准。国家标准的编号由国家标准代号、标准发布顺序号和标准发布年代号组成。强制性国家标准的代号为 GB，推荐性国家标准的代号为 GB/T。

强制性国家标准编号：GB×××××—××××

推荐性国家标准编号：GB/T×××××—××××

（2）行业标准

没有国家标准而又需要在全国某个行业范围内统一的技术要求，可制定行业标准。行业标准由国务院有关部门制定，报国务院标准化行政部门备案。行业标准的编号由行业标准代号、标准发布顺序号和标准发布年代号组成。行业标准代号由规定的两位大写汉语拼音字母构成，如电力 DL、纺织 FZ、机械 JB、交通 JT 等。

强制性行业标准编号：——/××××—××××

推荐性行业标准编号：——/T××××—××××

（3）地方标准

地方标准是由省、自治区、直辖市标准化行政主管部门统一编制计划、组织制定、审批编号和发布的标准。地方标准的编号由地方标准代号、标准发布顺序号和标准发布年代号组成。地方标准的代号为 DB 加行政区代码的前两位数字。

强制性地方标准编号：DB××/××××—××××

推荐性地方标准编号：DB××/T××××—××××

（4）企业标准

企业标准是对企业范围内需要协调、统一的技术要求、管理要求和工作要求制定的标准。标准化法律法规中讲的企业标准，仅指企业的产品标准。企业产品标准编号由企业标准代号、标准发布顺序号和标准发布年代号组成。

企业产品标准编号：Q/×××　××××—××××

四、标准的实施

标准实施是有计划、有组织、有措施地贯彻执行标准的活动。

强制性标准必须执行，不符合强制性标准的产品禁止生产、进口、销售。推荐性标准国家鼓励企业自愿采用，但推荐性标准一旦纳入国家指令性文件，就在一定范围内具有了强制性，企业必须严格执行；合同中约定的、产品明示采用的、认证时依据的推荐性标准，企业也必须执行；出口产品执行标准由双方约定，但出口产品转内销时必须符合我国的标准。处理产品是否符合标准的争议，以依法设立的产品质量检验机构或授权的质检机构的检验数据为准。

五、标准实施的监督

标准实施的监督是指国家行政机关对标准执行情况进行督促、检查、处理活动。目的是促进标准的贯彻，监督标准的贯彻执行效果，考核标准的先进性、合理性，发现标准中存在的问题，利于标准的修订。对标准实施的监督，除了国家监督外，还有行业监督、企业自我监督和社会监督等形式。

六、国际标准

1. 国际标准的概念

国际标准是指国际标准化组织（ISO）、国际电工委员会（IEC）和国际电信联盟（ITU）制定的标准，以及国际标准化组织确认并公布的 27 个国际组织制定的标准。

国外先进标准是指未经 ISO 确认的其他国际组织的标准、发达国家的国家标准、区域性组织的标准、国际上有权威的企业（公司）标准中的先进标准。

2. 采用国际标准

将国际标准的内容，经过分析研究和试验验证，等同或修改转化为我国标准，并按我国标准审批发布程序审批发布，称为采用国际标准。

3. 采用国际标准的程度和方法

我国标准采用国际标准的程度，是指我国标准与国际标准的一致性程度，分为等同、修改和非等效采用三种。采用国际标准的方法，有等同采用和修改采用两种。非等效采用不列入采用标准范围，只表明我国标准与相应国际标准的对应关系。

（1）等同采用（代号 IDT）

我国标准与相应国际标准在技术内容、文本结构和措词方面完全相同，或者与国际标准在技术内容上相同，但可以包含一些小的编辑性修改。

（2）修改采用（代号 MOD）

我国标准与相应国际标准之间允许存在技术性差异，这些差异应清楚地标明并给出解释。修改采用的标准在结构上与国际标准对应。只有在不影响对国家标准和国际标准的内容及结构进行比较的情况下，才允许对文本结构进行修改。

（3）非等效采用（代号 NEQ）

我国标准和国际标准之间存在重大技术差异。

第 4 节　食 品 安 全 法

现行的《中华人民共和国食品安全法》（以下简称《食品安全法》）于 2009 年 2 月 28 日第十一届全国人大常委会第七次会议通过，2009 年 6 月 1 日起实施。

一、食品安全的监管体制

我国食品安全实行分段监管的体制。卫生部门承担食品安全的综合协调职责，负责食品安全风险评估、食品安全标准的制定、食品安全信息的公布、组织查处食品安全重大事故等；其他有关部门负责生产、流通、餐饮服务等环节的监管；农业部门负责对食用农产品的监管。县级以上地方人民政府统一负责、领导、组织、协调本行政区域的食品安全监督管理工作。

二、食品安全风险监测和评估制度

食品安全风险监测是为掌握和了解食品安全状况，对食品安全水平进行的检验、分析、评价和公告活动。目的是掌握较为全面的食品安全状况，以便有针对性地对食品安全进行监管，监测与风险评估的结果作为制定食品安全标准、确定检查对象和检查频率的科学依据。食品安全风险监测主要对食源性疾病、食品污染和食品中的有害因素进行检测。监测方式有常规监测和非常规监测两种。

风险评估是对食品中生物性、化学性和物理性危害对人体健康可能造成的不良影响进行的评估。评估工作由卫生部门负责，由医学、农业、食品营养等方面的专家组成的评估委员会进行。评估结果作为制定食品安全标准的重要依据。

三、食品安全国家标准的制定

《食品安全法》规定，食品安全标准只有国家标准、地方标准和企业标准，食品安全国家标准由卫生部门统一制定，标准化行政部门统一编号。其他部门不得制定食品安全标准。《食品安全法》规定了食品安全标准的以下内容。

1. 食品、食品相关产品中的致病性微生物、农药残留、兽药残留、重金属、污染物质以及其他危害人体健康物质的限量规定。
2. 食品添加剂的品种、适用范围、用量。
3. 专供婴幼儿和其他特定人群的主辅食品的营养成分要求。
4. 对与食品安全、营养有关的标签、标识、说明书的要求。
5. 食品生产经营过程的卫生要求。
6. 与食品安全有关的质量要求。
7. 食品检验方法与规程。
8. 其他需要制定为食品安全标准的内容。

四、食品生产经营管理

《食品安全法》强调食品安全的第一责任人是食品生产经营者。生产者应按照法律法规、食品安全标准从事食品生产经营活动，保证食品安全。

1. 食品生产经营许可制度

从事食品生产、销售、餐饮服务等经营活动，必须依法取得相应的许可。未取得相应许可，不得开展相应的经营活动。

2. 索票索证记录制度

食品的经营者要向相应的供货者索要相关证明，并详细记录如原料、添加剂、食品相关产品的名称、规格、数量、供货者名称、联系方式、进货日期、保质期等，记录至少保存2年；无论是销售者还是餐饮服务者，都要遵守进货查验制度，查验供货者有无相应的许可证、产品检验合格证，同时做好如食品名称、规格、数量、生产日期（批号）、保质期、进货日期、供货商名称、联系方式等记录，记录至少保存2年。

3. 食品安全管理制度

食品生产经营者应当建立健全食品安全管理制度，加强食品安全的培训，配备专兼职的食品安全管理人员。同时坚持从业人员的健康检查制度，对患有痢疾、伤寒、病毒性肝炎等消化道传染病的人员，以及患有活动性肺结核、化脓性或者渗出性皮肤病等有碍食品安全疾病的人员，不得从事接触直接入口食品的工作。相应人员每年进行一次健康检查，取得健康证明方可从事食品生产经营工作。

4. 食品出厂检验制度

食品出厂之前必须经检验合格并出具检验合格证，未经检验或检验不合格的食品不得出厂。食品生产者可以自行检验，也可以委托符合《食品安全法》规定的食品检验机构进行检验。应当查验出厂食品的检验合格证和安全状况，并如实记录食品的名称、规格、数量、生产日期、生产批号、检验合格证号、购货者名称及联系方式、销售日期等内容。食品出厂检验记录保存期限不得少于2年。

5. 食品召回制度

食品生产者发现自己生产的食品有质量不符合食品安全标准要求的，要主动召回，并及时通知相关监管部门、其他食品生产经营者和消费者，确保不安全食品不再继续流通，造成危害的扩大。在企业不主动履行召回义务时，有关监管部门要责令企业召回存在食品安全问题的食品。

6. 不安全食品的停止经营制度

流通企业、餐饮服务企业发现自己经营的食品不安全的要及时停止经营，避免问题食品再流入消费者手中，并通知相关监管部门、其他食品经营者，通知消费者停止食用。

五、食品添加剂的监管

《食品安全法》对食品添加剂的监管作了四项规定：一是对食品添加剂生产实行许可制度，未取得生产许可者不得生产；二是强调食品添加剂应当在技术确有必要且经过风险评估，证明安全可靠的方可列入允许使用范围；三是要严格按标准关于添加剂的品种、使用范围、用量的规定使用食品添加剂，不能使用食品添加剂以外的化学物质或其他可能危害人体健康的物质；四是生产食品添加剂新品种和从境外进口新品种，必须经卫生部门的安全性评估，证明其安全可靠，卫生部门发放许可证，企业方可生产或进口。

六、食品检验的管理

食品检验是食品安全执法中的一项重要内容，执法的依据是检验机构的检验结果。《食品安全法》是从检验机构资质认定和食品检验工作的要求两方面来加强食品检验管理的。食品检验机构必须经国务院认证认可管理部门按认证认可条例规定进行资质认定后，方能开展食品检验活动。检验机构和检验人员要严格按法律、法规和食品安全标准的要求从事检验活动，尊重科学，恪守职业道德，保证出具的检验数据和结论客观、公正，不得出具虚假检验报告。

食品检验实行食品检验机构与检验人负责制。食品检验报告应当加盖食品检验机构的公章，并有检验人的签名或盖章。食品检验机构和检验人对出具的食品检验报告负责。出具虚假检验报告要承担法律责任。检验人员违法被开除或追究刑事责任的，10 年内不得再从事食品检验工作，食品检验机构也不得聘用此类人员。

第 5 节　劳 动 法

现行的《中华人民共和国劳动法》（以下简称《劳动法》）于 1994 年 7 月 5 日第八届全国人大常委会第八次会议通过，1995 年 1 月 1 日起施行。主要内容包括促进就业、劳动合同和集体合同、工作时间和休息休假、工资、劳动安全卫生、女职工和未成年工特殊保护、就业培训、社会保险和福利、劳动争议、监督检查、法律责任等。

劳动者享有平等就业和选择职业的权利、取得劳动报酬的权利、休息休假的权利、获得劳动安全卫生保护的权利、接受职业技能培训的权利、享受社会保险和福利的权利、提请劳动争议处理的权利以及法律规定的其他劳动权利。同时，劳动者也具有完成劳动任务、提高职业技能、执行劳动安全卫生规程、遵守劳动纪律和职业道德的责任和义务。

国家采取各种措施，促进劳动就业，发展职业教育，制定劳动标准，调节社会收入，完善社会保险，协调劳动关系，逐步提高劳动者的生活水平。国家提倡劳动者参加社会义务劳动，开展劳动竞赛和合理化建议活动，鼓励和保护劳动者进行科学研究、技术革新和发明创造，表彰和奖励劳动模范和先进工作者。

国家通过各种途径，采取各种措施，发展职业培训事业，开发劳动者的职业技能，提高劳动者素质，增强劳动者的就业能力和工作能力。各级人民政府应当把发展职业培训纳入社会经济发展的规划，鼓励和支持有条件的企事业组织、社会团体和个人进行各种形式的职业培训。

用人单位应当建立职业培训制度，按照国家规定提取和使用职业培训经费，根据本单位实际，有计划地对劳动者进行职业培训。从事技术工种的劳动者，上岗前必须经过培训。国家确定职业分类，对规定的职业制定职业技能标准，实行职业资格证书制度，由经过政府批准的考核鉴定机构负责对劳动者实施职业技能考核鉴定。

第6节　食品检验工作规范

食品检验工作是加强食品安全监管、保证消费者食用安全的关键环节。食品检验既是对市场销售食品实施安全监控的重要手段，也是对食品原料及加工过程进行安全控制、确保合格产品进入市场必不可少的重要措施。有效的食品安全监管工作依赖于公正、客观的食品检验结果，科学、严谨的食品检验工作是整个食品安全监管体系的基础。

《食品安全法》对食品检验工作进行了详细、具体的规定。《食品安全法实施条例》对食品检验工作也提出了要求。根据这些规定，卫生部会同有关部门，制定了《食品检验工作规范》，自2010年4月1日起施行。该规范重点围绕检验人员的道德素质、技术素养和法律责任，食品检验工作中非标准方法的建立和使用，检验数据和检验报告的管理，食品检验中计算机系统的功能要求，以及检验机构怎样为各级食品安全政府监管部门提供更好的技术支持等方面提出了相关要求。

一、检验人员素养与责任

1. 检验机构及其检验人员应当尊重科学，恪守职业道德，保证出具的检验数据和结论客观、公正、准确，不得出具虚假或者不实数据和结果的检验报告。

2. 食品检验机构及其检验人员应当独立于食品检验活动所涉及的利益相关方，应当有措施确保其人员不受任何来自内外部的不正当的商业、财务和其他方面的压力和影响，防止商业贿赂，保证检验活动的独立性、诚信和公正性。

3. 食品检验实行食品检验机构与检验人负责制，食品检验机构和检验人对出具的食品检验报告负责，独立承担法律责任。

二、实验室的要求

1. 实验室的安全保障应当符合国家有关法律法规规定。

2. 检测实验室应当健全组织机构，明确岗位职责和权限，建立和实施与检验活动相适应的质量管理体系；应当使用现行有效的文件；应当配备与食品检验能力相适应的检验人员和技术管理人员，聘用具有相应能力的人员，建立人员的资格、培训、技能和经历档案。不得聘用国家法律法规禁止从事食品检验工作的人员，应当制定和实施培训计划，并对培训效果进行评价。

3. 食品检验机构应当具有与检验能力相适应的实验场所、仪器设备、配套设施及环境条件；应当保证仪器设备、标准物质、标准菌（毒）种的正常使用；应当建立健全仪器设备、标准物质（参考物质）、标准菌（毒）种档案；应当对影响检验结果的标准物质、试剂和消耗材料等供应品进行验收和记录，并定期对供应商进行评价，列出合格供应商名单。

三、检验工作要求

食品检验机构应当按照相关标准、技术规范或委托方的要求进行样品采集、流转、处置等，并保存相关记录。样品数量应当满足检验、复检工作的需要。

食品检验机构应当对其所使用的标准检验方法进行验证，保存相关记录。使用食品检验非标准方法时，应当制定并符合相应程序，对其可靠性负责。

原始记录应当有检验人员的签名或盖章。检验报告应当有检验机构检验专用章、授权签字人签名。食品检验报告和原始记录应当妥善保存，有特殊要求的按照有关规定执行。

第7节 预包装食品标签通则

由卫生部修订的《食品安全国家标准 预包装食品标签通则》（GB 7718—2011），于 2011 年 4 月 20 日发布，2012 年 4 月 20 日起实施。

一、基本术语

1. 预包装食品

预先定量包装或者制作在包装材料和容器中的食品，包括预先定量包装以及预先定量制作在包装材料和容器中并且在一定量限范围内具有统一的质量或体积标识的食品。

2. 食品标签

食品包装上的文字、图形、符号及一切说明物。

3. 配料

在制造或加工食品时使用的，并存在（包括以改性的形式存在）于产品中的任何物质，包括食品添加剂。

4. 生产（制造）日期

食品成为最终产品的日期，也包括包装或灌装日期，即将食品装入（灌入）包装物或容器中，形成最终销售单元的日期。

5. 保质期

预包装食品在标签指明的储存条件下，保持品质的期限。在此期限内，产品完全适于销售，并保持标签中不必说明或已经说明的特有品质。

6. 主要展示版面

预包装食品包装物或包装容器上容易被观察到的版面。

二、标签标注的基本要求

预包装食品的标签标注应符合下列要求：

1. 应符合法律、法规的规定，并符合相应食品安全标准的规定。

2. 应清晰、醒目、持久，应使消费者购买时易于辨认和识读。

3. 应通俗易懂、有科学依据，不得标示封建迷信、色情、贬低其他食品或违背营养科学常识的内容。

4. 应真实、准确，不得以虚假、夸大、使消费者误解或以欺骗性的文字、图形等方式介绍食品，也不得利用字号大小或色差误导消费者。

5. 不应直接或以暗示性的语言、图形、符号，误导消费者将购买的食品或食品的某一性质与另一产品混淆。

6. 不应标注或者暗示具有预防、治疗疾病作用的内容，非保健食品不得明示或者暗示具有保健作用。

7. 不应与食品或者其包装物（容器）分离。

8. 应使用规范的汉字（商标除外）。具有装饰作用的艺术字，应书写正确，易于辨认。可以同时使用拼音或少数民族文字，拼音不得大于相应汉字；可以同时使用外文，但应与中文有对应关系（商标、进口食品的制造者和地址、国外经销者的名称和地址、网址除外）。所有外文不得大于相应的汉字（商标除外）。

9. 预包装食品包装物或包装容器最大表面面积大于 35 cm² 时，强制标示内容的文字、符号、数字的高度不得小于 1.8 mm。

10. 一个销售单元的包装中含有不同品种、多个独立包装可单独销售的食品，每件独立包装的食品标识应当分别标注。

11. 若外包装易于开启识别或透过外包装物能清晰地识别内包装物（容器）上的所有强制标示内容或部分强制标示内容，可不在外包装物上重复标示相应的内容；否则应在外包装物上按要求标示所有强制标示内容。

三、标签标注的内容

1. 直接向消费者提供的预包装食品标签标示内容

应包括食品名称、配料表、净含量和规格、生产者和（或）经销者的名称、地址和联系方式、生产日期和保质期、储存条件、食品生产许可证编号、产品标准代号及其他需要标示的内容。

（1）食品名称

应在食品标签的醒目位置清晰地标示反映食品真实属性的专用名称。

（2）配料表

预包装食品的标签上应标示配料表，配料表中的各种配料应标示具体名称，并按规定标出食品添加剂名称。

配料表应以"配料"或"配料表"为引导词。各种配料应按制造或加工食品时加入量的递减顺序一一排列，加入量不超过 2% 的配料可以不按递减顺序排列。

食品添加剂应当标示其在《食品安全国家标准　食品添加剂使用标准》（GB 2760—2011）中的食品添加剂通用名称。

在食品制造或加工过程中，加入的水应在配料表中标示。在加工过程中已挥发的水或其他挥发性配料不需要标示。

可食用的包装物也应在配料表中标示原始配料，法律法规另有规定的除外。

（3）净含量和规格

净含量的标示应由净含量、数字和法定计量单位组成。

应依据法定计量单位，按以下形式标示包装物（容器）中食品的净含量：

1）液态，用体积升（L）、毫升（mL），或质量克（g）、千克（kg）。

2）固态，用质量克（g）、千克（kg）。

3）半固态，用质量克（g）、千克（kg）或体积升（L）、毫升（mL）。

净含量的计量单位应按表10—1标示。字符的最小高度按表10—2标示。

表 10—1　　　　　　　　　　　　**净含量的计量单位**

计量方式	净含量（Q）的范围	计量单位
体积	$Q<1\ 000$ mL	毫升（mL, ml）
	$Q\geqslant1\ 000$ mL	升（L, l）
质量	$Q<1\ 000$ g	克（g）
	$Q\geqslant1\ 000$ g	千克（kg）

表 10—2　　　　　　　　　　　　**净含量字符的最小高度**

净含量（Q）的范围	字符的最小高度/mm
$Q\leqslant50$ mL；$Q\leqslant50$ g	2
50 mL$<Q\leqslant200$ mL；50 g$<Q\leqslant200$ g	3
200 mL$<Q\leqslant1$ L；200 g$<Q\leqslant1$ kg	4
$Q>1$ kg；$Q>1$ L	6

净含量应与食品名称在包装物或容器的同一展示版面标示。

容器中含有固、液两相物质的食品，且固相物质为主要食品配料时，除标示净含量外，还应以质量或质量分数的形式标示沥干物（固形物）的含量。

同一预包装内含有多个单件预包装食品时，大包装在标示净含量的同时还应标示规格。规格的标示应由单件预包装食品净含量和件数组成，或只标示件数。单件预包装食品的规格即指净含量。

（4）生产者、经销者的名称、地址和联系方式

应当标注生产者的名称、地址和联系方式。生产者名称和地址应当是依法登记注册、能够承担产品安全质量责任的生产者的名称、地址。依法独立承担法律责任的集团公司、集团公司的子公司，应标示各自的名称和地址。不能依法独立承担法律责任的集团公司的分公司或集团公司的生产基地，应标示集团公司和分公司（生产基地）的名称、地址；或仅标示集团公司的名称、地址及产地，产地应当按照行政区划标注到地（市）级地域。

受委托加工预包装食品的，应标示委托单位和受委托单位的名称和地址；或仅标示委托单位的名称和地址及产地，产地按行政区划标注到地（市）级地域。

依法承担法律责任的生产者或经销者的联系方式应标示以下至少一项内容：电话、传真、网络联系方式等，或与地址一并标示的邮政地址。

进口预包装食品应标示原产国国名或地区名称（如中国香港、澳门、台湾地区），以及在中国依法登记注册的代理商、进口商或经销者的名称、地址和联系方式，可不标示生产者的名称、地址和联系方式。

（5）日期标示

应清晰标示预包装食品的生产日期和保质期。日期标示不得另外加贴、补印或篡改。当同一预包装内含有多个标示了生产日期及保质期的单件预包装食品时，外包装上标示的保质期应按最早到期的单件食品的保质期计算。外包装上标示的生产日期应为最早生产的单件食品的生产日期，或外包装形成销售单元的日期；也可在外包装上分别标示各单件装食品的生产日期和保质期。应按年、月、日的顺序标示日期，如果不按此顺序标示，应注明日期标示顺序。

（6）储存条件

预包装食品标签应标示储存条件。

（7）食品生产许可证编号

预包装食品标签应按照相关规定标示食品生产许可证编号。

（8）产品标准代号

国内生产、销售的预包装食品应标示产品所执行的标准代号和顺序号。

2. 非直接提供给消费者的预包装食品标签标示内容

非直接提供给消费者的预包装食品标签，应按照相应要求标示食品名称、规格、净含量、生产日期、保质期和储存条件，其他内容如未在标签上标注，则应在说明书或合同中注明。

3. 标示内容的豁免

酒精度大于等于 10% 的饮料酒、食醋、食用盐、固态食糖类、味精等预包装食品可以免除标示保质期。

当预包装食品包装物或包装容器的最大表面面积小于 10 cm² 时，可以只标示产品名称、净含量、生产者（或经销商）的名称和地址。

4. 推荐标示内容

（1）批号

根据产品需要，可以标示产品的批号。

（2）食用方法

根据需要可以标示容器开启方法、食用方法、烹调方法、复水再制方法等。

（3）致敏物质

可能导致过敏反应的食品及其制品，如果用作配料，宜在配料表中使用易辨识的名称，或在配料表邻近位置加以提示；如果加工过程中可能带入，宜在配料表临近位置加以提示。

第8节　预包装食品营养标签通则

食品营养标签是向消费者提供食品营养信息和特性的说明，也是消费者直观了解食品营养组分、特征的有效方式。根据《食品安全法》有关规定，为指导和规范我国食品营养标签标示，引导消费者合理选择预包装食品，促进公众膳食营养平衡和身体健康，保护消费者知情权、选择权和监督权，卫生部在参考国际食品法典委员会和国内外管理经验的基础上，组织制定了《食品安全国家标准　预包装食品营养标签通则》（GB 28050—2011），于 2013 年 1 月 1 日起正式实施。

一、术语

1. 营养标签

预包装食品标签上向消费者提供食品营养信息和特性的说明，包括营养成分表、营养声称和营养成分功能声称。营养标签是预包装食品标签的一部分。

2. 营养素

食物中具有特定生理作用，能维持机体生长、发育、活动、繁殖以及正常代谢所需的物质，包括蛋白质、脂肪、碳水化合物、矿物质及维生素等。

3. 营养成分

食品中的营养素和除营养素以外的具有营养和/或生理功能的其他食物成分。各营养成分的定义可参照《食品营养成分基本术语》（GB/Z 21922）。

4. 核心营养素

营养标签中的核心营养素包括蛋白质、脂肪、碳水化合物和钠。

5. 营养成分表

标有食品营养成分名称、含量和占营养素参考值（NRV）百分比的规范性表。

6. 营养素参考值（NRV）

专用于食品营养标签，用于比较食品营养成分含量的参考值。

二、基本要求

1. 预包装食品营养标签标示的任何营养信息，应真实、客观，不得标示虚假信息，不得夸大产品的营养作用或其他作用。

2. 预包装食品营养标签应使用中文。如同时使用外文标示的，其内容应当与中文相对应，外文字号不得大于中文字号。

3. 营养成分表应以一个"方框表"的形式表示（特殊情况除外），方框可为任意尺寸，并与包装的基线垂直，表题为"营养成分表"。

4. 食品营养成分含量应以具体数值标示，数值可通过原料计算或产品检测获得。各营养成分的营养素参考值（NRV）标准用附表列出。

5. 营养标签的格式标准也作了规定，食品企业可根据食品的营养特性、包装面积的大小和形状等因素选择使用其中的一种格式。

6. 营养标签应标在向消费者提供的最小销售单元的包装上。

三、强制标示内容

1. 所有预包装食品营养标签强制标示的内容包括能量、核心营养素的含量值及其占营养素参考值（NRV）的百分比。当标示其他成分时，应采取适当形式使能量和核心营养素的标示更加醒目。

2. 对除能量和核心营养素外的其他营养成分进行营养声称或营养成分功能声称时，在营养成分表中还应标示出该营养成分的含量及其占营养素参考值（NRV）的百分比。

3. 使用营养强化剂的预包装食品，除第一条的要求外，在营养成分表中还应标示强化后食品中该营养成分的含量值及其占营养素参考值（NRV）的百分比。

4. 食品配料含有或生产过程中使用了氢化和/或部分氢化油脂时，在营养成分表中还应标示出反式脂肪（酸）的含量。

5. 未规定营养素参考值（NRV）的营养成分仅需标示含量。

四、选择标示内容

1. 除强制标示内容外，营养成分表中还可选择标示标准列出的其他成分。

2. 当某营养成分含量标示值符合标准规定的含量要求和限制性条件时，可对该成分进行含量声称。标准规定了各种营养成分含量声称方式。

3. 当某营养成分的含量标示值符合含量声称或比较声称的要求和条件时，标准规定了相应的一条或多条营养成分功能声称标准用语供选择使用。不应对功能声称用语进行任何形式的删改、添加和合并。

五、营养成分的表达方式

1. 预包装食品中能量和营养成分的含量应以每 100 克（g）和/（或）每 100 毫升（mL）和/（或）每份食品可食部中的具体数值来标示。当用份标示时，应标明每份食品的量。份的大小可根据食品的特点或推荐量规定。

2. 营养成分表中强制标示和可选择性标示的营养成分的名称和顺序、标示单位、修约间隔、"0"界限值应符合本标准的规定。

3. 当标示 GB 14880 和卫生部公告中允许强化的除本标准规定以外的其他营养成分时，其排列顺序应位于本标准所列营养素之后。

4. 在产品保质期内，能量和营养成分含量的允许误差范围应符合标准规定。

六、豁免强制标示营养标签的预包装食品

下列预包装食品豁免强制标示营养标签：
——生鲜食品，如包装的生肉、生鱼、生蔬菜和水果、禽蛋等；
——乙醇含量≥0.5%的饮料酒类；
——包装总表面积≤100 cm² 或最大表面面积≤20 cm² 的食品；
——现制现售的食品；
——包装的饮用水；
——每日食用量≤10 g 或 10 mL 的预包装食品；
——其他法律法规标准规定可以不标示营养标签的预包装食品。

豁免强制标示营养标签的预包装食品，如果在其包装上出现任何营养信息时，应按照本标准执行。

第 9 节　食品添加剂使用标准

《食品添加剂使用标准》（GB 2760—2011）是卫生部 2011 年 4 月 20 日颁布的，

2011 年 6 月 20 日起实施。该标准规定了食品添加剂的使用原则、允许使用的食品添加剂品种、使用范围及最大使用量或残留量等内容。

一、基本术语

1. 食品添加剂

为改善食品品质和色、香、味，以及为防腐、保鲜和加工工艺的需要而加入食品中的人工合成或者天然物质，以及营养强化剂、食品用香料、胶基糖果中基础剂物质、食品工业用加工助剂等。

2. 最大使用量

食品添加剂使用时所允许的最大添加量。

3. 最大残留量

食品添加剂或其分解产物在最终食品中的允许残留水平。

4. 食品工业用加工助剂

与食品本身无关能保证加工顺利进行的各种物质，如助滤、澄清、吸附、脱模、脱色、脱皮、提取溶剂、发酵用营养物质等。

二、食品添加剂的使用规定

1. 食品添加剂使用的基本要求

（1）不应对人体产生任何健康危害。

（2）不应掩盖食品腐败变质。

（3）不应掩盖食品本身或加工过程中的质量缺陷或以掺杂、掺假、伪造为目的而使用。

（4）不应降低食品本身的营养价值。

（5）在达到预期目的前提下尽可能降低在食品中的使用量。

2. 食品添加剂的使用场合

（1）保持或提高食品本身的营养价值。

（2）作为某些特殊膳食用食品的必要配料或成分。

（3）提高食品的质量和稳定性，改进其感官特性。

（4）便于食品的生产、加工、包装、运输或者储藏。

3. 食品添加剂质量标准

按照本标准使用的食品添加剂应当符合相应的质量规格要求。

4. 食品添加剂的带入原则

在下列情况下食品添加剂可以通过食品配料（含食品添加剂）带入食品中：

（1）根据本标准，食品配料中允许使用该食品添加剂。

（2）食品配料中该添加剂的用量不应超过允许的最大使用量。

（3）应在正常生产工艺条件下使用，且该添加剂的含量不应超过由配料带入的水平。

（4）由配料带入食品中的该添加剂的含量应明显低于直接添加到该食品中所需的水平。

三、食品添加剂的使用规定

规定了食品添加剂的允许使用品种、使用范围以及最大使用量或残留量。同一功能的食品添加剂（相同色泽着色剂、防腐剂、抗氧化剂）在混合使用时，各自用量占其最大使用量的比例之和不应超过 1。

四、食品用香料的使用

1. 在食品中使用食品用香料、香精的目的是产生、改变或提高食品的风味。食品用香料一般配制成食品用香精后用于食品加香，部分也可直接用于食品加香。食品用香料、香精不包括只产生甜味、酸味或咸味的物质，也不含增味剂。

2. 食品用香料、香精在各类食品中按生产需要适量使用，有些食品没有加香的必要，不得添加食品用香料、香精，法律、法规或国家食品安全标准另有明确规定者除外。

3. 用于配制食品用香精的食品用香料品种应符合本标准的规定。用物理方法、酶法或微生物法从食品（可以是未加工过的，也可以是经过适合人类消费传统的食品制备工艺的加工过程）制得的具有香味特性的物质或天然香味复合物可用于配制食品用香精。

4. 具有其他食品添加剂功能的食品用香料，在食品中发挥其他食品添加剂功能时，应符合本标准的规定。

5. 食品用香精可以含有对其生产、储存和应用等所必需的食品用香精辅料（包括食品添加剂和食品）。食品用香精辅料的使用应符合《食用香精》（QB/T 1505）标准的规定，在达到预期目的前提下尽可能减少使用品种；作为辅料添加到食品用香精中的食品添加剂不应在最终食品中发挥功能作用，在达到预期目的前提下尽可能降低在食品中的使用量。

6. 食品用香精的标签应符合《食用香精标签通用要求》（QB/T 4003）的规定。

7. 凡添加了食品用香料、香精的食品应按照国家相关标准进行标示。

五、食品工业用加工助剂的使用

加工助剂应在食品生产加工过程中使用，使用时应具有工艺必要性，在达到预期目的的前提下应尽可能降低使用量。加工助剂应在制成最终成品之前除去，无法完全除去的，应尽可能降低其残留量，其残留量不应对健康产生危害，不应在最终食品中发挥功能作用。

第 10 节　定量包装商品净含量
计量检验规则

《定量包装商品净含量计量检验规则》适用于计量监督检验、仲裁检验、委托检验及生产者或销售者的自行检验。计量监督检验是质量技术监督部门对定量包装商品实施计量监督检查，而授权计量检定机构对生产或销售的定量包装商品进行的确定其净含量是否合格的检验。仲裁检验是为解决定量包装商品净含量纠纷，由受理商品量争议的质量技术监督部门委托计量检定机构对争议定量包装商品进行的计量检验活动。委托检验是由定量包装商品的生产者、销售者或消费者根据需要委托计量检定机构进行的检验活动。生产者或销售者的自行检验是定量包装商品生产者或销售者验收检验，不适用预防检验。

一、定量包装商品净含量的计量要求

对定量包装商品净含量的计量要求，包括净含量标注的计量要求和商品净含量的计量要求两方面，同时符合两方面要求的，才是合格的定量包装商品。

1. 净含量标注要求

（1）单件商品标注的要求

在定量包装商品包装的显著位置应有正确、清晰的净含量标注。净含量标注由"净含量"（中文）、数字和法定计量单位（或者用中文表示的计数单位）三部分组成，例如"净含量：500 克"。以长度、面积、计数单位标注净含量的定量包装商品，可以免标注"净含量"三个中文字，只标注数字和法定计量单位（或者用中文表示的计数单位），例如"50 米""10 米²"或"100 个"。法定计量单位要求见表10—3。

定量包装商品净含量标注的要求：一是标注位置要显著，便于消费者选购商品时容易看见；二是标注内容要正确，便于消费者准确理解；三是标注字符要清晰，便于消费者识别。

表 10—3　　　　　　　　净含量标注的法定计量单位

项　　目	标注净含量	计量单位
质量	$Q_n < 1\ 000$ 克	g（克）
	$Q_n \geq 1\ 000$ 克	kg（千克）
体积	$Q_n < 1\ 000$ 毫升	mL（ml）（毫升）
	$Q_n \geq 1\ 000$ 毫升	L（l）（升）
长度	$Q_n < 100$ 厘米	mm（毫米）或 cm（厘米）
	$Q_n \geq 100$ 厘米	m（米）
面积	$Q_n < 100$ 厘米²	mm²（毫米²）或 cm²（厘米²）
	1 分米²$\leq Q_n < 100$ 分米²	dm²（分米²）
	$Q_n \geq 1$ 米²	m²（米²）

（2）多件商品标注的要求

同一包装内有多件定量包装商品的，其标注除应符合单件商品的标注要求外，还应满足：若同一包装内含有多件同种定量包装商品时，既可标注单件商品的净含量和总件数（如"净含量：1.8 g×20 包"），也可标注总净含量（如"净含量：36 g"）；若同一包装内含有多件不同种定量包装商品时，既可标注各不同种定量包装商品的单件净含量和件数（如"净含量：咖啡 1.8 g×20 包，糖 2 g×20 包"），也可分别标注各不同种定量包装商品的总净含量（如"净含量：咖啡 36 g＋糖 40 g"）。

2. 净含量要求

（1）单件商品净含量的要求

单件定量包装商品的实际含量应当准确反映其标注净含量。标注净含量与实际含量之差不得大于规定的允许短缺量。

"单件定量包装商品的实际含量应当准确反映其标注净含量"是对定量包装商品净含量准确性的基本要求。"标注净含量与实际含量之差不得大于规定的允许短缺量"是对定量包装商品净含量合理偏差的规定。因任何测量结果都有误差，定量包装商品的净含量也有偏差。因此，只能要求每一件定量包装商品尽可能准确地反映其标注净含量，并将允许的短缺量控制在合理的范围之内。定量包装商品的允许短缺量见表 10—4。

表 10—4　　　　　　　　　　　定量包装商品允许短缺量的规定表

质量或体积定量包装商品的标注净含量（Q_n）/g 或 mL	允许短缺量（T）/g 或 mL	
	Q_n 的百分比	g 或 mL
0～50	9	—
50～100	—	4.5
100～200	4.5	—
200～300	—	9
300～500	3	—
500～1 000	—	15
1 000～10 000	1.5	—
10 000～15 000	—	150
15 000～50 000	1	—
长度定量包装商品的标注净含量（Q_n）	允许短缺量（T）/m	
$Q_n \leqslant 5$ m	不允许出现短缺量	
$Q_n > 5$ m	$Q_n \times 2\%$	
面积定量包装商品的标注净含量（Q_n）	允许短缺量（T）	
全部 Q_n	$Q_n \times 3\%$	
计数定量包装商品的标注净含量（Q_n）	允许短缺量（T）	
$Q_n \leqslant 50$	不允许出现短缺量	
$Q_n > 50$	$Q_n \times 1\%$	

（2）检验批净含量的要求

用抽样检验的方法评定一个检验批的定量包装商品，应当按照规定进行抽样检验和计算。样本中单件定量包装商品的标注净含量与其实际含量之差大于允许短缺量的件数以及样本的平均实际含量应当符合规定。

对批量定量包装商品的净含量准确性提出的基本要求是：批量定量包装商品的平均实际含量应当大于或者等于其标注净含量。批量定量包装商品的检查方法是采用统计抽样检验的方法。从批量中随机抽取样本，对样本的净含量进行检验，作出检验批是否合格的评定。

用抽样检验方法对批量定量包装商品进行评定时，检验批必须符合以下三项计量要求。

1）平均实际含量大于标注净含量；如果小于标注净含量，则按规定修正后应该大于标注净含量。

2）单件定量包装商品标注净含量与其实际含量之差大于1倍，小于或者等于2倍允许短缺量的件数不得超过规定的数量。

3）没有一件定量包装商品实际含量的短缺量大于规定的允许短缺量的2倍。

二、计量检验

计量检验是根据抽样方案从整批定量包装商品中随机抽取有限数量的样品，检验实际含量，并判定该批是否合格的过程。计量检验必须按照规定的检验程序和检验方法实施，以保证检验结果的准确可靠。

1. 检验基本程序

（1）检验批的确定

根据商品生产、储存地点的不同，批量的确定分为以下两种情况。

1）在生产或包装现场抽样。由于商品是刚刚包装待下生产线或刚下生产线，批量是变化的，因此，一般规定1 h包装的单位商品数为一个检验批。

2）在企业的仓库以及零售现场的抽样。检验批规定为在抽样地点现场存在的同种商品的全体。同批入库但已经出售或转移储放地点的商品，不应再累加到已经确定的检验批中。如果仓库现场堆放的单位商品数量过大，为了保证检验的准确性，应将一个大批量适当分为几个批量，然后对每个批量分别进行计量检验。

（2）抽样方案的检索

在确定检验批后，应根据批量从计量检验抽样方案表中检索抽样方案，确定应抽取样本的数量及样本的评定指标。计量检验抽样方案见表10—5。

表 10—5　　　　计量检验抽样方案表

检验批量（N）	样本量（n）	样本平均实际含量修正值（λ·s）		允许大于1倍，小于或者等于2倍允许短缺量的件数	允许大于2倍允许短缺量的件数
		修正因子λ	样本实际含量标准差 s		
1～10	N	—	—	0	0
11～50	10	1.028	s	0	0
51～99	13	0.848	s	1	0
100～500	50	0.379	s	3	0
501～3 200	80	0.295	s	5	0
大于3 200	125	0.234	s	7	0

（3）样本的抽取

抽取样本是计量检验的基础，是确保检验结果科学、公正的前提。抽样的关键就是随机抽样。随机抽样最基本的要求是无倾向性地从批中抽取样本。随机抽样的方法应确保检验批中的每一个单位商品都应有相等的作为样本的机会。根据不同的抽样地点和批量，可采用等距抽样、分层抽样和简单随机抽样等方法。

（4）样本的检验

样本的检验包括净含量标注的检查和净含量量值的计量检验两部分内容。

1）净含量标注的检查，检查主要以目测为主，必要时应借助游标卡尺、钢直尺等来完成检验。主要检查净含量标注的三部分内容是否规范、清晰、齐全，标注位置是否适当，计量单位是否正确，字符高度是否符合规定等内容并做好记录。标注字符最小高度见表10—6。

表 10—6　　　　　　　　　　净含量标注字符的最小高度

标注净含量	字符最小高度/mm	检查方法
$Q_n \leqslant 50$ g $Q_n \leqslant 50$ mL	2	使用钢直尺或游标卡尺测量字符高度
50 g$<Q_n \leqslant 200$ g 50 mL$<Q_n \leqslant 200$ mL	3	
200 g$<Q_n \leqslant 1\,000$ g 200 mL$<Q_n \leqslant 1\,000$ mL	4	
$Q_n >1$ kg $Q_n >1$ L	6	
以长度、面积、计数单位标注	2	

2）净含量量值的检验。净含量量值的检验是净含量计量检验的重点，检验时必须保证商品实际含量的准确性，保证检验结果的测量不确定度在规定的范围内，这是净含量计量检验结论正确与否的关键所在。净含量计量检验应针对不同的定量包装商品采用不同的计量检验方法。

（5）原始记录和数据处理

检验的原始记录就是对检验过程中所得到的有效数据和信息进行的记载，以备后续的数据处理和出具检验报告用。为了保证数据处理和检验报告的准确完整，每份检验的原始记录应包含足够的信息，应使用规范的原始记录格式，记录检验数据和信息。观测结果、数据和计算应在工作时予以记录。记录应包括抽样人员、检验执行人员和结果核验人员的签名，并按规定的期限保存。

记录发生错误时，只能划改，不能涂改。对记录的所有改动应有改动人员签名或盖章。对电子存储的记录也应采取同等的措施，以免原始数据丢失或更改。

数据处理就是依据检验所得到的数据和规定的方法，计算与判定检验结果有关的数据，以便检验人员对照计量检验规则，对检验批作出评价。数据处理必须准确无误。核验人员应认真核验已处理的数据，保证所处理的数据真实有效。

（6）评定检验批

根据检验和数据处理的结果对照评定准则，对检验批的净含量标注和净含量分别作出合格与否的结论。如果评定为不合格，则必须明确指出不合格的项目。

（7）检验报告

计量检验工作完成后，应准确、清晰、客观地报告计量检验结果。检验报告的格式应符合规则规定的要求，检验报告的内容应包括样品抽样、计量检验、结果评定等全部信息。

2. 计量检验的基本要求

（1）检验数据应准确可靠

计量检验数据的准确性是检验成功与否的关键，《定量包装商品净含量计量检验规则》规定，对商品的实际含量实施检验，检验结果的扩展不确定度不应超过 $0.2T$，检验的置信水平为 95%。为保证这个检验结果，检验时应选择恰当的计量器具和检验方法。

（2）检验方法应适当合理

应根据检验批商品净含量标注和商品特性，选择适当的方法对抽取的样本进行计量检验。如以质量标注净含量的，常用称重法检验；以体积标注净含量且较黏稠的液体商品，常用相对密度法检验等。为保证检验的有效性和准确性，《定量包装商品净含量计量检验规则》给出了常见商品的净含量计量检验方法供选用。

（3）检测设备应满足检验需要

检测设备指计量检测用的计量器具，其选择的正确与否，是影响计量检验准确性的关键。选择检测设备的总原则是，保证检验结果的扩展不确定度不应超过 $0.2T$（置信水平为 95%）。为此应当考虑以下方面。

1）满足检验方法的需要：不同的检验方法对检测设备要求不同，如以体积标注净含量的商品，在以绝对体积法检验时，一般可选用专用的量筒；在以密度法或相对密度法检验时，一般常选用电子密度计、密度杯，并配以电子秤、天平等。在选择检验方法时，应注意所选检测设备同检验方法的配套性。

2）适合被测对象的特性：被检商品的物理化学特性，包括商品的黏度、流动性、形状、膨胀性、挥发性等特征，均影响对检验方法和检测设备的选取。

3）计量性能应符合要求：计量器具的准确度等级、最大允许误差、分辨率以及测量范围等计量性能，是选择测量设备的重点要求。标注净含量大小的不同，允许短缺量的不同，其检验对计量器具的有关计量性能要求也不同。

（4）皮重的测量应准确

采用间接测量法检验商品时，往往要通过除去皮重的方法完成检验。如以质量标注净含量的称重法、以体积标注净含量的密度法等，均需要检验商品的皮重，通过去皮完成净含量的检验。因此皮重的测量也是影响计量检验的准确性的一个重要因素。《定量包装商品净含量计量检验规则》中对于商品皮重的测量作出了明确的规定，检验时要严格按规定要求除去商品的皮重，以保证检验的准确性和有效性。

三、结果评定与检验报告

1. 结果评定

（1）净含量标注的评定

定量包装商品净含量标注出现下列情况之一的，评定为标注不合格：

1）未在商品包装的显著位置正确、清晰地标注商品净含量；

2）未按规定正确使用法定计量单位；

3）标注净含量字符的高度小于规定要求；

4）同一预包装商品内有多件同种定量包装商品，既未标注单件定量包装商品的净含量和总件数，也未标注定量包装商品的总净含量；

5）同一预包装商品内有多件不同种定量包装商品，既未标注各不同种定量包装商品的单件净含量和件数，也未标注各种不同种定量包装商品的总净含量。

对于单件定量包装商品必须同时满足 1）、2）和 3）三项要求，其中有一个要求不满足，则评定该定量包装商品的净含量标注不合格；同一预包装商品内含有多件同种定量包装商品，必须同时满足 1）、2）、3）和 4）四项要求，其中有一项要求不满足，则评定该定量包装商品的净含量标注不合格；同一预包装商品内含有多件不同种定量包装商品，必须同时满足 1）、2）、3）和 5）四项要求，其中有一项要求不满足，则评定该定量包装商品的净含量标注不合格。

（2）净含量的评定

如果定量包装商品的强制性国家标准或行业标准中对定量包装商品净含量的允许短缺量有规定的，按其规定评定。没有规定的，则按以下评定准则评定。

检验批的实际净含量出现下列情况之一的，评定为不合格批次：

1）样本平均实际含量小于标注净含量减去样本平均实际含量修正值 λs。

2）单件定量包装商品实际含量的短缺量大于1倍，小于或者等于2倍允许短缺量的件数超过规定的数量。

3）有一件或一件以上的定量包装商品实际含量的短缺量大于规定允许短缺量的2倍。

2. 检验报告

（1）检验报告的基本要求

检验报告应按照规则的要求准确、清晰、客观地制作；计量检验报告的格式应符合规则规定的要求，计量检验报告的信息应全面，报告所提供的全部信息应有可靠的原始记录予以证明，且应保存报告的备份。

（2）检验报告的主要内容

计量检验报告应包括抽样情况、检验条件、检验依据、检验结果、总体结论、报告说明等方面，每个方面的信息应该完整、准确。检验报告中所提供的信息必须以检验的原始记录为依据，并确保报告数据与原始记录数据的一致性。总体结论应根据检验结果，按下列情况给出。

1）如检验批的标注和净含量均合格的，总体结论为：该检验批的净含量标注和净含量均合格。

2）如检验批的标注合格、净含量不合格，总体结论为：该检验批的净含量标注合格，净含量不合格。

3）如检验批的标注不合格、净含量合格，总体结论为：该检验批的净含量合格，净含量标注不合格。

4）如检验批的标注和净含量均不合格的，总体结论为：该检验批的净含量标注和净含量均不合格。

检验报告应由检验人员、审核人员和批准人员签名，并保留检验报告的副本。

四、除去皮重

定量包装商品计量检验需要除去皮重时，应保证皮重测量的准确性，应以最少的商品皮重测量，得到准确的皮重测量结果。根据《定量包装商品净含量计量检验规则》规定，检验批量不同，所采用的除去皮重的方法也不同，检验时应根据实际情况选用。检测到的皮重值，可能是平均皮重，也可能是样本中的单件皮重。这主要决定于检验批样本皮重的均匀性，皮重均匀的商品一般为平均皮重，否则为样品的单件皮重。在选择包装皮时，可以选已经在商品上使用的包装皮，也可以用未在商品上使用过的包装皮。如果用商品上使用的包装皮，应将包装皮上的残留物除净擦干。

为保证商品的计量检验结果的扩展不确定度不超过 0.2 T。对于皮重的测量，尤其是不均匀的商品皮重和较轻的皮重，一般应使用比检测商品质量（重量）准确度等级更高的计量器具进行测量。

思 考 题

1. 产品质量监督管理制度有哪些？产品质量应满足哪些要求？

2. 产品质量法规定的生产者、销售者的产品质量义务有哪些？

3. 计量法规定计量器具管理的环节和内容有哪些？

4. 标准的概念、分级及性质，标准化工作的基本任务和标准实施的基本要求是什么？

5. 食品安全风险监测和评估制度的主要内容是什么？《食品安全法》规定食品生产经营者应建立哪些制度？

6. 食品安全法对食品检验机构和检验人员的基本要求是什么？

7.《食品检验工作规范》规定的食品检验机构及人员的素养与责任有哪些？

8. 简述预包装食品、食品标签、生产日期（制造日期）、保质期、主要展示版面、食品添加剂的含义。

9. 简述《预包装食品标签通则》规定标签标注的基本要求和主要内容。

10. 预包装食品营养标签的基本要求及强制标示的内容是什么？

11. 简述食品添加剂使用的基本要求及使用场合。

12. 简述定量包装商品净含量标注及净含量的计量要求、计量检验的基本程序。

13. 简述定量包装商品净含量计量检验的基本要求及检验结论。

参考文献

[1] 刘绍. 食品分析与检验 [M]. 武汉：华中科技大学出版社，2011.

[2] 周光理. 食品分析与检验技术 [M]. 北京：化学工业出版社，2010.

[3] 王燕. 食品检验技术：理化部分 [M]. 北京：中国轻工业出版社，2010.

[4] 徐春. 食品检验工培训教材：初级 [M]. 北京：机械工业出版社，2010.

[5] 刘长春. 食品检验工培训教材：高级 [M]. 北京：机械工业出版社，2010.

[6] 穆华荣，于淑萍. 食品分析 [M]. 2版. 北京：化学工业出版社，2009.

[7] 周群英，李秀兰. 化学分析中法定计量单位实用手册 [M]. 北京：中国计量出版社，2009.

[8] 王秀清. 职业道德与职业指导 [M]. 北京：对外经济贸易大学出版社，2008.

[9] 车振明. 食品安全与检测 [M]. 北京：中国轻工业出版社，2007.

[10] 国家质量监督检验检疫总局产品质量监督司. 食品质量安全市场准入制度实用问答 [M]. 北京：中国标准出版社，2002.

[11] 何元山. 食品检验 [M]. 济南：山东人民出版社，2012.

[12] 姚勇芳. 食品微生物检验技术 [M]. 北京：科学出版社，2011.

[13] 刘兴友，李全福. 食品微生物检验学 [M]. 北京：中国农业科技出版社，2007.

[14] 张春晖. 食品微生物检验 [M]. 北京：化学工业出版社，2008.

[15] 刘用成. 食品检验技术：微生物部分 [M]. 北京：中国轻工业出版社，2006.

[16] 魏明奎，段鸿斌. 食品微生物检验技术 [M]. 北京：化学工业出版社，2008.

[17] 张伟，袁耀武. 现代食品微生物检测技术 [M]. 北京：化学工业出版社，2007.

[18] 武汉大学著. 分析化学 [M]. 北京：高等教育出版社，2006.

[19] 邢文卫. 分析化学 [M]. 北京：化学工业出版社，1997.

[20] 章银良. 食品检验教程 [M]. 北京：化学工业出版社，2006.

[21] 柯以侃，周心如，王崇臣，等. 化验员基本操作与实验技术 [M]. 北京：化学工业出版社，2008.

[22] 张铁垣，杨彤. 化验工作实验手册 [M]. 北京：化学工业出版社，2007.

[23] 张克荣，沐光荣，顾长龙. 化学 [M]. 北京：高等教育出版社，1998.

[24] 刘珍. 化验员读本：上册 [M]. 北京：化学工业出版社，2010.